Üben: Der Abschnitt Üben unterstützt nachhaltiges Lernen. Es werden dreifach-differenzierte Aufgaben zur Wiederholung und Anwendung des erworbenen Wissens angeboten. Die Aufgaben können in unterschiedlichen Sozialformen bearbeitet werden und ermöglichen selbstständiges Lernen (z. B. in Lernstudios). Die Lösungen aller Aufgaben der Üben-Seiten werden im Anhang dargestellt.

Vertiefen: Vertiefen bietet herausfordernde, komplexere Aufgaben einerseits zur Vertiefung eines Themas, andererseits zur Beschäftigung mit zusätzlichen Inhalten.

Ausgangstest: Mithilfe des Ausgangstests zu einem Kapitel können die Schülerinnen und Schüler überprüfen, ob sie alle nötigen Kompetenzen erworben haben. Die Lösungen sind zur Selbstkontrolle am Ende des Buches angegeben. Auch in diesem Abschnitt bietet eine Tabelle die Möglichkeit zur Selbsteinschätzung:

Ich kann ...	Aufgabe	Hilfen und Aufgaben	
große Zahlen in eine Stellenwerttafel eintragen.	1	Seite 10	I
große Zahlen in Worten schreiben.	2	Seite 11	
natürliche Zahlen runden.	5, 6b, 8	Seite 15, 16, 17, 18	
natürliche Zahlen anordnen.	4, 6a, 9	Seite 14, 17, 18	
Anzahlen schätzen.	3	Seite 13, 18	II
Überschlagsrechnungen durchführen.	7	Seite 16	
den Stellenwert von Ziffern zur Lösung mathematischer Probleme nutzen.	9	Seite 19	III

Zuordnung der Aufgaben zu den Anforderungsbereichen der Bildungsstandards
I: Reproduzieren
II: Zusammenhänge herstellen
III: Verallgemeinern und Reflektieren

Hinweise auf weiterführende Aufgaben zum Wiederholen und Üben

Wiederholung
Der Wiederholungsteil enthält Grundwissen und Übungsaufgaben zu Inhalten vorhergehender Schuljahre.

Pfeile in der Kopfleiste dienen zur schnellen Orientierung im Kapitel

Kapitel

Medienbildung
Die Bearbeitung dieser Aufgaben ermöglicht es Schülerinnen und Schülern, Medienkompetenzen zu erwerben.

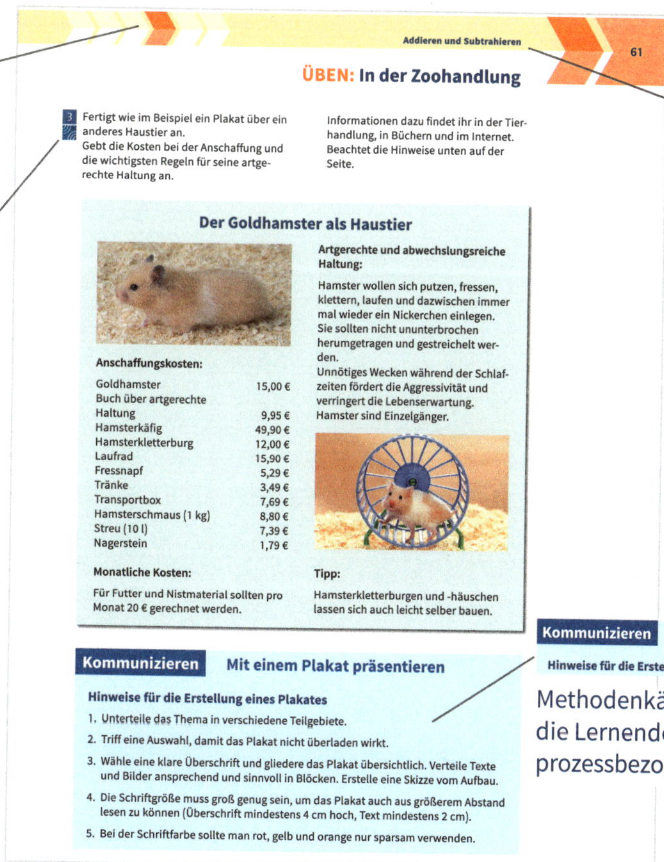
Addieren und Subtrahieren 61

ÜBEN: In der Zoohandlung

3 Fertigt wie im Beispiel ein Plakat über ein anderes Haustier an. Gebt die Kosten bei der Anschaffung und die wichtigsten Regeln für seine artgerechte Haltung an. Informationen dazu findet ihr in der Tierhandlung, in Büchern und im Internet. Beachtet die Hinweise unten auf der Seite.

Der Goldhamster als Haustier

Anschaffungskosten:

Goldhamster	15,00 €
Buch über artgerechte Haltung	9,95 €
Hamsterkäfig	49,90 €
Hamsterkletterburg	12,00 €
Laufrad	15,90 €
Fressnapf	5,29 €
Tränke	3,49 €
Transportbox	7,69 €
Hamsterschmaus (1 kg)	8,80 €
Streu (10 l)	7,39 €
Nagerstein	1,79 €

Artgerechte und abwechslungsreiche Haltung:
Hamster wollen sich putzen, fressen, klettern, laufen und dazwischen immer mal wieder ein Nickerchen einlegen. Sie sollten nicht ununterbrochen herumgetragen und gestreichelt werden.
Unnötiges Wecken während der Schlafzeiten fördert die Aggressivität und verringert die Lebenserwartung. Hamster sind Einzelgänger.

Monatliche Kosten:
Für Futter und Nistmaterial sollten pro Monat 20 € gerechnet werden.

Tipp:
Hamsterkletterburgen und -häuschen lassen sich auch leicht selber bauen.

Kommunizieren Mit einem Plakat präsentieren

Hinweise für die Erstellung eines Plakates
1. Unterteile das Thema in verschiedene Teilgebiete.
2. Triff eine Auswahl, damit das Plakat nicht überladen wirkt.
3. Wähle eine klare Überschrift und gliedere das Plakat übersichtlich. Verteile Texte und Bilder ansprechend und sinnvoll in Blöcken. Erstelle eine Skizze vom Aufbau.
4. Die Schriftgröße muss groß genug sein, um das Plakat auch aus größerem Abstand lesen zu können (Überschrift mindestens 4 cm hoch, Text mindestens 2 cm).
5. Bei der Schriftfarbe sollte man rot, gelb und orange nur sparsam verwenden.

Kommunizieren Mit einem Plakat präsentieren
Hinweise für die Erstellung eines Plakates

Methodenkästen unterstützen die Lernenden beim Erwerb prozessbezogener Kompetenzen.

Mathematik +

8

Basis

Herausgeber:

Uwe Scheele

Autorinnen und Autoren:

Doreen Groth
Jochen Herling
Karl-Heinz Kuhlmann
Christopher Mühlhöfer
Uwe Scheele
Sebastian Wöstefeld

Mathematik+ 8 Basis

Herausgeber: Uwe Scheele

Bearbeiter: Jochen Herling, Karl-Heinz Kuhlmann, Uwe Scheele

Berater: Andrej Rempe

Autorinnen und Autoren der vorangegangenen Ausgabe:
Doreen Groth, Jochen Herling, Karl-Heinz Kuhlmann, Christopher Mühlhöfer, Uwe Scheele, Sebastian Wöstefeld

Zusatzmaterialien zu Mathematik+ 8

Für Lehrerinnen und Lehrer:

Lösungen für Lehrerinnen und Lehrer	978-3-14-151772-9
BiBox Einzellizenz für Lehrerinnen und Lehrer (Dauerlizenz)	978-3-14-151813-9
BiBox Kollegiumslizenz für Lehrerinnen und Lehrer (Dauerlizenz)	978-3-14-151821-4
BiBox Kollegiumslizenz für Lehrerinnen und Lehrer (1 Schuljahr)	978-3-14-107397-3
Online-Diagnose zu Mathematik+ 8	www.onlinediagnose.de

Für Schülerinnen und Schüler:

Arbeitsheft mit Lösungen 8	978-3-14-151779-8
Arbeitsheft mit interaktiven Übungen 8	978-3-14-145315-7
Interaktive Übungen	WEB-14-151794
Förderheft mit Lösungen 8	978-3-14-151789-7
BiBox Einzellizenz für Schülerinnen und Schüler (1 Schuljahr)	978-3-14-151829-0

Das digitale Schulbuch und digitale Unterrichtsmaterialien für Schülerinnen und Schüler und für Lehrkräfte finden Sie in der BiBox – dem digitalen Unterrichtssystem passend zum Lehrwerk.
Mehr Informationen über aktuelle Lizenzen finden Sie auf www.bibox.schule.

Druck A[1] / Jahr 2023
Alle Drucke der Serie A sind im Unterricht parallel verwendbar.

Redaktion: Doreen Hempel
Grafiken: Technisch-Grafische Abteilung Westermann, Braunschweig
Illustrationen: Andrea Naumann, Aachen; Carla Miller, Dortmund
Umschlaggestaltung: Janssen Kahlert Design & Kommunikation GmbH, Hannover
Layout: Janssen Kahlert Design & Kommunikation GmbH, Hannover
Druck und Bindung: Westermann Druck GmbH, Georg-Westermann-Allee 66, 38104 Braunschweig

ISBN 978-3-14-**151764**-4

Inhalt

1 Gleichungen

6 Pizzadienst
8 Gleichungen mit x auf einer Seite
10 Gleichungen mit x auf beiden Seiten
12 Zahlenrätsel
13 Gleichungen mit x im Nenner
15 Geometrische Formeln
17 Wissen kompakt
18 Üben
19 Üben: Sachaufgaben
21 Üben: Gleichungen in der Geometrie
22 Vertiefen: Ungleichungen in der Geometrie
23 Ausgangstest

2 Prozentrechnung

24 Berufsausbildung
26 Grundaufgaben der Prozentrechnung
28 Sachaufgaben
29 Prozentuale Zunahme
30 Prozentuale Abnahme
31 Prozentuale Veränderungen
33 Brutto und netto
34 Wissen kompakt
35 Üben
36 Üben: Sachaufgaben
37 Üben: Sonderangebote
38 Vertiefen: Prozentangaben in Zeitungsartikeln
39 Ausgangstest

3 Zinsrechnung

40 Girokonto
42 Geld sparen und leihen
43 Grundaufgaben der Zinsrechnung
46 Tageszinsen
47 Zinseszinsen
48 Arbeiten mit dem Computer: Zinsrechnung
50 Arbeiten mit dem Computer: Einen Kredit zurückzahlen
51 Wissen kompakt
52 Üben
53 Üben: Sachaufgaben
56 Vertiefen: Aktien
57 Ausgangstest

4 Umfang und Flächeninhalt

58 Grundstückskauf
60 Flächeninhalt und Umfang von Rechteck und Quadrat
61 Flächeninhalt und Umfang eines Parallelogramms
63 Flächeninhalt und Umfang eines Dreiecks
65 Flächeninhalt und Umfang eines Trapezes
67 Wissen kompakt
68 Üben
69 Üben: Sachaufgaben
71 Vertiefen: Flächeninhalte schätzen
72 Vertiefen: Umfang ebener Figuren schätzen
73 Ausgangstest

Inhalt

5 Funktionale Zusammenhänge

74 Funktionale Zusammehänge untersuchen
76 Zuordnungen und ihre Darstellung
78 Informationen aus grafischen Darstellungen ablesen
82 Proportionale Zuordnungen
84 Antiproportionale Zuordnungen
85 Graphen von Zuordnungen
86 Lineare Funktionen
89 Arbeiten mit dem Taschenrechner: Wertetabellen
90 Lineare Funktionen mit der Funktionsgleichung $y = m\,x + c$
92 Wissen kompakt
94 Üben: Zuordnungen – Sachaufgaben
96 Üben: Lineare Funktionen – Sachaufgaben
97 Üben: Lineare Funktionen der Form $y = m\,x + c$
98 Vertiefen: x-Koordinate berechnen
99 Ausgangstest

6 Daten erheben und auswerten

100 Eine statistische Erhebung planen
102 Säulen- und Balkendiagramm
103 Streifendiagramm
104 Kreisdiagramm
105 Histogramm
106 Arithmetisches Mittel, Modalwert
107 Median
108 Maximum, Minimum, Spannweite
109 Arbeiten mit dem Computer: Tabellenkalkulation
110 Statistische Darstellungen beurteilen
113 Wissen kompakt
115 Üben
116 Üben: Statistische Darstellungen beurteilen
118 Üben: Eine Umfrage planen
119 Üben: Eine Umfrage durchführen und auswerten
120 Vertiefen: Boxplots
121 Ausgangstest

7 Kreis und Kreisteile

122 Fahrradcomputer
124 Umfang eines Kreises
126 Flächeninhalt eines Kreises
128 Kreisbogen
129 Arbeiten mit dem Computer: Berechnungen am Kreis
130 Wissen kompakt
131 Üben
133 Üben: Zusammengesetzte Figuren
134 Vertiefen: Die Kreiszahl π
135 Ausgangstest

8 Prismen und Zylinder

137 Körper in der Architektur
138 Körper beschreiben
139 Eigenschaften eines Prismas
140 Schrägbilder von Prismen
142 Netz eines Prismas
143 Oberflächeninhalt eines Prismas
145 Volumen eines Prismas
147 Eigenschaften eines Zylinders
149 Oberflächeninhalt eines Zylinders

Inhalt

151 Volumen eines Zylinders
153 Wissen kompakt
154 Üben
156 Üben: Masse von Prisma und Zylinder
157 Üben: Zusammengesetzte Körper
158 Üben: Oberflächeninhalt und Volumen schätzen
160 Vertiefen: Drei Ansichten von Prismen und Zylindern
161 Ausgangstest

162 **Eingangstests zu den Kapiteln**

Wiederholung

Inhaltsbezogene Kompetenzen
167 Addieren und Subtrahieren
168 Multiplizieren und Dividieren
169 Verbindung der Grundrechenarten
170 Brüche und Dezimalzahlen
171 Brüche und Dezimalzahlen addieren und subtrahieren
172 Brüche und Dezimalzahlen multiplizieren und dividieren
173 Ganze und rationale Zahlen
174 Rechnen mit rationalen Zahlen
175 Proportionale Zuordnungen
176 Antiproportionale Zuordnungen
177 Prozent
178 Grundaufgaben der Prozentrechnung
179 Geometrische Grundbegriffe
180 Längen
181 Quader und Würfel
182 Daten erheben und auswerten
183 Terme
184 Der Taschenrechner

Prozessbezogene Kompetenzen
185 Partnerarbeit; Einem Text Informationen entnehmen
186 Gruppenarbeit
187 Ich-Du-Wir-Aufgaben
188 Lernen an Stationen

189 Lösungen zu den Eingangstests
191 Lösungen zu den Ausgangstests
197 Lösungen zu den Üben-Seiten

212 Formeln und Gesetze
213 Stichwortverzeichnis
216 Bildquellennachweis

1 Gleichungen

Bist du fit für dieses Kapitel? Eingangstest auf Seite 162.

In diesem Kapitel ...

- *stellst du Gleichungen auf.*
- *formst du Gleichungen um.*
- *löst du Sachaufgaben mithilfe von Gleichungen.*

Pizzadienst

Nach dem Fußballtraining bestellt die Mannschaft für jeden eine Pizza.
Die Rechnung beträgt 105 €.

- Wie viele Mädchen haben am Training teilgenommen?

Isra und Kira legen ihr Geld zusammen, um gemeinsam eine Pizza zu bestellen.
Isra hat 1,50 € mehr als Kira.

- Wie viel Euro hat Kira, wie viel Isra?

Alina, Bella, Ceyda, Daria und Elisa teilen sich zwei Salate und mehrere Pizzen.
Insgesamt bezahlen sie 47 €.

- Wie viele Pizzen haben sie bestellt?

Aron, Ben, Carlo und David bestellen jeder eine Pizza und jeder eine Flasche Cola.
Sie geben insgesamt 42 € aus.

- Bestimme den Preis für eine Flasche Cola.

- Erläutere bei jeder Aufgabe, wie du sie gelöst hast.

Gleichungen mit x auf einer Seite

1 Jeder Waage ist die passende Gleichung zugeordnet. Erläutere, wie du in zwei Schritten das Gewicht der Schachtel bestimmen kannst.

$2x + 3 = 7$

– ■ – ■

$2x \quad = 4$

: ■ : ■

$x \quad = 2$

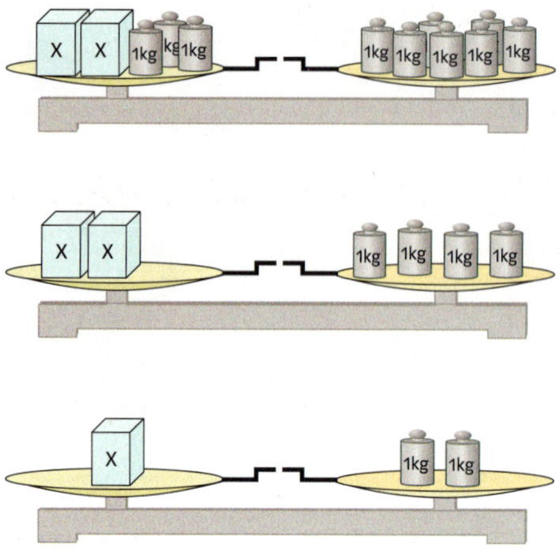

2 Notiere zu jeder Waage die passende Gleichung. Gib die Umformungsschritte an. Bestimme dann das Gewicht der Schachtel.

a)

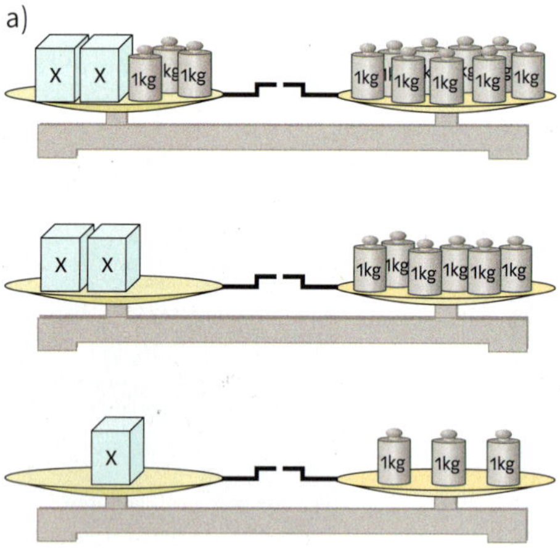

b)

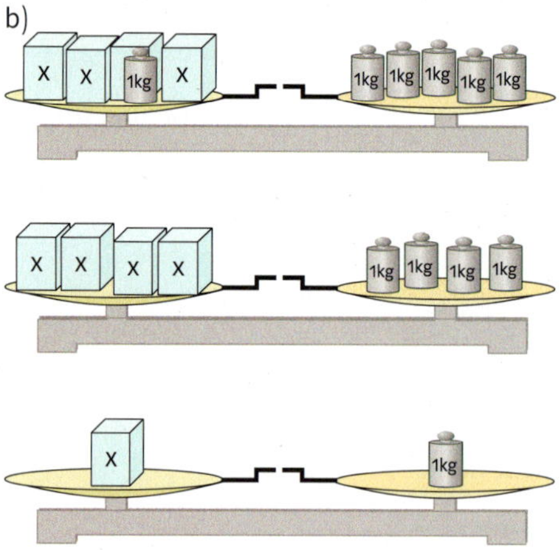

Wenn die Waage im Gleichgewicht bleibt, heißt die Umformung der Gleichung Äquivalenzumformung.

3 In den Beispielen siehst du, wie das Umformen einer Gleichung aufgeschrieben wird.

$7x + 9 = 72 \quad \vert -9$	$8x - 7 = 49 \quad \vert +7$
$7x = 63 \quad \vert :7$	$8x = 56 \quad \vert :8$
$x = 9$	$x = 7$

Forme die Gleichung wie in den Beispielen um und bestimme die Lösung.

a) $5x + 10 = 55$
$4x + 22 = 70$
$3x + 16 = 58$

b) $7x - 45 = 95$
$9x - 14 = 85$
$8x - 27 = 93$

c) $3x + 21 = 87$
$2x + 36 = 70$
$6x + 12 = 90$

d) $5x - 25 = 65$
$9x - 13 = 50$
$6x - 34 = 80$

e) $4x + 11 = 51$
$5x - 19 = 61$
$7x + 10 = 38$

f) $50 = 2x - 10$
$85 = 3x + 16$
$35 = 9x - 19$

4 Nicht immer wird als Variable der Buchstabe x verwendet. Bestimme die Lösung der Gleichung.

a) $2y + 12 = 92$
$3z - 15 = 90$
$4p + 17 = 25$

b) $4a - 29 = 55$
$3b + 12 = 90$
$9c - 13 = 14$

c) $2u + 12 = 60$
$3v - 12 = 63$
$8w + 16 = 40$

d) $21 = 3t + 18$
$15 = 2s - 35$
$34 = 9r - 11$

Lösungen zu den Aufgaben 3 und 4:
1 2 3 3 4 5 6 7 8 9 10 11 12 13 14 15 16 17 18 19 20 21 22 23 24 25 25 26 30 35 40

Gleichungen mit x auf einer Seite

5 Erläutere mithilfe der abgebildeten Waagen die Umformung der Gleichung $\boxed{3x + 2x = 5}$.

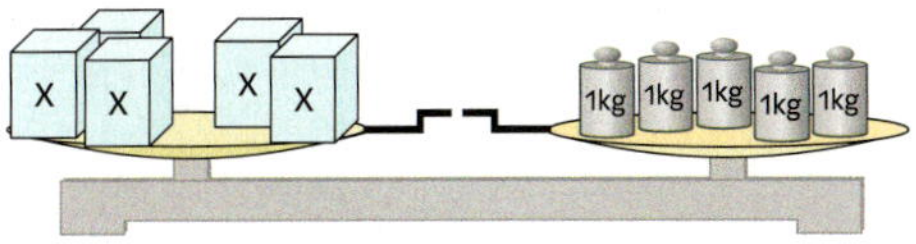

$3x + 2x = 5$

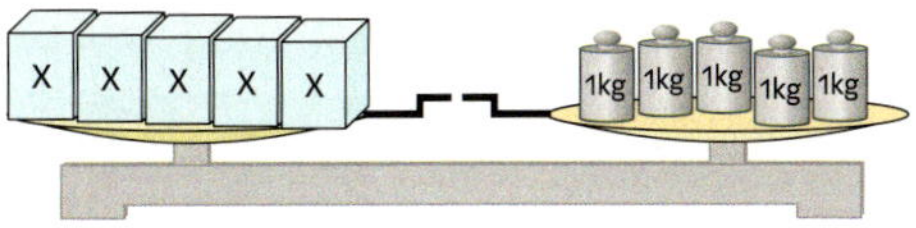

$5x = 5 \quad | :5$

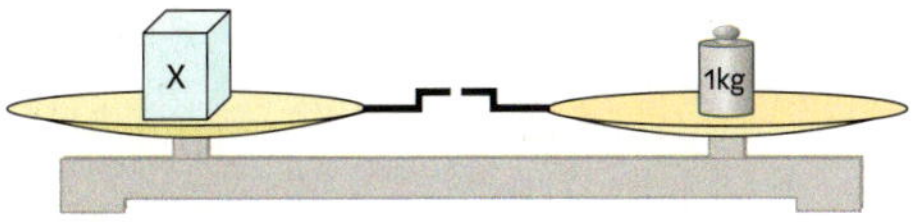

$x = 1$

6 Vereinfache die Terme auf der linken Seite der Gleichung, indem du gleichartige Summanden zusammenfasst. Bestimme dann x.

$4x + 3x = 49$	$8x - 3x = 50$
$7x = 49 \quad | :7$	$5x = 50 \quad | :5$
$x = 7$	$x = 10$

a) $4x + 7x = 55$
$9x + 3x = 84$
$8x - 2x = 72$

b) $13x + 7x = 80$
$16x - 9x = 56$
$19x - 4x = 45$

7 Löse die Gleichungen wie im Beispiel.

$5x + 12 + 2x + 23 = 63$
$5x + 2x + 12 + 23 = 63$
$7x + 35 = 63 \quad | -35$
$7x = 28 \quad | :7$
$x = 4$

a) $4x + 8x + 13 + 19 = 140$
$18x + 21 - 7x - 17 = 125$
$15x + 40 - 25 + 5x = 135$

b) $16x + 42 - 5x + 15 + 21 = 100$
$20x + 83 + 18x - 11 + 20 = 130$
$17x + 61 - 7x - 20 - 31 = 140$

Lösungen zu den Aufgaben 6 und 7:
1 2 3 4 5 6 7 8 9 11 12 13

8 Erläutere mithilfe der abgebildeten Waagen die Umformung der Gleichung $\boxed{2(x + 2) = 8}$.

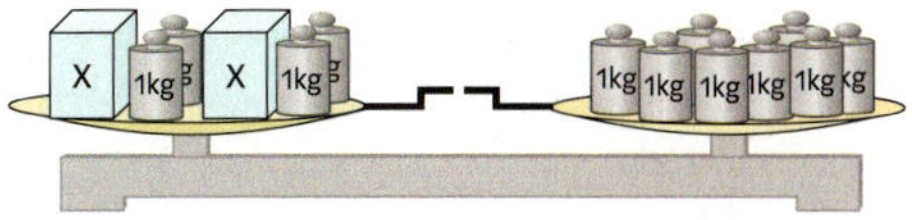

$2(x + 2) = 8$

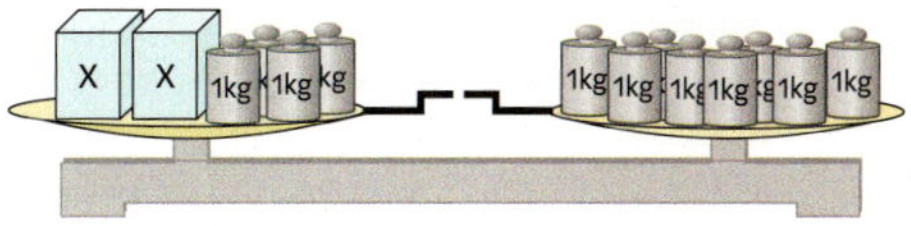

$2x + 4 = 8 \quad | -4$

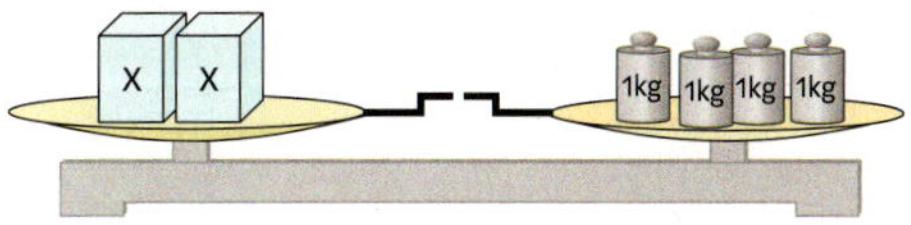

$2x = 4 \quad | :2$

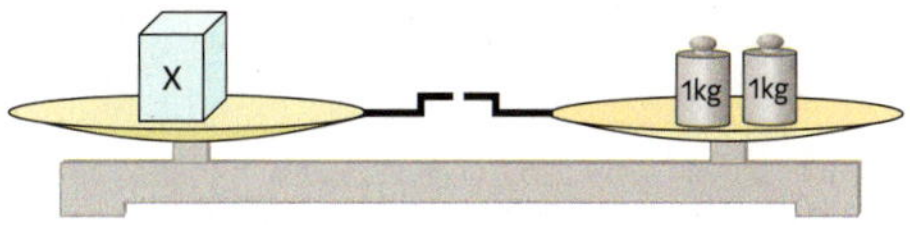

$x = 2$

9 Multipliziere die Klammern aus und bestimme die Lösung der Gleichung.

$3(x + 2) = 9$	$4(x - 3) = 8$
$3x + 6 = 9 \quad | -6$	$4x - 12 = 8 \quad | +12$
$3x = 3 \quad | :3$	$4x = 20 \quad | :4$
$x = 1$	$x = 5$

a) $5(x + 4) = 35$
$8(x + 2) = 32$
$9(x + 5) = 99$

b) $3(x - 11) = 6$
$6(x - 9) = 12$
$7(x - 8) = 84$

c) $7(x + 3) = 70$
$3(x - 2) = 42$
$6(x + 5) = 78$

d) $9(x - 8) = 81$
$8(x + 7) = 64$
$7(x - 3) = 14$

10 Multipliziere die Klammern aus und bestimme die Lösung der Gleichung.

$3(2x + 5) = 33$
$6x + 15 = 33 \quad | -15$
$6x = 18 \quad | :6$
$x = 3$

a) $5(2x + 4) = 60$
$2(3x + 1) = 56$
$3(4x + 5) = 99$

b) $3(2x - 13) = 33$
$4(3x - 25) = 80$
$5(2x - 18) = 50$

Lösungen zu den Aufgaben 9 und 10:
1 2 3 4 5 6 7 7 8 9 11 12 13 14 15 16 17 20

Übungen zum Umformen von Termen findest du in der Wiederholung auf Seite 183.

Gleichungen mit x auf beiden Seiten

1 Notiere zu jeder Waage die entsprechende Gleichung und erläutere die einzelnen Schritte der Umformung.

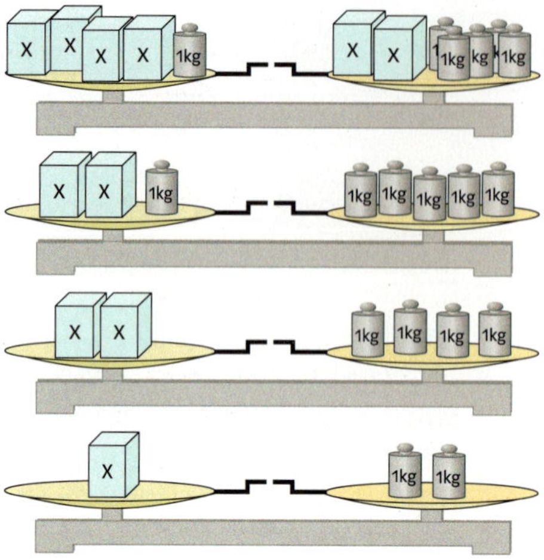

Eine Gleichung mit x auf beiden Seiten kannst du in eine Gleichung mit x auf einer Seite umformen.
Dazu musst du auf beiden Seiten der Gleichung ein Vielfaches von x addieren oder subtrahieren.

$11x - 4 = 5x + 20 \quad | -5x$
$11x - 5x - 4 = 5x - 5x + 20$
$6x - 4 = 20$

$7x + 8 = 30 - 4x \quad | +4x$
$7x + 4x + 8 = 30 - 4x + 4x$
$11x + 8 = 30$

2 Forme die Gleichungen um und bestimme x.

a) $5x + 9 = 3x + 17$
$8x + 2 = 4x + 22$
$9x + 7 = 2x + 84$

b) $7x - 11 = 4x + 7$
$6x - 19 = 2x + 9$
$5x - 24 = 3x + 8$

c) $8x - 17 = 3x - 7$
$7x - 19 = 2x - 4$
$5x - 27 = 3x - 3$

d) $9x + 6 = 3x + 60$
$5x - 8 = 2x + 37$
$8x - 4 = 6x + 36$

e) $15x - 91 = 4x - 3$
$17x - 73 = 9x + 7$
$20x - 17 = 8x - 5$

f) $9x - 74 = 4 + 3x$
$2x - 91 = 9 - 2x$
$6x - 61 = 2 + 3x$

Lösungen zu Aufgabe 2:
1 2 3 4 5 6 7 8 9 10 11 12 13 15 16 20 21 25

3 Maha, Lea und Luisa haben dieselbe Gleichung auf unterschiedliche Weise gelöst. Vergleiche die drei Lösungswege.

Mahea:
$19x - 12 = 14x + 18 \quad | -14x$
$5x - 12 = 18 \quad | +12$
$5x = 30 \quad | :5$
$x = 6$

Lea:
$19x - 12 = 14x + 18 \quad | +12$
$19x = 14x + 30 \quad | -14x$
$5x = 30 \quad | :5$
$x = 6$

Luisa:
$19x - 12 = 14x + 18 \quad | -19x$
$-12 = -5x + 18 \quad | -18$
$-30 = -5x \quad | :(-5)$
$6 = x$

4 Bei diesen Gleichungen treten Brüche als Lösungen auf. Bestimme x.

$11x + 20 = 5x + 25 \quad | -5x$
$6x + 20 = 25 \quad | -20$
$6x = 5 \quad | :6$
$x = \frac{5}{6}$

a) $11x - 5 = 9x - 4$
$13x + 2 = 9x + 5$
$12x - 3 = 4x + 4$

b) $9x - 6 = 6x - 5$
$8x + 1 = 5x + 3$
$7x - 1 = 2x + 2$

Lösungen zu Aufgabe 4:
$\frac{1}{3}$ $\frac{1}{2}$ $\frac{3}{5}$ $\frac{2}{3}$ $\frac{3}{4}$ $\frac{7}{8}$

5 Durch die **Probe** kannst du überprüfen, ob du die richtige Lösung einer Gleichung bestimmt hast. Dazu setzt du in die Ausgangsgleichung für die Variable die Lösung ein. Wenn dadurch eine wahre Aussage entsteht, ist deine Lösung richtig.

Umformen der Gleichung		Probe
$4x - 7 = x + 8$	$\| -x$	$4 \cdot \boxed{5} - 7 = \boxed{5} + 8$
$3x - 7 = 8$	$\| +7$	$20 - 7 = 5 + 8$
$3x = 15$	$\| :3$	$13 = 13$
$x = 5$		**wahr!**

Löse die Gleichungen und mache die Probe.

a) $6x - 3 = 4x + 1$
$5x - 4 = 2x + 5$

b) $7x + 4 = 2x + 9$
$6x - 9 = 5x + 1$

Gleichungen mit x auf beiden Seiten

6 Fasse zunächst auf beiden Seiten der Gleichung gleichartige Summanden zusammen. Bestimme dann die Lösung.

$$\begin{aligned} 8x+3+2x+4 &= 9x+16-2x \\ 8x+2x+3+4 &= 9x-2x+16 \\ 10x+7 &= 7x+16 && \mid -7x \\ 3x+7 &= 16 && \mid -7 \\ 3x &= 9 && \mid :3 \\ x &= 3 \end{aligned}$$

a) $4x-17+3x=6x+13-2x$
$8x-6-3x=22+2x+17$
$11x-18+3x=35+4x-13$

b) $4x+13+2x-4=46-2x-5$
$14+8x-9-6x=87-3x-2$
$13+3x-8+4x=99-5x+2$

7 Multipliziere die Klammer aus und bestimme die Lösung der Gleichung.

$$\begin{aligned} 7(x+3) &= 3x+41 \\ 7x+21 &= 3x+41 && \mid -3x \\ 4x+21 &= 41 && \mid -21 \\ 4x &= 20 && \mid :4 \\ x &= 5 \end{aligned}$$

a) $3(x-7)=2x-1$
$7(x+1)=5x+9$
$6(x-6)=2x+8$

b) $5(x-6)=2x-3$
$7x-2=3(x+2)$
$4x-8=3(x-1)$

8 Multipliziere die Klammern aus, fasse gleichartige Summanden zusammen und bestimme x.

$$\begin{aligned} 7(x-2)+3x &= 10+2(x+4) \\ 7x-14+3x &= 10+2x+8 \\ 7x+3x-14 &= 2x+10+8 \\ 10x-14 &= 2x+18 && \mid -2x \\ 8x-14 &= 18 && \mid +14 \\ 8x &= 32 && \mid :8 \\ x &= 4 \end{aligned}$$

a) $5(x+2)-2x=2(x+19)-3$
$8(x+6)-38=5(x+15)-2x$
$7(x-1)+16=6(x+1)+24$

b) $5(x+2)+7(x-3)=2x+19$
$9(x-8)+2(x+1)=8x-16$
$6(x-1)+4(x-7)=7x-13$

Lösungen zu den Aufgaben 6 bis 8:
1 2 3 4 4 5 6 7 8 9 10 11 13 15 16 18 20 21 25

9 a) Begründe, warum die Gleichung $2x+1=2x+3$ keine Lösung haben kann.

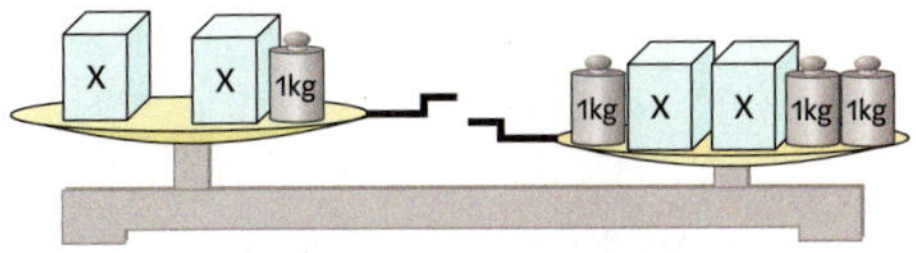

b) Gib zwei weitere Gleichungen an, die keine Lösung haben.

Wenn beim Umformen einer Gleichung eine falsche Aussage entsteht, hat die Gleichung **keine Lösung**.

$$\begin{aligned} 3x+5 &= 3x+2 && \mid -3x \\ 5 &= 2 && \textbf{falsch!} \end{aligned}$$

$$\begin{aligned} 4(x-5) &= 4x-7 \\ 4x-20 &= 4x-7 && \mid -4x \\ -20 &= -7 && \textbf{falsch!} \end{aligned}$$

10 a) Begründe, warum die Waage im Gleichgewicht ist, egal wie groß das Gewicht einer Schachtel ist.

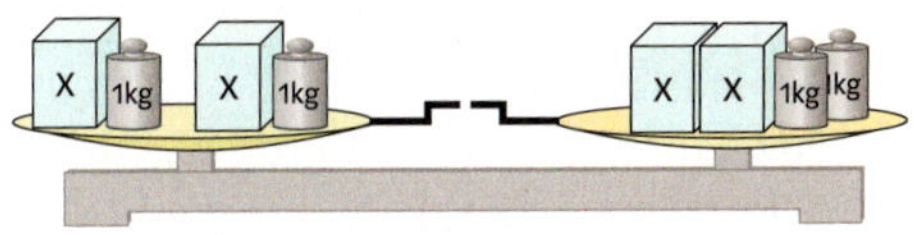

b) Setze in die Gleichung $2(x+1)=2x+2$ für x nacheinander 1, 2, 3, 4, 5 ein. Was stellst du fest?

Wenn beim Umformen einer Gleichung eine Aussage entsteht, die immer wahr ist, dann ist jede Zahl Lösung der Gleichung.
Die Gleichung ist **allgemeingültig**.

$$\begin{aligned} 2(x+3) &= 2x+6 \\ 2x+6 &= 2x+6 && \mid -2x \\ 6 &= 6 && \textbf{wahr!} \end{aligned}$$

11 Ist die Gleichung allgemeingültig oder hat sie keine Lösung?
a) $5(x-3)+2x=7x-15$
b) $8(x+2)-5x=3(x+5)$
c) $9(x+3)-5(x+1)=4(x+5)$
d) $5(x-2)-3(x-4)=2(x+1)$

Zahlenrätsel

1

die gesuchte Zahl: x

das Neunfache der Zahl:	$9x$	das Dreifache der Zahl:	$3x$
das Neunfache der Zahl vermindert um 4:	$9x-4$	das Dreifache der Zahl vermehrt um 8:	$3x+8$

Gleichung: $\boxed{9x-4=3x+8}$

Löse die Gleichung.

2 Ordne jedem Zahlenrätsel die passende Gleichung zu.

① Das Zwölffache einer Zahl vermehrt um 4 ist genauso groß wie das Zehnfache der Zahl vermehrt um 6.

② Das Zehnfache einer Zahl vermindert um 6 ist genauso groß wie das Vierfache der Zahl vermehrt um 10.

③ Das Zwölffache einer Zahl vermindert um 4 ist genauso groß wie das Zehnfache der Zahl vermehrt um 6.

④ Das Zehnfache einer Zahl vermindert um 4 ist genauso groß wie das Sechsfache der Zahl vermehrt um 12.

⑤ Das Zwölffache einer Zahl vermindert um 6 ist genauso groß wie das Vierfache der Zahl vermehrt um 10.

⑥ Das Zehnfache einer Zahl vermehrt um 4 ist genauso groß wie das Sechsfache der Zahl vermehrt um 12.

A $12x-6=4x+10$	B $10x-4=6x+12$
C $10x-6=4x+10$	D $10x+4=6x+12$
E $12x-4=10x+6$	F $12x+4=10x+6$

3 a) Subtrahiere 3 von der gesuchten Zahl und multipliziere die Differenz mit 6. Du erhältst das Doppelte der gesuchten Zahl vermehrt um 10.

3 von der Zahl subtrahiert: $x-3$	das Doppelte der Zahl: $2x$
die Differenz multipliziert mit 6: $6(x-3)$	das Doppelte vermehrt um 10: $2x+10$

Gib die Gleichung an und löse sie.

b) Addiere 7 zu einer Zahl und multipliziere die Summe mit 5. Du erhältst das Doppelte der Zahl vermehrt um 44. Bestimme die gesuchte Zahl.

4 Schreibe das Zahlenrätsel als Gleichung und bestimme die Lösung.

a) Das Fünffache einer Zahl vermehrt um 2 ist genauso groß wie das Dreifache der Zahl vermehrt um 20.

b) Das Achtfache einer Zahl vermehrt um 3 ist genauso groß wie das Elffache der Zahl vermindert um 30.

c) Addiere 4 zu einer Zahl und multipliziere die Summe mit 9. Du erhältst das Fünffache der Zahl vermehrt um 84.

d) Multipliziere eine Zahl mit 12 und subtrahiere 20. Du erhältst das Fünffache der Zahl vermehrt um 15.

e) Subtrahiere 9 von einer Zahl und multipliziere die Differenz mit 7. Du erhältst das Dreifache der Zahl vermindert um 3.

Lösungen zu den Aufgaben 3 und 4:
3 5 7 9 11 12 15

5 Gib zu jeder Gleichung ein Zahlenrätsel an.

① $7x+2=3x+6$ ② $4(x+3)=28$
③ $8x-4=6x+10$ ④ $3(x-2)=2x$

Gleichungen mit x im Nenner

1 Der ICE erreicht auf der 540 Kilometer langen Strecke von Köln nach Berlin eine Durchschnittsgeschwindigkeit von $120\,\frac{km}{h}$.

Welche Zeit benötigt er für die Strecke von Köln nach Berlin?

Gegeben:	Geschwindigkeit	$120\,\frac{km}{h}$
	Strecke (Weg)	540 km
Gesucht:	Zeit	x

Gleichung: $120 = \frac{540}{x}$

a) Erkläre, dass du die Zeit mithilfe der angegebenen Gleichung berechnen kannst.
b) Löse die Gleichung. Beschreibe deinen Lösungsweg.

2 a) Jenna hat ausgerechnet, welche Zeit ein ICE bei einer Durchschnittsgeschwindigkeit von $140\,\frac{km}{h}$ für eine 315 km lange Strecke benötigt. Erkläre die Umformung der Gleichung.

$$140 = \frac{315}{x} \quad | \cdot x$$
$$140x = \frac{315 \cdot x}{x}$$
$$140x = 315 \quad | :140$$
$$x = 2{,}25$$

Der Zug benötigt $2\frac{1}{4}$ h oder 2 h 15 min.

b) In welcher Zeit legt ein ICE eine Strecke von 440 km zurück, wenn seine Durchschnittsgeschwindigkeit $160\,\frac{km}{h}$ beträgt?

Dividiert man die Masse m eines Körpers durch sein Volumen V, so erhält man die Dichte ρ des Körpers.

$\text{Dichte} = \frac{\text{Masse}}{\text{Volumen}} \qquad \rho = \frac{m}{V}$

3 Ein Goldbarren wiegt 1 000 g.

Welches Volumen hat er?

Gegeben:	Masse	1 000 g
	Dichte von Gold	$19{,}3\,\frac{g}{cm^3}$
Gesucht:	Volumen	x

Gleichung: $19{,}3 = \frac{1\,000}{x}$

Löse die Gleichung und gib das Volumen des Goldbarrens an.

4 Bestimme jeweils das Volumen von zwei Kilogramm Blei, Glas und Papier.

5 a) Frau Burghofs Auto verbraucht durchschnittlich 7,2 *l* Benzin auf 100 km. Der Benzintank des Wagens fasst 54 Liter. Welche Strecke kann sie mit einer Tankfüllung zurücklegen?

Stelle eine Gleichung auf und löse sie.
b) Herr Haas hat 49 Liter Benzin getankt. Der durchschnittliche Verbrauch seines Wagens beträgt 5,6 *l* Benzin auf 100 km.

Dichte einiger Stoffe

Stoff	Dichte in $\frac{g}{cm^3}$
Beton	2,2
Blei	11,3
Glas	2,5
Gold	19,3
Eisen	7,9
Papier	0,9

Gleichungen mit x im Nenner

6 a) In Theas Klasse sind 12 Mädchen. Das Verhältnis von Schülerinnen zu Schülern beträgt 3:4. Die Anzahl der Jungen in ihrer Klasse hat Thea mithilfe einer Gleichung bestimmt.

Verhältnis von Mädchen und Jungen: 3 : 4
Anzahl der Mädchen: 12
Anzahl der Jungen: x
Gleichung: $\frac{3}{4} = \frac{12}{x}$

$$\frac{3}{4} = \frac{12}{x} \quad | \cdot x$$
$$\frac{3 \cdot x}{4} = \frac{12 \cdot x}{x}$$
$$\frac{3 \cdot x}{4} = 12 \quad | \cdot 4$$
$$\frac{3 \cdot x}{4} \cdot 4 = 48$$
$$3x = 48 \quad | : 3$$
$$x = 16$$

Erläutere Theas Rechnung. Wie viele Mitglieder hat Theas Klasse?

b) In Aylas Klasse sind 14 Mädchen. Das Verhältnis von Schülerinnen zu Schülern beträgt 7:6. Bestimme die Anzahl der Jungen mithilfe einer Gleichung.

c) In Emres Klasse beträgt das Verhältnis von Schülerinnen zu Schülern 4:5. In der Klasse sind 12 Mädchen. Erläutere, wie Emre die Anzahl der Jungen berechnet hat. Wie viele Mitglieder hat Emres Klasse?

$$\frac{4}{5} \times \frac{12}{x}$$
$$4 \cdot x = 5 \cdot 12$$
$$x = \frac{5 \cdot 12}{4}$$
$$x = 15$$

7 Aysun und Lea möchten ein Glas Schorle trinken. Sie mischen Orangensaft und Mineralwasser im Verhältnis 3:2 und verwenden 0,45 *l* Saft. Wie viel Liter Schorle haben sie zubereitet?

8 Bei einem Fernsehmonitor beträgt das Verhältnis von Länge zu Breite 16:9. Bestimme die Breite eines Monitors, der 95,2 cm (143,9 cm) lang ist. Runde auf eine Stelle nach dem Komma.

9 Eine Glockengießerei stellt Glocken aus Bronze her. Bronze ist eine Legierung (Verschmelzung) aus Kupfer und Zinn.

Bei der Herstellung einer Glocke betrug das Verhältnis von Kupfer zu Zinn 11:3. Dabei wurden 759 kg Kupfer verwendet. Wie viel Kilogramm Zinn wurden beim Guss der Glocke benötigt? Gib das Gewicht der Glocke an.

10 Messing ist eine Legierung, bei der Kupfer und Zink im Verhältnis 7:3 verschmolzen werden.

a) Ein Wasserhahn aus Messing wiegt 250 g. Ben ermittelt, wie viel Gramm Kupfer der Wasserhahn enthält. Dazu hat er eine Gleichung aufgestellt.

Verhältnis von Kupfer zu Zink: 7 : 3
Masse des Kupferanteils (g): x
Masse des Zinkanteils (g): 250 − x
Gleichung: $\frac{7}{3} = \frac{x}{250 - x}$

$$7(250 - x) = 3x$$
$$1750 - 7x = 3x \quad | + 7x$$
$$1750 = 10x \quad | : 10$$
$$175 = x$$

Gib die Masse des Kupferanteils (Zinkanteils) an.

b) Eine Kanne aus Messing wiegt 1,7 kg. Stelle eine Gleichung auf und bestimme die Masse des Kupferanteils (Zinkanteils).

Geometrische Formeln

1 Der Flächeninhalt eines Rechtecks beträgt 143 cm². Die Seite a ist 13 cm lang. Im Beispiel wird die Länge der Seite b berechnet. Dazu werden die gegebenen Größen in die Formel für den Flächeninhalt eingesetzt.

$A = a \cdot b$
$143 = 13 \cdot b \quad | :13$
$11 = b$
Die Seite b ist 11 cm lang.

In einem Rechteck sind der Flächeninhalt A und die Länge der Seite a gegeben. Berechne die Länge der Seite b.
a) $A = 325\ cm^2$, $a = 25\ cm$
b) $A = 288\ cm^2$, $a = 18\ cm$

2 Der Umfang eines Rechtecks beträgt 68 cm. Die Seite a ist 12 cm lang. Im Beispiel wird die Länge der Seite b berechnet.

$u = 2a + 2b$
$68 = 2 \cdot 12 + 2b$
$68 = 24 + 2b \quad | -24$
$44 = 2b \quad | :2$
$22 = b$
Die Seite b ist 22 cm lang.

In einem Rechteck sind der Umfang u und die Länge der Seite a gegeben. Berechne die Länge der Seite b.
a) $u = 64\ cm$, $a = 17\ cm$
b) $u = 98\ cm$, $a = 28\ cm$

3 Gib eine Formel zur Berechnung des Umfangs der Figur an. Berechne dann die Länge der Seite b.

a)
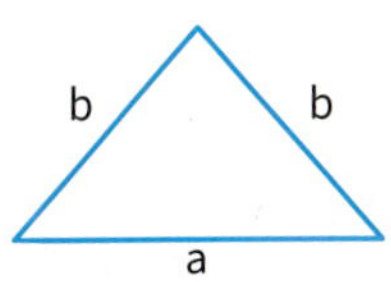

$u = 20\ cm$
$a = 8\ cm$

b)
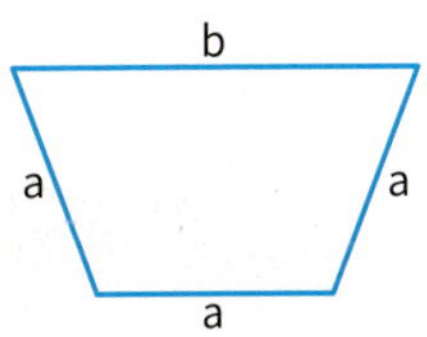

$u = 33\ cm$
$a = 7\ cm$

c)
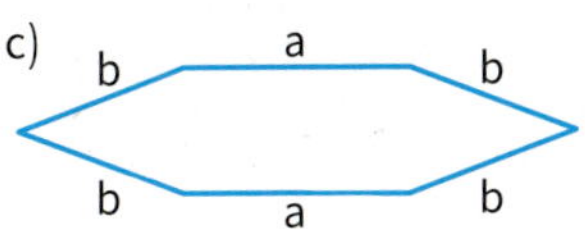

$u = 46\ cm$
$a = 9\ cm$

4 Das Volumen eines Quaders beträgt 120 cm³. Der Quader ist 8 cm lang und 5 cm breit. Im Beispiel wird die Höhe c des Quaders berechnet.

$V = a \cdot b \cdot c$
$120 = 8 \cdot 5 \cdot c$
$120 = 40 \cdot c \quad | :40$
$3 = c$
Die Höhe c beträgt 3 cm.

In einem Quader sind das Volumen, die Länge a und die Breite b gegeben. Berechne die Höhe c.
a) $V = 160\ cm^3$, $a = 4\ cm$, $b = 5\ cm$
b) $V = 126\ cm^3$, $a = 9\ cm$, $b = 7\ cm$

5 Der Umfang eines Rechtecks beträgt 44 cm. Die Seite a ist 8 cm lang. Im Beispiel wird die Länge der Seite b berechnet.

Umformen der Formel:
$u = 2a + 2b \quad | -2a$
$u - 2a = 2b \quad | :2$
$\frac{u - 2a}{2} = b$
Einsetzen in die Formel: $u = 44$, $a = 8$
$b = \frac{u - 2a}{2} = \frac{44 - 2 \cdot 8}{2} = \frac{28}{2} = 14$
Die Seite b ist 14 cm lang.

In jeder Spalte stehen die Maße eines Rechtecks. Berechne jeweils die Länge der Seite b.

u	74 cm	96 cm	124 cm	428 cm
a	14 cm	22 cm	33 cm	102 cm

6 a) Gib eine Formel für den Umfang eines gleichschenkligen Dreiecks mit der Grundseite a und dem Schenkel b an.
b) Forme diese Formel nach b um.
c) In jeder Spalte stehen die Maße eines gleichschenkligen Dreiecks. Berechne jeweils die Länge der Seite b.

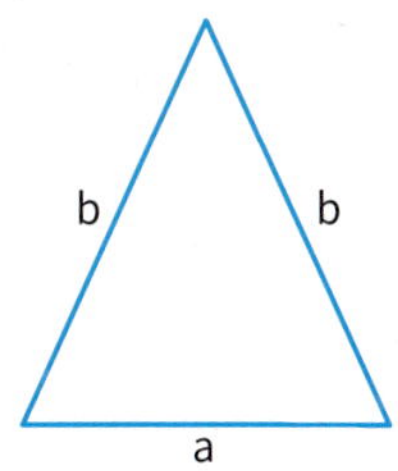

u	22 cm	50 cm	60 cm	84 cm
a	4 cm	10 cm	22 cm	22 cm

Lösungen zu den Aufgaben 1 bis 6:
2 6 7 8 9 12 13 15 16 19 20 21 23 26 29 31 112

Geometrische Formeln

7 Das abgebildete Blumenbeet ist mit Steinen umrandet. Die Umrandung ist insgesamt 40 m lang.

Bestimme die Länge des Blumenbeets.

8 Im Lageplan sind einige Längen nicht angegeben. Berechne die fehlenden Längen a, b, c und d.

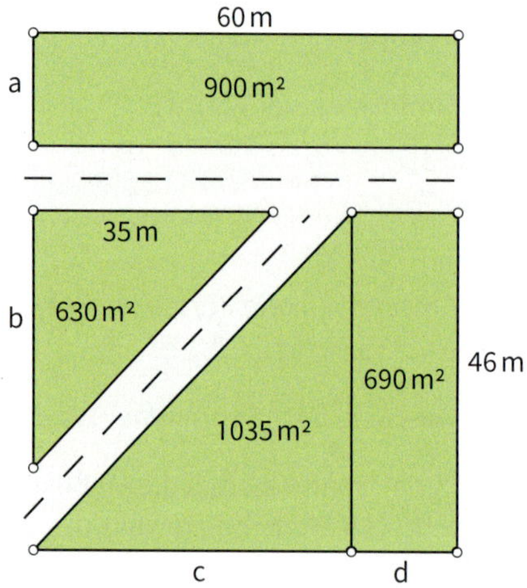

9 Die Lagerhalle einer Fabrik ist 35 m lang und 24 m breit. Sie hat einen Rauminhalt von 9 240 m^3.
Berechne die Höhe der Lagerhalle.

10 Ein quaderförmiger Faltbehälter aus Kunststoff fasst 0,0672 m^3.

Berechne die Höhe des Behälters.

11 a) Das abgebildete Kantenmodell eines Quaders ist aus einem 60 cm langen Draht hergestellt worden.

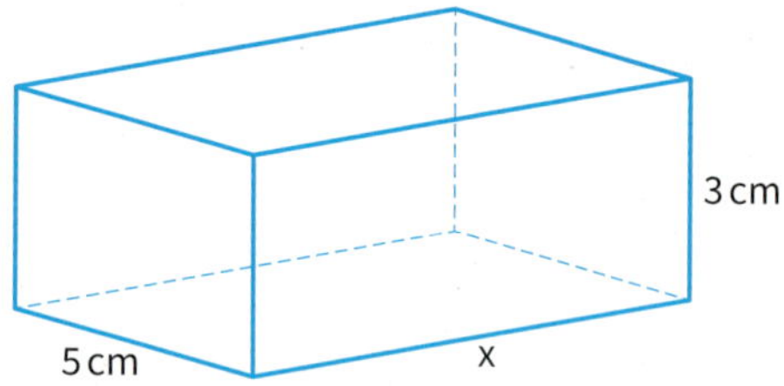

Berechne die fehlende Größe x.

b) Länge und Breite eines Quaders betragen jeweils 12 cm. Ein Kantenmodell dieses Quaders kann aus einem zwei Meter langen Draht hergestellt werden.
Berechne die Höhe des Quaders.

12 Ein Balken aus Eichenholz wiegt 162 kg. Berechne seine Länge.

Dichte von Eichenholz: $\rho = 0{,}9\ \frac{g}{cm^3}$

13 Der Kellerraum von Familie Espeter ist 25 m^2 groß.
Frau Espeter möchte den Betonfußboden dieses Raumes streichen. Dazu hat sie einen Eimer mit 10 *l* Farbe gekauft.
Mit dem Inhalt dieses Eimers wird der Fußboden gleichmäßig gestrichen.
(1 *l* ≙ 1 000 cm^3)

Wie dick ist die Farbschicht?

WISSEN KOMPAKT

Wenn zwei Terme durch ein Gleichheitszeichen verbunden werden, entsteht eine **Gleichung**.	$9x - 6 = 4x - 1$ $7(x + 8) = 119$

Die Lösung einer Gleichung ändert sich nicht, wenn du auf beiden Seiten der Gleichung denselben Term addierst oder subtrahierst.	$7x - 4 = 6x + 7 \quad \vert -6x$ $x - 4 = 7 \quad \vert +4$ $x = 11$
Die Lösung einer Gleichung ändert sich nicht, wenn du beide Seiten der Gleichung durch denselben Term (ungleich Null) dividierst oder mit demselben Term (ungleich Null) multiplizierst.	$5x = 35 \quad \vert :5$ $x = 7$ $\frac{1}{2}x = 3 \quad \vert \cdot 2$ $x = 6$
Die Umformung einer Gleichung, bei der sich die Lösung nicht ändert, heißt **Äquivalenzumformung**.	

Wenn beim Umformen einer Gleichung eine falsche Aussage entsteht, hat die Gleichung **keine Lösung**.	$5x + 11 = 5x + 3 \quad \vert -5x$ $11 = 3$ falsch!

Wenn beim Umformen einer Gleichung eine wahre Aussage entsteht, ist jede rationale Zahl Lösung der Gleichung. Die Gleichung ist **allgemeingültig**.	$4(x + 2) = 4x + 8$ $4x + 8 = 4x + 8 \quad \vert -4x$ $8 = 8$ wahr!

Bei einer **Gleichung mit Klammern** multiplizierst du zuerst die Klammern aus und fasst gleichartige Summanden zusammen. Dann formst du die Gleichung so um, dass die Variable auf einer Seite alleine steht.	$5(x + 3) - 9 = 3x - (x - 12)$ $5x + 15 - 9 = 3x - x + 12$ $5x + 6 = 2x + 12 \quad \vert -2x$ $3x + 6 = 12 \quad \vert -6$ $3x = 6 \quad \vert :3$ $x = 2$

Formeln sind Gleichungen mit mehreren Variablen. Sie können nach jeder Variablen umgeformt werden.	$v = \frac{s}{t}$ $\quad v = 8\,\frac{km}{h}, s = 20\,km$ $8 = \frac{20}{t} \quad \vert \cdot t$ $8t = 20 \quad \vert :8$ $t = 2{,}5$ $\quad t = 2{,}5\,h$

■ Bei einer **Verhältnisgleichung** sind zwei Verhältnisse (Brüche) durch ein Gleichheitszeichen verbunden.	$\frac{5}{8} = \frac{35}{x} \quad \vert \cdot x$ $\frac{5x}{8} = 35 \quad \vert \cdot 8$ $5x = 280$ $x = 56$

ÜBEN

1 Fasse gleichartige Summanden zusammen und bestimme dann die Lösung der Gleichung.

a) $9x + 11x + 13 + 27 = 100$
$23 + 31 + 19x - 4x = 159$
$15x + 37 - 12 - 8x = 130$

b) $4x + 3x + 18x + 31 + 19 = 250$
$16x - 11x + 3x + 45 - 13 = 120$
$80 + 12x - 25 + 3x - 6x = 145$

c) $14x - 2x + 28 - 8x + 32 = 180$
$60 - 11 + 23x - 45 - 15x = 100$
$18x + 29 - 5x - 3x - 19 = 140$

2 Löse die Gleichung wie in den Beispielen. Die Lösung kannst du als Bruch oder als Dezimalzahl schreiben.

$$\begin{aligned} 4x + 11 &= 14 \quad | -11 \\ 4x &= 3 \quad | :4 \\ x &= \tfrac{3}{4} \end{aligned} \qquad \begin{aligned} 4x + 11 &= 14 \quad | -11 \\ 4x &= 3 \quad | :4 \\ x &= 0{,}75 \end{aligned}$$

a) $4x + 9 = 10$
$5x + 8 = 11$
$8x - 2 = 4$

b) $10x - 3 = 12$
$12x + 9 = 15$
$20x - 2 = 17$

3 Ordne jeder Gleichung aus dem linken Kasten die Gleichung aus dem rechten Kasten zu, die dieselbe Lösung hat.

A $3(x+1) = 18$	① $7(x+3) = 49$
B $9(x+1) = 72$	② $8(x-3) = 80$
C $7(x-9) = 14$	③ $2(x+1) = 24$
D $5(x+4) = 85$	④ $4(x+8) = 40$
E $8(x+5) = 56$	⑤ $4(x-2) = 12$
F $3(x+5) = 18$	⑥ $6(x-2) = 30$
G $5(x-2) = 10$	⑦ $5(x+2) = 60$
H $9(x-5) = 45$	⑧ $2(x+8) = 18$

4 Multipliziere die Klammern aus, fasse gleichartige Summanden zusammen und bestimme dann die Lösung der Gleichung.

a) $7(x+1) + 5x = 2(x+12) - 7$
$8(x+4) - 26 = 4(x+15) - 2x$

b) $4(x-3) + 3(x-2) = 2x - 3$
$9(x-8) + 6(x+1) = 11x - 30$

5 Löse die Gleichungen. Die Buchstaben hinter den Lösungen bilden das Lösungswort.

a) $4(x+1) = 2(x+9)$
$6(x+2) = 2(x+8)$
$5(x-8) = 2(x-5)$
$7(x-5) = 4(x-2)$

b) $7(x+3) = 9(x+1)$
$11(x-9) = 8(x-12)$
$8(x-4) = 6(x-3)$
$9(x+4) = 5(x+8)$

c) $4(x+3) = 3(x+4) + 3$
$8(x-5) = 3(x-2) - 4$
$9(x+2) = 5(x+9) + 17$
$8(x-3) = 2(x+1) + 4$

d) $2(x+1) + 3(x-1) = 24$
$4(x+2) - 2(x-2) = 14$
$3(x-9) + 5(x-3) = 30$
$5(x+4) - 3(x+1) = 23$

e) $11(2x-3) = 7(2x+1)$
$8(3x-2) = 7(3x+2)$
$4(5x+2) = 8(2x+5)$
$3(7x+1) = 9(3x-1)$

f) $2(3x+1) + 5(2x-1) = 13$
$7(2x-3) - 3(4x-9) = 14$
$8(5x-9) - 5(4x-1) = 13$
$2(3x-1) + 4(2x-7) = 12$

1 A · 2 D · 3 E · 4 F · 5 H · 6 L · 7 M · 8 N · 9 S · 10 U · 11 C

6 Die Umformung der Gleichung enthält einen Fehler. Schreibe sie richtig in dein Heft.

a)
$6x + 7 = 13 \quad | -7$
$6x = 6$
$x = 0$

b)
$2x - 7 = 9 \quad | -7$
$2x = 2 \quad | :2$
$x = 1$

c)
$2x + 9 = 57 \quad | -9$
$2x = 46 \quad | :2$
$x = 23$

d)
$4x - 8 = 24 \quad | :4$
$x - 8 = 6 \quad | +8$
$x = 14$

7 Ist die Gleichung allgemeingültig oder hat sie keine Lösung?

a) $6(x+2) = 2x + 11 + 4x$
b) $4(x+6) - 2x = 2(x+12)$
c) $5(x+4) + 3x - 4 = 8(x+2)$
d) $8(x+2) - 5x = 3(x+5)$

ÜBEN: Sachaufgaben

Stelle zu jeder Aufgabe auf den Seiten 19 und 20 eine Gleichung auf. Lege zunächst fest, wofür die Variable in der Gleichung steht.

1 Der Pizzabote liefert mehrere Pizzen zu je 8,50 € und drei Salate zu je 7 €. Der Preis beträgt insgesamt 123 €.

Anzahl der Pizzen:	x
Preis für eine Pizza (€):	8,50
Preis für drei Salate (€):	21
Gesamtpreis der Lieferung (€):	123

Gleichung: $8{,}50 \cdot x + 21 = 123$

Wie viele Pizzen hat der Bote ausgeliefert?

2 Ida bezahlt für einen Eisbecher mit Sahne 4,40 €.
Asel holt sich einen Becher mit Sahne. Sie bezahlt 5,60 €.
Emily nimmt einen Eisbecher ohne Sahne zu 6 €.

Wie viele Kugeln Eis hat jedes Mädchen erhalten?

3 Willy kauft für seinen Kater einen Tetrapak Katzenmilch zu 6,20 € und mehrere Dosen Nassfutter zu je 2,90 €. Er bezahlt insgesamt 14,90 €.
Wie viele Dosen Nassfutter hat er gekauft?

4 Ella hat bereits mehrere DVDs mit Spielfilmen. Im Laufe eines Jahres bekommt sie 24 DVDs geschenkt. Danach besitzt sie dreimal so viele DVDs wie zuvor.
Wie viele DVDs hatte sie zu Beginn des Jahres?

5 An einem Stand auf dem Wochenmarkt werden verschiedene Obstsorten angeboten.

a) Frau Sibuea kauft zwei Kilogramm Weintrauben und mehrere Kiwis. Sie bezahlt 10 €.
b) Herr Schneiders bezahlt für mehrere Kilogramm Äpfel und zwei Ananas 16 €.

6 Mateo, Paul, Noah und Ömer besorgen sich im Schreibwarengeschäft Zeichengeräte für den Mathematikunterricht.
Jeder kauft ein Geodreieck zu 1,60 € und einen Zirkel. Insgesamt bezahlen sie 42 €.

Preis für einen Zirkel (€):	x
Preis für ein Geodreieck (€):	1,60
Anzahl der Jungen:	4
Gesamtpreis des Einkaufs (€):	42

Gleichung: $(x + 1{,}60) \cdot 4 = 42$

Berechne den Preis für einen Zirkel.

7 Am Wandertag der Klasse 8 a kauft die Klassenlehrerin 26 S-Bahn-Fahrscheine zu je 4,50 € und 26 Eintrittskarten für das Erlebnisbad. Insgesamt bezahlt sie 325 €.

Berechne den Eintrittspreis für das Erlebnisbad.

ÜBEN: Sachaufgaben

8 Im Supermarkt wird eine Packung mit insgesamt 71 Minischokoriegeln der Sorten Rix, Sars und Knicker angeboten.
In der Packung sind von der Sorte Sars acht Riegel weniger als von der Sorte Rix.
Die Anzahl der Riegel der Sorte Knicker ist um sieben größer als die der Sorte Rix.

Anzahl der Riegel Rix:	x
Anzahl der Riegel Sars:	$x - 8$
Anzahl der Riegel Knicker:	$x + 7$
Gleichung:	$\boxed{x + x - 8 + x + 7 = 71}$

Wie viele Riegel von jeder Sorte sind in der Packung enthalten?

9 a) Emre ist drei Jahre jünger als Ben und Leon ist ein Jahr älter als Ben. Zusammen sind sie 60 Jahre alt.
Wie alt ist jeder von ihnen?
b) Elif ist zwei Jahre älter als Mia und Arwa ist zwei Jahre jünger als Mia. Zusammen sind sie 90 Jahre alt.
Wie alt ist jede von ihnen?
c) Lia, Maha, Thea und Dalia sind zusammen 60 Jahre alt. Lia, Maha und Thea sind gleich alt, Dalia ist vier Jahre älter.
Wie alt ist jedes Mädchen?

10 Die Schülerinnen und Schüler eines Technikkurses haben 20 Wanduhren hergestellt, um sie beim Schulfest zu verkaufen.
Dabei haben sie Holz für 168 €, Lack für 8 € und Uhrwerke für 119 € verarbeitet.
Sie haben sich verpflichtet, 100 € von ihrem Erlös der Flüchtlingshilfe zu spenden.
Zu welchem Preis müssen sie eine Wanduhr verkaufen, um ihre Kosten zu decken?

11 Der abgebildete Silberbarren wiegt 500 g. Die Dichte von Silber beträgt $\rho = 10{,}5\,\frac{\text{g}}{\text{cm}^3}$.

$$\text{Dichte} = \frac{\text{Masse}}{\text{Volumen}}$$

Berechne das Volumen des Silberbarrens.

12 Auf einem Direktflug von Frankfurt nach Los Angeles erreicht ein Flugzeug eine Durchschnittsgeschwindigkeit von $775\,\frac{\text{km}}{\text{h}}$.
Die beiden Städte sind 9 300 km voneinander entfernt. Wie lange dauert der Flug?

13 a) Herr Kaufmann legt die 494 km lange Strecke von Freiburg nach Essen mit einer Durchschnittsgeschwindigkeit von $104\,\frac{\text{km}}{\text{h}}$ zurück.
Wie viele Stunden ist er unterwegs?
b) Ein Lastwagen erreicht auf derselben Strecke eine Durchschnittsgeschwindigkeit von $65\,\frac{\text{km}}{\text{h}}$.
Wie viele Stunden benötigt der Lastwagen?

14 Julia bereitet einen Cocktail zu. Dabei mischt sie Ananassaft und Orangensaft im Verhältnis 3 : 5 und verwendet 0,2 *l* Ananassaft.
Wie viel Liter Orangensaft benötigt sie?

15 Bei der Leinwand eines Kinosaals beträgt das Verhältnis von Länge zu Höhe 37 : 20.
Die Leinwand ist 10 m lang.
Berechne ihre Höhe. Runde auf zwei Stellen nach dem Komma.

16 Eine Erbschaft von 93 500 € wird zwischen zwei Schwestern im Verhältnis 3 : 8 aufgeteilt.
Wie viel Euro erhält jede der beiden Schwestern?

ÜBEN: Gleichungen in der Geometrie

1 Eine Seite eines Rechtecks ist 8 cm länger als die andere. Der Umfang des Rechtecks beträgt 40 cm.
Die Längen der beiden Seiten kannst du mithilfe einer Gleichung bestimmen.

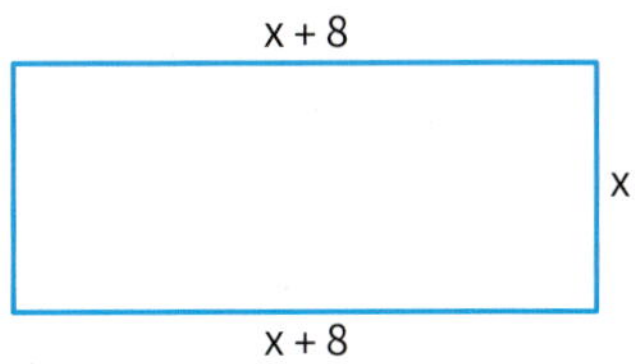

Maße in cm

Gleichung: $\boxed{x + x + 8 + x + x + 8 = 40}$

Löse die Gleichung. Gib die Länge der beiden Seiten an.

2 Bestimme die Maße des Rechtecks mithilfe einer Gleichung.

a) Bei einem Rechteck mit dem Umfang 146 cm ist eine Seite 25 cm länger als die andere.

b) Eine Seite eines Rechtecks ist 9 cm kürzer als die andere. Der Umfang des Rechtecks beträgt 62 cm.

c) Bei einem Rechteck mit dem Umfang 60 cm ist eine Seite doppelt (fünfmal) so lang wie die andere.

3 a) Die Schenkel eines gleichschenkligen Dreiecks (a = b) sind jeweils 5 cm länger als die Grundseite c. Der Umfang des Dreiecks beträgt 22 cm.

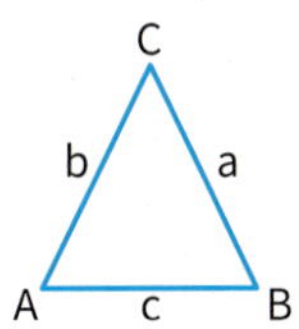

Wie lang ist die Grundseite, wie lang sind die Schenkel des Dreiecks?

b) In einem gleichschenkligen Dreieck mit dem Umfang 43 cm ist ein Schenkel 4 cm kürzer als die Grundseite. Bestimme die Länge der Grundseite und die Länge eines Schenkels.

c) Jeder Schenkel eines gleichschenkligen Dreiecks ist viermal so lang wie die Grundseite. Das Dreieck hat einen Umfang von 54 cm.
Gib die Länge der Grundseite und die Länge eines Schenkels an.

4 Der Umfang der abgebildeten Figur ist angegeben. Bestimme die gesuchte Länge x.

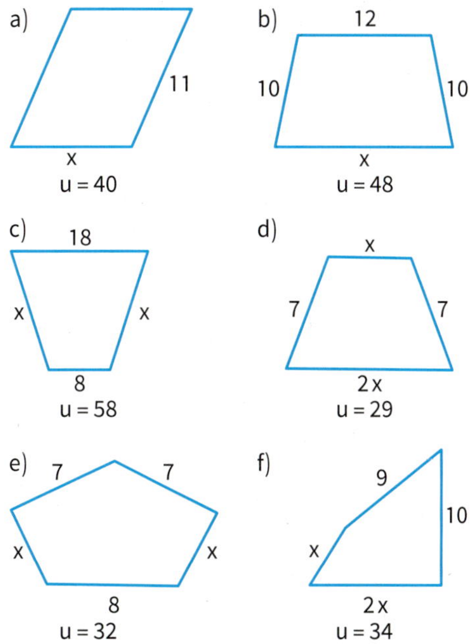

Maße in cm

5 a) Ein Rechteck ist 27 cm lang. Das Verhältnis von Länge a zu Breite b beträgt 9 : 8. Wie breit ist das Rechteck?

Länge der Seite a:	27
Länge der Seite b:	x
Verhältnis von a zu b:	9 : 8
Gleichung:	$\boxed{\frac{9}{8} = \frac{27}{x}}$

Löse die Gleichung und gib die Länge der Seite b an.

b) In einem 40 cm langen Rechteck beträgt das Verhältnis von Länge zu Breite 8 : 5. Wie breit ist das Rechteck?

6 a) Die Grundseite eines gleichschenkligen Dreiecks ist 9 cm lang. Das Verhältnis der Länge der Grundseite zur Länge eines Schenkels beträgt 3 : 4. Wie lang ist jeder Schenkel des Dreiecks?

b) In einem gleichschenkligen Dreieck beträgt das Verhältnis der Länge der Grundseite zur Länge eines Schenkels 3 : 5. Die Grundseite ist 12 cm lang. Bestimme jeweils die Schenkellängen des Dreiecks.

VERTIEFEN: Ungleichungen in der Geometrie

1 a) Der Umfang eines Rechtecks soll kleiner als 60 cm sein. Dabei ist eine Seite des Rechtecks viermal so lang wie die andere.

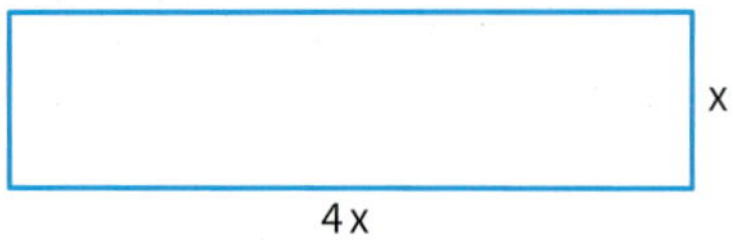

Wie lang könnten die Seiten des Rechtecks sein? Gib mehrere Möglichkeiten an.

b) Begründe, dass du die Länge der kürzeren Seite des Rechtecks mithilfe der **Ungleichung** $4x + x + 4x + x < 60$ bestimmen kannst.

c) Erläutere die Umformung der Ungleichung.

$$4x + x + 4x + x < 60$$
$$10x < 60 \quad | :10$$
$$x < 6$$

Wie lang kann die kürzere (längere) Seite des Rechtecks sein?

2 a) In einem Rechteck ist eine Seite 5 cm kürzer als die andere. Der Umfang des Rechtecks soll mehr als 50 cm betragen. Begründe, dass die Länge der längeren Seite mithilfe der Ungleichung $x + x - 5 + x + x - 5 > 50$ bestimmt werden kann.

b) Forme die Ungleichung um und gib an, wie lang die längere (kürzere) Seite des Rechtecks sein kann.

3 Stelle eine Ungleichung auf und bestimme, wie lang die Rechteckseiten sein können.

a) Der Umfang eines Rechtecks beträgt mehr als 60 cm. Eine Seite ist 8 cm länger als die andere.

b) In einem Rechteck mit einem Umfang von weniger als 48 cm ist eine Seite doppelt so lang wie die andere.

c) Eine Seite eines Rechtecks ist 12 cm kürzer als die andere. Der Umfang des Rechtecks ist kleiner als 56 cm.

d) In einem Rechteck mit einem Umfang von mehr als 84 cm ist die längere Seite fünfmal so lang wie die kürzere.

4 Der Umfang der abgebildeten Figur soll kleiner als 30 cm sein. Stelle für x eine Ungleichung auf und löse sie.

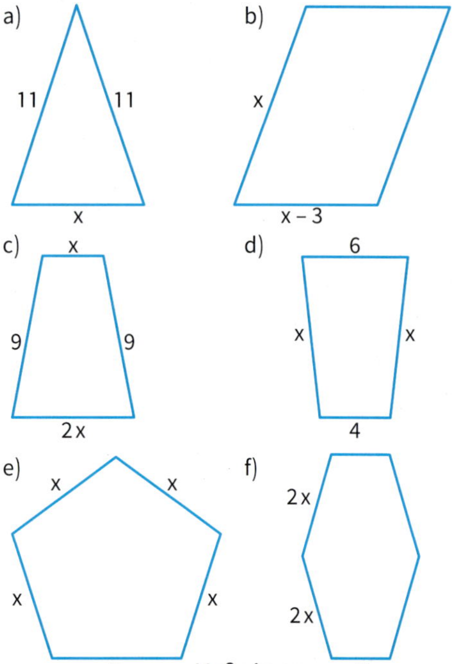

Maße in cm

5 Der Flächeninhalt der blau gefärbten Fläche ist angegeben. Stelle für x eine Ungleichung auf und löse sie.

a)

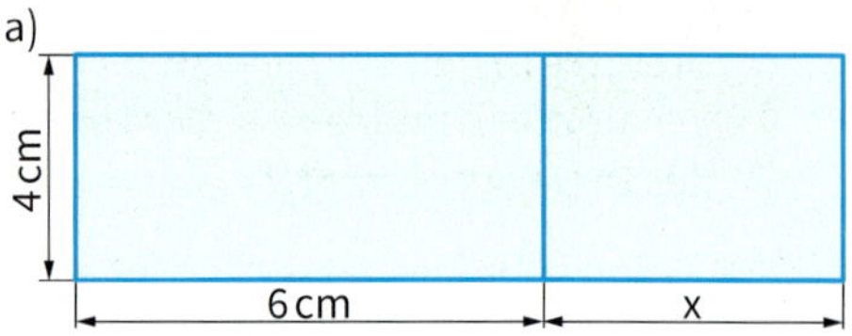

Flächeninhalt: $A > 40\ \text{cm}^2$

b)

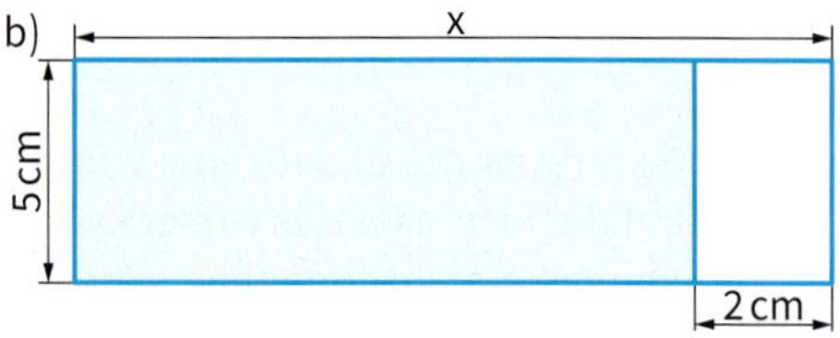

Flächeninhalt: $A > 50\ \text{cm}^2$

c)

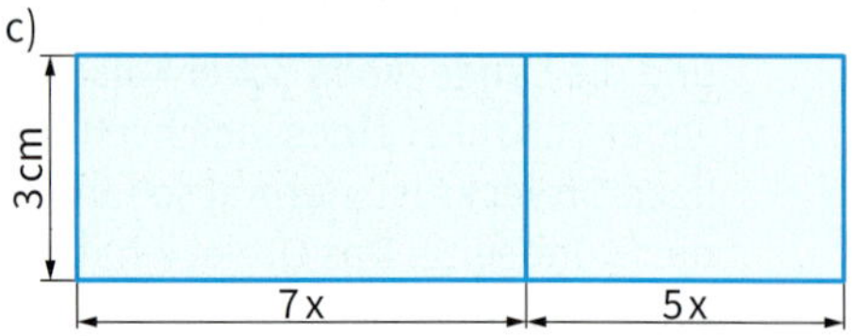

Flächeninhalt: $A > 180\ \text{cm}^2$

AUSGANGSTEST

1 Fasse gleichartige Summanden zusammen. Löse dann die Gleichung.
a) $7x + 5x + 8 = 80$　　b) $8x + 15 - 3x - 6 = 54$
c) $23 + 8x - 11 = 60$　　d) $50 + 7x - 3x - 2 = 56$

2 Multipliziere die Klammern aus und löse die Gleichung.
a) $6(x + 7) = 4x + 50$　　b) $7x + 5 = 2(x + 10)$
c) $9(x - 2) = 5x + 30$　　d) $8x - 5 = 3(x + 15)$

3 Schreibe das Zahlenrätsel als Gleichung und bestimme die Lösung.
a) Das Achtfache der gesuchten Zahl vermindert um 10 ist genauso groß wie das Fünffache der Zahl vermehrt um 17.
b) Addiere 4 zu der gesuchten Zahl und multipliziere die Summe mit 5. Du erhältst das Doppelte der Zahl vermehrt um 38.

4 Ein Reisebus legt die 627 km lange Strecke von Stuttgart nach Paris mit einer Durchschnittsgeschwindigkeit von $76\,\frac{km}{h}$ zurück.

Berechne die Dauer der Fahrt mithilfe einer Gleichung.

5 Bei der Betonherstellung werden Zement und Kiessand im Verhältnis 2 : 7 gemischt. Das Gemisch enthält 270 kg Zement.
Bestimme mithilfe einer Gleichung das Gewicht des Kiessandes, der zur Herstellung des Betons benötigt wird.

6 Lina, Mia und Azra sind zusammen 50 Jahre alt. Lina ist zwei Jahre älter als Azra und Mia ist drei Jahre jünger als Azra.
Berechne das Alter jedes Mädchens mithilfe einer Gleichung.

7 Ein Schwimmbecken ist 25 m lang und 15 m breit. Es fasst 675 m^3 Wasser.
Wie tief ist das Schwimmbecken?

8 Der Umfang der Figur ist angegeben. Berechne die gesuchte Seitenlänge mithilfe einer Gleichung.
a) $u = 29$

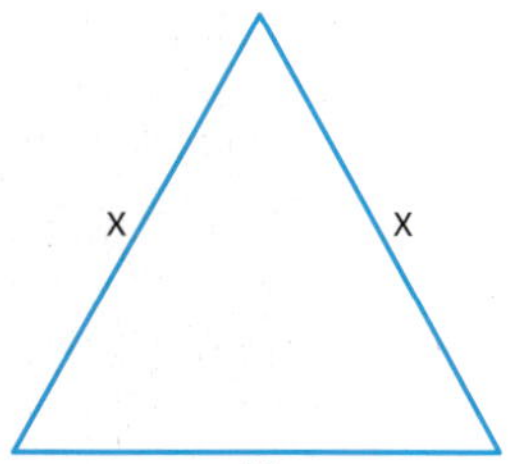

b) $u = 52$

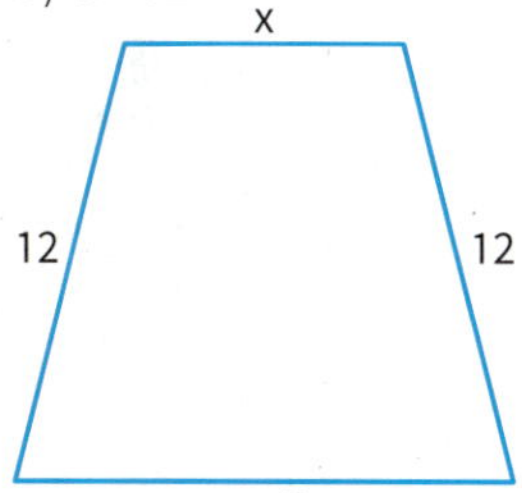

Maße in cm

9 Ein Lottogewinn von 9 216 € wird im Verhältnis 7 : 5 auf Frau Klein und Frau Mohn verteilt. Wie viel Euro erhält jede der beiden Frauen?

Ich kann …

	Aufgabe	Hilfen und Aufgaben	
bei einer Gleichung gleichartige Summanden zusammenfassen und die Gleichung lösen.	1	Seite 8, 9, 18	I
bei einer Gleichung eine Klammer ausmultiplizieren und die Gleichung lösen.	2	Seite 9, 10, 11, 18	
ein Zahlen- oder Altersrätsel mithilfe einer Gleichung lösen.	3, 6	Seite 12, 19, 20	II
ein Sachproblem mithilfe einer Gleichung mit x im Nenner lösen.	4, 5	Seite 13, 14, 19, 20	
eine Formel umstellen.	4, 7	Seite 15, 16, 21	
ein geometrisches Problem mithilfe einer Gleichung lösen.	8	Seite 15, 16, 21	
eine komplexe Verhältnisgleichung lösen.	9	Seite 14, 20	III

2 Prozentrechnung

Nadia ist 17 Jahre alt. Nach ihrem Schulabschluss hat sie eine Ausbildung zur Kauffrau für Büromanagement begonnen. Ihre Ausbildung dauert drei Jahre. Sie findet in einem Betrieb und in einer beruflichen Schule statt.

Bist du fit für dieses Kapitel? Eingangstest auf Seite 163.

In diesem Kapitel ...

- *löst du Grundaufgaben zur Prozentrechnung.*
- *wendest du die Prozentrechnung in Sachzusammenhängen an.*
- *bearbeitest du Aufgaben zur prozentualen Zu- und Abnahme.*

Berufsausbildung

In Nadias Ausbildungsbetrieb gibt es 80 Auszubildende. Im nächsten Jahr will der Betrieb diese Zahl um 10 % erhöhen.

- Wie viele Auszubildende sind dann im Betrieb beschäftigt?

Im ersten Ausbildungsjahr verdient Nadia monatlich 900 €. Davon zahlt sie Beiträge zur Sozialversicherung. Insgesamt sind das 20 % ihrer Ausbildungsvergütung.

- Über wie viel Euro kann sie im Monat verfügen?

Im zweiten Ausbildungsjahr ist Nadias Ausbildungsvergütung um 20 % höher als im ersten und im dritten Ausbildungsjahr noch einmal 15 % höher als im zweiten.

- Wie viel Euro verdient sie im dritten Jahr?

Grundaufgaben der Prozentrechnung

In der Prozentrechnung werden die Begriffe **Grundwert**, **Prozentwert** und **Prozentsatz** benutzt.

Von <u>80</u> Plätzen im Kino sind <u>44</u> besetzt. Das sind <u>55 %</u>.

80 ↓	44 ↓	55 % ↓
Ganzes Grundwert (G)	Teil vom Ganzen Prozentwert (W)	Anteil in % Prozentsatz (p %)

G entspricht 100 %.

Prozentwert berechnen

Putensalami enthält 24 % Fett. Wie viel Gramm Fett sind in 125 g Putensalami enthalten?

Grundwert G: 125 g
Prozentsatz p %: 24 %
Prozentwert W: ■

	%	Masse (g)	
: 100	100	125	: 100
· 24	1	1,25	· 24
	24	30	

$W = \frac{G \cdot p}{100} = \frac{125 \cdot 24}{100} = 30$

Die Putensalami enthält 30 g Fett.

1 Grundwert, Prozentwert, Prozentsatz: Welche Werte sind gegeben, welcher Wert ist gesucht?
a) Am Ende des Schuljahres verlassen 80 Schülerinnen und Schüler die Sophie-Scholl-Schule. 45 % von ihnen haben einen Ausbildungsplatz.
b) Von den Schülern des 8. Jahrgangs sind 52 % in einem Sportverein. Das sind 39 Jungen.
c) Von den 275 Seiten eines Buches hat Aynur bereits 132 Seiten gelesen.

d) Frau Alami verdient 3 600 € im Monat. Ihre Wohnungsmiete beträgt 28 % des Gehalts.
e) Ein metallverarbeitender Betrieb hat 450 Beschäftigte, darunter sind 27 Auszubildende.
f) 90 % seines Schulwegs legt Jan mit dem Bus zurück. Das sind 4,5 km.
g) Im Garten von Frau Müller ist ein 56 m^2 großer Teich angelegt. Die Fläche des Gartens beträgt 160 m^2.
h) 24 % der Schülerinnen des 8. Jahrgangs singen im Schulchor. Das sind 36 Mädchen.
i) Eine 100-Gramm-Tafel Vollmilchschokolade enthält 32 % Kakao.

2 Berechne.
a) 2 % von 300 m
7 % von 500 €
4 % von 250 kg

b) 25 % von 600 g
75 % von 20 km
20 % von 25 m^2

3 Berechne jeweils den Prozentwert.

	a)	b)	c)
7 % von	200 €	700 g	800 m
12 % von	300 €	50 g	150 m
25 % von	160 €	140 g	36 m

4 Baden-Württemberg hat eine Fläche von 35 750 km^2. 40 % davon werden landwirtschaftlich genutzt.

5 Im Jahr 2021 waren vor den deutschen Meeresküsten insgesamt 1 500 Windkraftanlagen in Betrieb, 85 % davon in der Nordsee.

Grundaufgaben der Prozentrechnung

Grundwert berechnen

Eine Regentonne enthält 390 *l* Wasser. Sie ist zu 65 % gefüllt. Wie viel Liter Wasser fasst die Tonne?

Prozentwert W: 390 *l*
Prozentsatz p %: 65 %
Grundwert G: ■

	%	Volumen (*l*)	
: 65	65	390	: 65
· 100	1	6	· 100
	100	600	

$G = \frac{W \cdot 100}{p} = \frac{390 \cdot 100}{65} = 600$

Die Regentonne fasst 600 *l*.

Prozentsatz berechnen

250 Fahrräder werden geprüft, 45 davon haben Mängel. Wie viel Prozent sind das?

Grundwert G: 250 Fahrräder
Prozentwert W: 45 Fahrräder
Prozentsatz p %: ■

	Anzahl der Fahrräder	%	
: 250	250	100	: 250
· 45	1	0,4	· 45
	45	18	

$p\,\% = \frac{W \cdot 100}{250}\,\% = \frac{45 \cdot 100}{250}\,\% = 18\,\%$

18 % der Fahrräder haben Mängel.

6 Berechne jeweils den Grundwert.

a)

p %	W
1 %	9 €
3 %	15 €
5 %	11 €

b)

p %	W
10 %	19 g
40 %	16 g
15 %	36 g

7 Ergänze die fehlende Zahl.
a) 10 % von ■ km sind 13 km.
b) 30 % von ■ kg sind 21 kg.
c) 90 % von ■ m^2 sind 450 m^2.
d) 25 % von ■ € sind 150 €.

8 Bei einer Umfrage gaben 172 Personen an, dass sie mit Bus und Bahn zur Arbeit fahren. Das sind 16 % aller Befragten.

9 Frau Botzen hat im Möbelhaus ein neues Ledersofa ausgesucht. Bei der Bestellung zahlt sie 30 % des Kaufpreises an. Das sind 657 €.

10 Gib jeweils den Prozentsatz an.
a) 9 g von 100 g
11 g von 50 g
52 g von 200 g
b) 15 € von 60 €
13 € von 25 €
72 € von 900 €

11 Berechne jeweils den Prozentsatz.

	a)	b)	c)
40 t von	100 t	200 t	500 t
16 € von	50 €	80 €	200 €
24 m von	60 m	150 m	400 m

12 800 Jugendliche wurden gefragt, ob sie sich für Politik interessieren. 328 von ihnen antworteten mit „Ja".

13 Die Bahnstrecke von Hannover nach Würzburg ist 325 km lang. Davon verlaufen 117 km in Tunneln.

14 Bei der Mathematikarbeit hat Mira 68 von 80 Punkten erreicht.

Sachaufgaben

1 Der durchschnittliche Salzgehalt der Nordsee beträgt 3,5 %.
Wie viel Gramm Salz sind in 5 kg Nordseewasser enthalten?

2 Wer einen Gegenstand findet, den der Eigentümer verloren hat, kann einen Finderlohn verlangen. Bei Gegenständen, die höchstens 500 € wert sind, beträgt der Finderlohn 5 % ihres Wertes.

Esma hat ein Handy gefunden und im Fundbüro abgegeben. Sie erhält 24 € Finderlohn. Berechne den Wert des Handys.

3 Ein USB-Stick hat einen Speicherplatz von 32 GB. Davon sind 17,6 GB belegt.
Wie viel Prozent sind das?

4 Eine Glocke aus Bronze wiegt 1 485 kg. Bronze ist eine Legierung (Verschmelzung) aus 80 % Kupfer und 20 % Zinn.
Wie viel Kilogramm Kupfer (Zinn) sind in der Glocke enthalten?

5 Für ein Open-Air-Konzert sind bereits 6 372 Eintrittskarten verkauft. Das sind 72 % aller Karten.

Wie viele Karten stehen insgesamt zur Verfügung?

6 Emil möchte ein Notebook kaufen. Zu seinem 14. Geburtstag schenkt die Großmutter ihm 140 €. Das sind 35 % des Kaufpreises.
Wie viel Euro kostet das Notebook?

7 An den Bundesjugendspielen haben 525 Schülerinnen und Schüler der Hans-Küng-Gemeinschaftsschule teilgenommen. 126 von ihnen erhielten eine Ehrenurkunde. Wie viel Prozent sind das?

8 Frau Demir versteigert im Internet ein gebrauchtes Fahrrad. Sie erhält 132 €. Das sind 16 % des Anschaffungspreises. Wie viel Euro hat Frau Demir für das Fahrrad ursprünglich bezahlt?

9 Im Jahr 2022 wurde in Stuttgart an 36 Tagen eine Höchsttemperatur von mehr als 30 °C gemessen.

Wie viel Prozent aller Tage des Jahres sind das?

10 Die Oberfläche der Erde ist 510 Millionen Quadratkilometer groß. Davon sind 71 % von Wasser bedeckt.
Wie viel Quadratkilometer sind das?

11 In Deutschland leben 51,5 Millionen Menschen im Alter zwischen 18 und 64 Jahren. Davon können 6,18 Millionen Menschen nur unzureichend lesen und schreiben. Wie viel Prozent sind das?

12 Frau Scholz hat von ihrer Tante 125 000 € geerbt. Davon sind 20 000 € steuerfrei, von der restlichen Erbschaft zahlt sie 20 % Erbschaftssteuer. Wie viel Euro sind das?

Prozentuale Zunahme

1 Nihal macht eine Ausbildung zur Energieanlagenelektronikerin.

Im ersten Ausbildungsjahr beträgt ihre Vergütung 605 €, im zweiten Ausbildungsjahr ist sie 20 % höher.

a) Berechne zunächst, um wie viel Euro Nihals Vergütung erhöht wird. Gib dann an, wie viel Euro sie im zweiten Ausbildungsjahr verdient.

b) Du kannst die Vergütung im zweiten Ausbildungsjahr auch auf eine andere Art berechnen.

Vergütung im 1. Jahr ≙ 100 %	Erhöhung ≙ 20 %
Vergütung im 2. Jahr ≙ 120 %	

	%	Vergütung (€)	
	100	605	
: 100	1	6,05	: 100
· 120	120	726	· 120

Erläutere den zweiten Lösungsweg.

Prozentuale Zunahme

Frau Mei verdient 3 275 € im Monat. Ihr Gehalt wird um 4 % erhöht.

Grundwert G:	3 275 €
Prozentsatz p %:	104 %
Prozentwert W:	■

	%	Gehalt (€)	
	100	3 275	
: 100	1	32,75	: 100
· 104	104	3 406	· 104

$W = \frac{3\,275 \cdot 104}{100} = 3\,406$

Das erhöhte Gehalt beträgt 3 406 €.

2 Eine 24-Stunden-Fahrkarte des Verkehrsverbunds kostete bisher 15 €. Der Preis wird um 2 % erhöht.

3 Im Schuljahr 2023/2024 hatte die Elisabeth-Selbert-Schule 725 Schülerinnen und Schüler. Im folgenden Schuljahr war die Zahl um 8 % höher.

4 Für den Besuch des Fitnessstudios bezahlt Frau Tahiri 48 € im Monat. Der Preis wird um 15 % erhöht.

5 Im Jahr 2013 hatte die Stadt Hamburg 1,746 Millionen Einwohner. Acht Jahre später war die Einwohnerzahl um 6 % gestiegen.

6 Die Heizkosten für die Wohnung von Familie Ibrahim betrugen im vergangenen Jahr 404,50 €. In diesem Jahr sind es 12,5 % mehr.

7 Für das Jahr 2020 wird die Anzahl der in Deutschland lebenden Wölfe auf 1 300 Tiere geschätzt.
Die Schätzung für das Jahr 2023 geht von einer Steigerung der Population um 40 % aus.

Prozentuale Abnahme

1 Frau Demir kauft ein neues Auto. Der Händler gewährt einen Rabatt (Preisnachlass) von 8 %.

a) Berechne zunächst, um wie viel Euro der Preis des Autos gesenkt wird. Gib dann an, wie viel Euro Frau Demir für das Auto bezahlt.

b) Du kannst den Preis des Autos auch auf eine andere Art berechnen.

ursprünglicher Preis ≙ 100 %	
verringerter Preis ≙ 92%	Rabatt ≙ 8 %

	%	Preis (€)	
: 100	100	27 500	: 100
· 92	1	275	· 92
	92	25 300	

Erläutere den zweiten Lösungsweg.

Prozentuale Abnahme

Eine Jacke kostete bisher 98 €. Der Preis wird um 30 % gesenkt.

Grundwert G: 98 €
Prozentsatz p %: 70 %
Prozentwert W: ▒

	%	Preis (€)	
: 100	100	98	: 100
· 70	1	0,98	· 70
	70	68,60	

$W = \frac{98 \cdot 70}{100} = 68{,}60$

Der reduzierte Preis beträgt 68,60 €.

2 Im Jahr 2019 haben in Baden-Württemberg 6 280 Schülerinnen und Schüler die Schule ohne Abschluss verlassen. Im folgenden Jahr waren es 10 % weniger.

3 Ein Sportverein hatte im vergangenen Jahr 480 Mitglieder. In diesem Jahr ist die Mitgliederzahl um 5 % gesunken.

4 An einer Tankstelle kostet ein Liter Super um 8 Uhr 2,25 €. Um 21 Uhr ist der Literpreis 4 % niedriger.

5 Vor zwei Jahren hat Herr Grießmann für 29 800 € einen neuen Wagen gekauft. Nun möchte er ihn wieder verkaufen. Der Wertverlust beträgt 32 % des Neupreises.

6 Familie Korkmaz hat in ihrem Haus neue Fenster einbauen lassen. Sie erhält eine Rechnung über 43 650 €.

Der Fensterbauer gewährt 2 % Skonto, wenn die Rechnung innerhalb von zehn Tagen bezahlt wird.

Skonto bezeichnet einen Preisnachlass, der gewährt wird, wenn eine Rechnung innerhalb einer kurzen Frist bezahlt wird.

7 Am 1. März 1980 betrug die Eisfläche der Arktis 16,15 Millionen Quadratkilometer. Vierzig Jahre später war sie 8 % geringer.

Prozentuale Veränderungen

1 Herr Brol verdient 3 864 € im Monat. Das sind 5 % mehr als im Vorjahr.
Im Beispiel wird das Gehalt des Vorjahres berechnet.

Prozentwert W: 3 864 €
Prozentsatz p %: 105 %
Grundwert G: ■

	%	Gehalt (€)	
: 105	105	3 864	: 105
· 100	1	36,80	· 100
	100	3 680	

$G = \frac{3\,864 \cdot 100}{105} = 3\,680$

Im Vorjahr betrug sein Gehalt 3 680 €.

Erläutere die Rechnung.

2 Frau Pfeiffer hat eine Gehaltserhöhung von 2,5 % erhalten. Danach verdient sie 2 911 € monatlich.

3 In einem Bauunternehmen sind 609 Personen beschäftigt. Das sind 16 % mehr als im Vorjahr.

4 Mayla macht eine Ausbildung zur Gärtnerin. Im dritten Ausbildungsjahr ist ihre Vergütung 12 % höher als im Jahr zuvor. Sie beträgt nun 1 176 €.

5 Im Jahr 2020 lebten in Brasilien 210 Millionen Menschen. In den vergangenen zwanzig Jahren war die Zahl der Einwohner um 25 % gestiegen. Berechne die Einwohnerzahl im Jahr 2000.

6 Ben bezahlt für ein Tablet 236 €. Der Preis war um 20 % reduziert.
Im Beispiel wird der ursprüngliche Preis des Tablets berechnet.

Prozentwert W: 236 €
Prozentsatz p %: 80 %
Grundwert G: ■

	%	Preis (€)	
: 80	80	236	: 80
· 100	1	2,95	· 100
	100	295	

$G = \frac{236 \cdot 100}{80} = 295$

Der ursprüngliche Preis betrug 295 €.

Erläutere die Rechnung.

7 Herr Seippel hat in diesem Jahr 342 € für die Haftpflichtversicherung seines Wagens bezahlt. Der Beitrag ist um 5 % geringer als im vergangenen Jahr.

8 Familie Walber hat in diesem Jahr 207 m^3 Frischwasser verbraucht. Das waren 8 % weniger als im Vorjahr.

9 Durch intensives Training im Fitnessstudio hat Herr Albayrak 15 % seines Körpergewichts verloren. Er wiegt jetzt 76,5 kg.

10 Nachdem die Bauarbeiten auf der Autobahn beendet sind, benötigt Frau Gül für die Fahrt zur Arbeit 32 Minuten.
Das sind 20 % weniger als zuvor.

Prozentuale Veränderungen

11 Im Jahr 2000 hatte Indonesien 210 Millionen Einwohner. Bis zum Jahr 2020 ist die Einwohnerzahl um 30 % gestiegen. Wie viele Menschen lebten im Jahr 2020 in Indonesien?

12 Im Jahr 2022 erschien eine Tageszeitung in einer Auflage von 220 000 Exemplaren. Im folgenden Jahr war die Auflage 15 % geringer.
Wie viele Exemplare der Zeitung wurden im Jahr 2023 täglich gedruckt?

13 a) Ein Fußballverein hat in der neuen Saison die Eintrittspreise für sein Stadion um 24 % erhöht. Ein Stehplatz kostet jetzt 18,60 € und ein Tribünenplatz 31,00 €.
Wie viel Euro beträgt jeweils die Preiserhöhung?

b) Trotz der Preiserhöhung sind die Zuschauerzahlen in der neuen Saison um 5 % auf durchschnittlich 5 712 Besucher je Heimspiel gestiegen. Wie viele Zuschauer sahen die Spiele durchschnittlich in der vergangenen Saison?

14 a) Familie Klein hat in diesem Jahr 4 807 Kilowattstunden Strom genutzt. Das sind 8 % weniger als im Vorjahr.
b) Den Gasverbrauch konnte sie um 12 % verringern. Sie nutzte in diesem Jahr nur 17 534 kWh Gas.

15 Wenn Wasser zu Eis gefriert, ist das Volumen des Eises um 9,2 % größer als das des Wassers.
a) 5 dm^3 Wasser gefrieren. Bestimme das Volumen des Eises.
b) 3 822 dm^3 Eis tauen auf. Bestimme das Volumen des Wassers.

16 Im Jahr 2023 erntete ein Landwirt 455 t Weizen und 264 t Wintergerste.
Im Vergleich zu 2022 hatte sich der Ertrag beim Weizen um 4 % erhöht und bei der Wintergerste um 12 % verringert.

Berechne die Erträge des Landwirts im Jahr 2022.

17 Für ihre Wohnung bezahlte Familie Khaled früher 550 € Miete.
Innerhalb von drei Jahren wurde die Miete zuerst um 5 % und dann noch einmal um 4 % erhöht.
Wie viel Euro Miete muss die Familie nach den beiden Mieterhöhungen bezahlen?

18 Der Preis für eine Regenjacke betrug ursprünglich 59 €. Er wird zunächst um 20 % gesenkt und dann noch einmal um 25 %. Wie viel Euro kostet die Jacke nach der zweiten Preissenkung?

19 a) Im Jahr 2022 hatte der Modelleisenbahnverein 65 Mitglieder, im folgenden Jahr ist die Mitgliederzahl 20 % geringer. Wie viele Mitglieder hat der Verein im Jahr 2023?
b) Um wie viel Prozent müsste sich die Mitgliederzahl des Vereins im Jahr 2024 erhöhen, damit sie wieder genauso groß wie im Jahr 2022 ist?

Brutto und netto

Auf alle Warenlieferungen und Dienstleistungen wird in Deutschland eine Mehrwertsteuer erhoben. Sie beträgt in der Regel 19 %, für Lebensmittel und Druckerzeugnisse z. B. aber nur 7 %.

1 Frau Kruppa hat in ihrer Wohnung Malerarbeiten durchführen lassen. Sie erhält eine Rechnung.

Malermeister Ulrich Wateler	
Malerarbeiten im Wohnzimmer, Esszimmer und Diele (45 Std.)	1 710,00 €
16 Rollen Tapete	264,00 €
Kleber, Lack, Folie, Spachtel	85,00 €
Nettobetrag	2 059,00 €
Mehrwertsteuer (19 %)	391,21 €
Bruttobetrag	2 450,21 €

a) Überprüfe die Rechnung. Erkläre den Unterschied zwischen Nettobetrag und Bruttobetrag.
b) Familie Speckmann hat die Fassade ihres Hauses streichen lassen. Auf der Rechnung des Malermeisters ist ein Nettobetrag von 755 € angegeben. Berechne die Mehrwertsteuer und den Bruttobetrag.

2 Hier ist jeweils der Nettopreis angegeben. Berechne den Bruttopreis. Achte auf den richtigen Mehrwertsteuersatz.

Etui
10,84 €

Stifte
3,32 €

Rucksack
72,27 €

Buch
21,03 €

zwei Äpfel
1,12 €

3 Emilie hat ein Notebook gekauft.

Jupiter Medienmarkt	
Notebook	599 €
Kartenzahlung EC-cash	
Netto	503,36 €
MwSt. (19 %)	95,64 €

a) Überprüfe den Kassenzettel.
b) Im Beispiel wird der Nettopreis des Notebooks berechnet.

Bruttopreis (Prozentwert) W:	599 €
Prozentsatz p %:	119 %
Nettopreis (Grundwert) G:	■

$G = \frac{599 \cdot 100}{119} \approx 503{,}36$

Der Nettopreis beträgt 503,36 €.

Erläutere die Rechnung.

4 Für ihr neues Auto hat Frau Sokolow 26 800 € bezahlt. Im Preis sind 19 % Mehrwertsteuer enthalten. Berechne den Nettopreis des Wagens.

5 Berechne den Nettopreis und die Mehrwertsteuer.
a) Für ein Taschenbuch bezahlt Johanna 12,90 €.
b) Ein Roman kostet 22 €.
c) Emre hat ein Mathematikbuch für 19,90 € gekauft.

6 Familie Pohlen hat ihr Bad renovieren lassen. Sie erhält vom Installateur eine Rechnung über 6 340,32 € und vom Fliesenleger eine Rechnung über 4 179,28 €. Wie viel Euro Mehrwertsteuer sind in den Rechnungsbeträgen jeweils enthalten?

WISSEN KOMPAKT

Grundaufgaben der Prozentrechnung

Ein USB-Stick hat einen Speicher von 256 GB. 75 % des Speicherplatzes sind belegt.

Gegeben: G = 256 GB p % = 75 %
Gesucht: W

Auf dem USB-Stick sind 192 GB belegt.

%	Speicher (GB)
100	256
1	$\frac{256}{100}$
4	$\frac{256 \cdot 75}{100} = 192$

$$\mathbf{W = \frac{G \cdot p}{100}}$$

$$W = \frac{256 \cdot 75}{100} = 192$$

Frau Klein verkauft ihr Auto für 6 900 €. Das sind 24 % des Neupreises.

Gegeben: W = 6 900 € p % = 24 %
Gesucht: G

Frau Kleins Wagen hat 28 750 € gekostet.

%	Preis (€)
24	6 900
1	$\frac{6\,900}{100}$
100	$\frac{6\,900 \cdot 100}{24} = 28\,750$

$$\mathbf{G = \frac{W \cdot 100}{p}}$$

$$G = \frac{6\,900 \cdot 100}{24} = 28\,750$$

In einem 250-g-Glas Erdbeerkonfitüre sind 165 g Zucker enthalten.

Gegeben: G = 250 g W = 165 g
Gesucht: p %

Der Zuckeranteil der Konfitüre beträgt 66 %.

Masse (g)	%
250	100
1	$\frac{100}{250}$
165	$\frac{100 \cdot 165}{250} = 66$

$$\mathbf{p\,\% = \frac{W \cdot 100}{G}\,\%}$$

$$p\,\% = \frac{165 \cdot 100}{250}\,\% = 66\,\%$$

Prozentuale Zunahme

Herr Arslan verdiente bisher 4 350 €. Sein Gehalt wird um 2 % erhöht.

Gegeben: G = 4 350 € p % = 102 %
Gesucht: W

Das erhöhte Gehalt beträgt 4 437 €.

%	Gehalt (€)
100	4 350
1	43,50
102	4 437

$$W = \frac{4\,350 \cdot 102}{100} = 4\,437$$

Prozentuale Abnahme

Eine Jeans kostete bisher 68 €. Der Preis wird um 15 % reduziert.

Gegeben: G = 68 € p % = 85 %
Gesucht: W

Der reduzierte Preis beträgt 57,80 €.

%	Preis (€)
100	68
1	0,68
85	57,80

$$W = \frac{68 \cdot 85}{100} = 57{,}80$$

Prozentuale Veränderung

Frau Beil verdient jetzt 3 280 € im Monat. Ihr Gehalt wurde um 2,5 % erhöht.

Gegeben: W = 3280 € p % = 102,5 %
Gesucht: G

$$G = \frac{3\,280 \cdot 100}{102{,}5} = 3\,200$$

Zuvor verdiente Frau Beil 3 200 € im Monat.

Ein T-Shirt kostet jetzt 15 €. Der Preis wurde um 25 % reduziert.

Gegeben: W = 15 € p % = 75 %
Gesucht: G

$$G = \frac{15 \cdot 100}{75} = 20$$

Früher kostete das T-Shirt 20 €.

ÜBEN

1 Grundwert, Prozentwert, Prozentsatz: Welche Werte sind gegeben, welcher Wert ist gesucht?
a) Im Schülercafé wurden heute von 70 belegten Brötchen 90 % verkauft.

b) Von 50 Bechern Jogurt blieben vier Becher übrig.
c) 72 Äpfel wurden verkauft. Das waren 60 % des gesamten Vorrats.

2 Berechne jeweils den Prozentwert.
a) 2 % von 400 kg
6 % von 150 kg
5 % von 900 kg
b) 25 % von 400 €
75 % von 20 €
20 % von 250 €

3 Berechne jeweils den Grundwert.

a)

p %	W
1 %	11 g
3 %	30 g
5 %	15 g

b)

p %	W
10 %	17 m
25 %	20 m
20 %	18 m

4 Gib jeweils den Prozentsatz an.
a) 8 m von 100 m
15 m von 50 m
38 m von 200 m
b) 16 g von 80 g
15 g von 25 g
56 g von 800 g

5 a) Berechne 2 % von 500 kg (250 kg, 850 kg, 140 kg, 10 kg, 1 kg).
b) Wie viel Prozent sind 48 m von 480 m (240 m, 96 m, 120 m, 400 m)?
c) 5 % entsprechen 10 € (25 €, 30 €, 1 €, 1,50 €). Gib den Grundwert an.
d) Wie viel Prozent sind 40 km (100 km, 20 km, 80 km, 36 km, 8 km) von 400 km?
e) Berechne 50 % (25 %, 20 %, 30 %, 2 %, 4 %, 5 %, 12 %, 200 %) von 150 €.
f) 20 % (25 %, 75 %, 5 %, 4 %, 300 %) entsprechen 36 g. Bestimme den Grundwert.

6 Berechne jeweils den neuen Preis.

a)

alter Preis	Erhöhung
350 €	10 %
250 €	40 %
150 €	12 %

b)

alter Preis	Erhöhung
54 €	30 %
176 €	75 %
242 €	15 %

c)

alter Preis	Rabatt
550 €	10 %
150 €	60 %
216 €	35 %

d)

alter Preis	Rabatt
180 €	50 %
140 €	5 %
222 €	15 %

7 Berechne jeweils den ursprünglichen Preis.

a)

neuer Preis	Erhöhung
385 €	10 %
504 €	20 %
161 €	15 %

b)

neuer Preis	Erhöhung
520 €	30 %
165 €	25 %
243 €	8 %

c)

neuer Preis	Rabatt
450 €	10 %
360 €	40 %
924 €	12 %

d)

neuer Preis	Rabatt
165 €	50 %
228 €	5 %
338 €	35 %

8 Berechne den Bruttopreis.

	Nettopreis	Mehrwertsteuersatz
a)	265 €	19 %
b)	254 €	19 %
c)	876 €	7 %
d)	1 452 €	7 %

9 Berechne den Nettopreis.

	Bruttopreis	Mehrwertsteuersatz
a)	89,25 €	19 %
b)	92,82 €	19 %
c)	94,16 €	7 %
d)	59,92 €	7 %

10 Der Preis einer Ware wird zweimal nacheinander erhöht. Berechne den Preis nach der zweiten Erhöhung.

	a)	b)	c)
alter Preis	350 €	420 €	1 540 €
1. Erhöhung	5 %	30 %	10 %
2. Erhöhung	4 %	20 %	12 %

ÜBEN: Sachaufgaben

1 Im Jahr 1998 hatte Mexiko 96 Millionen Einwohner und Kroatien 4,5 Millionen. 25 Jahre später war die Bevölkerungszahl in Mexiko um 30 % höher und in Kroatien um 10 % geringer. Wie viel Einwohner hat Mexiko (Kroatien) im Jahr 2023?

2 Eine Gärtnerin hat in Frau Müllers Garten acht Stunden gearbeitet. Ihr Stundenlohn beträgt 45 €. Dazu kommen 19 % Mehrwertsteuer.

Wie hoch ist der Rechnungsbetrag?

3 Bei der Mitgliederversammlung 2023 stellt der Vorsitzende des TuS Baumberg die Entwicklung der Mitgliederzahlen vor.

TuS Baumberg

Abteilung	Anzahl der Mitglieder 2023	Veränderung gegenüber 2022
Fußball	415	+ 25 %
Handball	184	– 20 %
Volleyball	138	+ 15 %
Basketball	162	– 10 %

Berechne, wie viele Mitglieder jede Abteilung im Jahr 2022 hatte.

4 Ein Einrichtungshaus gewährt den Inhabern einer Kundenkarte einen Preisnachlass von 4 %. Frau Aziz bezahlt für einen Sessel 456 €.
Wie viel Euro hätte sie ohne Kundenkarte bezahlen müssen?

5 Für kurze Zeit enthält ein Paket Bunsil 1,8 kg Waschmittel. Wie viel Kilogramm betrug der Inhalt eines Pakets vor dieser Werbeaktion?

6 Ein Autohändler bietet Jahreswagen mit einem Preisnachlass von 35 % auf den Neupreis an.
a) Wie viel Euro bezahlt Frau Gül für einen Jahreswagen, dessen Neupreis 32 800 € betragen hat?
b) Herr Kulakov bezahlt für einen Jahreswagen 31 460 €. Berechne den Neupreis des Wagens.

7 Rindfleisch verliert beim Braten 25 % seines Gewichts.
a) Wie viel Gramm wiegt ein 450 g schweres Stück Rindfleisch nach dem Braten?
b) Ein gebratenes Rindersteak wiegt 180 g. Bestimme das ursprüngliche Gewicht.

8 Für Reparaturarbeiten an der Heizungsanlage seines Hauses erhält Herr Özdemir vom Installateur eine Rechnung über 423,64 €. Im Rechnungsbetrag sind 19 % Mehrwertsteuer enthalten. Berechne den Nettobetrag und die Mehrwertsteuer.

9 Frau Bauer möchte ein neues Fernsehgerät kaufen. Maxitronic und Jupiter bieten dasselbe Modell zu unterschiedlichen Preisen an.

Maxitonic 400 €

Jupiter 500 €

a) Um wie viel Prozent ist das Fernsehgerät bei Jupiter teurer als bei Maxitronic?
b) Wie viel Prozent Rabatt müsste Frau Bauer bei Jupiter erhalten, um für das Fernsehgerät genauso viel wie bei Maxitronic zu bezahlen?

ÜBEN: Sonderangebote

1 Welchen Preis muss ein Kunde an der Kasse bezahlen?

Alle Artikel um 25 % reduziert
Abzug automatisch an der Kasse

Digitalkamera
119 €

Blue-ray-Player
149 €

Netbook
299 €

Radiowecker
39 €

2 Überprüfe, ob die Werbung zutrifft.

Alle Artikel um 20 % reduziert

~~299 €~~
239 €

~~375 €~~
299 €

~~69 €~~
59 €

~~59 €~~
49 €

~~249 €~~
199 €

~~499 €~~
399 €

3 Berechne den ursprünglichen Preis der Tablets (Notebooks).

Alle Tablets 15 % billiger

jetzt nur
noch 289 €

jetzt nur
noch 153 €

Alle Notebooks 30 % billiger

jetzt nur
noch 413 €

jetzt nur
noch 553 €

4 Um wie viel Prozent ist der Preis der Fernsehgeräte jeweils verringert worden?

preisreduzierte Ausstellungsstücke

~~260 €~~
169 €

~~475 €~~
342 €

~~1 280 €~~
768 €

~~1 425 €~~
1 197 €

5 Berechne jeweils den Mengenrabatt.

1 Blu-ray	15,95 €	1 USB-Stick	5,49 €
2 Blu-rays	23,90 €	50 USB-Sticks	183 €

VERTIEFEN: Prozentangaben in Zeitungsartikeln

1 In einer Stadt verließen 800 Jungen und 750 Mädchen die Schule.

Ohne Abschluss

11,9 % erreichen keinen Schulabschluss

Zu viele Jugendliche verlassen die Schule ohne Abschluss. Das betrifft vor allem die Jungen. Aus gestern veröffentlichten Angaben der Stadt geht hervor, dass im vergangenen Schuljahr 7,5 % aller Jungen, aber nur 4,4 % aller Mädchen nach Ablauf ihrer Schulpflicht ohne Schulabschluss entlassen worden sind.

a) Wie viele Schüler und wie viele Schülerinnen hatten keinen Abschluss? Wie viele Jugendliche waren das insgesamt?
b) Berechne, wie viel Prozent aller Jugendlichen, die entlassen worden waren, keinen Abschluss hatten.
b) Der Verfasser des Zeitungsartikels behauptet, dass 11,9 % aller Jugendlichen keinen Schulabschluss erreichen. Wie hat er diesen Prozentsatz berechnet? Nimm dazu Stellung.

Kommunizieren

Prozentangaben in Zeitungsartikeln

1. Lies den Zeitungsartikel sorgfältig durch.
2. Suche im Text die Zahlen, Größen und Prozentangaben und schreibe sie auf.
3. Überlege, welche Rechnungen der Verfasser durchgeführt hat. Prüfe diese Rechnungen.
4. Stelle fest, ob die Aussagen des Artikels zutreffen.

2 Der Stadtrat hat eine Erhöhung der Eintrittspreise für das Spaßbad beschlossen.

Badespaß wird teurer

Stadtrat beschließt Preiserhöhung von 7 %

Die Besucher des Eldorado müssen sich auf eine deutliche Erhöhung der Eintrittspreise einstellen. Auf seiner Sitzung am Montag hat der Stadtrat ohne Gegenstimmen beschlossen, vom 1. Januar 2024 an die Eintrittspreise um durchschnittlich 7 % zu erhöhen. Eine Karte (gültig für drei Stunden) kostet dann für Erwachsene 8,50 € (bisher 8,00 €) und für Jugendliche 4,40 € (bisher 4,00 €). Die Zehnerkarte (bisher 65,00 €) wird um 5,20 € teurer. Der Preis der Familienkarte (bisher 24,00 €) steigt auf 24,90 €.
„Die Entscheidung ist uns nicht leicht gefallen, aber sie war angesichts der hohen Betriebskosten für das Eldorado unvermeidlich", sagte der Bürgermeister. Ein Trost für alle Jugendlichen: Für sie fiel die Preiserhöhung am geringsten aus.

a) Berechne, um wie viel Prozent die Preise der einzelnen Eintrittskarten erhöht werden.
b) Kommentiere den letzten Satz des Zeitungsartikels.
c) Der Geschäftsführer des Eldorado geht davon aus, dass 1 000 Tageskarten für Erwachsene, 2 500 Tageskarten für Jugendliche, 500 Zehnerkarten und 300 Familienkarten verkauft werden. Wie viel Euro beträgt die Mehreinnahme aufgrund der Preiserhöhung? Gib die Steigerung in Prozent an.

3 Suche in Zeitungen und Zeitschriften nach Artikeln mit Prozentangaben. Überprüfe diese Angaben.

AUSGANGSTEST

1 a) Berechne 17 % von 500 kg.
b) Wie viel Prozent sind 56 m von 350 m?
c) 25 % entsprechen 6 €. Bestimme den Grundwert.
d) Wie viel Prozent sind 255 m^3 von 340 m^3?
e) 85 % entsprechen 34 g. Bestimme den Grundwert.
f) Berechne 55 % von 140 *l*.

2 Das Grundstück von Familie Becker ist 750 m^2 groß. 22 % der Grundstücksfläche sind bebaut.

Wie viel Quadratmeter sind das?

3 Auf ihrer Fahrt in den Urlaub hat Familie Mey bereits 378 km zurückgelegt. Das sind 45 % der gesamten Strecke. Wie weit ist der Urlaubsort vom Heimatort der Familie entfernt?

4 In einem 400-g-Glas Erdbeerkonfitüre sind 220 g Zucker enthalten. Wie viel Prozent sind das?

5 Im vergangenen Jahr besuchten 820 Schülerinnen und Schüler die Elisabeth-Selbert-Schule. In diesem Jahr sind es 5 % mehr.
Wie groß ist die Schülerzahl jetzt?

6 Im Jahr 2022 hatte Familie Rode 5 275 Kilowattstunden Strom genutzt. Im folgenden Jahr konnte sie die Stromnutzung um 12 % verringern.
Wie viel Kilowattstunden Strom hat sie im Jahr 2023 genutzt?

7 Berechne den ursprünglichen Preis der Jacken.

8 Für die Reparatur seines Autos erhält Herr Demir eine Rechnung über 2 975 €. Im Rechnungsbetrag sind 19 % Mehrwertsteuer enthalten.

Berechne den Nettobetrag und die Mehrwertsteuer.

9 Frau Körner verdiente bisher 2 650 €. Der neue Tarifvertrag sieht vor, dass ihr Gehalt zunächst um 2,5 % und ein halbes Jahr später noch einmal um 1,6 % erhöht wird. Wie viel Euro wird Frau Körner in einem halben Jahr verdienen?

Ich kann …

	Aufgabe	Hilfen und Aufgaben	
Prozentwert, Grundwert und Prozentsatz berechnen.	1	Seite 26, 27, 35	I
die Grundaufgaben der Prozentrechnung im Sachzusammenhang anwenden.	2, 3, 4	Seite 26, 27, 28, 36	
Sachaufgaben zu prozentualer Zu- und Abnahme lösen.	5, 6	Seite 29, 30, 36	II
Sachaufgaben zu prozentualen Veränderungen lösen.	7, 8	Seite 31, 32, 36	
Sachaufgaben zu zweifachen prozentualen Änderungen lösen.	9	Seite 35	

3 Zinsrechnung

Wer Geld hat und es nicht sofort ausgeben möchte, kann es sparen. Dazu zahlt man es bei einer Bank ein. Die Banken verleihen dieses Geld an Unternehmen, die neue Maschinen anschaffen, oder an Familien, die ein Haus oder ein Auto kaufen möchten.
Auf diese Weise entsteht ein Geldkreislauf. Kreis heißt auf Italienisch „giro“. Deshalb wird ein privates Konto auch Girokonto genannt.

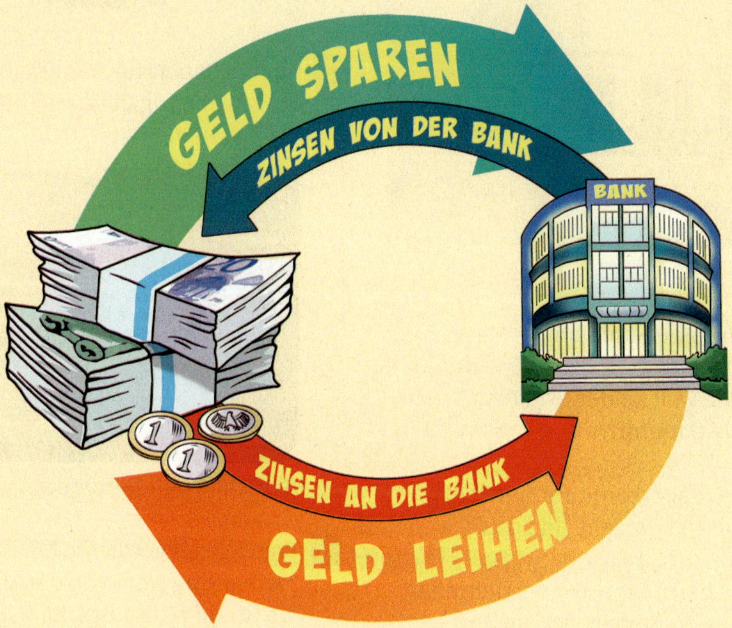

Geld, das bei einer Bank angelegt wird, heißt Guthaben. Geld, das eine Bank verleiht, wird als Darlehen oder Kredit bezeichnet. Wer bei einer Bank ein Guthaben hat, erhält Zinsen, wer ein Darlehen aufnimmt, muss Zinsen zahlen. Dabei bedeutet die Abkürzung p. a. (lateinisch „pro anno“ = jährlich), dass sich die Zinsen auf ein Jahr beziehen.

Bist du fit für dieses Kapitel?
Eingangstest auf Seite 163.

In diesem Kapitel ...

- *lernst du die Grundbegriffe der Zinsrechnung kennen.*
- *löst du Sachaufgaben zu Jahres- und Tageszinsen.*
- *berechnest du Zinseszinsen.*

Girokonto

Um bargeldlos bezahlen zu können, benötigst du ein Konto. Dein Taschengeld wird auf dieses Konto überwiesen. Du kannst dann deine Einkäufe ohne Bargeld mithilfe einer Bankkarte erledigen.

- Informiere dich bei einem Geldinstitut deiner Umgebung über ein Jugend-Girokonto.

Geld sparen und leihen

Sparkasse Neustadt

Sparbuch mit dreimonatiger Kündigungsfrist

1 % Zinsen p. a.

Direktbank

Festgeld

Anzahl der Jahre	Zinssatz
3 Jahre fest	2 %
4 Jahre fest	2,5 %
5 Jahre fest	3 %

Easy-Bank

Anschaffungsdarlehen
6 000 €

Rückzahlung in 12 Monatsraten zu je 520 €

Finanzierungsangebot der Autobank

Solo Cabrio Preis: 31 500 €

Finanzierung in 36 Monatsraten zu je 882 €

Volksbank

Zuwachssparen
Laufzeit 4 Jahre

1. Jahr	1 %
2. Jahr	2 %
3. Jahr	2 %
4. Jahr	3 %

Hypobank Immobilienfinanzierung

Darlehen bis 500 000 €

Laufzeit 10 Jahre

3 % Zinsen p. a.

1 Erkläre die Begriffe, die in den oben genannten Angeboten vorkommen.

2 Benjamins Großmutter legt für ihren Enkel bei der Sparkasse Neustadt ein Sparbuch mit 1 000 Euro an. Wie viel Euro Zinsen erhält Benjamin nach einem Jahr?

3 Zur Finanzierung ihres Hauses hat Familie Krilov bei der Hypobank ein Darlehen aufgenommen. Sie zahlt jährlich 7 500 € Zinsen.
Wie viel Euro beträgt das Darlehen?

4 Frau Kern legt 4 000 € für vier Jahre bei der Volksbank an. Die Zinsen werden jährlich ausbezahlt.
a) Wie viel Euro Zinsen erhält sie im ersten (zweiten, dritten, vierten) Jahr?
b) Wie viel Euro Zinsen erhält sie insgesamt?

5 Frau Subasi nimmt bei der Easy-Bank ein Darlehen von 6 000 € auf.
a) Wie viel Euro zahlt sie in zwölf Monaten insgesamt zurück?
b) Wie viel Prozent des Darlehens sind das?

6 Sammelt Informationsmaterial bei verschiedenen Banken oder im Internet zu den Themen „Geld anlegen" und „Einen Kredit aufnehmen".
Erstellt in Gruppen ein Informationsplakat und präsentiert es in eurer Klasse.

Grundaufgaben der Zinsrechnung

> Die Zinsrechnung ist eine Anwendung der Prozentrechnung.
> Der Grundwert heißt **Kapital** (K).
> Der Prozentwert heißt **Zinsen** (Z).
> Der Prozentsatz heißt **Zinssatz** (p %).
> Das Kapital entspricht immer 100 %.
> Wenn nicht anders vereinbart, bezieht sich der Zinssatz auf den Zeitraum von einem Jahr.

1 Kapital, Zinsen, Zinssatz: Welche Werte sind gegeben, welcher Wert ist gesucht?
a) Frau Bauer legt 75 000 € zu 3 % an.
b) Bei einem Zinssatz von 1,5 % erhält Jessica 15,75 € Zinsen.
c) Für seine Ersparnisse in Höhe von 880 € erhält Mehmet 17,60 € Zinsen.
d) Zur Finanzierung seines Hauses hat Herr Nowak einen Kredit von 110 000 € aufgenommen. Er zahlt im ersten Jahr 3 850 € Zinsen.
e) Frau Schmidhuber hat eine Erbschaft von 45 000 € angelegt. Sie erhält 2 475 € Zinsen im Jahr.
f) Eine Spareinlage von 12 000 € wird mit 2,3 % verzinst.

2 Zur Konfirmation bekommt Laura Geldgeschenke von ingesamt 1 400 €. In einem Jahr möchte sie sich davon ein Mofa kaufen. Sie zahlt das Geld bei einer Bank ein und erhält dafür 1,5 % Zinsen.
Im Beispiel siehst du, wie die Zinsen berechnet werden.

Gegeben: K = 1 400 € p % = 1,5 %
Gesucht: Z

	%	€	
	100	1 400	
: 100	1	$\frac{1400}{100}$	: 100
· 1,5	1,5	$\frac{1400 \cdot 1{,}5}{100} = 21$	· 1,5

Laura erhält 21 € Zinsen.

a) Erläutere die Rechung.
b) Wie viel Euro Zinsen bekäme Laura bei einem Zinssatz von 2 %?

3 Ein Kapital K wird zu p % angelegt. Begründe, dass du die Zinsen Z mithilfe der Formel $\mathbf{Z = \frac{K \cdot p}{100}}$ berechnen kannst.

4 Im Beispiel werden die Zinsen Z mithilfe der Formel $\mathbf{Z = \frac{K \cdot p}{100}}$ berechnet.

Gegeben: K = 5 000 € p % = 3,5 %
Gesucht: Z

$Z = \frac{K \cdot p}{100}$

$Z = \frac{5000 \cdot 3{,}5}{100} = 175$

Z = 175 €

Tastenfolge:

Berechne die Zinsen für ein Kapital von 4 000 € (1 800 €; 10 400 €) und einem Zinssatz von 1,5 %.

5 Berechne die Zinsen.
a) 4 % von 200 € (500 €; 150 €; 3 000 €).
b) 2 % (6 %; 5 %; 9 %) von 2 000 €.

6 Berechne die Zinsen.

	a)	b)	c)
Kapital	5 000 €	75 000 €	250 000 €
Zinssatz	5,5 %	3,5 %	3,75 %

Lösungen zu den Aufgaben 4 bis 6:
6 8 275 20 27 40 60 2 625 100 120 120 156 180 9 375

7 Frau Nolting kauft ein neues Auto. Dazu nimmt sie ein Darlehen in Höhe von 8 000 € auf. Der Zinssatz beträgt 3,5 %. Wie viel Euro muss sie nach einem Jahr an die Bank zurückzahlen?

Grundaufgaben der Zinsrechnung

8 Frau Gaul legt ihren Lottogewinn von 80 000 € bei einer Bank an und erhält im Jahr 2 400 € Zinsen.

Im Beispiel wird der Zinssatz berechnet.

Gegeben: K = 80 000 € Z = 2 400 €
Gesucht: p %

	€	%	
	80 000	100	
: 80 000	1	$\frac{100}{80\,000}$	: 80 000
· 2 400	2 400	$\frac{2\,400 \cdot 100}{80\,000} = 3$	· 2 400

Der Zinssatz beträgt 3 %.

a) Erläutere die Rechnung.
b) Für ihr Guthaben von 30 000 € zahlt die Bank Frau Beyer jährlich 1 200 € Zinsen. Berechne den Zinssatz.

9 Für ein Kapital K erhältst du die Zinsen Z. Begründe, dass du den Zinssatz p % mithilfe der Formel $\mathbf{p\,\% = \frac{Z \cdot 100}{K}\,\%}$ berechnen kannst.

10 Im Beispiel wird der Zinssatz p % mithilfe der Formel $\mathbf{p\,\% = \frac{Z \cdot 100}{K}\,\%}$ berechnet.

Gegeben: K = 3 000 € Z = 45 €
Gesucht: p %

$p\,\% = \frac{Z \cdot 100}{K}\,\%$

$p\,\% = \frac{45 \cdot 100}{3\,000}\,\% = 1{,}5\,\%$

$p\,\% = 1{,}5\,\%$

$\frac{45 \times 100}{3000}$ 1,5

a) Berechne den Zinssatz für ein Kapital von 2 500 € und 25 € (30 €, 55 €) Zinsen.
b) Berechne den Zinssatz für ein Kapital von 8 000 € (12 000 €, 20 000 €) und 720 € Zinsen.

Mit der S⇔D-Taste kannst du zwischen den Ausgabeformen „Mathematisch" und „Dezimal" wechseln.

11 Für ihr Sparguthaben erhält Ayla 2 % Zinsen. Am Ende des Jahres werden ihr 22 € Zinsen gutgeschrieben.
Im Beispiel siehst du, wie ihr Kapital berechnet wird.

Gegeben: p % = 2 % Z = 22 €
Gesucht: K

	%	€	
	2	22	
: 2	1	$\frac{22}{2}$	: 2
· 100	100	$\frac{22 \cdot 100}{2} = 1\,100$	· 100

Ayla hat 1 100 € gespart.

a) Erläutere die Rechnung.
b) Bei einem Zinssatz von 4 % erhält Frau Aydemir 340 € Zinsen. Wie viel Euro hat sie angelegt?

12 Für ein Kapital K, das zu einem Zinssatz p % angelegt ist, erhältst du die Zinsen Z. Begründe, dass du das Kapital K mithilfe der Formel $\mathbf{K = \frac{Z \cdot 100}{p}}$ berechnen kannst.

13 Im Beispiel wird das Kapital K mithilfe der Formel $\mathbf{K = \frac{Z \cdot 100}{p}}$ berechnet.

Gegeben: Z = 50 € p % = 2,5 %
Gesucht: K

$K = \frac{Z \cdot 100}{p}$

$K = \frac{50 \cdot 100}{2{,}5} = 2\,000$

K = 2 000 €

$\frac{50 \times 100}{2{,}5}$ 2000

Berechne das Kapital bei einem Zinssatz von 5 % (2,5 %; 3,2 %) und 80 € Zinsen.

14 Von den Zinsen eines Stiftungskapitals werden jährlich Preise an junge Musiker verliehen.
Die Zinsen betragen 42 000 €. Das Kapital wurde zu einem Zinssatz von 6 % angelegt. Wie viel Euro beträgt es?

Grundaufgaben der Zinsrechnung

15 Auf einem Konto bei der Easybank hat Esma 550 € zu einem Zinssatz von 2,4 % angelegt. Leons Guthaben von 520 € wird bei der Direktbank mit 2,5 % verzinst. Wer erhält mehr Zinsen im Jahr?

16 Frau Petrow hat für 20 000 € ein Wertpapier gekauft. Dafür werden ihr jährlich 1 050 € Zinsen überwiesen. Bestimme den Zinssatz.

17 Emilas Großeltern haben für ihre Enkelin ein Sparkonto eingerichtet. Bei einem Zinssatz von 1,6 % erhält Emilia 240 € Zinsen im Jahr.
Berechne das Guthaben des Sparkontos.

18 Herr Akgün lässt das Dachgeschoss seines Hauses ausbauen. Dazu nimmt er ein Darlehen von 35 000 € auf. Er zahlt jährlich 1 820 € Zinsen.

Bestimme den Zinssatz des Darlehens.

19 Familie Mei schafft eine neue Kücheneinrichtung an. Um ein Sonderangebot nutzen zu können, nimmt sie einen Kredit von 15 000 € zu einem Zinssatz von 3,6 % auf.

Wie viel Euro Zinsen zahlt Familie Mei in einem Jahr?

20 Frau Sünnen hat ein geerbtes Grundstück verkauft. Sie legt den Erlös zu einem Zinssatz von 3,5 % an und erhält jährlich 1 400 € Zinsen. Berechne, wie viel Euro sie für das Grundstück erhalten hat.

21 Für sein Sparguthaben erhält Lennart nach einem Jahr 42,50 € Zinsen. Der Zinssatz beträgt 1,7 %.
Im Beispiel wird das Sparguthaben mithilfe der Formel $\mathbf{Z = \frac{K \cdot p}{100}}$ bestimmt.
Dazu werden die Werte für Z und p in die Formel eingesetzt. Dann wird die Gleichung nach K umgeformt.

Gegeben: Z = 42,50 € p % = 1,7 %
Gesucht: K

$$Z = \frac{K \cdot p}{100}$$
$$42{,}50 = \frac{K \cdot 1{,}7}{100} \quad | \cdot 100$$
$$4\,250 = K \cdot 1{,}7 \quad | : 1{,}7$$
$$\frac{4\,250}{1{,}7} = K$$
$$2\,500 = K$$

Das Sparguthaben beträgt 2 500 €.

a) Erläutere die Umformung.
b) Ayla erhält nach einem Jahr 59,50 € Zinsen. Der Zinssatz beträgt 2 %. Berechne wie im Beispiel ihr Sparguthaben.
c) Bei einem Zinssatz von 1,5 % erhält Emre nach einem Jahr 12,30 Zinsen. Wie viel Euro hat er gespart?

22 Für sein Sparguthaben von 1 500 € erhält Ömer jährlich 33 € Zinsen.
Im Beispiel wird der Zinssatz mithilfe der Formel $\mathbf{Z = \frac{K \cdot p}{100}}$ bestimmt.

Gegeben: K = 1 500 € Z = 33 €
Gesucht: p %

$$Z = \frac{K \cdot p}{100}$$
$$33 = \frac{1\,500 \cdot p}{100} \quad | \cdot 100$$
$$3\,300 = 1\,500 \cdot p \quad | : 1{,}7$$
$$\frac{3\,300}{1\,500} = p$$
$$2{,}2 = p$$

Der Zinssatz beträgt 2,2 %.

a) Erläutere die Umformung.
b) Für ihr Sparguthaben von 1 800 € erhält Mia nach einem Jahr 45 € Zinsen. Berechne wie im Beispiel den Zinssatz.
c) Ben hat 1 025 € angelegt und erhält jährlich 18,45 € Zinsen. Gib den Zinssatz an.

Tageszinsen

1 Frau Lang möchte ein Sonderangebot nutzen und ein neues Notebook kaufen. Deshalb überzieht sie ihr Girokonto für zehn Tage um 720 €. Ihre Bank berechnet die Zinsen zu einem Zinssatz von 9,5 %.

Zinsen für ein Jahr: $Z = \frac{K \cdot p}{100}$

$Z = \frac{720 \cdot 9{,}5}{100} = 68{,}40$

$Z = 68{,}40$ €

Zinsen für 1 Tag: $Z = \frac{720 \cdot 9{,}5}{100} \cdot \frac{1}{360} = 0{,}19$

$Z = 0{,}19$ €

Zinsen für 10 Tage: $Z = \frac{720 \cdot 9{,}5}{100} \cdot \frac{10}{360}$

$Z = 1{,}90$ €

a) Erläutere die Rechnung.
b) Wie viel Euro Zinsen muss Frau Lang bezahlen, wenn sie ihr Konto nur für acht Tage um 630 € überzieht?

2 Ein Konto wird n Tage überzogen. Der Zinssatz beträgt p %.
Begründe, dass du die Tageszinsen für ein Kapital K mithilfe der Formel
$\mathbf{Z = \frac{K \cdot p}{100} \cdot \frac{n}{360}}$ berechnen kannst.

3 Herr Kühl hat sein Girokonto für 12 Tage um 3 600 € überzogen. Der Zinssatz beträgt 11 %. Er rechnet mithilfe des Taschenrechners aus, wie viel Euro Zinsen er bezahlen muss.

Gegeben: K = 3 600 € p % = 11 %
n = 12 Tage
Gesucht: Z

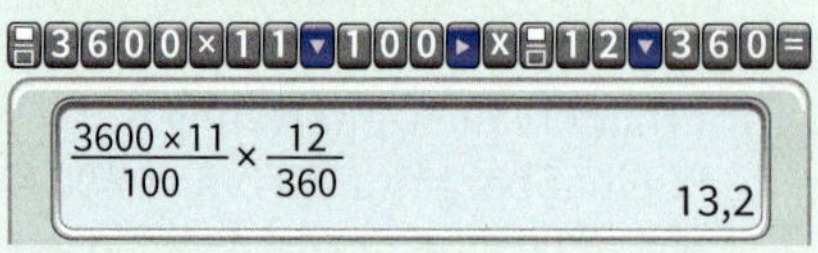

Frau Gül überzieht ihr Konto für 20 Tage um 900 €. Der Zinssatz beträgt 9 %. Berechne die Zinsen.

In Deutschland ist es im Bankwesen üblich, mit 360 Zinstagen pro Jahr zu rechnen.
1 Jahr = 360 Tage 1 Tag = $\frac{1}{360}$ Jahr
Ein Kapital K wird zu p % angelegt.
Zinsen für n Tage: $Z = \frac{K \cdot p}{100} \cdot \frac{n}{360}$

4 Berechne die Zinsen.

	Kapital	Zinssatz	Zeitraum
a)	5 400 €	6 %	10 Tage
b)	3 000 €	7,5 %	8 Tage
c)	750 €	12 %	24 Tage
d)	2 000 €	8 %	18 Tage
e)	3 500 €	7,2 %	35 Tage

5 Herr Weirich bezahlt eine Rechnung über 4 800 € erst 54 Tage nach dem vereinbarten Zahlungstermin. Die Lieferfirma berechnet 5 % Verzugszinsen. Wie viel Zinsen muss er überweisen?

6 Ein Guthaben von 27 000 € wird auf einem Tagesgeldkonto vom 4. bis 12. Mai zu einem Zinssatz von 2 % angelegt. Berechne die Zinsen. Beachte, dass bei der Bestimmung der Zinstage der Auszahlungstag mitgerechnet wird, der Einzahlungstag jedoch nicht.

1 2 3 | 4 5 6 7 8 9 10 11 12 | 13 14

Einzahlungstag ↑ (4) Auszahlungstag ↑ (12)

Der Einzahlungstag zählt nicht mit.

7 a) Vom 5. Juni bis zum 23. Juli hat Frau Wermann 90 000 € als Tagesgeld zu 1,5 % angelegt. Berechne die Zinsen.
b) Herr Klinger hat vom 18. Juni bis zum 20. Juli 15 000 € zu 1,2 % angelegt. Wie viel Euro Zinsen erhält er?

Lösungen zu den Aufgaben 3 bis 7:
4,5 5 6 8 9 12 16 24,5 36 180

Zinseszinsen

1 Lina hat zum 15. Geburtstag von ihren Großeltern ein Bankguthaben von 5 000 € erhalten. Sie darf über das Geld erst verfügen, wenn sie 18 Jahre alt ist.
Die Bank zahlt jährlich 2 % Zinsen.
Lina überlegt, wie groß ihr Guthaben nach drei Jahren ist.

Gegeben: $K = 5\,000$ € $p\,\% = 2\,\%$

Zinsen für das 1. Jahr:

$Z = \frac{5\,000 \cdot 2}{100} = 100$

$Z = 100$ €

Kapital nach einem Jahr:
$K_1 = 5\,000$ € + 100 € = 5 100 €

Zinsen für das 2. Jahr:

$Z = \frac{5\,100 \cdot 2}{100} = 102$

$Z = 102$ €

Kapital nach zwei Jahren:
$K_2 = 5\,100$ € + 102 € = 5 202 €

Zinsen für das 3. Jahr:

$Z = \frac{5\,202 \cdot 2}{100} = 104{,}04$

$Z = 104{,}04$ €

Kapital nach drei Jahren:
$K_3 = 5\,202$ € + 104,04 € = 5 306,04 €

Erkläre Linas Rechnung.

Wenn man ein Guthaben für mehrere Jahre anlegt und die Zinsen am Ende eines Jahres nicht abhebt, werden sie im folgenden Jahr zusammen mit dem Guthaben verzinst.
Diese Zinsen heißen **Zinseszinsen**.

2 Berechne das Kapital am Ende der Laufzeit.

	Kapital K	Zinssatz p %	Laufzeit
a)	6 000 €	2,5 %	2 Jahre
b)	8 000 €	5 %	4 Jahre

3 a) Sarah hat auf ihrem Sparbuch ein Guthaben von 1 500 €. Der Zinssatz beträgt 2 %. Wie hoch ist das Guthaben nach zwei Jahren?
b) Herr Seidelmann legt 20 000 € für drei Jahre zu 3 % an. Wie groß ist sein Kapital am Ende dieses Zeitraums?

4 Frau Reh und Frau Hase legen jeweils auf einem Konto 6 400 € zu einem Zinssatz von 2,5 % für drei Jahre an. Frau Reh lässt die Zinsen auf ihrem Konto, Frau Hase hebt sie nach jedem Jahr ab.
Wie viel Euro Zinsen hat Frau Reh nach drei Jahren insgesamt erhalten, wie viel Euro Frau Hase? Gib den Unterschied an.

5 Seit Maxim zwölf Jahre alt geworden ist, erhält er jedes Jahr zu seinem Geburtstag von seiner Patentante 1 000 €. Das Guthaben ist auf einem Sparkonto zu einem Zinssatz von 4 % fest angelegt.
An seinem 18. Geburtstag darf Maxim darüber verfügen. Er überlegt, wie groß sein Guthaben an diesem Tag ist.

Guthaben am 12. Geburtstag:
$K = 1\,000$ €

Guthaben am 13. Geburtstag:
Zinsen für das 1. Jahr:

$Z = \frac{1\,000 \cdot 4}{100} = 40$ $Z = 40$ €

Geburtstagsgeschenk: 1 000 €
$K_1 = 1\,000$ € + 40 € + 1 000 € = 2 040 €

Guthaben am 14. Geburtstag:
Zinsen für das 2. Jahr:

$Z = \frac{2\,040 \cdot 4}{100} = 81{,}6$ $Z = 81{,}60$ €

Geburtstagsgeschenk: 1 000 €
$K_2 = 2\,040$ € + 81,60 € + 1 000 €
= 3 121,60 €

Berechne Maxims Guthaben an seinem 18. Geburtstag.

Arbeiten mit dem Computer: Zinsrechnung

1 Mostafa und Aleksander möchten die Jahreszinsen mit einem Tabellenkalkulationsprogramm berechnen. Das Kapital beträgt 5 000 € und der Zinssatz 1,3 %. Sie haben dazu das folgende Tabellenblatt angelegt:

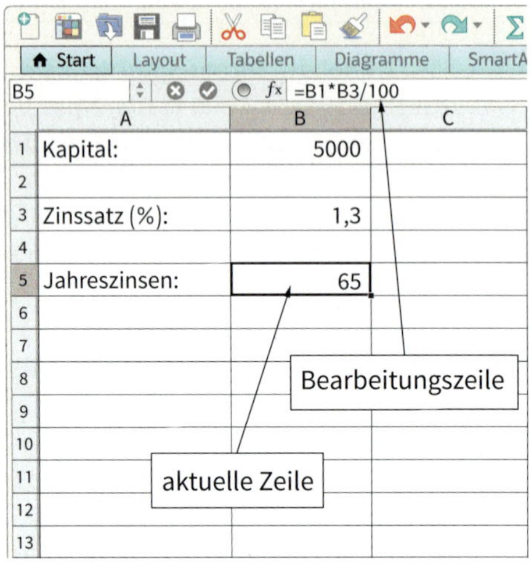

a) Die Jahreszinsen in Zelle **B5** werden mithilfe der Formel berechnet, die in der Bearbeitungszeile angezeigt wird. Erläutere die Formel.

b) Erstelle das Tabellenblatt wie in der Abbildung und formatiere die Zellen **B1** und **B5** als Eurobetrag.
Klicke dazu die Zelle mit der rechten Maustaste an und wähle das Feld „Zellen formatieren“.

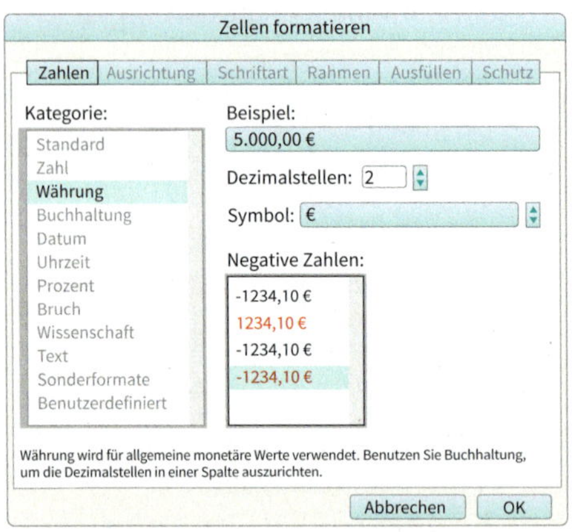

c) Berechne die Zinsen bei einem Kapital von 2 500 € und einem Zinssatz von 2,2 %.

d) Wie verändern sich die Jahreszinsen, wenn du den Zinssatz verdoppelst (halbierst)? Benutze das Tabellenblatt.

Eine Formel beginnt immer mit einem Gleichheitszeichen.

2 Mostafa möchte auch das Kapital nach einem Jahr ausrechnen. Dazu fügt er eine weitere Zeile ein.

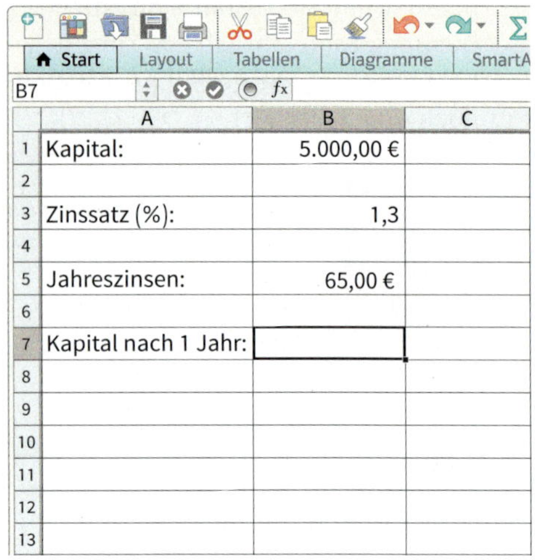

a) Beschreibe, wie das Kapital nach einem Jahr berechnet wird und gib die Formel für die Zelle **B7** an.

b) Berechne mit dem Tabellenkalkulationsprogramm die Jahreszinsen und das Kapital zum Jahresende für ein Kapital von 4 800 € und einem Zinssatz von 2,4 % (3,2 %; 4,1 %).

3 Im Beispiel siehst du, wie du mit einem Tabellenkalkulationsprogramm Tageszinsen berechnen kannst.

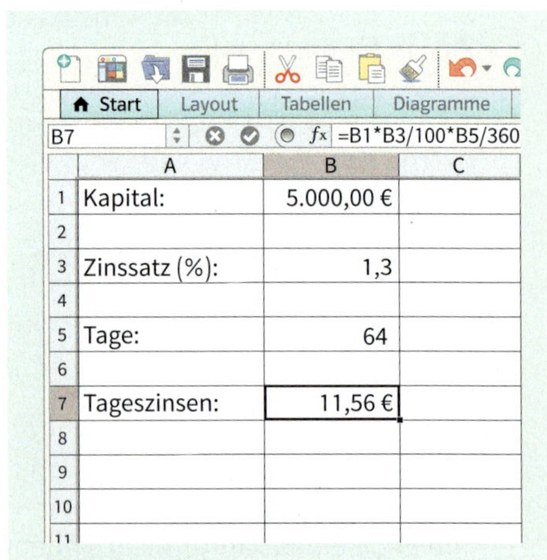

a) Erläutere die Formel, mit der der Wert in Zelle **B7** berechnet wird.

b) Berechne die Zinsen für ein Kapital von 12 200 €, das zu 2,3 % für 125 Tage angelegt wird.

Arbeiten mit dem Computer: Zinsrechnung

4 Anna möchte 800 € zu einem Zinssatz von 1,5 % anlegen. Um ihr Kapital nach mehreren Jahren auszurechnen, nutzt sie ein Tabellenkalkulationsprogramm.

C2 | f_x =B2*1,5/100

	A	B	C	D
1	Jahr	Kapital zum Jahresbeginn	Zinsen	Kapital am Jahresende
2	1	800,00 €	12,00 €	

a) Lege ein Tabellenblatt wie Anna an. Erläutere die Formel in Zelle **C2**.

b) Bestimme das Kapital am Jahresende mithilfe einer Formel.

c) Das Kapital am Ende des ersten Jahres entspricht dem Kapital zu Beginn des zweiten Jahres. Deshalb hat Anna in Zelle **B3** die Formel **=D2** eingetragen.

B3 | f_x =D2

	A	B	C	D
1	Jahr	Kapital zum Jahresbeginn	Zinsen	Kapital am Jahresende
2	1	800,00 €	12,00 €	812,00 €
3	2	812,00 €		

Weil sie für das zweite Jahr die Zinsen und das Kapital am Jahresende genauso berechnet wie in der Zeile darüber, markiert sie zunächst die Zellen **C2** und **D2**.

	A	B	C	D
1	Jahr	Kapital zum Jahresbeginn	Zinsen	Kapital am Jahresende
2	1	800,00 €	12,00 €	812,00 €
3	2	812,00 €		
4				

Anschließend bewegt sie den Cursor in die untere rechte Ecke der beiden markierten Zellen, bis der Cursor zu einem Pluszeichen wird. Sie zieht das Pluszeichen eine Zeile tiefer.

	A	B	C	D
1	Jahr	Kapital zum Jahresbeginn	Zinsen	Kapital am Jahresende
2	1	800,00 €	12,00 €	812,00 €
3	2	812,00 €		
4				

Verfahre so wie Anna. Vergleiche die Formeln der Zellen **D2** und **D3**. Was stellst du fest?

d) Um die Zinsen und das Kapital für weitere Jahre auszurechnen, markiert sie die Zellen **A3** bis **D3** und zieht das Pluszeichen nach unten.

A3 | f_x

	A	B	C	D
1	Jahr	Kapital zum Jahresbeginn	Zinsen	Kapital am Jahresende
2	1	800,00 €	12,00 €	812,00 €
3	2	812,00 €	12,18 €	824,18 €
4	3	824,18 €	12,36 €	836,54 €
5	4	836,54 €	12,55 €	849,09 €

Bestimme das Kapital nach acht Jahren.

e) Nach wie vielen Jahren ist das Kapital auf mehr als 1 000 € angewachsen?

f) Nach wie vielen Jahren erhält Anna mindestens 15 € Jahreszinsen?

5 Um ihr Kapital nach mehreren Jahren auch bei anderen Zinssätzen berechnen zu können, fügt Anna die Angabe des Zinssatzes in die Tabelle ein.

C4 | f_x =B4*$C$1/100

	A	B	C	D
1		Zinssatz (%):	1,5	
2				
3	Jahr	Kapital zum Jahresbeginn	Zinsen	Kapital am Jahresende
4	1	800,00 €	12,00 €	812,00 €
5	2			

Zur Berechnung der Zinsen hat Anna in Zelle **C4** die Formel **=B4*$C$1/100** eingegeben. Als Zinssatz wird deshalb der Wert der Zelle **C1** verwendet. Da sie vor das „**C**" und die „**1**" ein **$**-Zeichen gesetzt hat, ändert sich der Wert beim Herunterziehen der Zellen mithilfe des Pluszeichens nicht.

a) Verändere wie Anna dein Tabellenblatt. Bestimme das Kapital nach acht Jahren und vergleiche es mit dem Ergebnis in Aufgabe 4.

b) Wie groß wäre Annas Kapital nach acht Jahren bei einem Zinssatz von 2 % (5 %; 15 %)?

c) Verändere das Anfangskapital, den Zinssatz und die Laufzeit. Berechne jeweils das Kapital am Ende der Laufzeit.

Arbeiten mit dem Computer: Einen Kredit zurückzahlen

1 Linas Eltern wollen das Dachgeschoss ihres Hauses ausbauen lassen. Dazu müssen sie bei einer Bank einen Kredit über 20 000 € aufnehmen.
Der Zinssatz beträgt 4 %. Jährlich zahlt die Familie am Ende des Jahres 5 500 € zurück.
Mithilfe eines Tabellenkalkulationsprogramms berechnet Lina, nach wie vielen Jahren der Kredit zurückgezahlt ist. Dazu hat sie ein Tabellenblatt angelegt.

	A	B	C	D	E
1		Kredit-summe	20.000,00 €		
2		jährliche Rate	5.500,00 €		
3		Zinssatz (%)	4		
4					
5	Jahr	Schulden am Jahres-beginn	Zinsen	jährliche Rate	Schulden am Jahres-ende
6	1	=C1	=B6*$C$3/100	=$C$2	=B6+C6-D6
7	2	=E6			

In den Zellen **B6**, **C6**, **D6**, **E6** und **B7** ist jeweils die Formel angegeben, mit der ihr Wert bestimmt wird.
Da sich der Zinssatz und die jährliche Rate während der Laufzeit des Kredits nicht ändern, wird bei den Formeln in den Zellen **C6** und **D6** das $-Zeichen verwendet.

Im Menü „Formeln" kannst du die Formeln sichtbar machen, mit denen der Wert der Zellen berechnet wird.

a) Vervollständige das Tabellenblatt, indem du die Werte der Zellen in den Zeilen 7 bis 10 bestimmst.

	A	B	C	D	E
1		Kredit-summe	20.000,00 €		
2		jährliche Rate	5.500,00 €		
3		Zinssatz (%)	4		
5	Jahr	Schulden am Jahres-beginn	Zinsen	jährliche Rate	Schulden am Jahres-ende
6	1	20.000,00 €	800,00 €	5.500,00 €	15.300,00 €
7	2	15.300,00 €	612,00 €	5.500,00 €	10.412,00 €
8	3	10.412,00 €	416,48 €	5.500,00 €	5.328,48 €
9	4	5.328,48 €	213,14 €	5.500,00 €	41,62 €

b) Wie viel Euro Schulden hat Linas Familie nach vier Jahren noch? Nach welcher Zeit ist der Kredit zurückgezahlt?

2 Die Kosten für Handwerkerleistungen sind gestiegen. Deshalb benötigt Linas Familie einen Kredit über 25 000 €. Die jährliche Rate am Ende des Jahres soll 5 500 € betragen, der Zinssatz 4 %.
Mithilfe des Tabellenkalkulationsprogramms berechnet Lina die Laufzeit des Kredits. Dazu verändert sie den Wert in Zelle **C1**.
Gib an, nach welcher Zeit der Kredit zurückgezahlt ist.

3 a) Die Familie überlegt, ob sie die jährliche Rate auf 6 800 € (9 000 €) erhöhen kann. Berechne die Laufzeit des Kredits bei einer Kreditsumme von 25 000 € und einem Zinssatz von 4 %.
b) Linas Vater möchte die Kreditsumme von 25 000 € bereits nach zwei Jahren vollständig getilgt haben. Wie hoch muss die jährliche Rate mindestens sein, damit dies gelingt?
Probiere verschiedene jährliche Raten aus, um den kleinstmöglichen Betrag zu ermitteln.

4 Von einer anderen Bank erhält Linas Familie ein Angebot für einen Kredit zu einem Zinssatz von 3,6 %. Die Kreditsumme soll 25 000 € betragen, die jährliche Rate 4 700 €.
Berechne die Laufzeit des Kredits.

5 Wähle verschiedene Kreditsummen, Jahresraten und Zinssätze und berechne jeweils die Laufzeit des Kredits.

WISSEN KOMPAKT

Die Zinsrechnung ist eine Anwendung der Prozentrechnung.
Der Grundwert heißt Kapital (K). Der Prozentwert heißt Zinsen (Z). Der Prozentsatz heißt Zinssatz (p %).

Jahreszinsen

Herr Schuh hat bei der Sparkasse 8 500 € angelegt.
Der Zinssatz beträgt 4 %.
Wie viel Euro Zinsen erhält er im Jahr?

Gegeben: K = 8 500 € p % = 4 %
Gesucht: Z

Herr Schuh erhält 340 € Zinsen.

%	€
100	8 500
1	$\frac{8\,500}{100}$
4	$\frac{8\,500 \cdot 4}{100} = 340$

$Z = \frac{K \cdot p}{100}$

$Z = \frac{8\,500 \cdot 4}{100} = 340$

$Z = 340$ €

Zinssatz

Für ihr Guthaben von 6 000 € erhält Frau Uysal jährlich 180 € Zinsen. Wie hoch ist der Zinssatz?

Gegeben: K = 6 000 € Z = 180 €
Gesucht: p %

Der Zinssatz beträgt 3 %.

€	%
6 000	100
1	$\frac{100}{6\,000}$
180	$\frac{100 \cdot 180}{6\,000} = 3$

$p\,\% = \frac{Z \cdot 100}{K}\,\%$

$p\,\% = \frac{180 \cdot 100}{6\,000}\,\%$

$p\,\% = 3\,\%$

Kapital

Herr Aydemir hat ein Kapital zu einem Zinssatz von 4,5 % angelegt. Er erhält 540 € Zinsen im Jahr. Wie viel Euro beträgt das Sparguthaben?

Gegeben: p % = 4,5 % Z = 540 €
Gesucht: K

Das Sparguthaben beträgt 12 000 €.

%	€
4,5	540
1	$\frac{540}{4{,}5}$
100	$\frac{540 \cdot 100}{4{,}5} = 12\,000$

$K = \frac{Z \cdot 100}{p}$

$K = \frac{540 \cdot 100}{4{,}5} = 12\,000$

$K = 12\,000$ €

Tageszinsen

Frau Speckmann überzieht ihr Girokonto für 15 Tage um 4 000 €.
Der Zinssatz beträgt 12 %. Wie viel Euro muss sie zahlen?

Gegeben: K = 4 000 € p % = 12 % n = 15 Tage
Gesucht: Z

Sie muss 20 € Zinsen bezahlen.

$Z = \frac{K \cdot p}{100} \cdot \frac{n}{360}$

$Z = \frac{4\,000 \cdot 12}{100} \cdot \frac{15}{360} = 20$

$Z = 20$ €

Zinseszinsen

Ein Kapital von 8 000 € wird zu einem Zinssatz von 5 % angelegt. Wie groß ist das Guthaben nach 3 Jahren?

K = 8 000 € p % = 5 % Laufzeit: 3 Jahre

Zinsen für das 1. Jahr: $Z = \frac{8\,000 \cdot 5}{100} = 400$ Kapital nach einem Jahr: $K_1 = 8\,000$ € + 400 € = 8 400 €

Zinsen für das 2. Jahr: $Z = \frac{8\,400 \cdot 5}{100} = 420$ Kapital nach zwei Jahren: $K_2 = 8\,400$ € + 420 € = 8 820 €

Zinsen für das 3. Jahr: $Z = \frac{8\,820 \cdot 5}{100} = 441$ Kapital nach drei Jahren: $K_3 = 8\,820$ € + 441 € = 9 261 €

ÜBEN

1 Vervollständige die Tabelle in deinem Heft.

	Kapital K	Zinssatz p %	Zinsen Z
a)	5 000 €	12 %	■
b)	■	5 %	35 €
c)	2 875 €	■	115 €
d)	12 500 €	4,2 %	■
e)	94 200 €	■	1 413 €
f)	■	2,8 %	266 €
g)	11 200 €	■	56 €
h)	■	8 %	7 390 €
i)	475 €	1,2 %	■
k)	2 460 €	5,5 %	■
l)	■	7,5 %	486 €

2 a) 2 000 € werden zu 1 % (1,2 %; 2,1 %; 2,5 %) angelegt. Berechne die Zinsen.
b) Für ein Guthaben von 4 000 € werden 240 € (69 €, 180 €, 160 €) Zinsen gezahlt. Bestimme den Zinssatz.
c) Ein Kapital ist zu 2,2 % angelegt. Die Zinsen betragen 600 € (50 €, 80 €, 750 €). Wie groß ist das Kapital?

3 a) Ein Guthaben von 20 000 € (6 500 €, 120 000 €, 7 200 €) wird zu 1,6 % angelegt. Berechne die Zinsen.
b) Für ein Kapital von 8 000 € (6 000 €, 5 000 €, 7 200 €) werden 120 € Zinsen gezahlt. Bestimme den Zinssatz.
c) Für ein Sparguthaben werden 480 € Zinsen gezahlt. Der Zinssatz beträgt 1,4 % (2,3 %; 2,5 %; 2,8 %). Wie groß ist das Guthaben?

4 Berechne jeweils die Zinsen.
a) 840 € zu 6 % für 40 Tage
5 750 € zu 8 % für 90 Tage
4 800 € zu 9 % für 100 Tage

b) 7 380 € zu 7,5 % für 40 Tage
8 400 € zu 8,5 % für 90 Tage
13 500 € zu 10,5 % für 36 Tage

c) 9 600 € zu 12 % für 20 Tage
13 200 € zu 15 % für 15 Tage
18 000 € zu 14 % für 60 Tage

5 Berechne die Zinsen für den angegebenen Zeitraum.

	Kapital K	Zinssatz p %	Zeitraum
a)	7 500 €	9 %	vom 3.4. bis 21.4.
b)	4 200 €	8,1 %	vom 2.2. bis 18.2.
c)	17 820 €	10,8 %	vom 4.3. bis 19.3.

6 Berechne jeweils das Kapital einschließlich Zinsen nach einem Jahr.

a)

Anfangskapital	Zinssatz
3 500 €	2,4 %
5 750 €	2,8 %
15 800 €	4,5 %

b)

Anfangskapital	Zinssatz
550 €	2 %
1 800 €	3,5 %
4 250 €	3,6 %

7 Berechne jeweils die Zinsen und den Zinssatz.

a)

Anfangskapital	Kapital nach einem Jahr
850 €	884 €
1 250 €	1 290 €
6 500 €	6 643 €

b)

Anfangskapital	Kapital nach einem Jahr
18 200 €	18 473 €
2 840 €	2 911 €
12 375 €	12 969 €

8 Berechne das Kapital einschließlich Zinsen und Zinseszinsen am Ende der Laufzeit.
a) 6 000 € werden für zwei Jahre zu einem Zinssatz von 2,5 % angelegt.

b) 48 000 € werden für drei Jahre zu einem Zinssatz von 2,5 % angelegt.

c) 56 000 € werden für vier Jahre zu einem Zinssatz von 5 % angelegt.

ÜBEN: Sachaufgaben

1 Auf ihrem Sparbuch bei der Volksbank hat Sarah 850 € zu 3 % angelegt. Eileens Guthaben von 750 € wird bei der Sparkasse mit 3,5 % verzinst.
Wer erhält mehr Zinsen im Jahr?

2 Mia hatte vor einem Jahr auf ihrem Konto ein Guthaben von 1 700 €. Inzwischen ist es auf 1 742,50 € angewachsen.
Berechne die Zinsen und den Zinssatz.

3 Dalias Eltern haben für ihre Tochter ein Sparkonto eingerichtet. Bei einem Zinssatz von 2,5 % erhält sie nach einem Jahr 37,50 € Zinsen.
Welchen Betrag haben ihre Eltern zu Beginn des Jahres eingezahlt?

4 Frau Stein möchte eine Eigentumswohnung kaufen. Sie rechnet aus, dass sie für ein Darlehen im Jahr höchstens 4 500 € Zinsen zahlen kann.
Wie hoch darf das Darlehen bei einem Zinssatz von 3,6 % höchstens sein?

5 Herr Vogel kauft einen Wohnwagen. Er leistet zunächst eine Anzahlung von 12 000 € und bezahlt nach einem Jahr 25 800 €. Bestimme den Zinssatz.

6 Frau Mies hat es am Freitag versäumt, die Tageseinnahmen ihres Geschäfts in Höhe von 6 600 € zur Bank zu bringen. Sie zahlt das Geld erst am Montag ein. Berechne den Zinsverlust, wenn die Bank 0,6 % Zinsen zahlt?

7 Herr Gehring hat ein Darlehen von 5 400 € zu einem Zinssatz von 6,4 % aufgenommen, das er nach 150 Tagen zurückzahlt. Berechne die Zinsen.

8 Herr Hussein hat bei der Sparkasse 5 000 € für vier Jahre angelegt. Die Zinsen werden jährlich ausgezahlt.

1. Jahr	2. Jahr	3. Jahr	4. Jahr
1,5 %	2 %	2 %	3 %

Wie viel Euro Zinsen erhält er insgesamt?

9 Für den Einbau einer Photovoltaikanlage auf dem Dach ihres Hauses hat Frau Yilmaz ein Darlehen von 20 000 € zu einem Zinssatz von 4,5 % aufgenommen. Nach jeweils einem Jahr zahlt sie zusätzlich zu den Zinsen 5 000 € zurück.
Berechne, wie viel Euro Zinsen sie insgesamt bezahlt hat.

10 Maren besitzt ein Sparbuch mit einem Guthaben von 800 €. Der Zinssatz beträgt zu Beginn des Jahres 2 %. Nach einem halben Jahr wird er auf 2,5 % erhöht.
Wie viel Euro Zinsen erhält Maren am Ende des Jahres?

11 Sebastian hat zu Beginn des Jahres 1 050 € auf seinem Sparbuch. Ein halbes Jahr später zahlt er 150 € zusätzlich ein. Der Zinssatz beträgt 2 %. Wie viel Euro Zinsen erhält er am Ende des Jahres?

12 Frau Fuchs legt auf einem Konto 24 000 € zu einem Zinssatz von 5 % für vier Jahre an.
a) Wie viel Euro Zinsen erhält sie am Ende der Laufzeit?
b) Wie viel Euro Zinsen hätte sie insgesamt erhalten, wenn sie die Zinsen nach jedem Jahr abgehoben hätte?
c) Gib den Unterschied an.

ÜBEN: Sachaufgaben

Wenn du die Aufgaben als Gruppenpuzzle bearbeiten möchtest, findest du auf der nächsten Seite Hinweise dazu.

Informiere dich über die aktuellen Bedingungen für Kredite und Sparbriefe.

13 Vergleiche die Angebote. Welches ist am günstigsten? Begründe.

Barkredit 3000 €	Barkredit 3000 €
Rückzahlung nach einem Jahr	Rückzahlung nach einem Jahr
7,2 % Zinssatz	195 € Zinsen

14 Wenn Frau Lind ihr Girokonto überzieht, zahlt sie 11 % Überziehungszinsen.
Im vergangenen Jahr hat sie ihr Konto vom 16. bis 30. April um 600 €, vom 9. bis 30. Juni um 1 500 € und vom 2. September bis zum 14. Oktober um 500 € überzogen.
Wie viel Euro Zinsen musste sie insgesamt bezahlen?

15 Herr Lennartz hat ein neues Ledersofa für 5 000 € bestellt. Wenn er die Rechnung sofort bezahlt, gewährt ihm das Möbelhaus einen Preisnachlass von 2 %. Aber dafür müsste er sein Girokonto für 24 Tage um 3 000 € überziehen. Dafür berechnet seine Bank 9,5 % Zinsen. Überlege, welche die günstigste Variante für Herrn Lennartz ist.

16 Frau Turhan bezahlt ihr neues Auto bar. Dazu muss sie ihr Girokonto für 30 Tage überziehen. Bei einem Zinssatz von 10,8 % berechnet ihr die Bank 45 € Zinsen. Um wie viel Euro hat sie ihr Konto überzogen?

17 Frau Niemann will 10 000 € anlegen. Sie prüft zwei Angebote. Bei beiden Sparbriefen werden die Zinsen des ersten Jahres im zweiten Jahr mitverzinst.

Sparbrief I	Sparbrief II
Zinssatz	Zinssatz
im 1. Jahr 2%	im 1. Jahr 1%
im 2. Jahr 2%	im 2. Jahr 3%

Für welches Angebot sollte sich Frau Niemann entscheiden? Begründe.

18 Wie hoch ist der Zinssatz?

19 Jamal träumt von einem sorgenfreien Leben.

Wie viel Euro muss er bei einem Zinssatz von 3,6 % anlegen, um sich seinen Traum erfüllen zu können?

ÜBEN: Sachaufgaben

Kommunizieren Gruppenpuzzle

Stammgruppe

1. Die Schülerinnen und Schüler werden in Gruppen mit jeweils 3 – 6 Mitgliedern aufgeteilt.
2. Die Arbeitszeit für jede der drei Phasen wird genau festgelegt.
3. Alle Gruppen haben dieselbe Aufgabenstellung. Die Aufgabe besteht aus mehreren einzelnen Aufgaben oder einer umfangreichen Aufgabe mit mehreren Teilaufgaben. Jedes Gruppenmitglied übernimmt eine eigene Aufgabe oder Teilaufgabe.
4. Jeder beschäftigt sich zunächst alleine mit seiner Aufgabe und erarbeitet eine Lösung.

Expertengruppe

1. Die Schülerinnen und Schüler werden in neue Gruppen aufgeteilt. In jeder neuen Gruppe treffen sich die Schülerinnen und Schüler, die dieselbe Aufgabe bearbeitet haben.
2. Nacheinander stellen die einzelnen Gruppenmitglieder ihre Lösung vor.
3. Die Gruppenmitglieder besprechen die einzelnen Lösungsvorschläge, verbessern Fehler und einigen sich auf eine gemeinsame Lösung.
4. Jedes Gruppenmitglied bereitet einen kurzen Vortrag über die Aufgabe und die gemeinsam erarbeitete Lösung vor.

Stammgruppe

1. Die Schülerinnen und Schüler kehren in ihre ursprünglichen Gruppen zurück. Jedes Gruppenmitglied ist jetzt Experte für die von ihm erarbeitete Aufgabe.
2. Nacheinander stellen die Experten ihre Aufgabe und deren Lösung vor.
3. Die übrigen Gruppenmitglieder hören dem Vortrag des Experten aufmerksam zu und überlegen, welche Fragen sie anschließend noch stellen wollen.
4. Alle Gruppenmitglieder halten die Ergebnisse fest, zum Beispiel indem sie diese in ihrem Heft notieren oder ein Wandplakat anfertigen.

VERTIEFEN: Aktien

Geld kann man nicht nur bei einer Bank zu einem festgelegten Zinssatz anlegen, sondern auch in Aktien.
Wer eine Aktie kauft, erwirbt einen Anteil an einem Unternehmen.
Wenn das Unternehmen einen Gewinn erwirtschaftet hat, beteiligt es die Aktienbesitzer daran und zahlt ihnen einen Geldbetrag aus. Diese Gewinnbeteiligung heißt Dividende.
Aktien werden nicht nur wegen ihrer Dividende gekauft, sondern vor allem, weil der Käufer hofft, dass der Wert der Aktie im Laufe der Zeit steigt.
Aktien werden an der Börse gehandelt. Der Wert einer Aktie wird Aktienkurs genannt. Er ändert sich von Tag zu Tag. Hat eine Aktie gar keinen Wert mehr, bedeutet das für die Aktienbesitzer den Verlust ihres Kapitals.

Kursverlauf der Didasaktie und der Koniaaktie im Jahr 2021

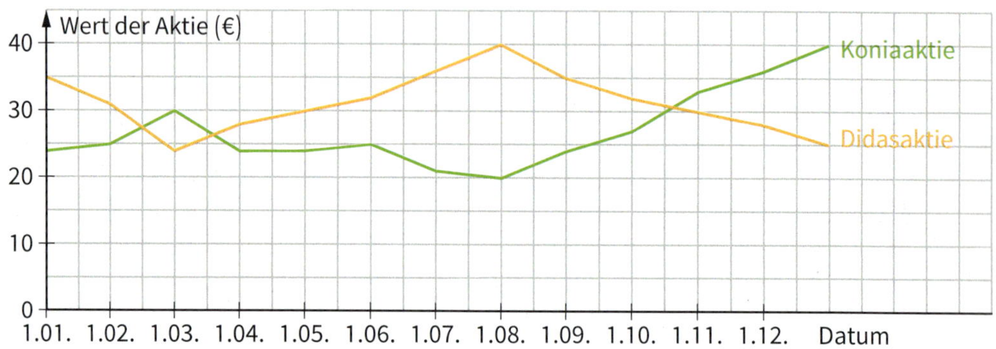

1 a) Gib den größten (kleinsten) Wert jeder Aktie im Jahr 2021 an.
b) Vergleiche den Wert jeder Aktie zu Beginn des Jahres mit ihrem Wert am Ende des Jahres. Gib den Unterschied auch in Prozent an.

2 a) Am 1. Februar hat Frau Müller 200 Didasaktien gekauft. Wie groß war das Kapital, das sie dazu benötigte?
b) Bestimme den Zeitpunkt, zu dem der Wert ihrer Aktien am größten (am geringsten) war.
Wie groß wäre ihr Gewinn (Verlust) gewesen, wenn sie die Aktien zu diesem Zeitpunkt verkauft hätte? Gib den Gewinn (Verlust) auch in Prozent an.

3 a) Zu Beginn des Jahres 2021 legt Herr Goller 8 400 € in Koniaaktien an. Am Ende des Jahres verkauft er die Aktien. Vergleiche seinen Gewinn mit den Zinsen eines einjährigen Sparbriefs zu 4 %.
b) Vergleiche die Geldanlagen, wenn Herr Goller statt Koniaaktien Didasaktien gekauft hätte.

4 Am 1. März 2021 investiert Herr Lenz 6 000 € in Didasaktien. Fünf Monate später verkauft er diese Aktien und kauft für den Erlös Koniaaktien.
Welchen Gewinn hat Herr Lenz erzielt, wenn er die Koniaaktien am Ende des Jahres verkauft? Wie viel Prozent des eingesetzten Kapitals sind das?

AUSGANGSTEST

1 Berechne die Jahreszinsen.

	a)	b)
Kapital	14 500 €	6 400 €
Zinssatz	4 %	8,5 %

2 Berechne den Zinssatz.

	a)	b)
Kapital	1 800 €	15 000 €
Jahreszinsen	45 €	1 050 €

3 Berechne das Kapital.

	a)	b)
Zinssatz	5 %	8 %
Jahreszinsen	475 €	2 048 €

4 Ihren Lottogewinn von 12 500 € legt Frau Hirt bei der Sparkasse an. Der Zinssatz beträgt 2,2 %. Berechne die Zinsen im ersten Jahr.

5 Herr Wessel nimmt ein Darlehen von 8 000 € auf, um ein neues Auto zu kaufen. Er zahlt dafür jährlich 336 € Zinsen.
Berechne den Zinssatz.

6 Frau Hebel hat ihr Sparguthaben zu einem Zinssatz von 4,5 % angelegt. Sie erhält jährlich 693 € Zinsen. Berechne das Sparguthaben.

7 Beim Kauf ihres Hauses benötigt Familie Keskin eine Zwischenfinanzierung.
Sie nimmt für 45 Tage einen Kredit von 50 000 € auf. Der Zinssatz beträgt 8 %.

Wie viel Euro Zinsen muss Familie Keskin zahlen?

8 Vom 15. April bis zum 6. Mai überzieht Frau Schiller ihr Girokonto um 2 500 €. Der Zinssatz beträgt 12 %. Wie viel Euro Zinsen muss sie zahlen?

9 Vergleiche die beiden Angebote. Welches ist am günstigsten?

Barkredit
4000 €
Rückzahlung nach einem Jahr
5,8%
Zinssatz
Keine Bearbeitungsgebühr

Barkredit
4000 €
Rückzahlung nach einem Jahr
199€
Zinsen
Bearbeitungsgebühr 35 €

10 Ein Kapital von 18 500 € wird zu einem Zinssatz von 5 % angelegt. Berechne das Kapital einschließlich Zinseszinsen nach drei Jahren.

Ich kann ...

	Aufgabe	Hilfen und Aufgaben	
Zinsen, Zinssatz und Kapital berechnen.	1, 2, 3	Seite 43, 44, 52	I
Zinsen, Zinssatz und Kapital im Sachzusammenhang berechnen.	4, 5, 6, 9	Seite 43, 44, 45, 53	
Tageszinsen im Sachzusammenhang berechnen.	7, 8	Seite 46, 53, 54	
Zinseszinsen berechnen.	10	Seite 47, 52, 53, 54	II

4 Umfang und Flächeninhalt

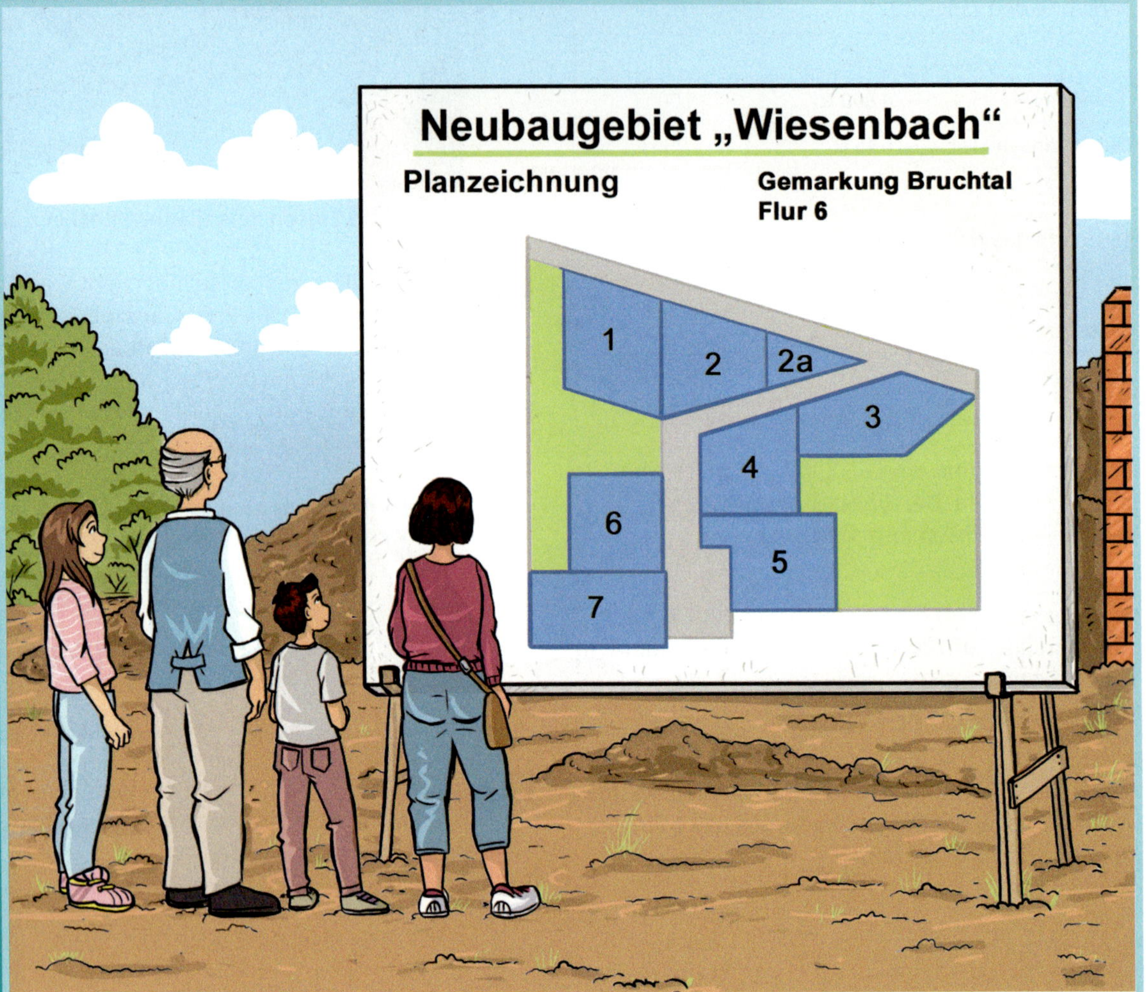

Familie Schmidt besichtigt ein Neubaugebiet. Sie möchte einen Bauplatz kaufen.

Bist du fit für dieses Kapitel? Eingangstest auf Seite 164.

In diesem Kapitel ...

- *schätzt und berechnest du den Umfang und den Flächeninhalt ebener Figuren.*
- *löst du Sachaufgaben zum Umfang und Flächeninhalt ebener Figuren.*

Grundstückskauf

Alle Grundstücke einer Gemeinde sind in einer Liegenschaftskarte verzeichnet.

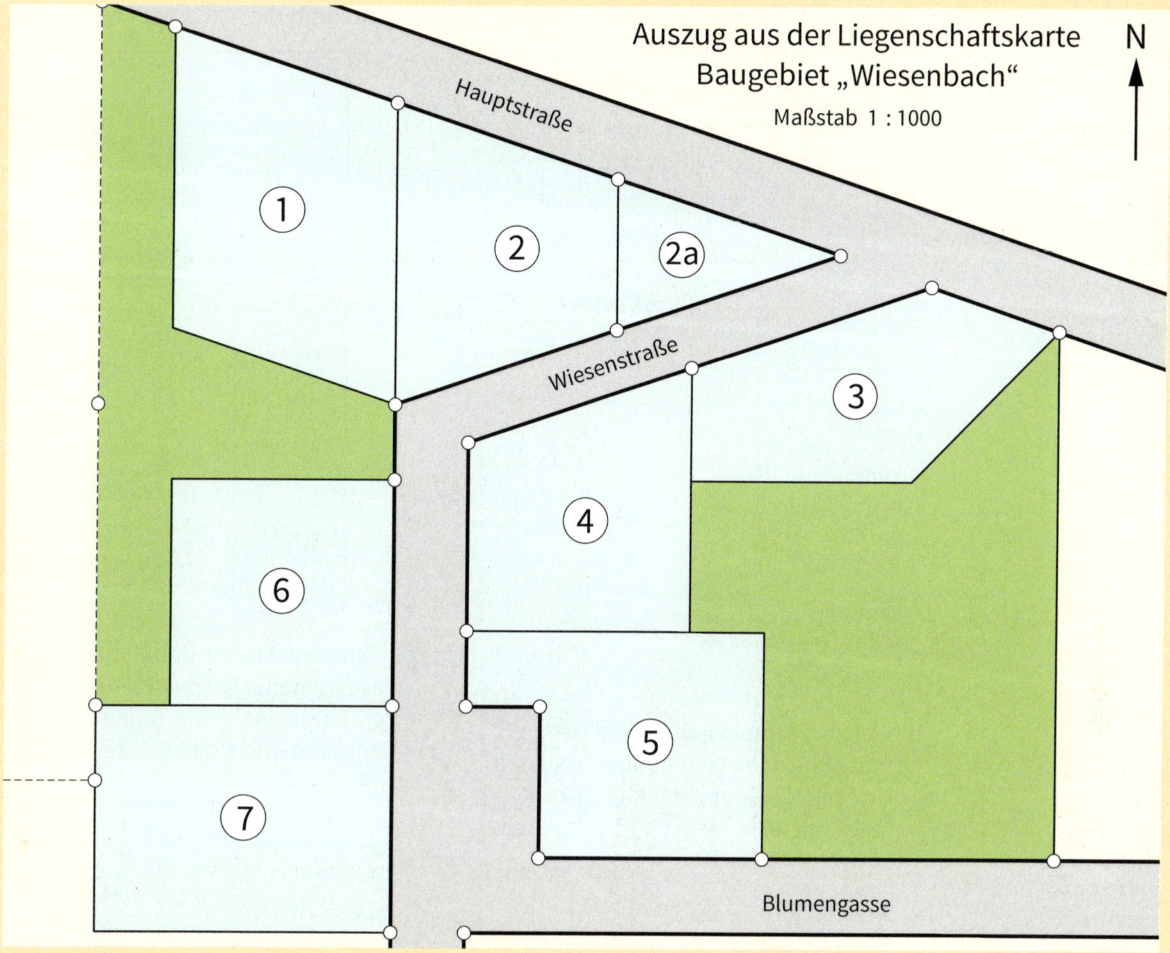

- Welches der abgebildeten Grundstücke hat die Form eines Quadrats? Gib die Nummer des Grundstücks an.
- Welche ebenen Figuren findest du noch auf der Liegenschaftskarte? Beschreibe jeweils ihre Eigenschaften.
- Überlege, welches Grundstück am größten (am kleinsten) ist.

Bei Grundstück 1 liegt das Haus direkt an der Hauptstraße.

Dafür kann aber die Terrasse Richtung Süden liegen.

- Für welches Grundstück würdest du dich entscheiden?

Flächeninhalt und Umfang von Rechteck und Quadrat

1 a) Erläutere, wie Ahmed in dem folgenden Beispiel den Flächeninhalt und den Umfang eines rechteckigen Grundstücks berechnet.

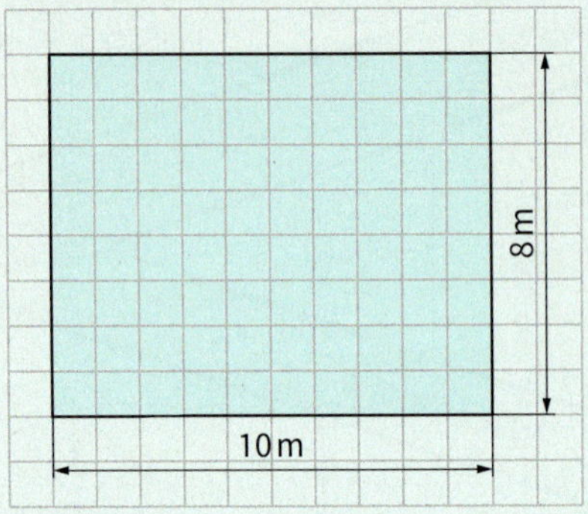

Flächeninhalt:
$A = 10 \cdot 8$
$A = 80$
$A = 80\ m^2$

Umfang:
$u = 2 \cdot 10\ m + 2 \cdot 8\ m$
$u = 36\ m$

b) Welche Formeln hat Ahmed benutzt?
c) Berechne den Flächeninhalt und den Umfang für ein rechteckiges Grundstück mit 20 m Länge und 17 m Breite.

Rechteck

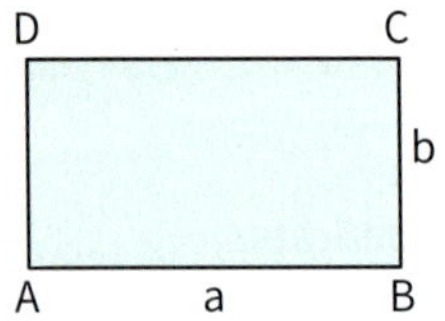

Flächeninhalt:
$A = a \cdot b$

Umfang:
$u = 2 \cdot a + 2 \cdot b$
$u = 2 \cdot (a + b)$

Quadrat

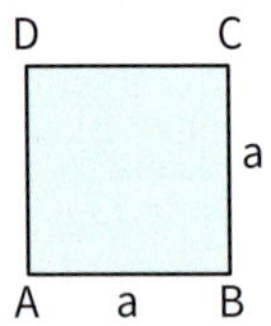

Flächeninhalt:
$A = a \cdot a = a^2$

Umfang:
$u = 4 \cdot a$

2 Berechne Flächeninhalt und Umfang des Rechtecks.
a) $a = 9$ cm; $b = 7$ cm
b) $a = 15$ cm; $b = 12$ cm
c) $a = 20$ m; $b = 31$ m
d) $a = 50$ mm; $b = 30$ mm

3 Berechne den Flächeninhalt und den Umfang der abgebildeten Figur. Entnimm die Maße der Abbildung.

a)

b)

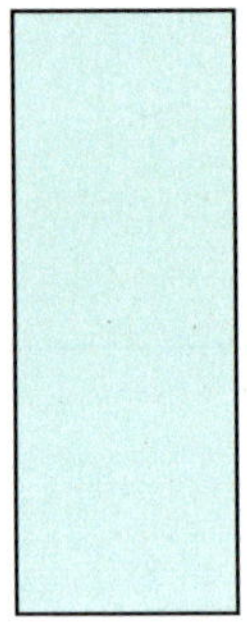

c)

4 Berechne Flächeninhalt und Umfang der zusammengesetzten Figur. Teile die Figur vorher in geeignete Teilflächen ein. Entnimm die Maße der Zeichnung.

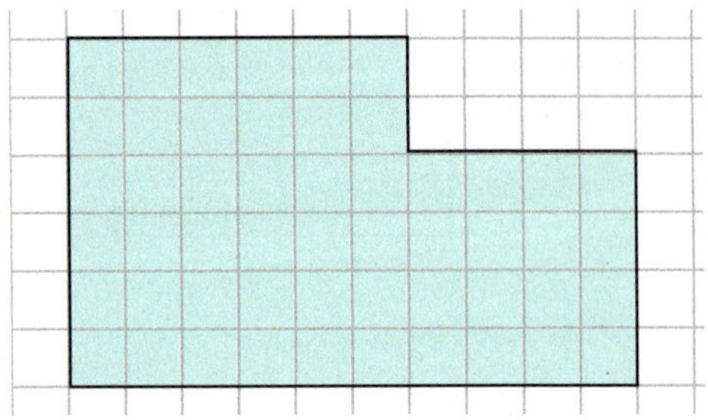

5 a) Bestimme anhand der Abbildung die Größe der befestigten und bebauten Fläche.

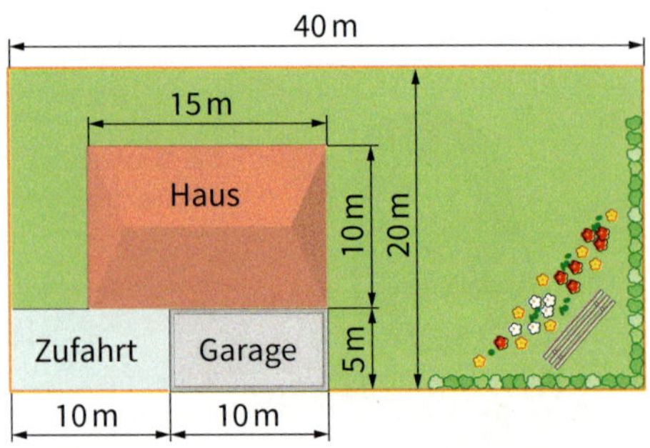

b) Wie groß ist die restliche Fläche des Grundstücks?

Flächeninhalt und Umfang eines Parallelogramms

1 Emma möchte den Flächeninhalt des abgebildeten Parallelogramms bestimmen.

Bild 1

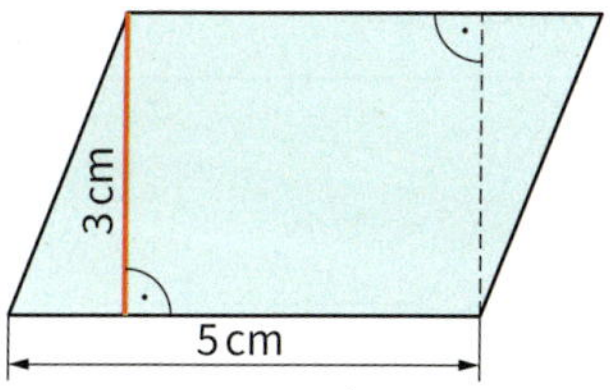

Bild 2

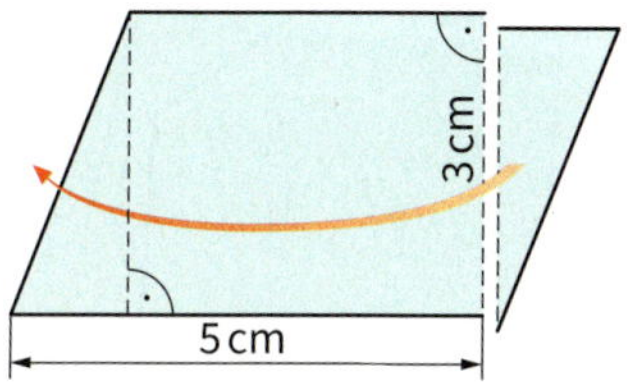

Bild 3

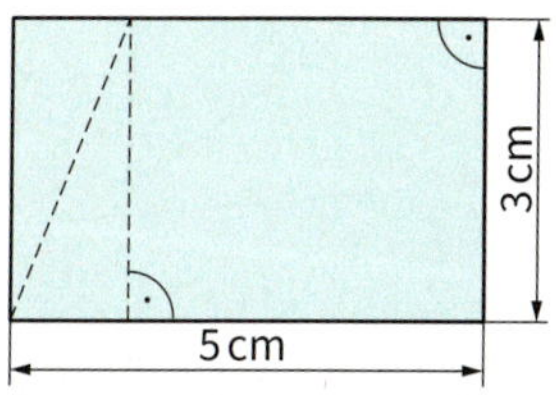

Sie hat dazu eine Ecke abgeschnitten und auf der anderen Seite wieder angesetzt.

a) Erläutere, warum sie jetzt den Flächeninhalt berechnen kann.

b) Berechne den Flächeninhalt des Parallelogramms.

2 a) Berechne den Flächeninhalt des Grundstücks.

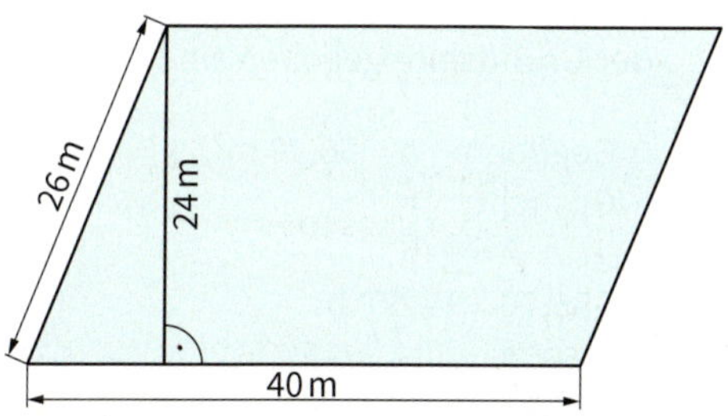

b) Es soll durch einen Zaun gesichert werden. Wie viel Meter Zaun müssen dafür insgesamt aufgestellt werden?

3 Berechne den Flächeninhalt und den Umfang des abgebildeten Parallelogramms. Entnimm die dazu notwendigen Längen der Zeichnung.

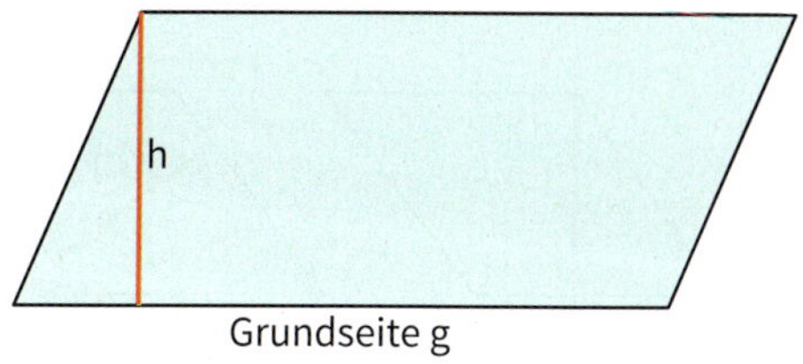

Parallelogramm

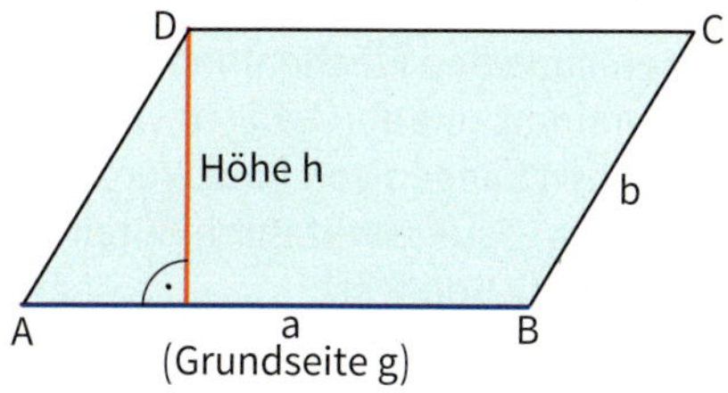

Flächeninhalt eines Parallelogramms
$A = g \cdot h$

Umfang eines Parallelogramms
$u = 2 \cdot a + 2 \cdot b$
$u = 2 \cdot (a + b)$

4 Berechne den Flächeninhalt und den Umfang des Parallelogramms. Entnimm die notwendigen Längen der Zeichnung.

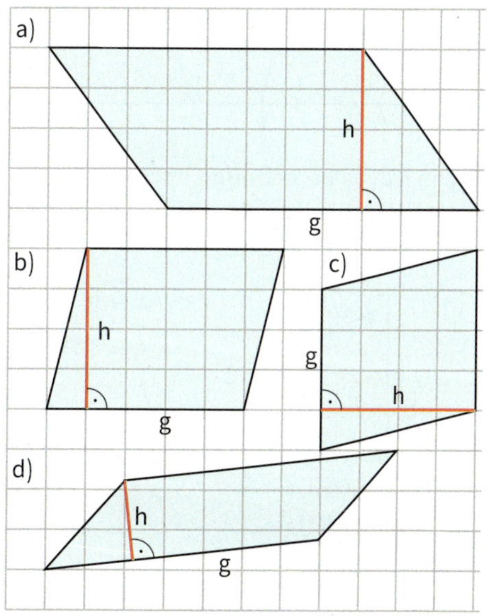

Flächeninhalt und Umfang eines Parallelogramms

5 Yesim und Paul wollen jeweils den Flächeninhalt des gleichen Parallelogramms berechnen. Dazu haben sie wie abgebildet zunächst eine Grundseite festgelegt und die zugehörige Höhe eingezeichnet.

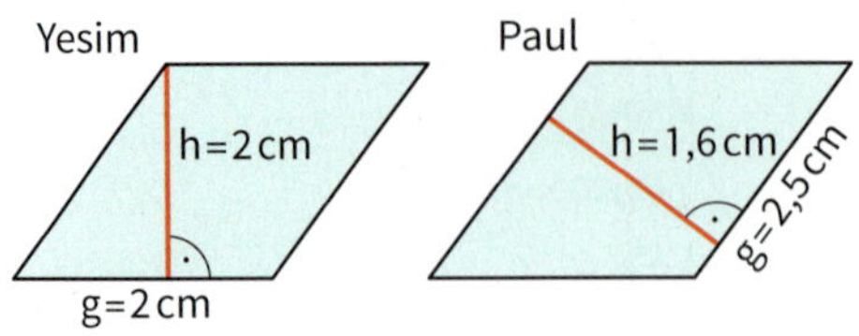

Anschließend bestimmt jeder die Länge der Höhe h und die Länge der zugehörigen Grundseite g.
Berechne den Flächeninhalt des Parallelogramms mit den Längen von Yesim und mit den Längen von Paul. Vergleiche die beiden Lösungsverfahren miteinander. Was stellst du fest?

6 Bestimme die Flächeninhalte der einzelnen Parallelogramme. Was stellst du fest? Begründe deine Antwort.

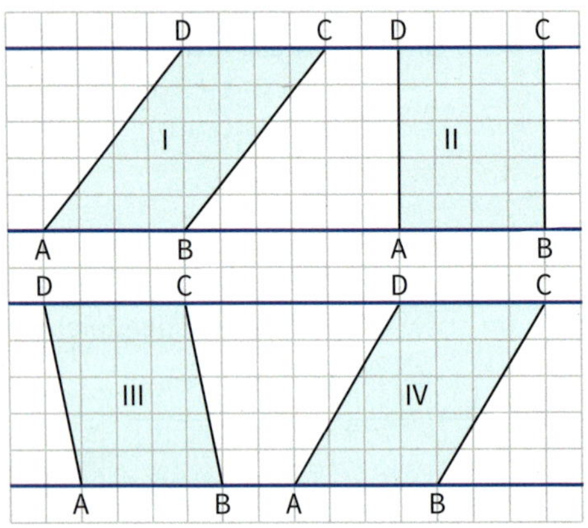

7 In Nayas Berechnung hat sich ein Fehler eingeschlichen. Beschreibe und korrigiere den Fehler.

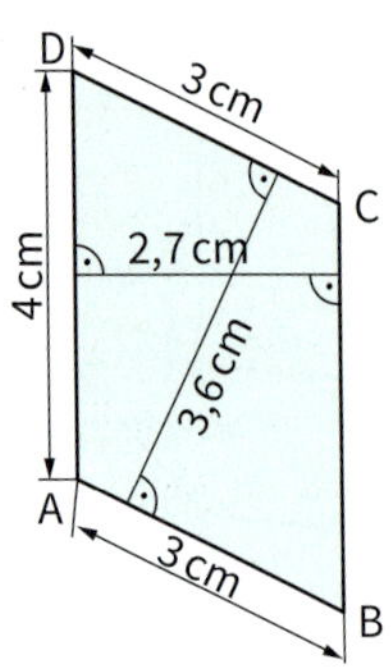

$A = 4 \cdot 3{,}6$
$A = 14{,}4$
$A = 14{,}4\ cm^2$

8 Berechne jeweils den Flächeninhalt und den Umfang der Parallelogramme. Entnimm die dafür notwendigen Längen der Zeichnung.

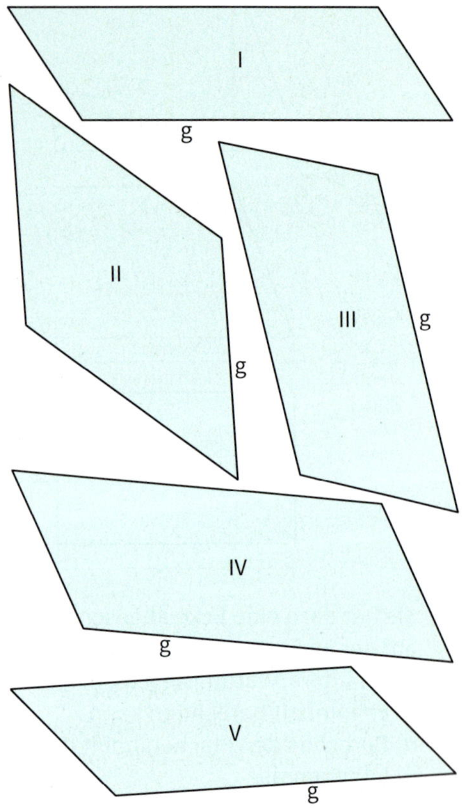

9 Im Beispiel wird gezeigt, wie die Höhe h eines Parallelogramms berechnet wird, wenn der Flächeninhalt und die Länge der Grundseite gegeben sind.

Gegeben: $A = 56{,}70\ m^2$; $g = 12{,}60\ m$
Gesucht: h

$A = g \cdot h$
$56{,}70 = 12{,}60 \cdot h$
$\frac{56{,}70}{12{,}60} = h$
$h = 4{,}50$

Die Höhe h ist 4,50 m lang.

Berechne die fehlende Größe des Parallelogramms.

	a)	b)	c)
g	3,5 cm	2,1 cm	■
h	6 cm	■	3,6 cm
A	■	8,4 cm²	9 cm²

Flächeninhalt und Umfang eines Dreiecks

1 Die abgebildete Fensterscheibe muss erneuert werden.

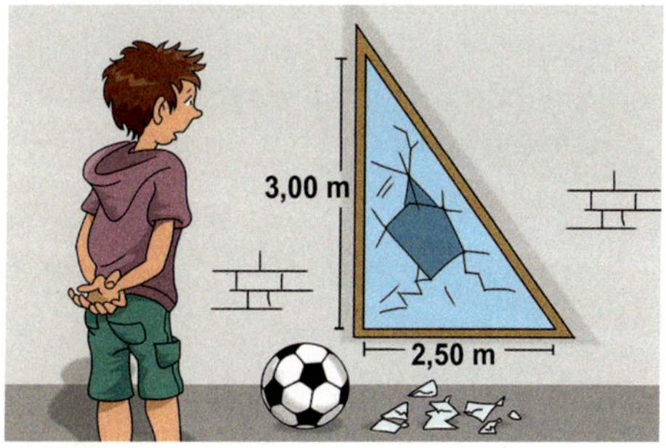

Der Glaser erhält den Auftrag, die dreieckige Scheibe anzufertigen.
In der Werkstatt schneidet der Glaser zunächst eine rechteckige Scheibe zu.

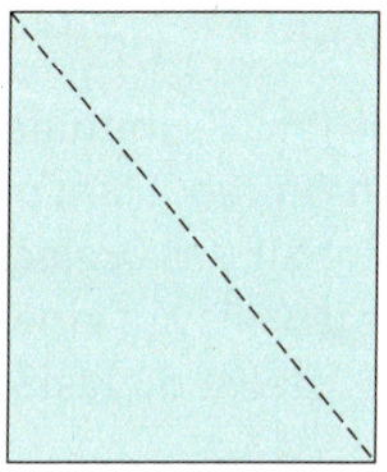

a) Welche Maße wird diese Scheibe haben? Begründe deine Antwort.
b) Berechne den Flächeninhalt der rechteckigen Scheibe und den Flächeninhalt der dreieckigen Scheibe.

2 Bestimme jeweils Flächeninhalt und Umfang der abgebildeten Dreiecke. Entnimm die dafür notwendigen Längen der Zeichnung.

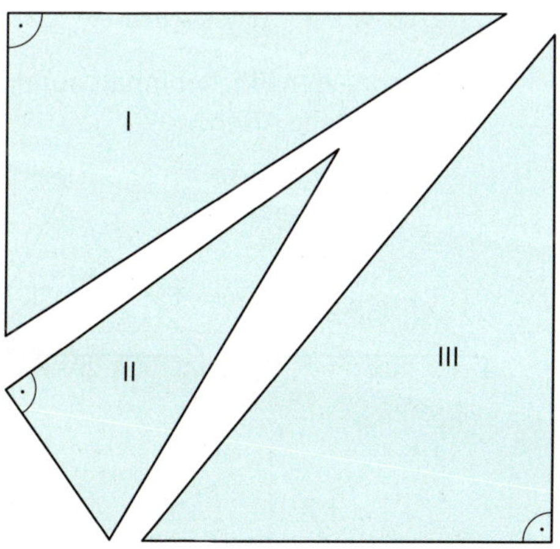

Lösungen zu Aufgabe 2:
4,5 9,625 11,4 12,375 15,5 17,1

3 Merle will den Flächeninhalt des Dreiecks ABC berechnen.

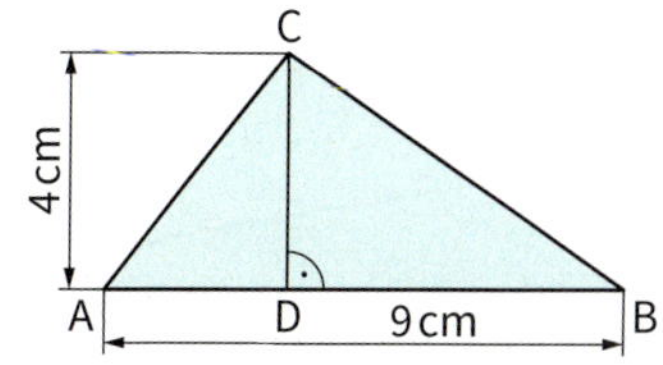

Sie ergänzt die beiden Teildreiecke ADC und DBC jeweils zu einem Rechteck.

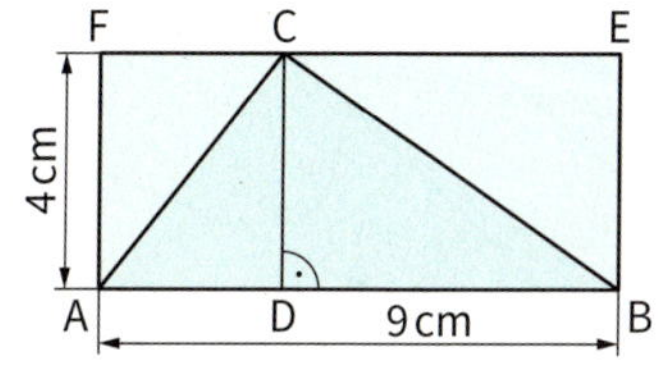

Erläutere, wie sie jetzt den Flächeninhalt des Dreiecks ABC berechnen kann.

4 Berechne den Flächeninhalt und den Umfang des Dreiecks. Entnimm die dafür notwendigen Längen der Abbildung.

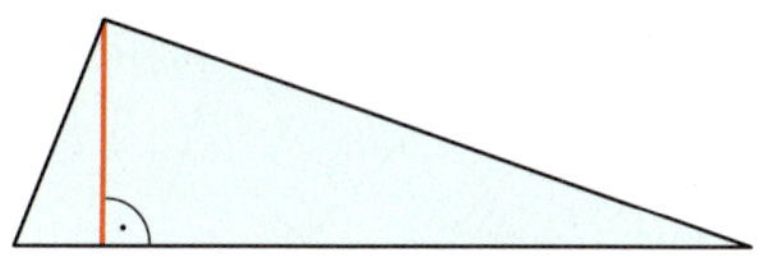

Dreieck

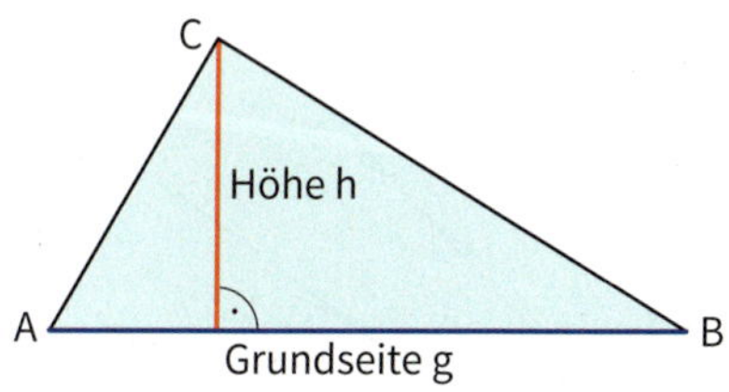

Flächeninhalt eines Dreiecks

$$A = \frac{g \cdot h}{2}$$

Umfang eines Dreiecks

$$u = a + b + c$$

5 Berechne den Flächeninhalt jedes Dreiecks.

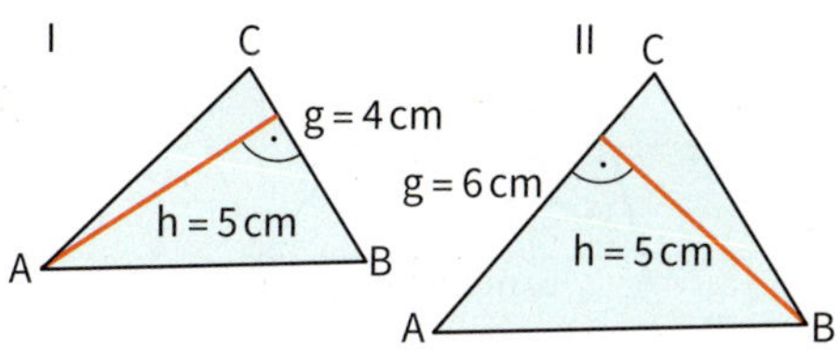

Flächeninhalt und Umfang eines Dreiecks

6 Berechne die Flächeninhalte der Dreiecke. Miss dazu jeweils die Länge der Grundseite g und die Länge der zugehörigen Höhe h.

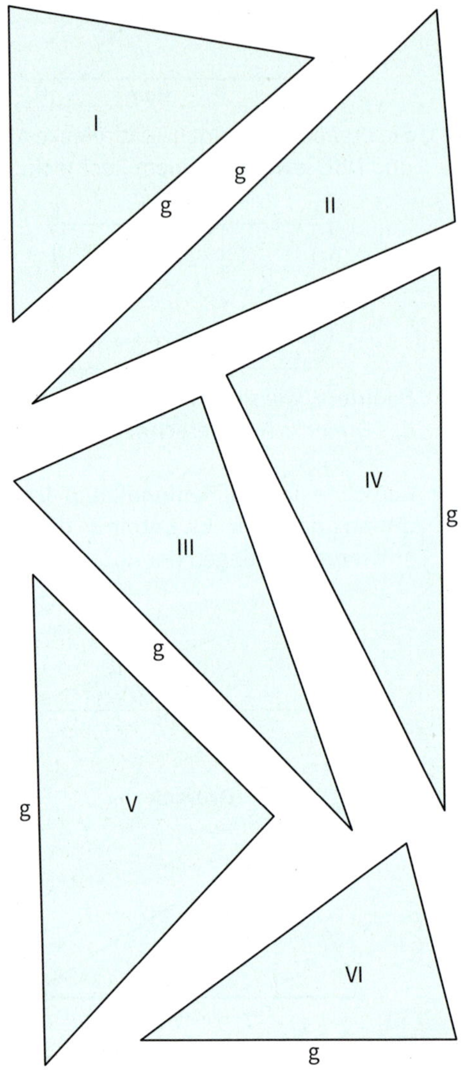

7 Bestimme jeweils den Flächeninhalt der Dreiecke ABC_1, ABC_2 und ABC_3.
Was stellst du fest?
Begründe deine Antwort.

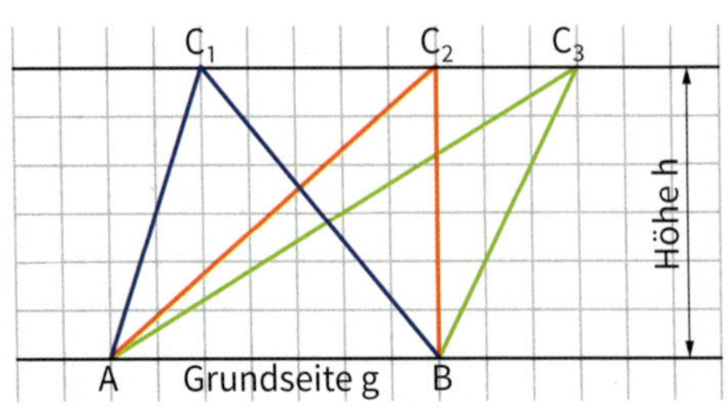

8 Omran, Liam und Tom wollen jeweils den Flächeninhalt des gleichen Dreiecks berechnen. Dazu hat jeder in seinem Dreieck die Grundseite g ausgewählt, die zugehörige Höhe h eingezeichnet und die Längen von g und h bestimmt.

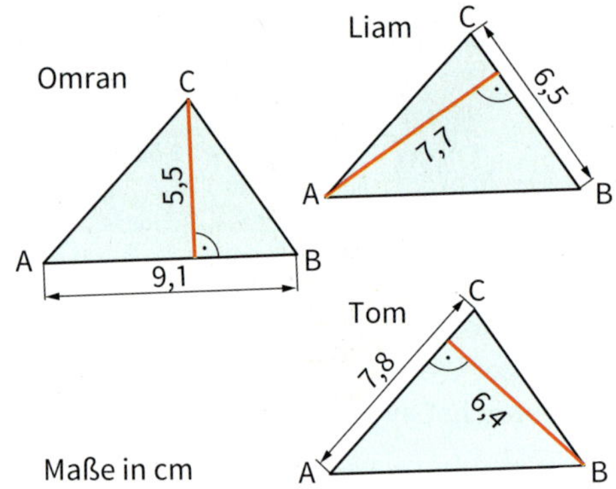

Berechne jeweils mithilfe der Messergebnisse von Omran, Liam und Tom den Flächeninhalt des Dreiecks. Runde das Ergebnis jeweils auf eine Nachkommastelle. Was stellst du fest?

9 Die Abbildung zeigt die drei Höhen eines Dreiecks ABC.

a) Stelle anhand des abgebildeten Dreiecks drei Formeln auf, mit denen du den Flächeninhalt berechnen kannst.

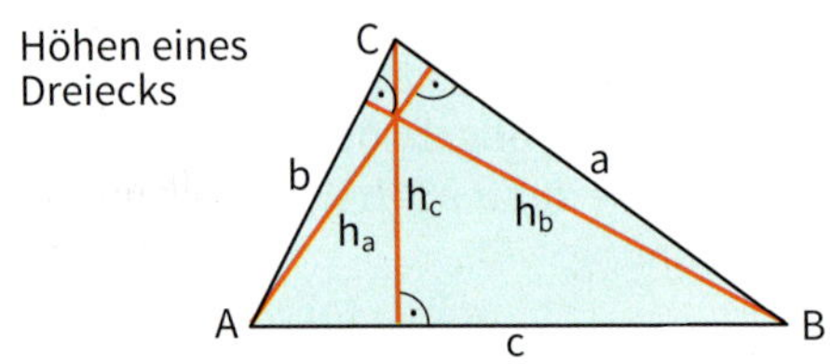

b) Berechne den Flächeninhalt auf drei verschiedene Arten.

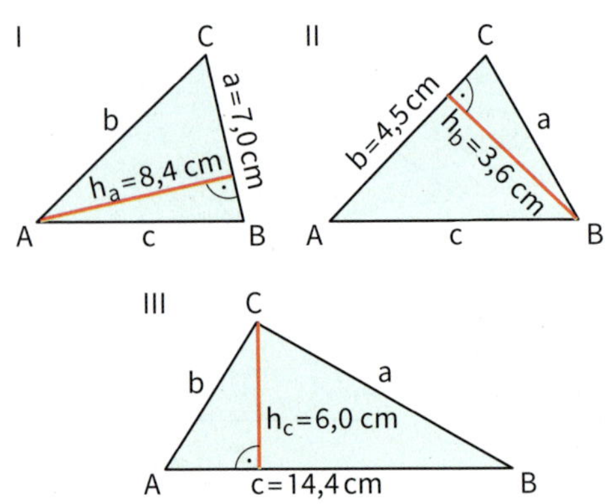

Flächeninhalt und Umfang eines Trapezes

1 Für die abgebildete Terrasse sollen Pflastersteine eingekauft werden. Dafür muss ihr Flächeninhalt bestimmt werden.
Die Terrasse hat die Form eines Trapezes.

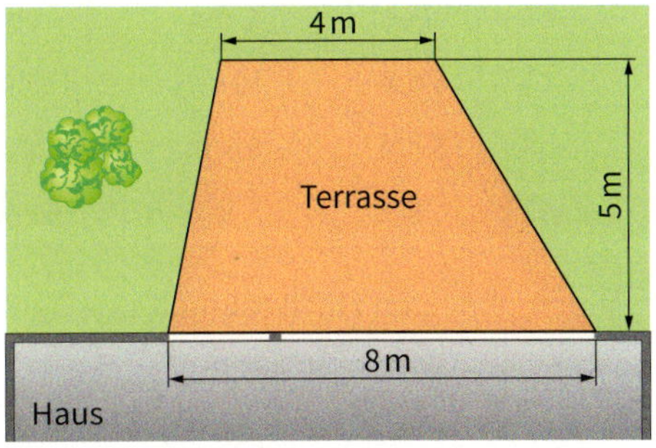

Zur Berechnung des Flächeninhalts des Trapezes kannst du ein weiteres flächengleiches Trapez anfügen.

Bild I

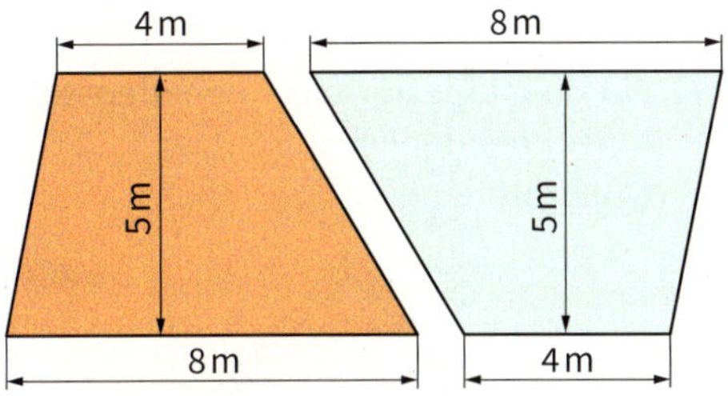

Bild II

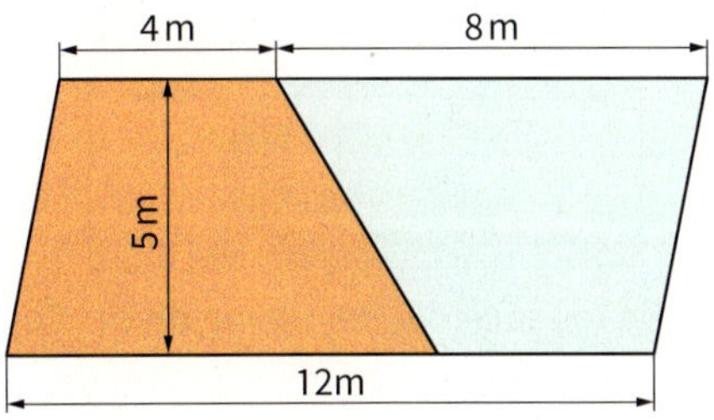

a) Berechne den Flächeninhalt des Parallelogramms aus Bild II.
b) Berechne den Flächeninhalt des orangen Trapezes aus Bild I.

2 Bestimme den Flächeninhalt und den Umfang des abgebildeten Trapezes.

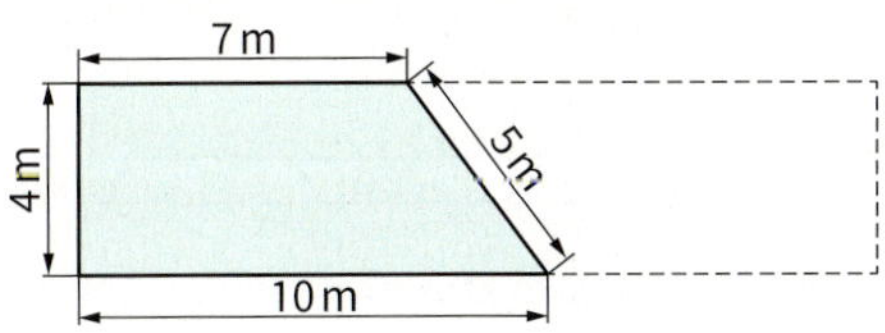

Trapez

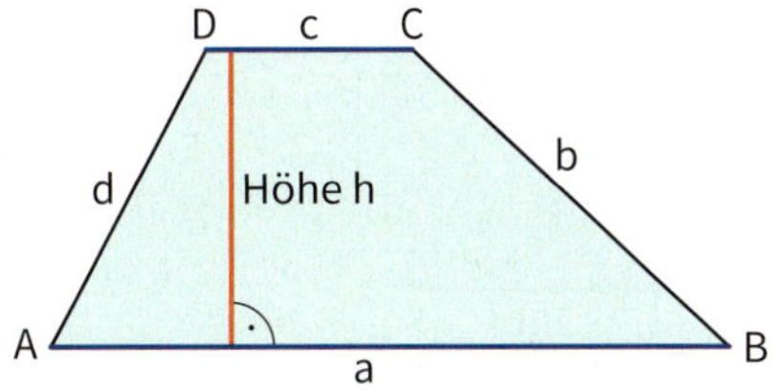

Flächeninhalt eines Trapezes

$$A = \frac{(a + c) \cdot h}{2}$$

Umfang eines Trapezes

$$u = a + b + c + d$$

3 Berechne den Flächeninhalt des Trapezes.

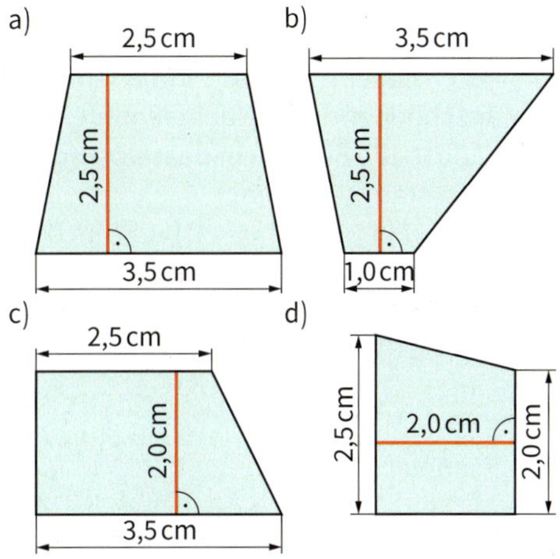

Ein Trapez mit zwei gleichlangen Seiten heißt gleichschenkliges Trapez.

Lösungen zu Aufgabe 3:
4,5 5,625 6 7,5

4 Berechne zu jedem der abgebildeten Trapeze den Flächeninhalt und den Umfang. Miss dazu die notwendigen Längen.

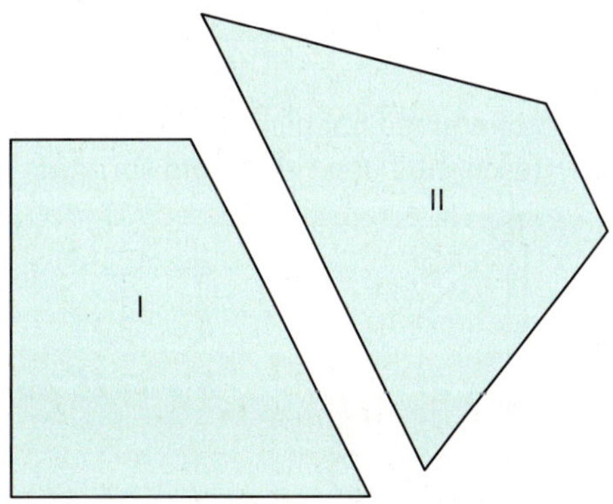

Flächeninhalt und Umfang eines Trapezes

5 Berechne den Flächeninhalt und den Umfang des Trapezes.

a)
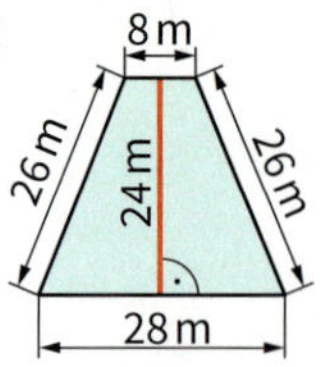

b)
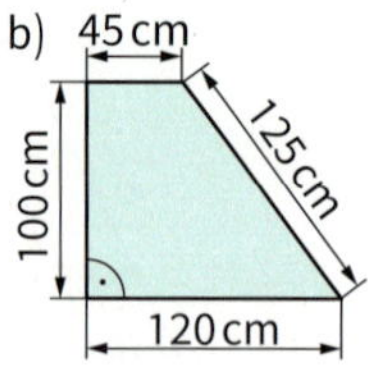

6 Berechne den Flächeninhalt des Trapezes. Achte auf die Einheiten.

	a)	b)	c)	d)	e)
a	15 cm	9 m	74 cm	0,7 m	2,3 m
c	1,2 dm	4 m	5 dm	120 cm	47 dm
h	0,4 m	19 dm	1,7 m	1,8 dm	340 cm

7 Zeichne das Trapez ABCD in ein Koordinatensystem (Einheit 1 cm). Berechne anschließend den Flächeninhalt. Du kannst alle Figuren in dasselbe Koordinatensystem zeichnen.

a) A(−7 | 1); B(0 | 1); C(−2 | 5); D(−4 | 5)
b) A(−3 | −6); B(−3 | 0); C(−8 | −4); D(−8 | −5)
c) A(−1 | −4); B(7 | −4); C(7 | −1); D(4 | −1)
d) A(2 | 6); B(2 | 0); C(7 | 1); D(7 | 3)

8 Bestimme jeweils den Inhalt der Teilflächen I, II und III.

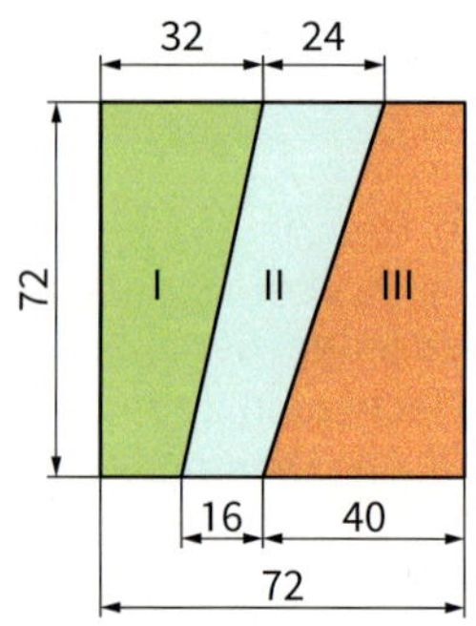

Maße in cm

9 Mohammed hat nicht richtig gerechnet. Beschreibe den Fehler und korrigiere.

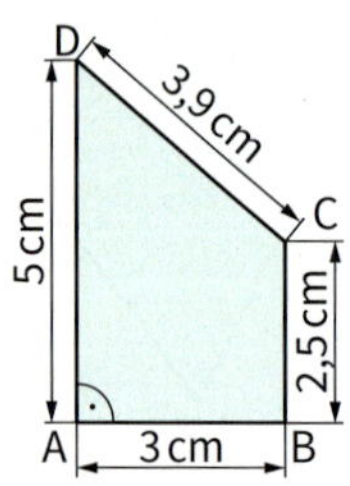

$A = \frac{3 + 3{,}9}{2} \cdot 5$

$A = 17{,}25$

$A = 17{,}25\ \text{cm}^2$

10 Berechne die fehlende Größe des Trapezes (a ∥ c). Achte auf die Einheiten.

	a)	b)	c)
a	12 cm	5 dm	4 cm
c	6 dm	10 cm	16 cm
h	3 cm	0,1 m	■
A	■	■	15 cm²

11 Berechne den Flächeninhalt der Figur.

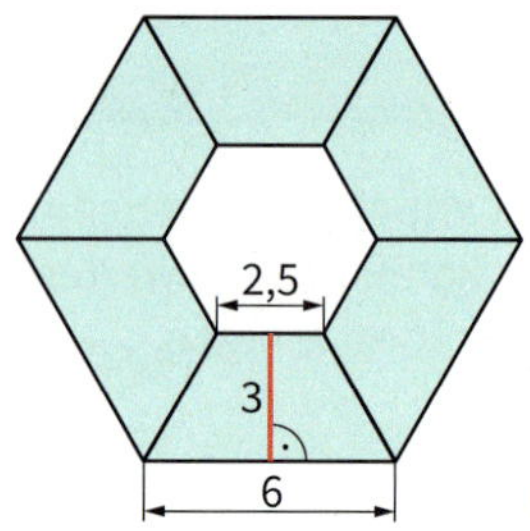

Maße in cm

12 Für das trapezförmige Giebelfenster berechnet der Fensterputzer 5,60 € pro Quadratmeter.

Maße in m

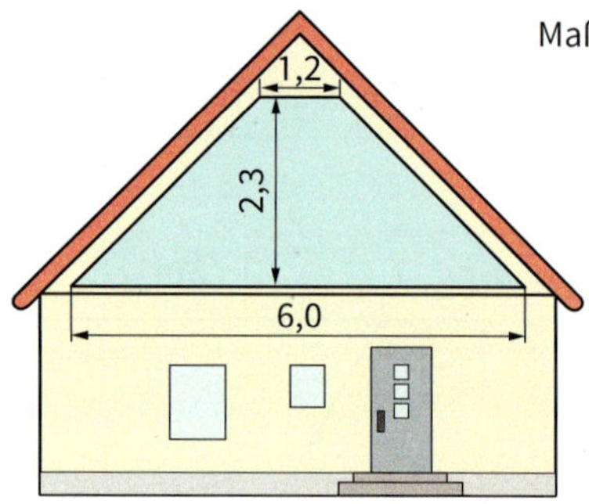

Wie teuer ist die Reinigung dieses Fensters?

13 Durch das trapezförmige Grundstück von Landwirt Müller soll eine 6 m breite Straße gebaut werden.

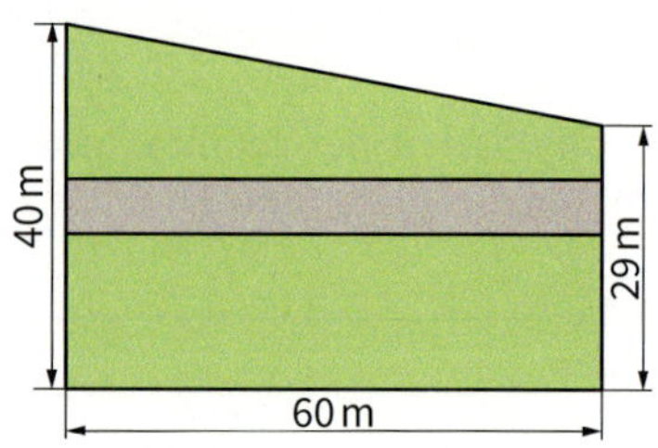

Wie viel Quadratmeter Grundstück bleiben übrig?

WISSEN KOMPAKT

Rechteck

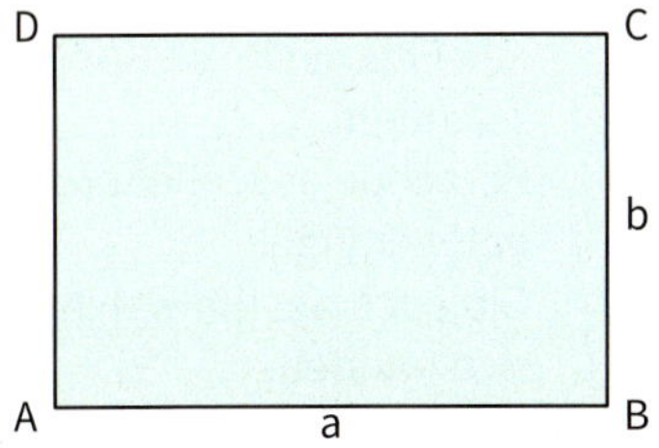

$\mathbf{A = a \cdot b}$

$\mathbf{u = 2a + 2b}$

Quadrat

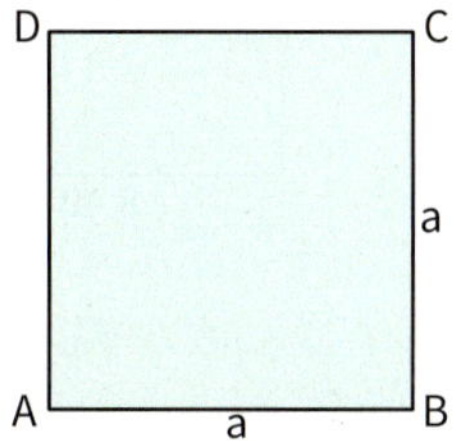

$A = a \cdot a$

$\mathbf{A = a^2}$

$\mathbf{u = 4a}$

Parallelogramm

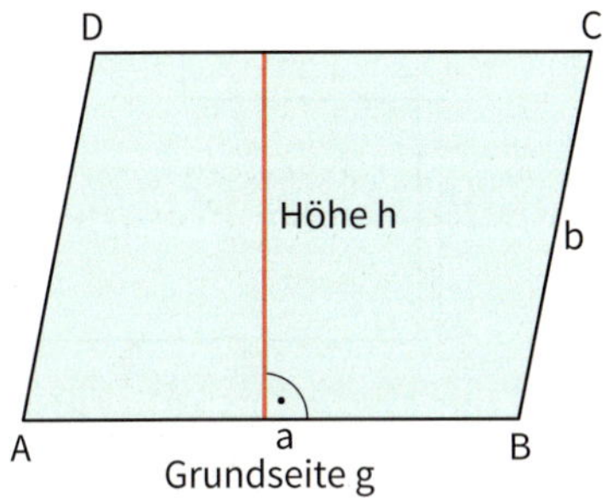

$\mathbf{A = g \cdot h}$

$\mathbf{u = 2a + 2b}$

Dreieck

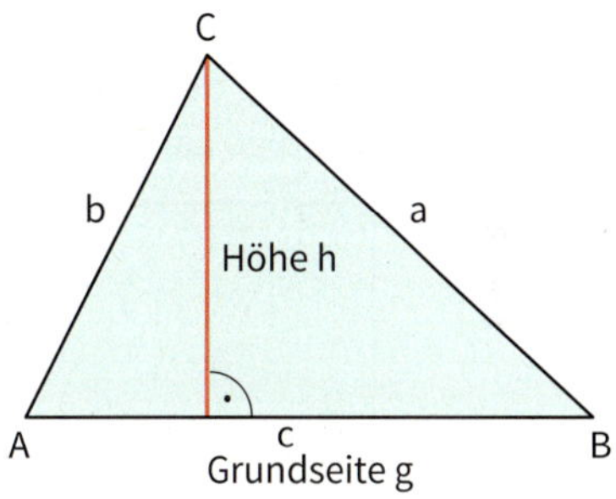

$\mathbf{A = \frac{g \cdot h}{2}}$

$\mathbf{u = a + b + c}$

Trapez

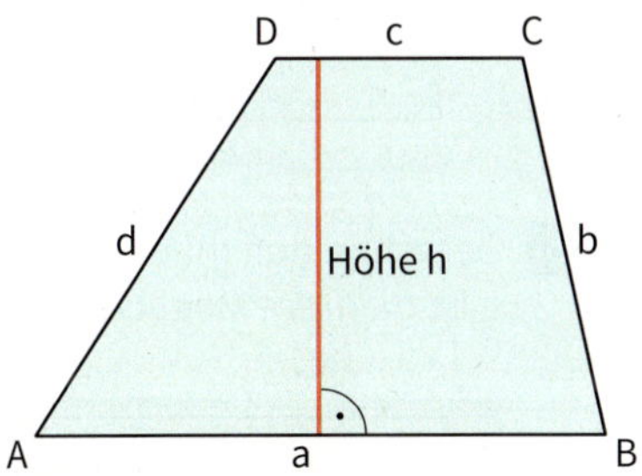

$\mathbf{A = \frac{(a + c) \cdot h}{2}}$

$\mathbf{u = a + b + c + d}$

Gleichschenkliges Trapez (b = d)

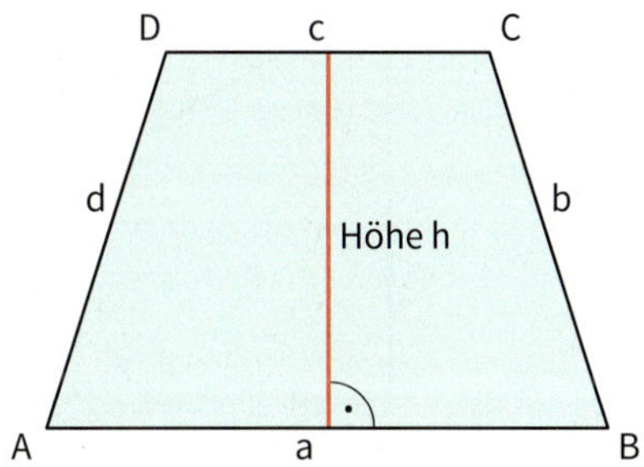

$\mathbf{A = \frac{(a + c) \cdot h}{2}}$

$\mathbf{u = a + b + c + d}$

ÜBEN

1 Bestimme den Flächeninhalt und den Umfang der Figur.

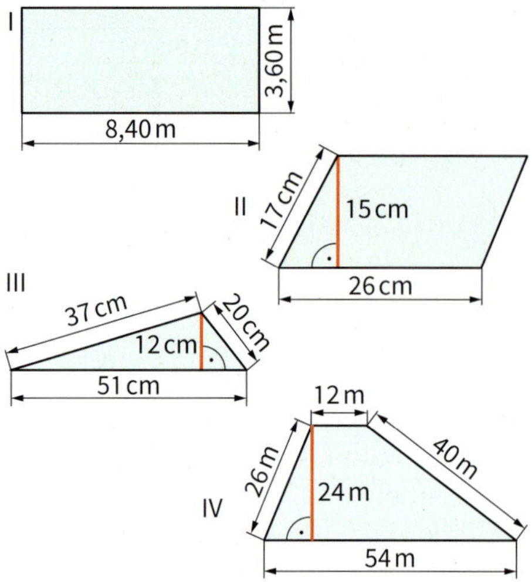

2 Berechne den Flächeninhalt und den Umfang der Figur. Entnimm dazu notwendige Längen der Abbildung.

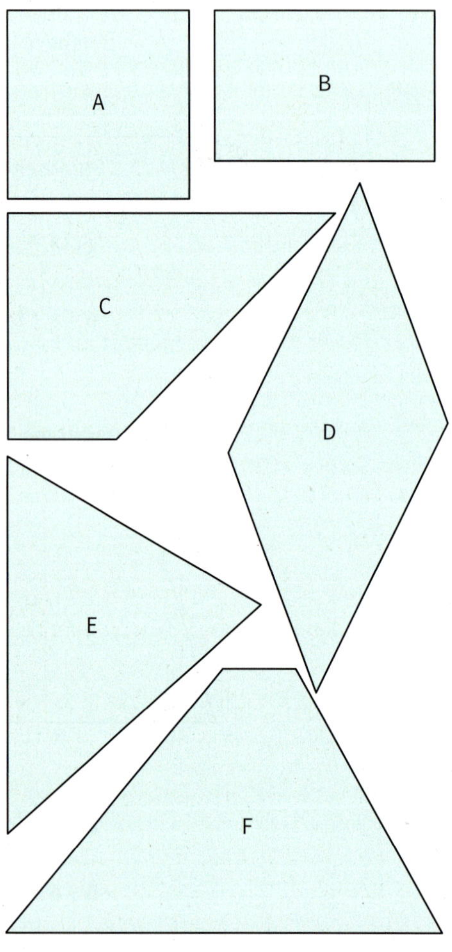

3 Zeichne zunächst die Figur mit den angegebenen Eckpunkten in ein Koordinatensystem (Einheit 1 cm). Du kannst alle Figuren in ein Koordinatensystem zeichnen.
Berechne anschließend den Flächeninhalt der Figur.
Gib auch an, um welche ebene Figur es sich handelt.

I	A(−5|−5) B(1|−5) C(2|−2) D(−4|−2)
II	A(−4|0) B(3|0) C(−2|4)
III	A(5|0) B(5|7) C(2|4) D(2|1)

4 Berechne den Flächeninhalt der Figur.

a)

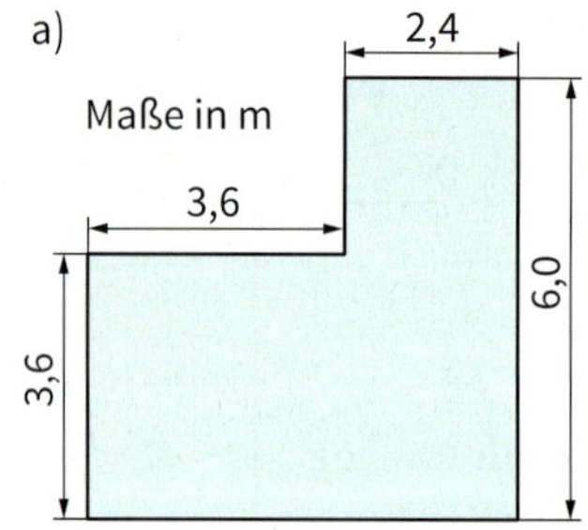

b)

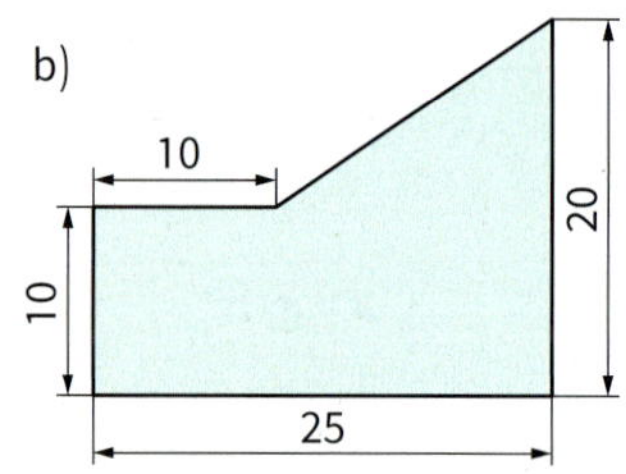

c)

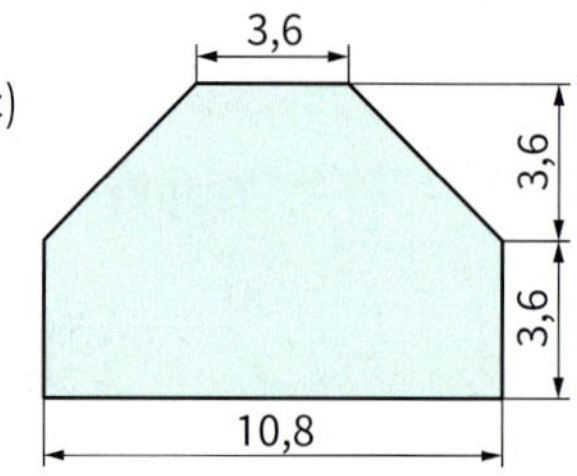

5 Berechne den Inhalt der Teilflächen. Es gibt mehrere Möglichkeiten.

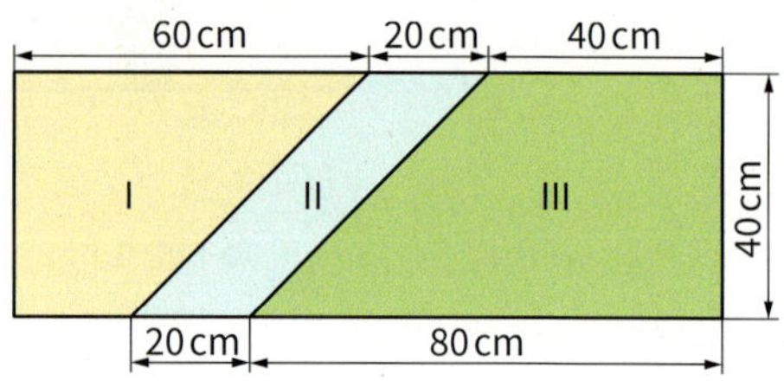

ÜBEN: Sachaufgaben

1 Die beiden rechteckigen Dachflächen des abgebildeten Hauses müssen neu eingedeckt werden.

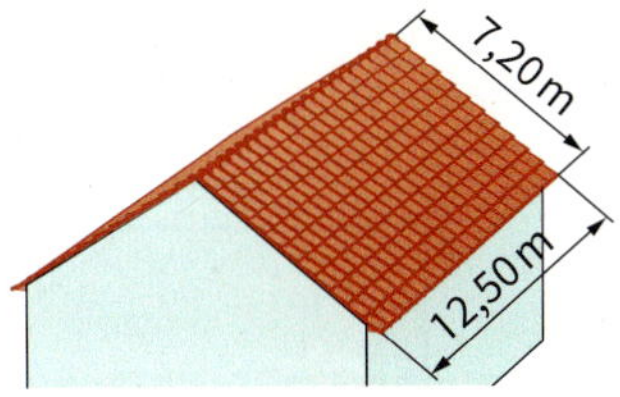

Für einen Quadratmeter der Dachfläche werden 12 Dachziegel benötigt.

2 Für ein Giebelfenster muss ein Glaser eine dreieckige Scheibe anfertigen. Dazu schneidet er zunächst eine passende rechteckige Scheibe zu.

Anschließend zeichnet er das Dreieck auf die Glasscheibe.

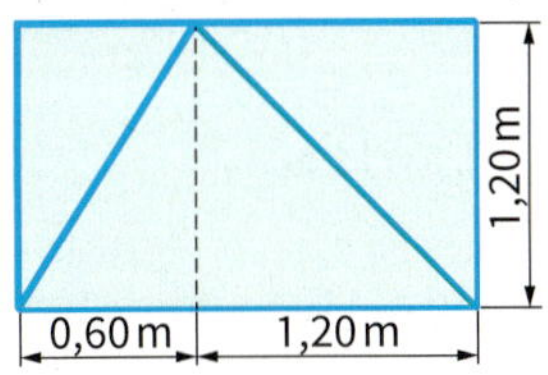

a) Berechne den Flächeninhalt der dreieckigen Glasscheibe.
b) Wie groß ist die restliche Glasfläche?

3 Familie Ahmadi vergrößert ihr Grundstück wie abgebildet um einen rechteckigen Streifen.

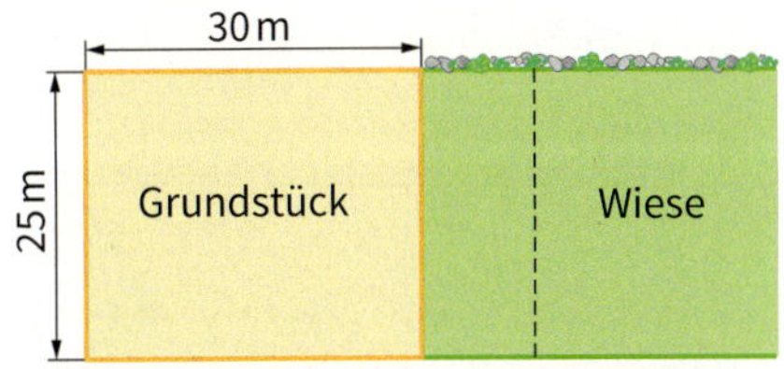

Ein Quadratmeter der Wiese kostet 40 €. Für den Streifen bezahlt sie 10 000 €.
a) Berechne die Breite des Streifens.
b) Wie groß ist das Grundstück nach dem Kauf?

4 Ein rechteckiges Feld wird wie abgebildet durch eine Straße in zwei Teilflächen zerlegt.

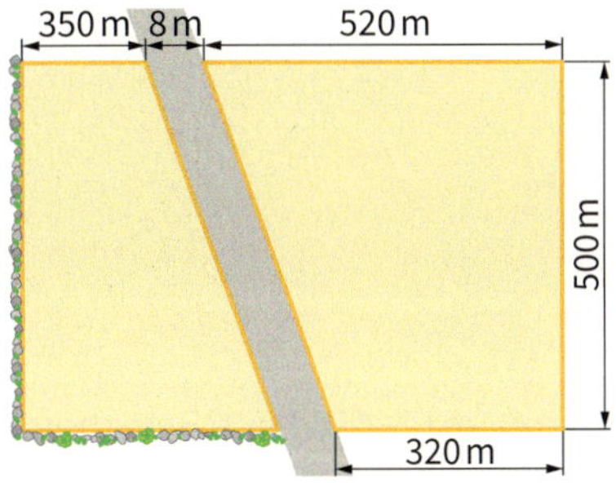

a) Die größere Teilfläche soll für 38 € pro Quadratmeter als Bauland verkauft werden.
b) Wie viel Quadratmeter Fläche werden für die Straße benötigt?

5 Auf einem Parkstreifen werden wie abgebildet Parkflächen angelegt. Die einzelnen Einstellplätze haben die Form eines Parallelogramms.

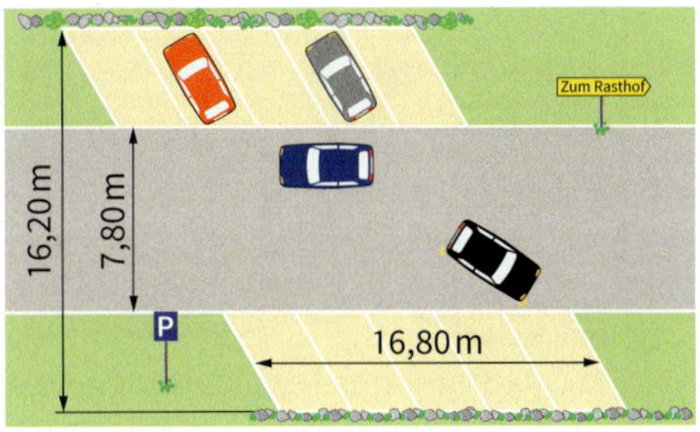

Berechne den Flächeninhalt des Einstellplatzes.

6 Das abgebildete Dach soll neu eingedeckt werden.

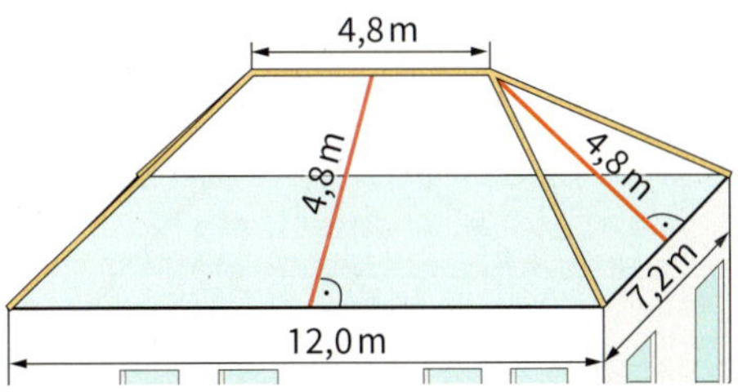

a) Berechne den Inhalt der gesamten Dachfläche.
b) Für einen Quadratmeter Dachfläche werden 13 Dachziegel benötigt. Addiere für Verschnitt 20 % hinzu.

ÜBEN: Sachaufgaben

7 Berechne jeweils den Inhalt der dreieckigen Flächen.

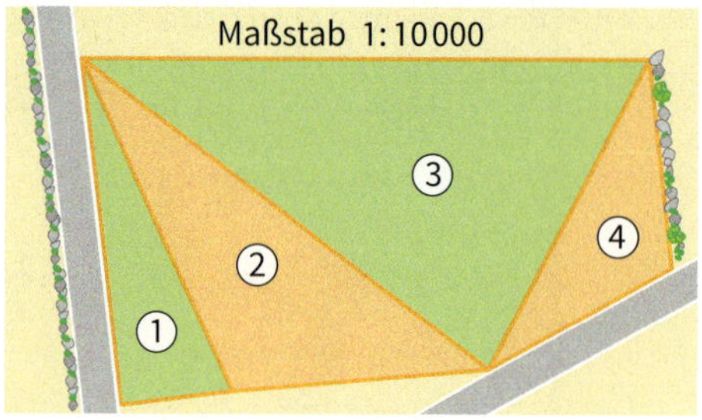

Entnimm die für deine Berechnungen notwendigen Längen der Abbildung. Beachte den Maßstab.

8 Das Wohnzimmer in dem abgebildeten Grundriss soll mit einem Teppichboden, die Küche mit Bodenfliesen ausgelegt werden.

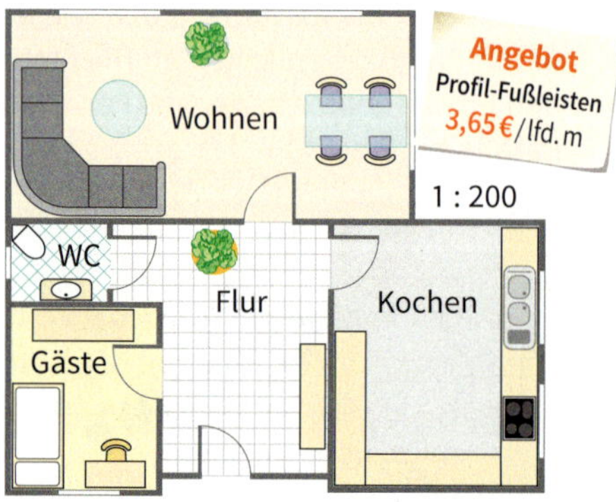

Ein Quadratmeter Teppichboden kostet 20 €, für einen Quadratmeter Fliesen müssen 30 € bezahlt werden. Für das Wohnzimmer werden Fußleisten benötigt.

9 Die abgebildete Giebelwand soll gestrichen werden.

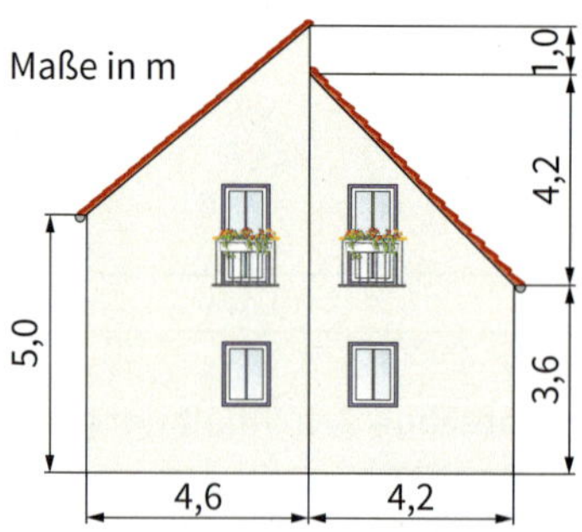

Für einen Quadratmeter Wandfläche werden 0,5 kg Farbe benötigt. Der Flächeninhalt der Fenster beträgt 8,4 m².

10 Frau Harms will den Hof auf ihrem Grundstück pflastern lassen. Um die Kosten zu berechnen, hat ihre Tochter zunächst die folgende Skizze angefertigt.

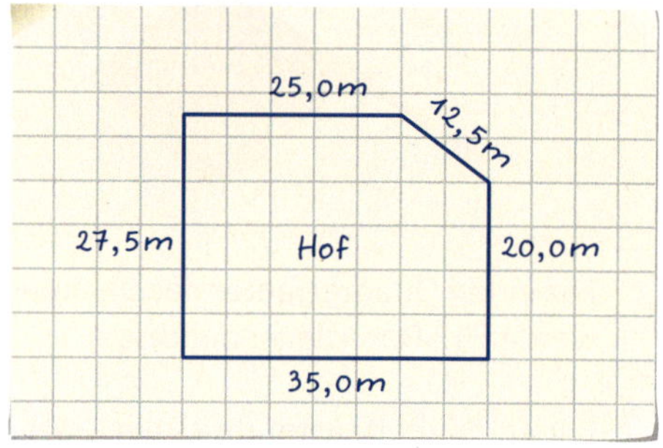

Peter Burgemann 15.03.2022
Pflaster- und Erdarbeiten

Angebot

Pflastersteine aus Beton	14,00 €/m²
Untergrundmaterial liefern und einbauen	8,40 €/m²
Split liefern und einbauen	3,50 €/m²
Pflaster verlegen, absanden und rütteln	12,10 €/m²
Seitliche Einfassung der Pflasterfläche	11,80 €/lfd.m

Berechne die Gesamtkosten für die Pflasterarbeiten.

11 Das auf der abgebildeten Karte markierte Gelände soll als Baugebiet ausgewiesen werden. Wie groß ist der Flächeninhalt des Vielecks ABCDE?

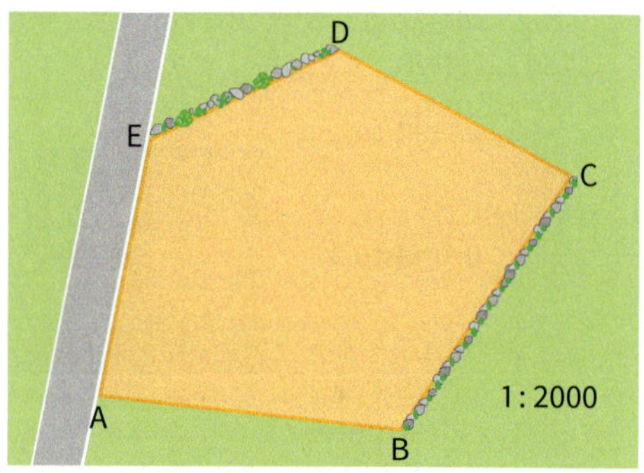

Ihr könnt diese Aufgabe als Ich-Du-Wir-Aufgabe bearbeiten.

VERTIEFEN: Flächeninhalte schätzen

1 a) Yesim möchte die Größe der Fläche von Nordrhein-Westfalen bestimmen.

Sie überträgt zunächst die Umrisse des Landes auf eine Folie. Anschließend legt sie wie abgebildet ein Gitternetz (Gitterlänge 0,5 cm) unter die Folie.

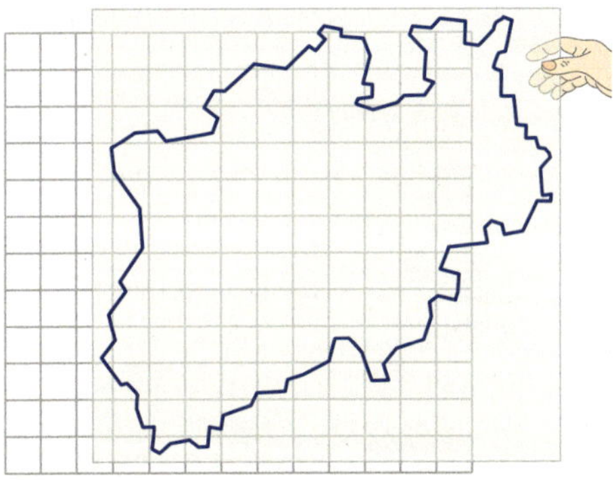

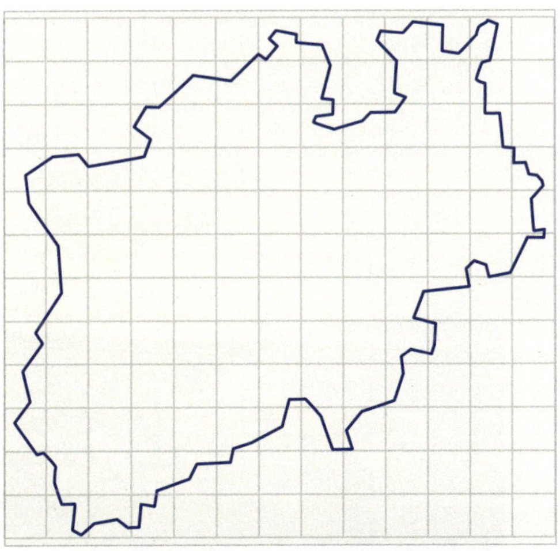

Beschreibe, wie Yesim jetzt den Flächeninhalt des Bundeslandes ermitteln wird.

b) Jacob bedeckt wie abgebildet die Fläche von Baden-Württemberg mit ebenen Figuren, deren Größe er berechnen kann. Welche geometrischen Figuren benutzt er dazu?

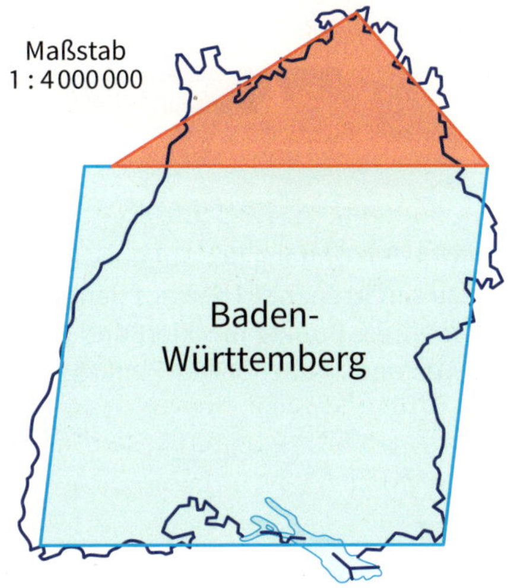

c) Bestimme mithilfe beider Verfahren einen Schätzwert für den Flächeninhalt von Baden-Württemberg.

d) Ermittle den tatsächlichen Flächeninhalt von Baden-Württemberg. Gib auch an, um viel Prozent deine Schätzwerte jeweils vom tatsächlichen Flächeninhalt abweichen.

2 Bestimmt in Gruppenarbeit mithilfe eines Schätzverfahrens den Flächeninhalt von Rheinland-Pfalz.

VERTIEFEN: Umfang ebener Figuren schätzen

1 Julius möchte den Umfang der abgebildeten Figur bestimmen. Erläutere, wie er dabei vorgeht.

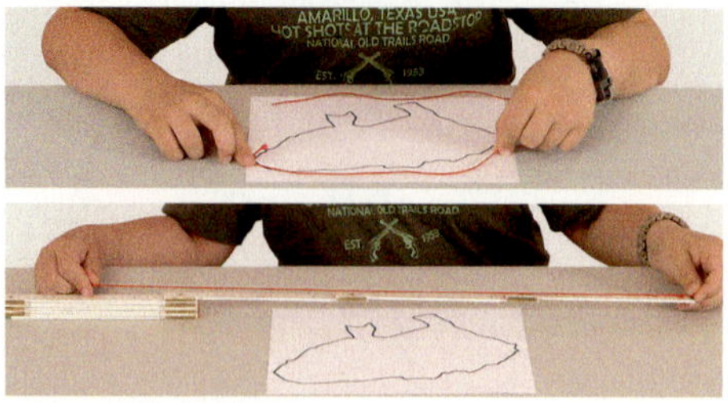

2 Um den Umfang der abgebildeten Figur zu schätzen, hat Thea auf dem Umfang mehrere Punkte markiert und jeweils den Abstand benachbarter Punkte gemessen.

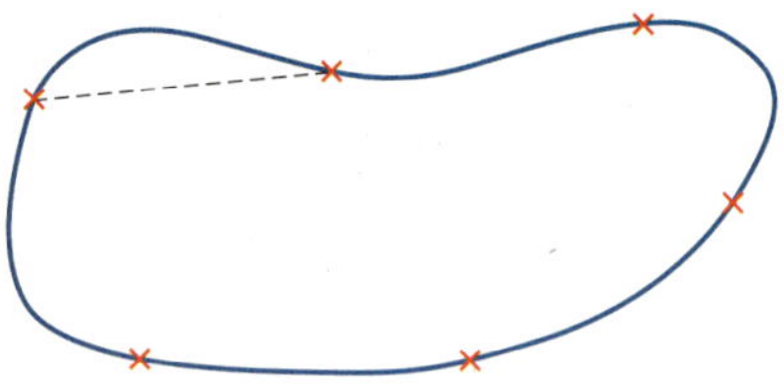

Leon hat auf dem Umfang derselben Figur ebenfalls Punkte markiert und die Länge des Umfangs geschätzt.

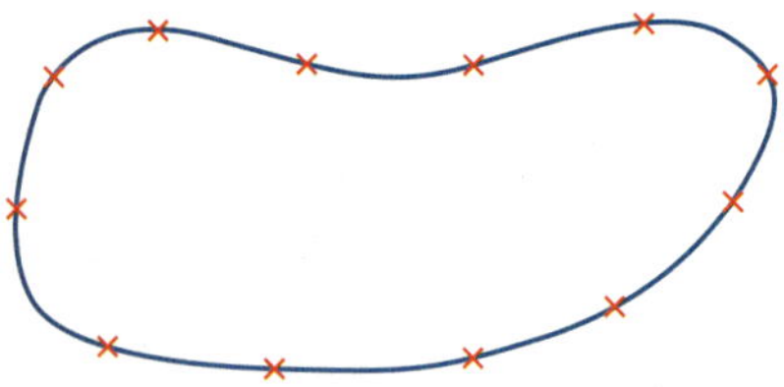

a) Begründe, warum Leons Schätzverfahren genauer als Theas Schätzverfahren ist.
b) Schätze den Umfang der abgebildeten Figur.

3 Schätze den Umfang der farbigen Fläche. Berechne dafür zuerst den Umfang des eingezeichneten Trapezes.

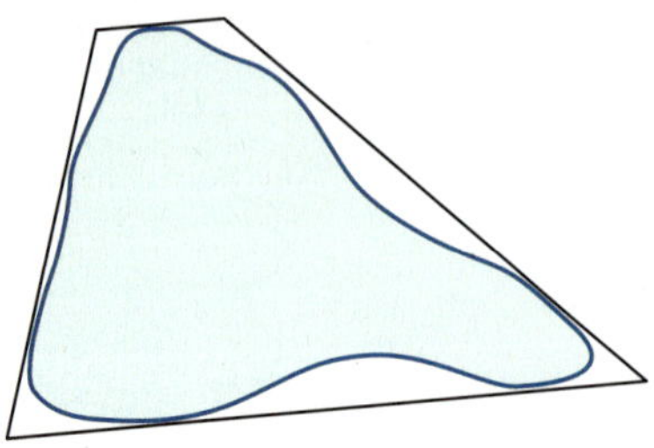

4 Schätze, wie lang das Ufer des Plöner Sees ist.

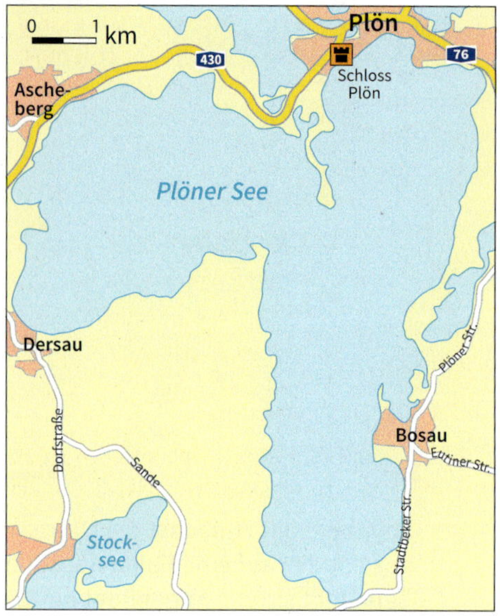

5 Bornholm ist eine dänische Insel in der Ostsee. Schätze, wie lang ihre Küstenlinie ist.

AUSGANGSTEST

1 Berechne den Flächeninhalt und den Umfang jeder Figur.

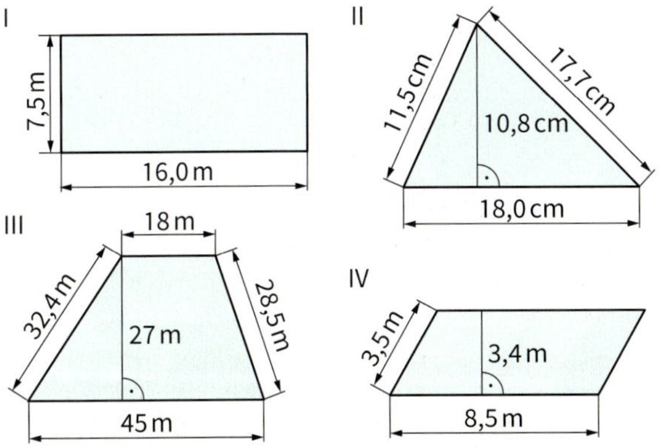

2 Zeichne die Figuren mit den angegebenen Eckpunkten in dasselbe Koordinatensystem (Einheit 1 cm). Berechne anschließend den Flächeninhalt jeder Figur. Gib auch jeweils an, um welche Figur es sich handelt.

I	A(1|1) B(7|1) C(7|5) D(3|5)
II	A(−8|1) B(−3|1) C(−1|5) D(−6|5)
III	A(2|−6) B(7|−6) C(7|−2)

3 Berechne den Flächeninhalt und den Umfang des Dreiecks. Entnimm die Maße der Abbildung.

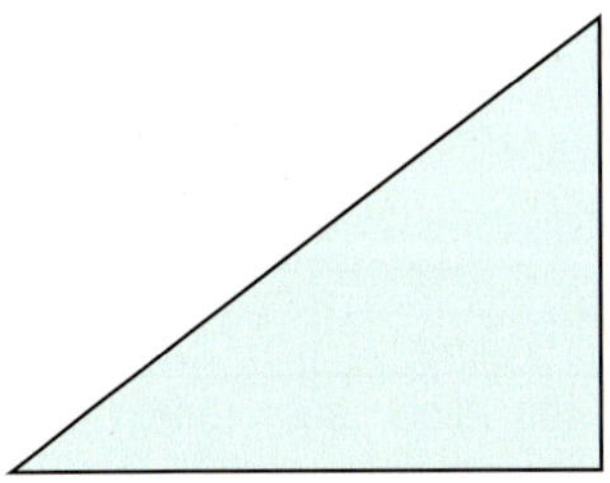

4 Berechne den Flächeninhalt und den Umfang der abgebildeten Figur.

a)

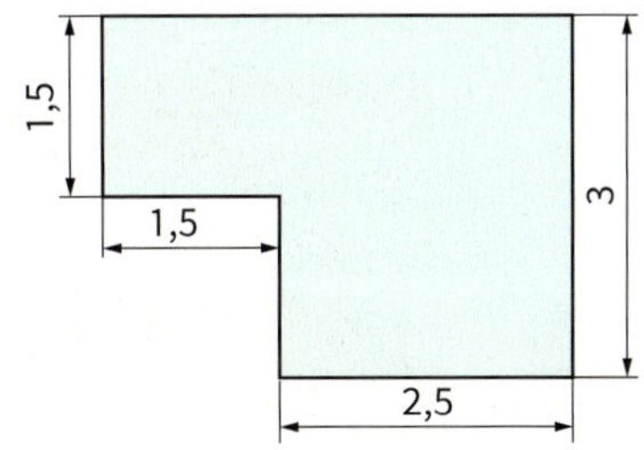

Maße in cm

b)

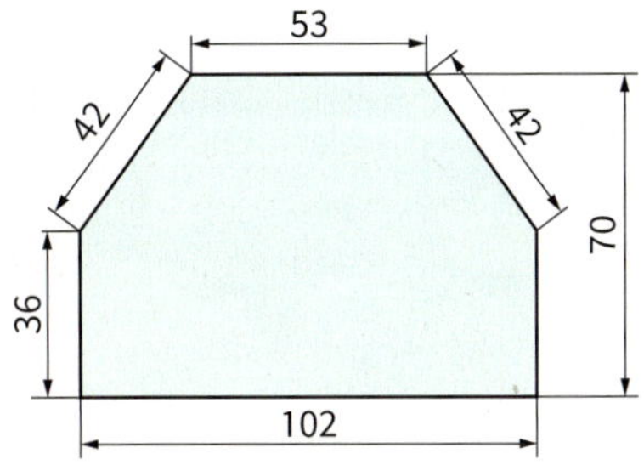

5 Die abgebildete Giebelwand muss gestrichen werden.

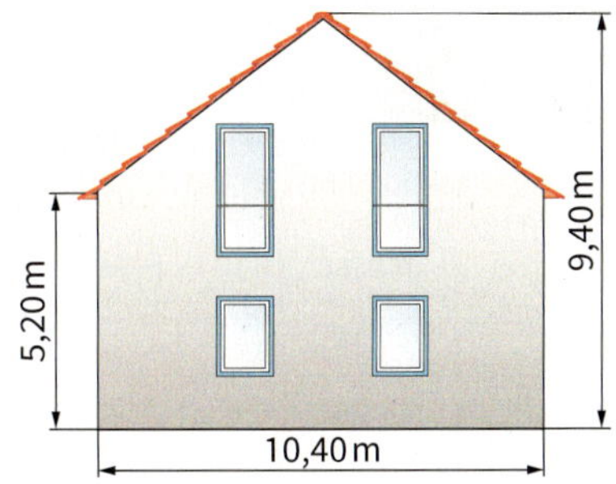

Die Fenster bedecken zusammen eine Fläche von 6,4 m². Für einen Quadratmeter Fläche werden 1,4 kg Farbe benötigt.

Ich kann ...

Ich kann ...	Aufgabe	Hilfen und Aufgaben	
den Flächeninhalt und den Umfang ebener Figuren berechnen.	1	Seite 60, 61, 63, 65, 68	I
in ein Koordinatensystem eine Figur einzeichnen, die Figur benennen und ihren Flächeninhalt berechnen.	2	Seite 66, 68	
die Maße einer Figur bestimmen und damit den Flächeninhalt und den Umfang berechnen.	3	Seite 63, 64, 68	
den Flächeninhalt und den Umfang zusammengesetzter Figuren berechnen.	4	Seite 68, 69, 70	II
Sachaufgaben zum Inhalt zusammengesetzter Flächen lösen.	5	Seite 69, 70	

5 Funktionale Zusammenhänge

Masse (g)	Preis (€)
100	1,60
200	3,20
300	4,80
400	6,40
500	8,00
800	12,80

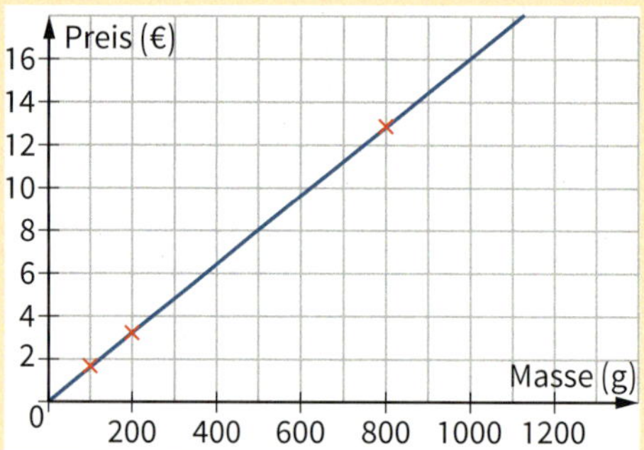

In diesem Kapitel ...

- *stellst du funktionale Zusammenhänge in Graphen, Tabellen und Termen dar.*
- *beschreibst und zeichnest du die Graphen von Zuordnungen und linearen Funktionen.*
- *modellierst du Sachsituationen durch Zuordnungen und lineare Funktionen.*

Bist du fit für dieses Kapitel? Eingangstest auf Seite 164.

Funktionale Zusammenhänge untersuchen

Anzahl	Zeit (d)
3	4
1	12
4	3
6	2

- Beschreibe jeweils den Zusammenhang zwischen dem Bild und der zugehörigen mathematischen Darstellung.

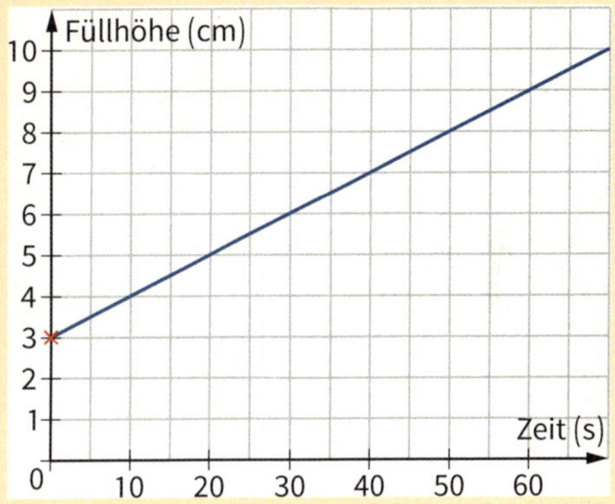

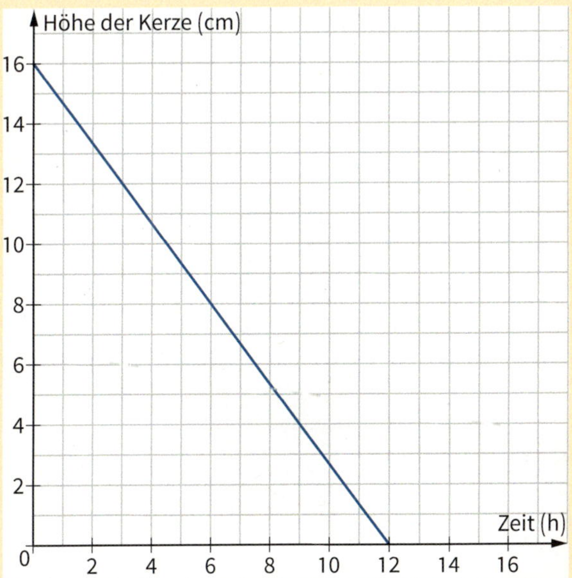

Zuordnungen und ihre Darstellung

1 Vergleiche die in den Tabellen und Pfeildiagrammen dargestellten Zuordnungen.

A elektrisches Gerät → Leistung

elektrisches Gerät	Leistung (W)
Herdplatte	2 500
Stereoanlage	80
Halogenlampe	300
LED-Lampe	5
Energiesparlampe	12

B Standort → elektrisches Gerät

Standort	elektrisches Gerät
Waschkeller	Waschmaschine, Trockner
Wohnzimmer	Fernseher, Heimkinoanlage
Arbeitszimmer	Computer

C elektrisches Gerät → Hersteller

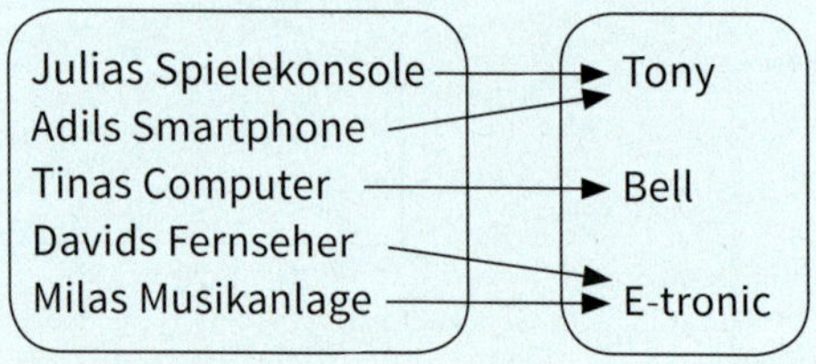

D Leistung → Kosten pro Stunde

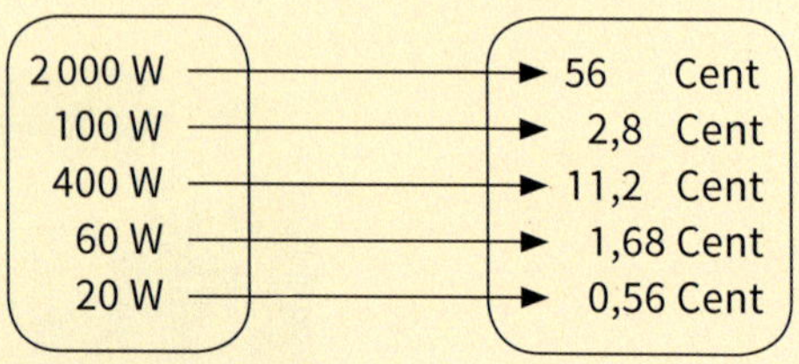

E Anbieter → Tarif

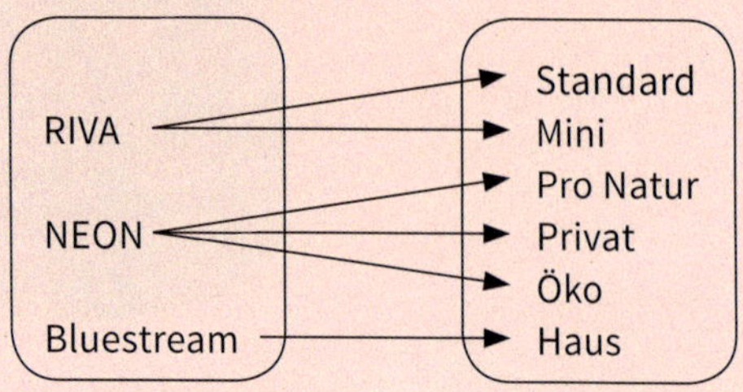

2 In dem Koordinatensystem wird das Ergebnis einer Klassenarbeit dargestellt. Dabei wird jeder Note die Anzahl der Arbeiten mit dieser Note zugeordnet.

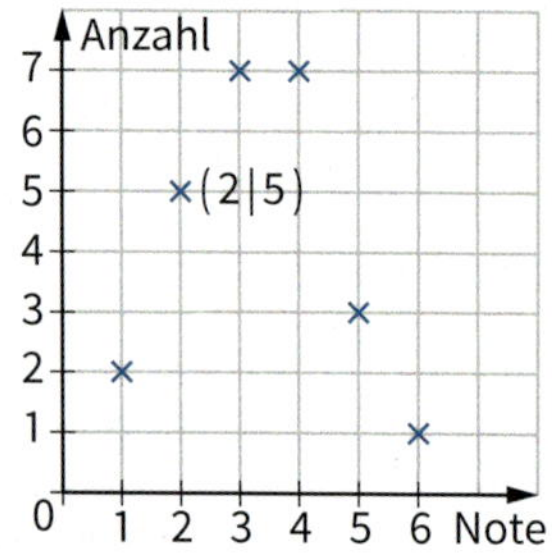

Vervollständige die Tabelle im Heft.

Note	1	2	3	4	5	6
Anzahl	▪	5	▪	▪	▪	▪

3 Stelle die Zuordnung im Koordinatensystem dar.

Stückzahl → Preis

Stückzahl	1	2	3	4	5
Preis (€)	0,80	1,60	2,40	3,20	4,00

Stückzahl	6	7	8	9	10
Preis (€)	4,80	5,60	6,40	7,20	8,00

(x-Achse: 1 cm ≙ 1; y-Achse: 1 cm ≙ 1 €)

4 Elif hat alle Schülerinnen und Schüler ihrer Klasse gefragt, ob sie ein Musikinstrument spielen.

Stelle die Zuordnung „Name → Musikinstrument“ in einem Pfeildiagramm dar.

Zuordnungen und ihre Darstellung

Eine Zuordnung ordnet jedem Element aus einem Bereich ein Element aus einem zweiten Bereich zu.

Eine Zuordnung kann in einem **Text**, einem **Pfeildiagramm**, einer Tabelle und in einem **Koordinatensystem** dargestellt werden.

Text

Zu Beginn des Füllvorgangs ist der Behälter leer. Mit jedem eingefüllten halben Liter Wasser steigt der Wasserstand um 4 cm.

Pfeildiagramm

0 *l* → 0 cm
0,5 *l* → 4 cm
1,0 *l* → 8 cm
1,5 *l* → 12 cm

Tabelle

Wassermenge (*l*)	Wasserstand (cm)
0	0
0,5	4
1,0	8
1,5	12

Koordinatensystem

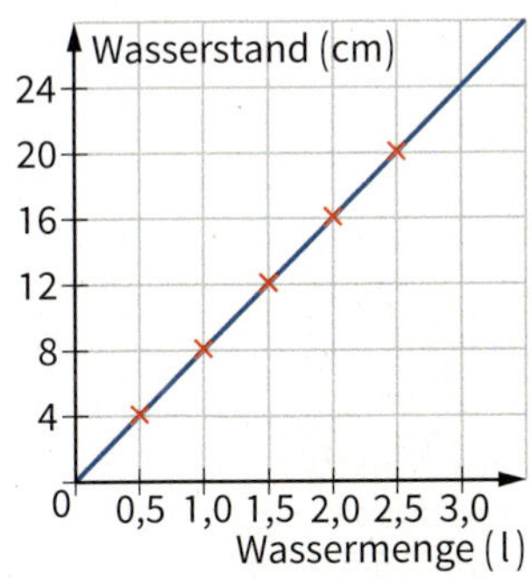

Zuordnungen, bei denen **jedem** Element des ersten Bereichs **genau ein** Element des zweiten Bereichs zugeordnet wird, heißen **eindeutige Zuordnungen** oder **Funktionen**.

5 Stelle die Zuordnung in einem Pfeildiagramm dar.

a)

Punkte	Note
17	4
18	4
20	4
33	3
56	1
10	5
13	5

b)

Vorname	Nachname
Jonas	Fischer
Marie	Schiffer
Anna	Schiffer
Dilan	Hamad
Lena	Fischer
David	Meier
Julia	Koval

6 Stelle die Zuordnung im Koordinatensystem dar. Zeichne durch die Punkte eine Kurve.

Tageszeit ⟶ Temperatur

Zeit (h)	2	4	6	8	10	12
Temperatur (°C)	−4	−6	−6	−4	0	4

Zeit (h)	14	16	18	20	22	24
Temperatur (°C)	8	6	2	0	−2	−3

7 Ist die im Koordinatensystem dargestellte Zuordnung eine Funktion? Begründe.

a)
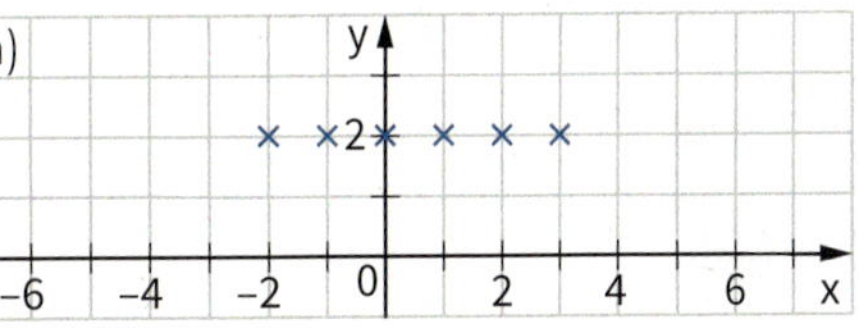

b)
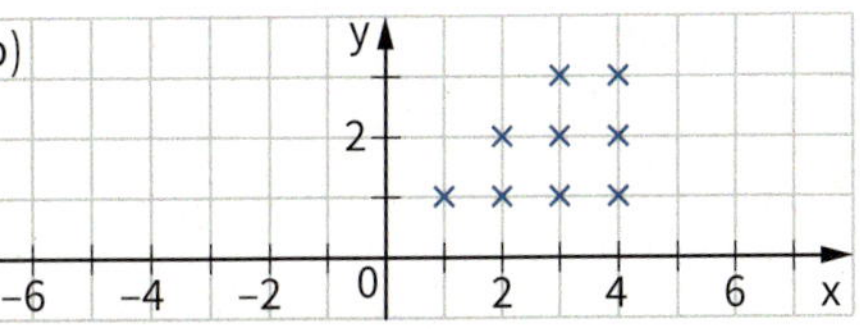

c)
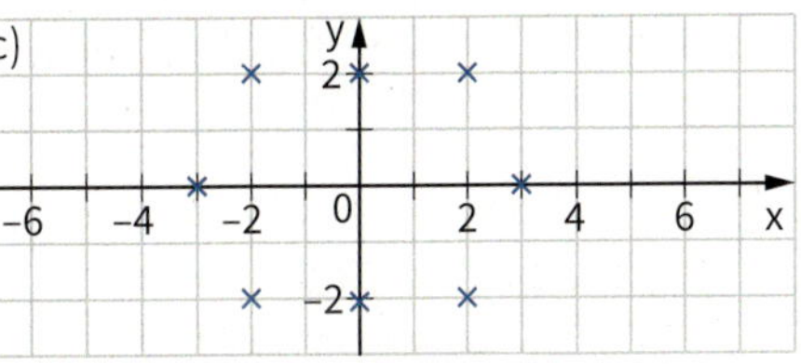

d)
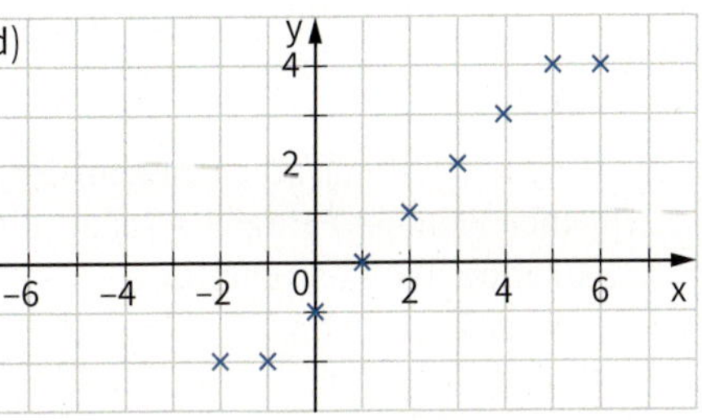

Informationen aus grafischen Darstellungen ablesen

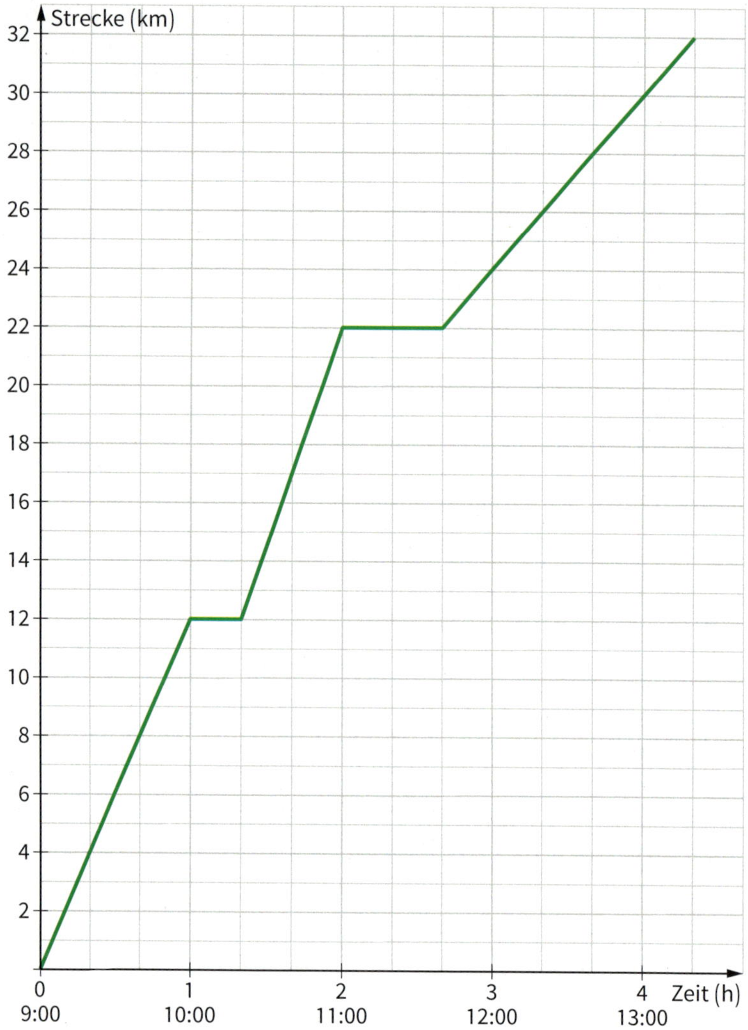

1 Eine Jugendgruppe fährt mit dem Fahrrad vom Jugendzentrum zur nächstgelegenen Jugendherberge.
Im Koordinatensystem wird die Fahrt mithilfe eines Graphen dargestellt.

a) Schau dir die Achsen und ihre Einteilung an. Was wird auf der x-Achse (y-Achse) dargestellt?
b) Um welche Uhrzeit fährt die Jugendgruppe am Jugendzentrum los?
c) Am Aussichtsturm unterbricht die Gruppe ihre Fahrt, um den Turm zu besteigen. Wie kannst du das am Graphen erkennen?
Wie lange dauert die Unterbrechung?
d) Nach welcher Fahrzeit erreicht die Gruppe den Aussichtsturm?
Wie spät ist es dann?
e) Wie viel Kilometer ist sie bis zum Aussichtsturm gefahren?
f) Um welche Uhrzeit erreicht die Gruppe den Rastplatz?
Wie viel Kilometer hat sie bis dahin insgesamt zurückgelegt?
Wie lange macht sie dort Pause?
g) Um welche Uhrzeit fährt die Gruppe unter der Autobahn hindurch?
Woran kannst du am Graphen erkennen, dass sie dort nicht anhält?
h) Wann kommt die Gruppe in der Jugendherberge an?
Wie viel Kilometer hat sie insgesamt zurückgelegt?
k) Berechne die reine Fahrzeit.

Die Darstellung einer Zuordnung im Koordinatensystem wird auch Graph der Zuordnung genannt.

Informationen aus grafischen Darstellungen ablesen

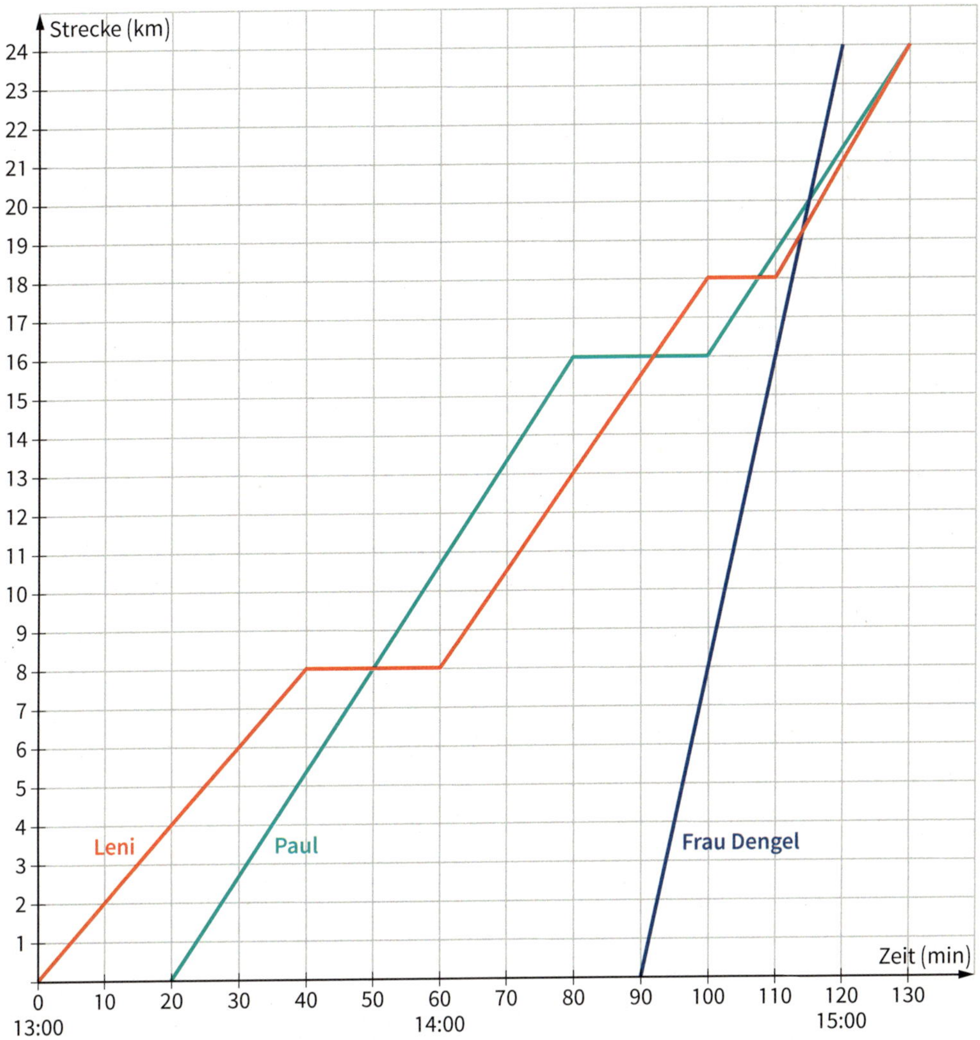

2 Leni und Paul fahren mit ihrem Rad dieselbe Strecke. Frau Dengel legt den gleichen Weg mit dem Auto zurück. Im Koordinatensystem wird der zeitliche Verlauf dieser Wege mithilfe von Graphen dargestellt.

a) Nach welcher Fahrzeit macht Leni eine Pause? Wie viel Kilometer hat sie bis dahin zurückgelegt?
Wie spät ist es zu Beginn der Pause? Wie lange dauert die Pause?

b) Wann treffen sich Leni und Paul zum ersten Mal?

c) Wann kommt Leni an ihrem Ziel an? Wie viel Kilometer hat sie bis dahin zurückgelegt?

d) Beschreibe anhand der Graphen Pauls Fahrt und die Fahrt von Frau Dengel.

e) Wie kannst du anhand der Graphen erkennen, ob Leni oder Paul schneller fährt?

f) Übertrage die Tabelle in dein Heft und vervollständige sie mithilfe des zugehörigen Graphen.

Fahrt von Frau Dengel

Fahrzeit (min)	Strecke (km)
0	0
10	■
20	■
30	■

g) Lege wie in Teilaufgabe f) eine Tabelle für die Fahrt von Leni an und vervollständige sie mithilfe des Graphen.

Informationen aus grafischen Darstellungen ablesen

3 Im Jahr 2019 war der Weserradweg der beliebteste Fernradweg in Deutschland. Er führt vom Zusammenfluss von Fulda und Werra entlang der Weser bis zu ihrer Mündung in die Nordsee.
In der Abbildung siehst du das Höhenprofil der Etappe von Bad Karlshafen nach Höxter. Dabei wird auf der x-Achse die zurückgelegte Strecke dargestellt und auf der y-Achse die Höhe über dem Meeresspiegel.

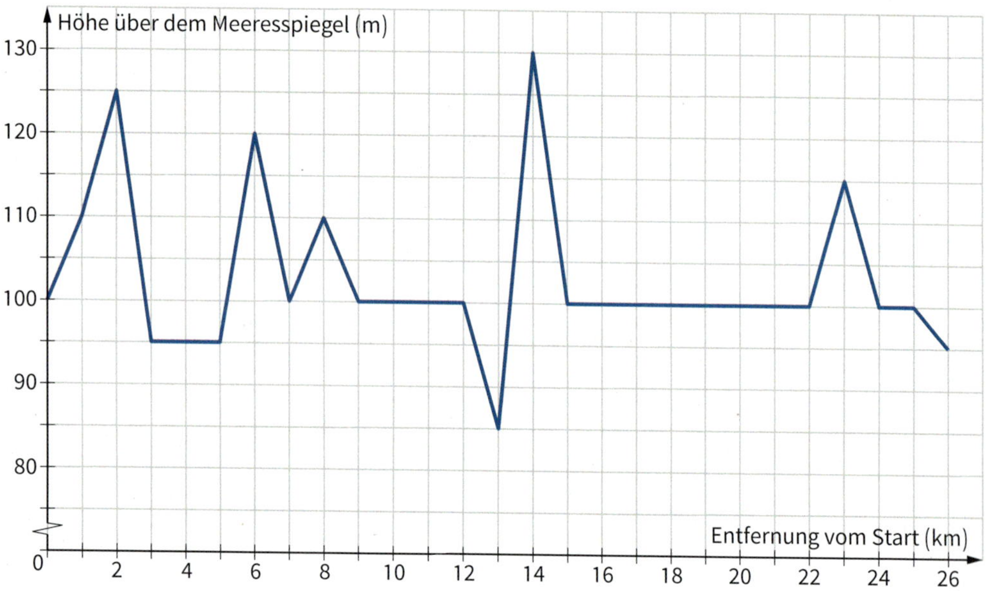

Familie Grüning fährt von Bad Karlshafen nach Höxter.

a) Vervollständige die Tabelle mithilfe des Höhenprofils.

Entfernung von Bad Karlshafen (km)	1	4	9	14
Höhe über dem Meeresspiegel (m)				

Entfernung von Bad Karlshafen (km)	17	20	23	26
Höhe über dem Meeresspiegel (m)				

b) Wie hoch liegt der höchste (niedrigste) Punkt dieser Etappe? Wie viel Kilometer ist er vom Ausgangspunkt der Etappe entfernt?

c) Wie viel Meter liegt der Anfangspunkt der Etappe höher als der Endpunkt?

d) Anna erzählt ihrer Freundin von der Radtour mit ihrer Familie.

Setze Annas Bericht fort. Achte auf das Höhenprofil.

Informationen aus grafischen Darstellungen ablesen

4 Ben hat großes Interesse daran, das Wetter zu beobachten. Mithilfe eines Thermographen kann er die Lufttemperatur messen und aufzeichnen.
In der Abbildung siehst du die Temperaturkurve, die der Thermograph am 12. April aufgezeichnet hat.

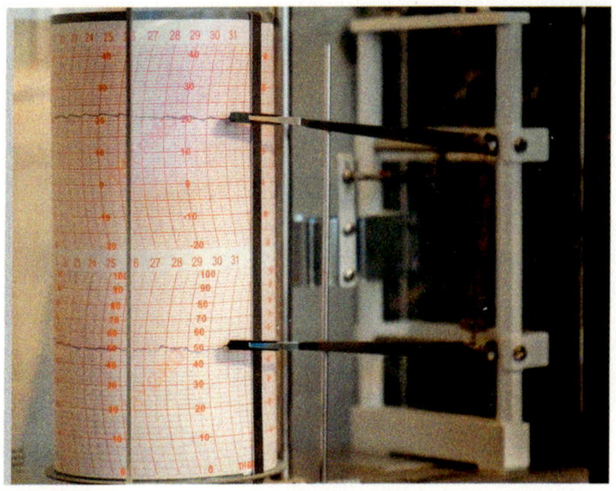

a) Übertrage die Tabelle in dein Heft und vervollständige sie. Lies dazu die fehlenden Werte aus der abgebildeten Temperaturkurve ab.

Uhrzeit (h)	0	2	4	6	8	10
Temperatur (°C)						

Uhrzeit (h)	12	14	16	18	22	24
Temperatur (°C)						

b) Zu welchem Zeitpunkt wird am 12. April die höchste (niedrigste) Temperatur erreicht?

c) Um wie viel Grad unterscheidet sich die höchste von der niedrigsten Temperatur des Tages?

d) In welchen Zeitspannen steigt (fällt) die Temperatur?

5 An einem anderen Tag hat Ben die in der Tabelle angegebenen Lufttemperaturen gemessen.

Uhrzeit (h)	0	2	4	6	8	10
Temperatur (°C)	5	3	2	1	6	8

Uhrzeit (h)	12	14	16	18	22	24
Temperatur (°C)	9	10	12	13	8	6

a) Zeichne ein Koordinatensystem, das genauso wie das abgebildete Koordinatensystem aussieht.

b) Trage die Zeiten mit den dazugehörenden Temperaturen als Punkte in das Koordinatensystem ein.

c) Zeichne durch die Punkte eine Temperaturkurve.

Proportionale Zuordnungen

1 Lina möchte ihr Praktikum bei einem Maler und Lackierer machen. Von Malermeister Voss erfährt sie, dass auch dort mathematische Fähigkeiten gebraucht werden.

Lina hat berechnet, wie viel Quadratmeter Wandfläche mit 7 Liter Farbe gestrichen werden können.

11 Liter reichen für 66 m^2
1 Liter reicht für 66 $m^2 : 11 = 6\ m^2$
7 Liter reichen für 6 $m^2 \cdot 7 = 42\ m^2$

Wie viel Quadratmeter Wandfläche können mit 3 (5; 8; 9) Liter Farbe gestrichen werden?

2 Der 11-Liter-Eimer Wandfarbe kostet 38,50 €. Was kosten 3 (5; 8; 9) Liter Farbe aus dem Eimer?

Liter (*l*)	Preis (€)
11	38,50
1	■

3 Eine Dose Acryllack enthält 0,75 *l* Farbe und kostet 16,95 €. Der Inhalt reicht laut Angabe des Herstellers, um damit 6 m^2 Fläche zu streichen.
a) Wie viel Liter Acryllack braucht man für 4 m^2 (5 m^2; 1,5 m^2) Fläche?
b) Was kosten 0,5 *l* (0,4 *l*; 0,6 *l*; 0,7 *l*) Acryllack aus der Dose?

4 Yulia und David haben zusammen im Supermarkt eingekauft, um so die günstigen Preise bei größeren Abgabemengen zu nutzen. Sie wollen sich nun die gekauften Artikel teilen.

Yulia möchte 2 DIN-A4-Schreibhefte, 70 Karteikarten, 8 Farbstifte und 32 Klarsichthüllen haben, David erhält die übrigen Artikel.
Yulia berechnet zunächst den Preis für ein Heft (**Stückpreis**). Dann berechnet sie den Preis für zwei Hefte.

Anzahl an Heften	Preis (€)
5	3,60
1	0,72
2	1,44

(:5 von 5 zu 1 bzw. 3,60 zu 0,72; ·2 von 1 zu 2 bzw. 0,72 zu 1,44)

a) Berechne die Preise für die anderen Artikel, die Yulia erhält.
b) Wie viel Euro muss Yulia, wie viel Euro muss David insgesamt bezahlen? Es gibt mehrere Lösungswege.

5 Für 0,4 kg Lachs bezahlt Anton im Fischgeschäft 13,60 €. Annas Vater kauft ein Stück Lachs, das 0,9 kg wiegt.
a) Berechne zunächst den Preis für ein Kilogramm Lachs (**Kilogrammpreis**).
b) Wie viel Euro muss Annas Vater bezahlen?
c) Berechne den Preis für 0,3 kg (1,1 kg; 0,75 kg; 800 g; 450 g) Lachs.

Proportionale Zuordnungen

6 Für 120 Schrauben hat Anna im Baumarkt 6,00 € bezahlt, Jonas für 85 Schrauben 4,25 € und Yeliz für 210 Schrauben 10,50 €.

Sie vergleichen die Stückpreise.

Anzahl an Schrauben	Preis (€)	$\frac{\text{Preis}}{\text{Anzahl}}$ (€)
120	6,00	6,00 : 120 = 0,05
85	4,25	4,25 : 85 = 0,05
210	10,50	10,50 : 210 = 0,05

Der Preis für ein Stück (**Stückpreis**) beträgt hier 0,05 €.
Berechne den Preis für 45 (75, 97,112, 135, 178) Schrauben.

7 Für 1,5 kg frische Champignons bezahlt Arnes Mutter 8,70 €. Victorias Vater kauft 0,9 kg Champignons für 5,22 €. Sie vergleichen den Kilogrammpreis.

Masse (kg)	Preis (€)	$\frac{\text{Preis}}{\text{Masse}}\left(\frac{€}{\text{kg}}\right)$
1,5	8,70	8,70 : 1,5 = 5,80
0,9	5,22	5,22 : 0,9 = 5,80

Der Preis für ein Kilogramm (**Kilogrammpreis**) beträgt hier 5,80 €.
Berechne den Preis für 1,3 kg (0,8 kg, 750 g, 600 g) Champignons.

8 Corinnas Vater arbeitet in einem Chemieunternehmen. Sein Lohn berechnet sich nach der Arbeitszeit. Im letzten Monat erhielt er für 162 Arbeitsstunden 3 256,20 € Lohn.
a) Berechne seinen **Stundenlohn**.
b) Berechne den Monatslohn bei 170 (167,5; 171,5; 166,5) Arbeitsstunden.

9 An der Tankstelle bezahlt Herr Weise für 40 *l* Super 65,20 €.
a) Berechne zunächst den Preis für einen Liter Super (**Literpreis**).
b) Berechne den Preis für 38 *l* (48,9 *l*; 61,3 *l*; 34,8 *l*) Super. Runde sinnvoll.

Lösungen zu den Aufgaben 6 bis 9:
1,63 2,25 3,48 3,75 4,35 4,64 4,85
5,60 6,75 7,54 8,90 20,10 56,72
61,94 79,71 99,92 3 346,65 3 366,75
3 417,00 3 447,15

10 Anja jobbt neben der Schule in einem Supermarkt. Im letzten Monat erhielt sie für 40,5 Arbeitsstunden 526,50 € Lohn.

a) Berechne Anjas Stundenlohn. Welchen Lohn erhält sie für 38,5 (45,5; 31,5) Arbeitsstunden im Monat?
b) Vervollständige die Tabelle im Heft.
c) Trage die Zahlenpaare als Punkte in ein Koordinatensystem ein (x-Achse: 1 cm ≙ 2 h; y-Achse: 1 cm ≙ 20 €). Verbinde die einzelnen Punkte. Was stellst du fest?

Arbeitszeit (h)	Lohn (€)
1	■
2	■
4	■
6	■
9	■
11	■
13	■
15	■

11 300 g gemischter Aufschnitt kosten 5,40 €.
a) Berechne den Kilogrammpreis.
b) Lege eine Wertetabelle an mit Massenangaben zwischen 0 und 1 200 g. Berechne die zugehörigen Preise.
c) Stelle den Graphen der Zuordnung „Masse → Preis“ in einem Koordinatensystem dar.

> Für **proportionale Zuordnungen** gilt:
> Das **Doppelte** wird dem **Doppelten**, das **Dreifache** dem **Dreifachen**, die **Hälfte** der **Hälfte**, das **Drittel** dem **Drittel** zugeordnet.

Antiproportionale Zuordnungen

1 Für die Renovierung einer Altbauwohnung plant Malermeister Voss bei einem Einsatz von drei Arbeitskräften eine Zeit von acht Arbeitstagen ein.
Er berechnet, wie viele Tage er einplanen muss, wenn nur zwei Arbeitskräfte zur Verfügung stehen.

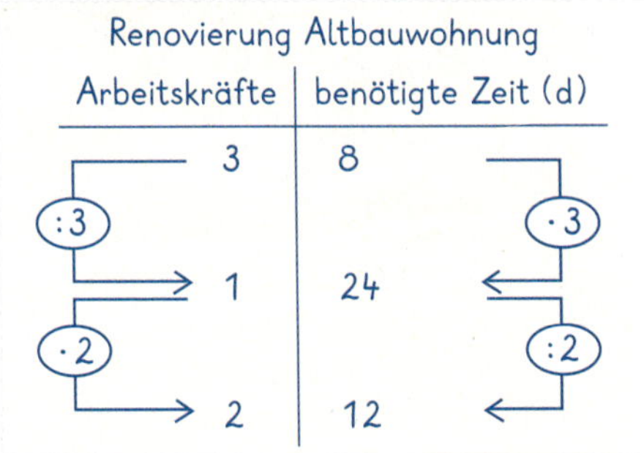

In wie vielen Arbeitstagen kann die Wohnung renoviert werden, wenn Herr Voss vier (sechs, acht) Leute einsetzen kann?

2 Bei einem Einsatz von zwölf Arbeitskräften kann ein Großauftrag in 20 Arbeitstagen erledigt werden. Herr Voss braucht aber für andere Arbeiten auch noch Personal. Deshalb überlegt er, in welcher Zeit er den Auftrag mit weniger Arbeitskräften erledigen kann. Ergänze die Tabelle in deinem Heft.

Arbeitskräfte	Zeit (d)
12	20
1	■
6	■
3	■
4	■
8	■

3 Eine Dachlatte lässt sich in drei gleich lange Stücke von je 1,20 m Länge zersägen.

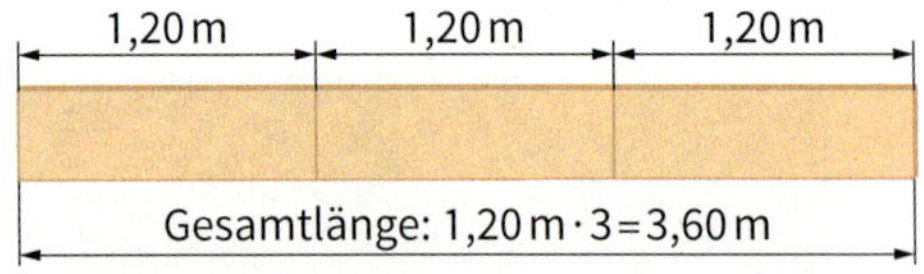

a) Wie lang ist jedes Stück bei vier gleich langen Stücken?

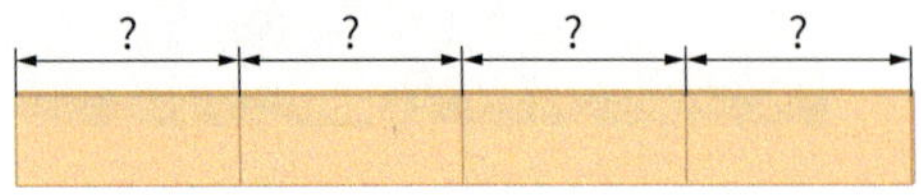

b) Wie viele Stücke erhältst du, wenn jedes Stück 1,80 m (0,60 m; 0,72 m) lang ist?

4 Eine Rolle Klebeband lässt sich in 125 Streifen von je 4 cm Länge zerschneiden. Wie viele Streifen erhältst du, wenn jeder Streifen 5 cm (25 cm; 20 cm; 12,5 cm) lang ist?
Berechne zunächst die **Gesamtlänge**.

5 Eine Lieferung Tee wird in 40 Tüten zu jeweils 125 g abgepackt.
Wie viele Tüten zu je 50 g (250 g, 500 g) würde man erhalten?
Berechne zunächst, wie viel Gramm Tee insgesamt abgepackt werden (**Gesamtgewicht**).

6 Wenn 45 Personen an einer Busreise teilnehmen, kostet die Reise 112 € pro Person.
Wie hoch sind die Fahrtkosten pro Person, wenn 42 (36, 40, 48) Personen an der Reise teilnehmen?
Berechne zunächst die **Gesamtkosten** der Busfahrt.

Für **antiproportionale Zuordnungen** gilt:

Das **Doppelte** wird der **Hälfte,**
das **Dreifache** dem **Drittel,**
die **Hälfte** dem **Doppelten,**
das **Drittel** dem **Dreifachen**

zugeordnet.

Graphen von Zuordnungen

1 Die Zuordnung „Masse → Preis“ ist proportional.
a) Vervollständige die Tabelle im Heft.

Masse (g)	Preis (€)
600	3,00
300	■
200	■
100	■
1 200	■
400	■
800	■

b) Trage die Zahlenpaare als Punkte in ein Koordinatensystem ein (x-Achse: 1 cm ≙ 100 g; y-Achse: 1 cm ≙ 1,00 €). Zeichne durch die eingezeichneten Punkte eine Gerade.

2 Im Koordinatensystem wird der Graph der Zuordnung „Volumen → Masse“ dargestellt. Die Zuordnung ist proportional. Alle eingezeichneten Punkte liegen auf einer Geraden durch den Ursprung (**Ursprungsgeraden**).

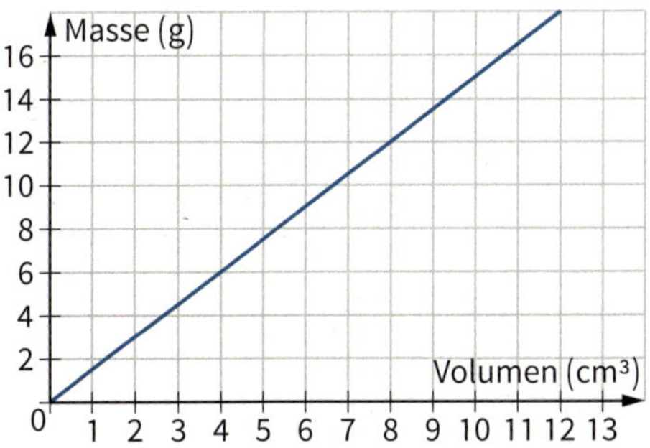

Bestimme mithilfe der Geraden, welche Masse einem Volumen von 6 cm³ (8 cm³, 10 cm³) zugeordnet wird.

3 Vervollständige die Tabelle in deinem Heft und zeichne den Graphen.

Arbeitszeit → Arbeitslohn

Arbeitszeit (h)	2	4	6	8
Arbeitslohn (€)	50	■	■	■

Arbeitszeit (h)	1	3	5	7
Arbeitslohn (€)	■	■	■	■

4 Die Zuordnung „Anzahl Arbeitskräfte → benötigte Zeit“ ist antiproportional.
a) Vervollständige die Tabelle in deinem Heft.
b) Trage die Zahlenpaare als Punkte in ein Koordinatensystem ein (x-Achse: 1 cm ≙ 1; y-Achse: 1 cm ≙ 2 d). Zeichne durch die eingezeichneten Punkte eine Kurve.

Anzahl Arbeitskräfte	benötigte Zeit (d)
6	4
3	■
2	■
1	■
12	■
4	■
8	■

5 Ein Rechteck soll einen Flächeninhalt von 12 cm² erhalten, Länge und Breite des Rechtecks müssen entsprechend gewählt werden.
Im Koordinatensystem wird der Graph der Zuordnung „Breite → Länge“ dargestellt.
Die Zuordnung ist antiproportional. Alle eingezeichneten Punkte liegen auf einer Kurve (**Hyperbel**).

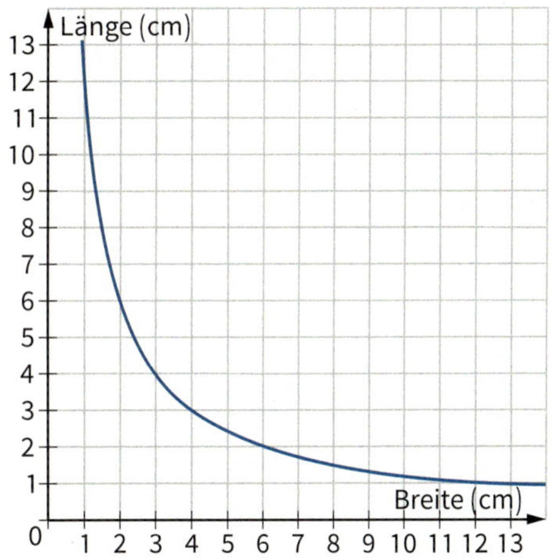

Bestimme mithilfe des Graphen die Länge bei einer Breite von 6 cm (4 cm, 2 cm).

6 Die Zuordnung „Anzahl Stücke → Länge eines Stücks“ ist antiproportional. Vervollständige die Tabelle in deinem Heft und zeichne den Graphen.

Anzahl Stücke	20	40	60	80
Länge (cm)	60	■	■	■

Anzahl Stücke	10	30	50	100
Länge (cm)	■	■	■	■

Lineare Funktionen

1 Der Wasserstand in dem abgebildeten Aquarium erhöht sich pro Minute um 4 cm. Zu Beginn des Füllvorgangs ist das Becken leer.

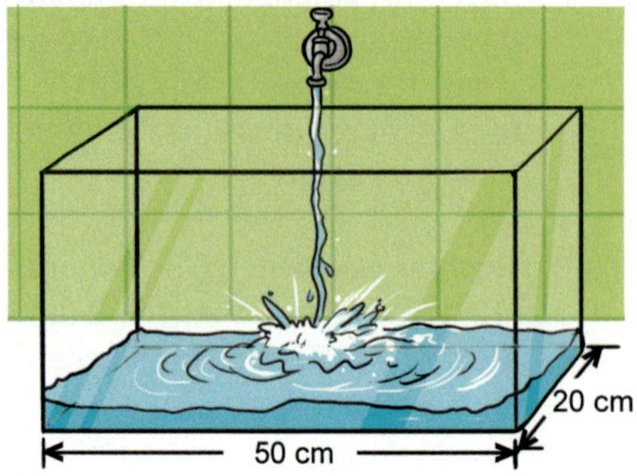

a) Berechne zu den angegebenen Zulaufzeiten den Wasserstand im Becken. Vervollständige die Tabelle in deinem Heft.

x Zulaufzeit (min)	y Wasserstand (cm)
0	0
1	4
2	■
3	■
4	■
5	■
6	■
7	■
8	■

Die linearen Funktionen auf dieser Seite sind auch proportionale Zuordnungen.

b) Begründe, dass du den Zusammenhang zwischen Wasserstand (y) und Zulaufzeit (x) mithilfe der folgenden Gleichung berechnen kannst: $y = 4x$.

c) Trage die Zahlenpaare als Punkte in ein Koordinatensystem ein (x-Achse: 1 cm ≙ 1 min, y-Achse: 1 cm ≙ 4 cm).

d) Beschreibe den Verlauf des Graphen. Ist ein Verbinden der einzelnen Punkte sinnvoll?

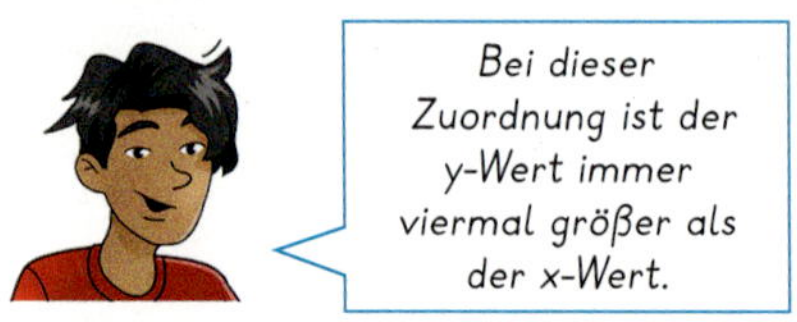

2 Leni und Tim haben die Zuordnung „Zulaufzeit → Wasserstand" grafisch dargestellt.

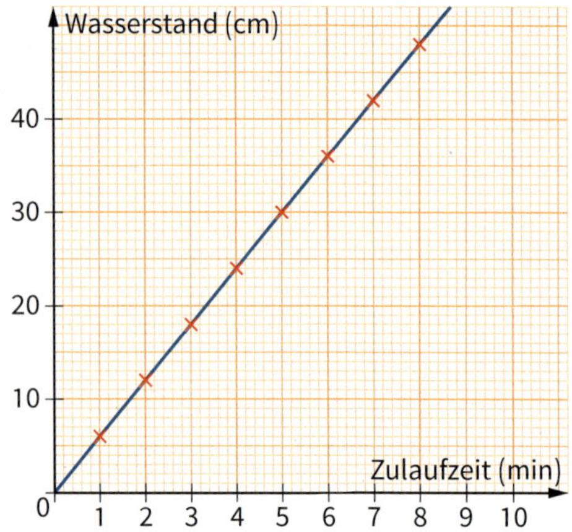

a) Beschreibe den Verlauf des Graphen.

b) Begründe, dass du den Zusammenhang zwischen Wasserstand (y) und Zulaufzeit (x) mithilfe der folgenden Gleichung berechnen kannst: $y = 6x$.

Die Zuordnung **„Zulaufzeit → Wasserstand"** ist eine **lineare Funktion.**
Die Gleichung **$y = 6x$,** die den Zusammenhang zwischen Wasserstand y und Zulaufzeit x angibt, heißt **Funktionsgleichung.**
Der zugehörige Graph ist eine **Gerade.**

3 Der Wasserstand in einem Wasserbecken erhöht sich pro Minute um 3 cm. Zu Beginn des Füllvorgangs ist das Becken leer.

a) Vervollständige die Tabelle in deinem Heft.

x Zulaufzeit (min)	0	2	4	6	8	10
y Wasserstand (cm)	■	■	■	■	■	■

b) Zeichne die Graphen der Funktionen „Zulaufzeit → Wasserstand" in ein Koordinatensystem.

c) Zeige, dass die zugehörige Funktionsgleichung wie folgt lautet: $y = 3x$.

d) Bearbeite die Teilaufgaben a) bis c), wenn sich der Wasserstand pro Minute um 2 cm (5 cm) erhöht.

Lineare Funktionen

4 Ein Standzylinder ist zu Beginn des Füllvorgangs bereits zum Teil gefüllt, der Wasserstand beträgt 30 cm. Während des Füllvorgangs erhöht sich der Wasserstand pro Minute um 4 cm.

a) Vervollständige die Tabelle im Heft.

x Zulaufzeit (min)	y Wasserstand (cm)
0	30
2	$4 \cdot 2 + 30 = 38$
4	$4 \cdot 4 + 30 = 46$
6	■
8	■
10	■
12	■

b) Die Funktionsgleichung $y = 4x + 30$ beschreibt den Zusammenhang zwischen Wasserstand (y) und Zulaufzeit (x) während des Füllvorgangs.

Wasserstand zu Beginn (cm):	30
Erhöhung pro Minute (cm):	4
Funktionsgleichung:	$y = 4x + 30$

Überprüfe die Funktionsgleichung mithilfe der Tabelle.

c) Zeichne den Graphen der Funktion „Zulaufzeit → Wasserstand" in ein Koordinatensystem (x-Achse: 1 cm ≙ 1 min; y-Achse: 1 cm ≙ 5 cm).

5 Die Funktionsgleichung $y = 2x + 10$ beschreibt den Zusammenhang zwischen Wasserstand (y) und Zulaufzeit (x) während eines Füllvorgangs.

a) Lege eine Wertetabelle mit x-Werten zwischen 0 und 10 an und zeichne den Graphen der Funktion.

b) Wie hoch ist der Wasserstand zu Beginn des Füllvorgangs? Wie kannst du diese Größe an der Funktionsgleichung erkennen?

c) Um wie viel Zentimeter steigt der Wasserstand pro Minute? Wie kannst du diese Frage mithilfe des Graphen, wie mithilfe der Funktionsgleichung beantworten?

6 In dem Koordinatensystem wird der Graph der Funktion „Zulaufzeit → Wasserstand" während eines Füllvorgangs dargestellt.

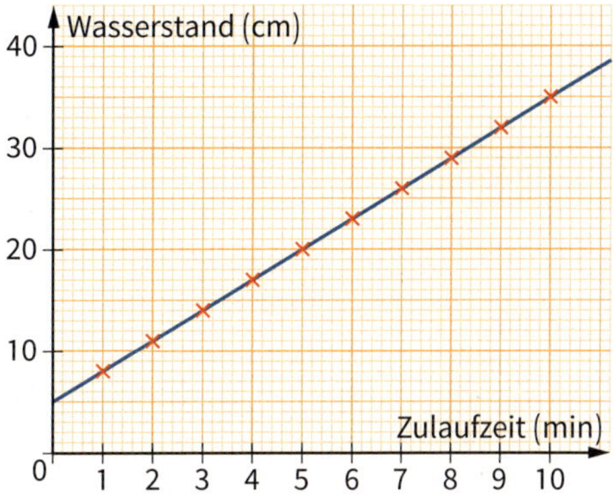

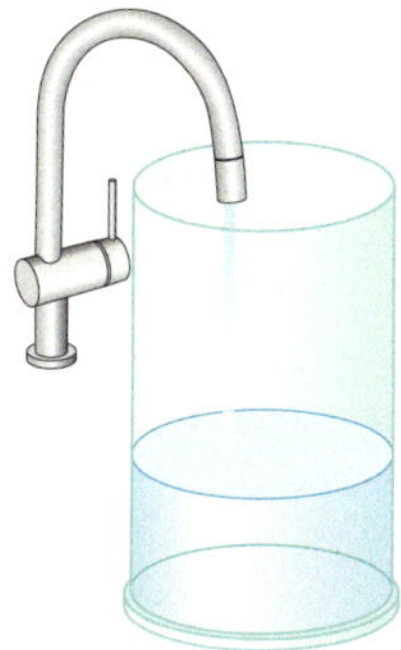

a) Wie hoch ist der Wasserstand zu Beginn des Füllvorgangs?

b) Um wie viel Zentimeter steigt der Wasserstand pro Minute?

c) Begründe, dass der Zusammenhang zwischen Wasserstand (y) und Zulaufzeit (x) durch die Funktionsgleichung $y = 3x + 5$ beschrieben wird.

Auf Seite 89 siehts du, wie du Wertetabellen mithilfe des Taschenrechners erstellen kannst.

Füllvorgänge mit konstantem Wasserzufluss können mithilfe linearer Funktionen beschrieben werden. Ihre Funktionsgleichung lautet:

$$\mathbf{y = m\,x + c}.$$

Dabei gibt **m** die Erhöhung pro Minute an (**die Steigung**). **c** gibt den Wasserstand zu Beginn des Füllvorgangs an (**y-Achsenabschnitt**). Ihre Funktionsgraphen sind **Geraden.**

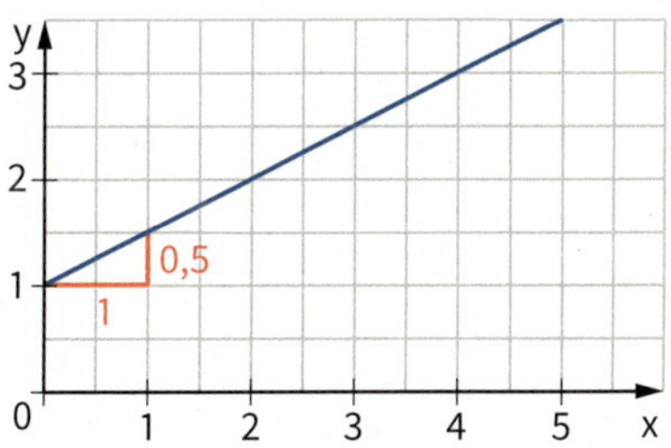

Funktionsgleichung: $y = 0{,}5x + 1$
Steigung: $m = 0{,}5$
y-Achsenabschnitt: $c = 1$

Lineare Funktionen

7 Die abgebildete Kerze ist 24 cm lang.

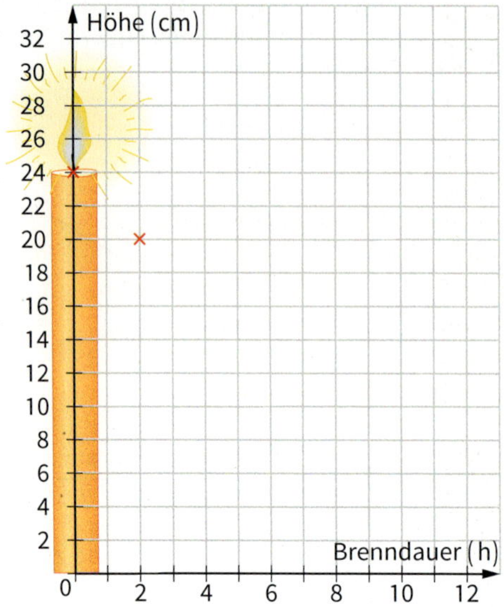

In einer Stunde brennt die Kerze 2,0 cm herunter.

a) Vervollständige die Wertetabelle in deinem Heft.

x Brenndauer (h)	0	1	2	3	4	5
y Höhe (cm)	24	■	■	■	■	■

x Brenndauer (h)	6	7	8	9	10	11
y Höhe (cm)	■	■	■	■	■	■

b) Zeichne den Graphen der Funktion „Brenndauer → Höhe der Kerze“ in ein Koordinatensystem. Ist ein Verbinden der Punkte sinnvoll?

c) Nach wie vielen Stunden ist die Kerze abgebrannt?

8 Eine Kerze ist 18 cm hoch. Pro Stunde Brenndauer brennt sie um 1,5 cm ab.

a) Zeige, dass die zugehörige Funktionsgleichung wie folgt lautet: $y = -1{,}5x + 18$.

b) Zeichne den Graphen der Funktion „Brenndauer → Höhe der Kerze“ in ein Koordinatensystem. Lege dazu vorher eine Wertetabelle an.

c) Warum ist der Faktor vor x negativ?

9 Im Koordinatensystem wird der Graph der Funktion „Brenndauer → Höhe der Kerze“ dargestellt.

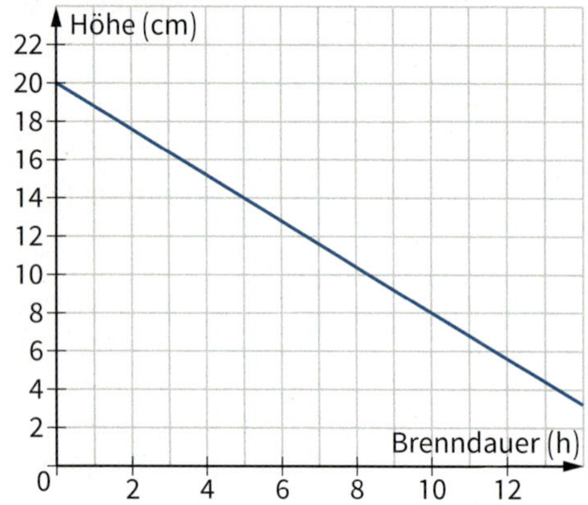

a) Bestimme anhand des Graphen die Höhe der Kerze zu Beginn des Brennvorgangs.

b) Wie viel Zentimeter brennt die Kerze pro Stunde ab?

c) Begründe, dass die zugehörige Funktionsgleichung wie folgt lautet: $y = -1{,}2x + 20$.

Das Abbrennen von Kerzen kann mithilfe **linearer Funktionen** beschrieben werden.

Dabei gibt **m** an, um wie viel Zentimeter die Kerze pro Stunde abbrennt (**die Steigung**). m ist negativ.
c gibt die Höhe der Kerze zu Beginn des Brennvorgangs an (**y-Achsenabschnitt**).
Der Funktionsgraph ist eine **Gerade.**

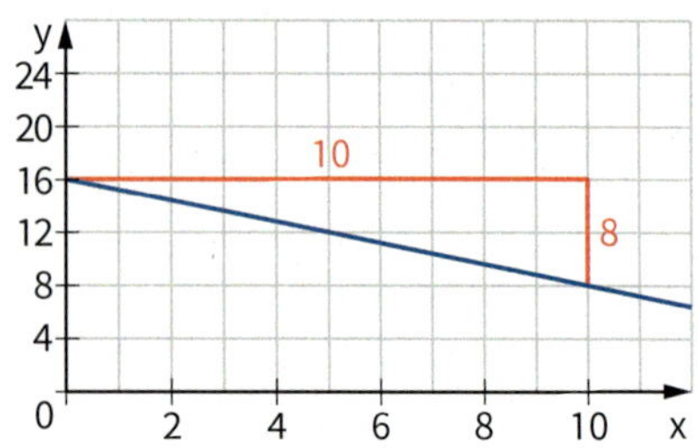

Funktionsgleichung: $y = -0{,}8x + 16$
Steigung: $m = -0{,}8$
y-Achsenabschnitt: $c = 16$

Arbeiten mit dem Taschenrechner: Wertetabellen

Suche die Tasten auf deinem Taschenrechner. Schaue gegebenenfalls im Handbuch nach.

So kannst du für die Funktion f mit der Funktionsgleichung f(x) = 3x – 7 eine Wertetabelle erstellen:

Schritt	Tastenfolge	TR-Anzeige
Wähle im MENU 3: Tabellen	[MENU] 3	f(x)=
Gib den Funktionsterm ein.	3 [ALPHA] [)] [–] 7	f(x)=3x-7
Überspringe die Eingabe für den zweiten Funktionsterm.	[=]	g(x)=
Gehe in den Tabellenbereich	[=]	Tabellenbereich Start: 1 Ende: 5 Inkre: 1
Gib den kleinsten x-Wert ein. Gib den größten x-Wert ein. Gib die Schrittweite ein.	0 [=] 9 [=] 1 [=]	Start: 0 Ende: 9 Inkre: 1
Bewege den Cursor nach unten, um alle Werte ablesen zu können.		| x | f(x) 1 | 0 | –7 2 | 1 | –4

Die Funktionsgleichung wird auch in der Form f(x) = mx + c angegeben.

Nach der Berechnung von Funktionswerten muss der Modus wieder geändert werden.

1 Lege mithilfe des Taschenrechners für die Funktion f mit der Funktionsgleichung f(x) = –4x – 13 eine Wertetabelle an:
kleinster Wert: –1,5
größter Wert: 2,5
Schrittweite: 0,5

2 Lege mithilfe des Taschenrechners für die Funktion f eine Wertetabelle für x-Werte von –4 bis 4 mit einer Schrittweite von 1 an.
a) f(x) = 0,5x + 3
b) f(x) = –1,5x – 6
c) f(x) = 1,9x + 0,5
d) f(x) = –2,7x – 5

Lineare Funktionen mit der Funktionsgleichung $y = mx + c$

Funktionen mit der Funktionsgleichung $y = mx + c$ heißen **lineare Funktionen.** Ihre Funktionsgraphen sind Geraden.
Dabei gibt m die Steigung und c den y-Achsenabschnitt an; m und c können beliebige rationale Zahlen sein ($m, c \in \mathbb{Q}$).

Für $c = 0$ ergibt sich die Form $y = mx$.

Funktionsgleichung von f:
$y = 1{,}5x + 2{,}5$

x	−1	0	1
y	1	2,5	4

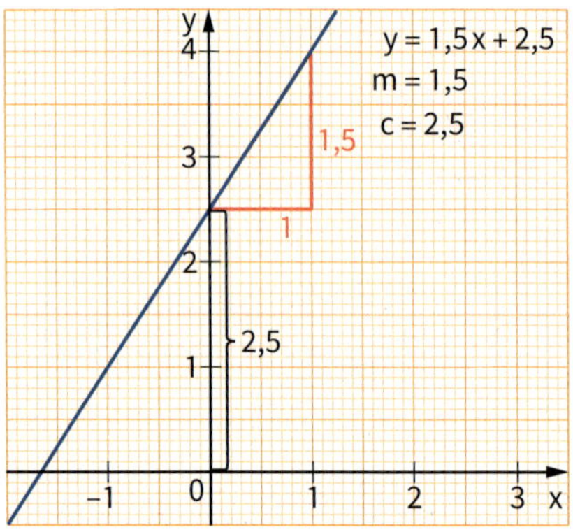

1,5 gibt die Steigung der Geraden an.

$m = 1{,}5$

2,5 ist die y-Koordinate des Schnittpunktes mit der y-Achse und heißt y-Achsenabschnitt c.

$c = 2{,}5$

Schnittpunkt mit der y-Achse: $(0 \mid c)$

1 Prüfe, ob es sich jeweils um die Funktionsgleichung einer linearen Funktion handelt. Gib die Steigung m und den y-Achsenabschnitt c an.

a) f: $y = 3x + 4$
g: $y = 5x + 3$
h: $y = 4x - 7$

b) f: $y = -2x + 3$
g: $y = -3x - 4$
h: $y = 1{,}5x - 8$

c) f: $y = -4{,}2x$
g: $y = 0{,}2x + 1{,}8$
h: $y = x$

d) f: $y = 3$
g: $y = -\frac{1}{2}$
h: $y = 3x + 4$

2 Im Beispiel siehst du, wie du den Graphen einer linearen Funktion f mithilfe des y-Achsenabschnitts und der Steigung m zeichnen kannst.

$y = -2x + 1{,}5$

1. Markiere den y-Achsenabschnitt $c = 1{,}5$.

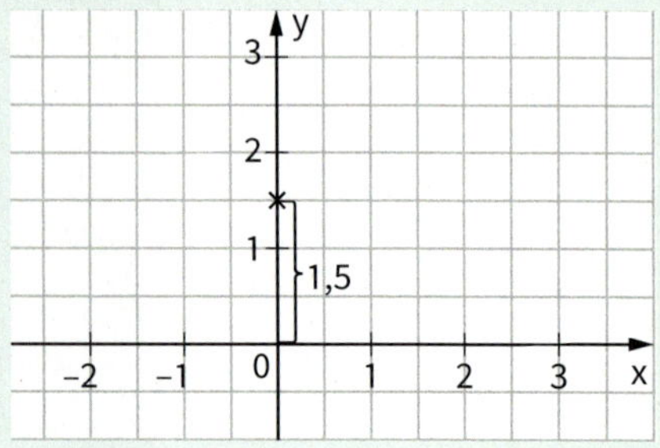

2. Zeichne das Steigungsdreieck zu $m = -2$.

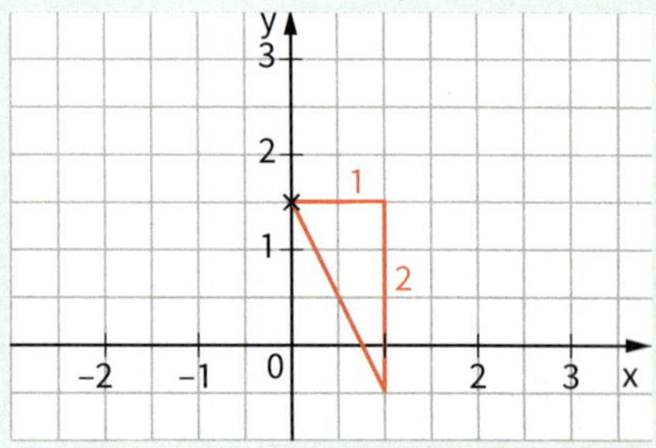

3. Zeichne den Funktionsgraphen.

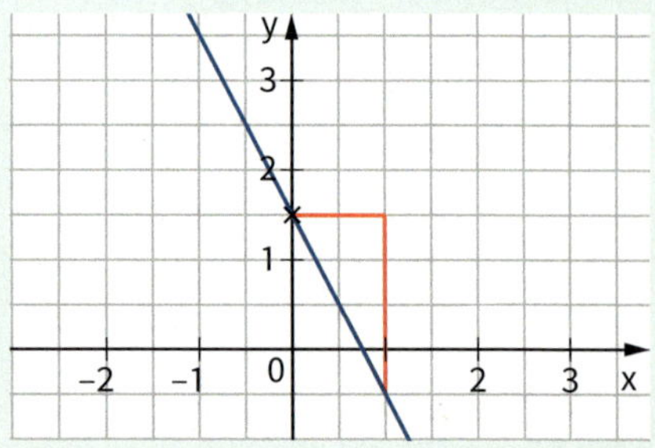

Zeichne die Funktionsgraphen wie im Beispiel in ein Koordinatensystem.

a) f: $y = -2x + 5$
g: $y = -2x + 3$
h: $y = -2x + 1$

b) f: $y = 1{,}5x - 4$
g: $y = 1{,}5x - 1$
h: $y = 1{,}5x + 1$

c) f: $y = 3x - 4$
g: $y = 3x + 1$
h: $y = -1x + 6$

d) f: $y = -1x - 2{,}5$
g: $y = 1x + 4{,}5$
h: $y = 2x - 1$

Lineare Funktionen mit der Funktionsgleichung $y = mx + c$

3 a) Lies für die Funktionen g, h und i aus dem Koordinatensystem jeweils den y-Achsenabschnitt c und die Steigung m ab. Gib die Funktionsgleichung an.

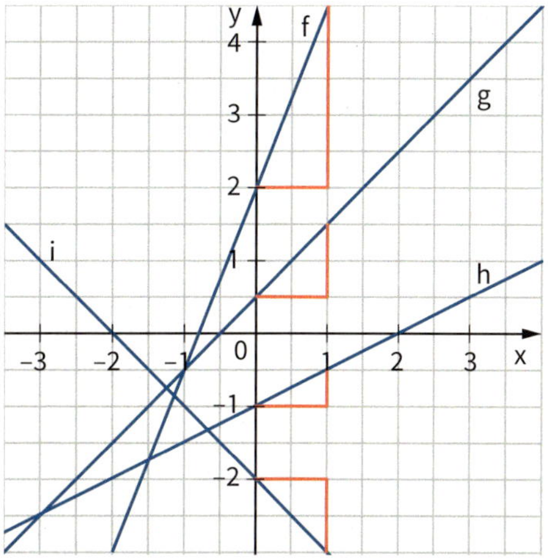

Funktion f
y-Achsenabschnitt: $c = 2$
Steigung: $m = 2{,}5$
Funktionsgleichung von f: $y = 2{,}5x + 2$

4 Zeichne den Funktionsgraphen in ein Koordinatensystem. Bestimme anhand des Funktionsgraphen zu dem angegebenen Funktionswert den zugehörigen x-Wert.

a) $y = 3x - 1$; Funktionswert: 5
b) $y = 2x - 4$; Funktionswert: 4
c) $y = x + 2{,}5$; Funktionswert: $-1{,}5$
d) $y = -2x - 1$; Funktionswert: 2,5
e) $y = 4x - 7$; Funktionswert: 3
f) $y = -5x + 8$; Funktionswert: -2
g) $y = -0{,}5x + 2$; Funktionswert: 0

5 Trage die Punkte P und Q in ein Koordinatensystem ein und zeichne anschließend die Gerade durch P und Q. Lies den y-Achsenabschnitt c und die Steigung m ab und gib die zugehörige Funktionsgleichung an.

a) $P(6\,|\,-1)$; $Q(-4\,|\,4)$
b) $P(2\,|\,7)$; $Q(-5\,|\,0)$
c) $P(2\,|\,-5)$; $Q(-3\,|\,5)$
d) $P(-5\,|\,-6{,}5)$; $Q(6\,|\,-1)$
e) $P(3\,|\,-2{,}5)$; $Q(-1\,|\,5{,}5)$
f) $P(4\,|\,3)$; $Q(-4\,|\,1)$

6 a) Die linearen Funktionen f, g und h haben die angegebenen Funktionsgleichungen. Zeichne die zugehörigen Geraden f, g und h in ein Koordinatensystem.

b) Beschreibe die Lage der Geraden f und g (g und h) zueinander. Gib die Koordinaten des Schnittpunktes von f und g an.

c) Begründe anhand der Funktionsgleichungen, warum g und h keinen gemeinsamen Punkt haben können.

f: $y = -x + 5$
g: $y = 0{,}5x + 2$
h: $y = 0{,}5x + 4$

7 Zeichne die Graphen der Funktionen f und g in ein Koordinatensystem. Untersuche die Funktionsgraphen auf gemeinsame Punkte. Was stellst du fest?

f: $y = -0{,}5x + 1{,}5$
g: $y = -\frac{1}{2}x + \frac{3}{2}$

8 Entscheide anhand der Funktionsgleichung, wie die Geraden f und g zueinander liegen.

a) f: $y = 2{,}5x + 3{,}5$ und g: $y = -1{,}5x - 0{,}5$
b) f: $y = -\frac{1}{4}x + \frac{3}{4}$ und g: $y = -0{,}25x + 0{,}75$
c) f: $y = 0{,}5x + 2{,}5$ und g: $y = \frac{1}{2}x + 5{,}5$

Lagebeziehungen von Geraden

Zwei Geraden mit unterschiedlicher Steigung schneiden sich in einem Punkt.

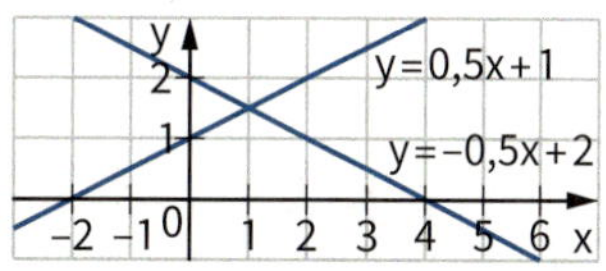

Zwei Geraden mit gleicher Steigung und unterschiedlichen y-Achsenabschnitten sind zueinander parallel. Sie haben keinen gemeinsamen Punkt.

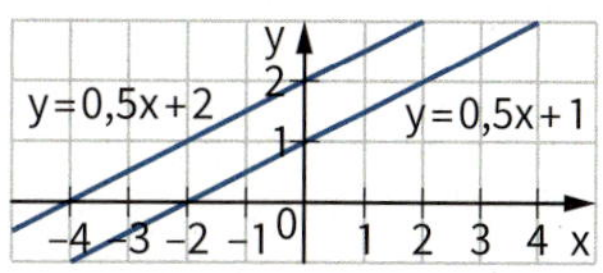

Zwei Geraden mit gleicher Steigung und gleichem y-Achsenabschnitt liegen aufeinander. Sie haben unendlich viele gemeinsame Punkte.

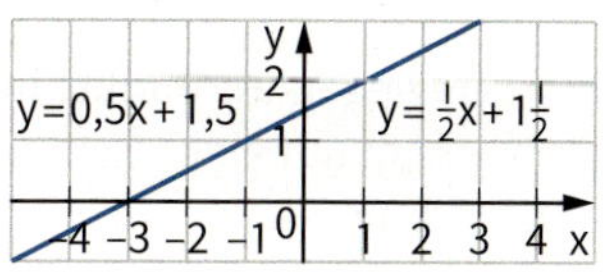

WISSEN KOMPAKT

Eine Zuordnung ordnet jedem Element aus einem Bereich ein Element aus einem zweiten Bereich zu. Sie kann in einem **Text**, in einem **Pfeildiagramm**, in einer **Tabelle** und in einem **Koordinatensystem** dargestellt werden.

Text

Zu Beginn des Füllvorgangs beträgt der Wasserstand 3 cm. Mit jedem eingefüllten Liter Wasser steigt der Wasserstand um 2 cm.

Pfeildiagramm

0 → 3
1,0 → 5
2,0 → 7
3,0 → 9
4,0 → 11
5,0 → 13

Tabelle

Wassermenge (*l*)	Wasserstand (cm)
0	3
1,0	5
2,0	7
3,0	9
4,0	11
5,0	13

Koordinatensystem

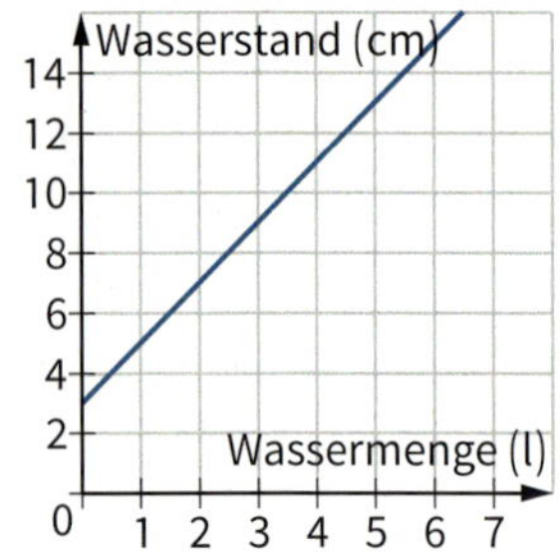

Proportionale Zuordnungen

Das Doppelte wird dem Doppelten,
das Dreifache dem Dreifachen, …,
die Hälfte der Hälfte,
das Drittel dem Drittel zugeordnet.

Dreisatz

3 kg Äpfel kosten 6,00 €.
Wie viel Euro kosten 7 kg?

Masse (kg)	Preis (€)
3	6,00
(:3) ↓ 1	2,00 (:3)
(·7) ↓ 7	14,00 (·7)

7 kg Äpfel kosten 14,00 €.

Graph

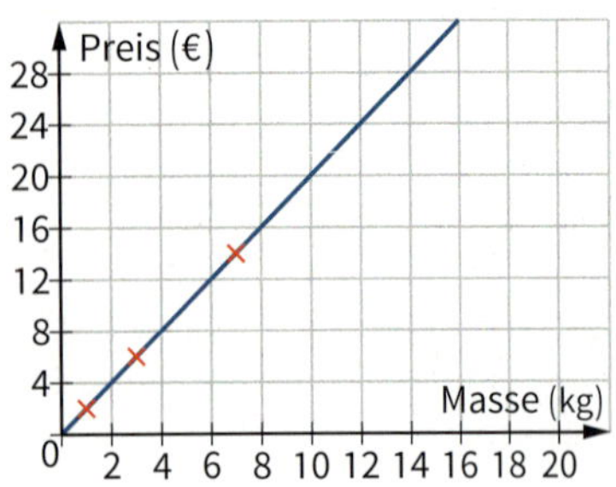

Die Zahlenpaare liegen als Punkte im Koordinatensystem auf einer Geraden durch den Ursprung.

Antiproportionale Zuordnungen

Das Doppelte wird der Hälfte,
das Dreifache dem Drittel, …,
die Hälfte dem Doppelten,
das Drittel dem Dreifachen zugeordnet.

Dreisatz

6 Arbeiter verrichten eine Arbeit in 12 Tagen.
Wie lange brauchen 8 Arbeiter?

Anzahl	Zeitdauer (Tage)
6	12
(:6) ↓ 1	72 (·6)
(·8) ↓ 8	9 (:8)

8 Arbeiter benötigen 9 Tage.

Graph

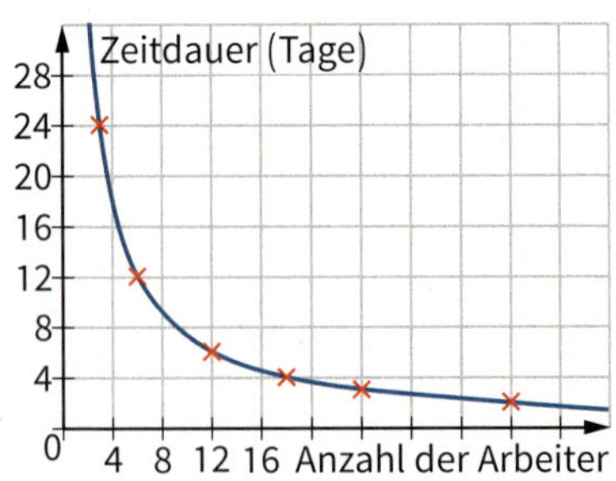

Die Zahlenpaare liegen als Punkte im Koordinatensystem auf einer Kurve (Hyperbel).

WISSEN KOMPAKT

Zuordnungen, bei denen **jedem** Element des ersten Bereichs **genau ein** Element des zweiten Bereichs zugeordnet wird, heißen **eindeutige Zuordnungen** oder **Funktionen**.

■ Funktionen mit der Funktionsgleichung **y = m x** sind besondere lineare Funktionen. Die zugehörigen Funktionsgraphen sind **Geraden durch den Ursprung**.
m gibt die **Steigung** der Geraden an.

Funktionsgleichung: $y = 2x$

Steigung: $m = 2$

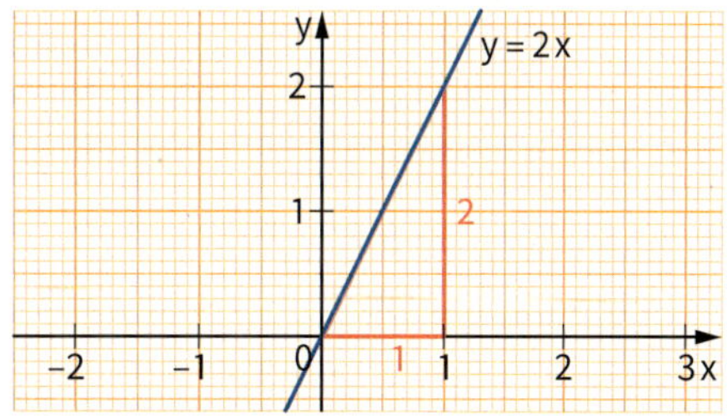

■ Funktionen mit der Funktionsgleichung **y = m x + c** heißen lineare Funktionen. Ihre Funktionsgraphen sind **Geraden**.
m gibt die **Steigung** der Geraden und **c** den **y-Achsenabschnitt** an.

Funktionsgleichung: $y = -0{,}75x + 1{,}5$
Steigung: $m = -0{,}75$
y-Achsenabschnitt: $c = 1{,}5$
Schnittpunkt mit der y-Achse: $(0 \mid 1{,}5)$

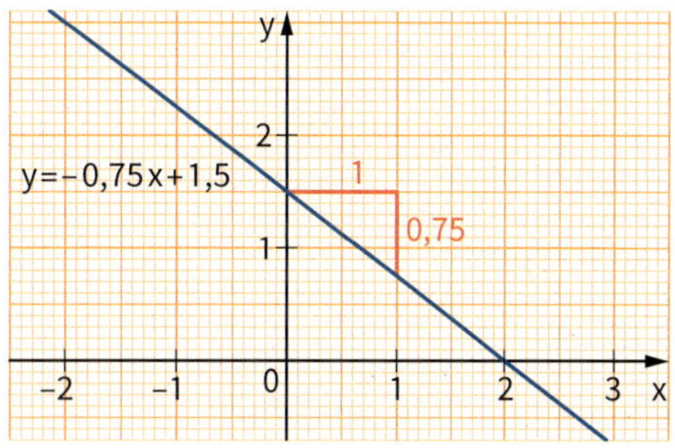

■ Füllvorgänge mit konstantem Wasserzufluss können mithilfe linearer Funktionen beschrieben werden.

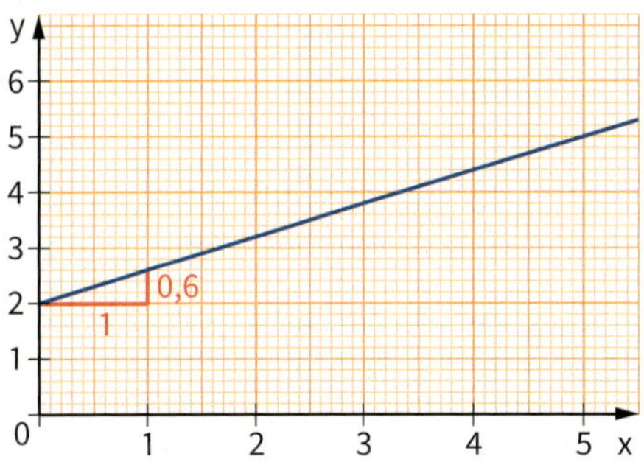

Dabei gibt m (**die Steigung**) die Erhöhung des Wasserstands pro Minute an: $m = 0{,}6$

c gibt den Wasserstand zu Beginn des Füllvorgangs an (**y-Achsenabschnitt**): $c = 2$

$y = 0{,}6x + 2$

Das Abbrennen von Kerzen kann mithilfe linearer Funktionen beschrieben werden.

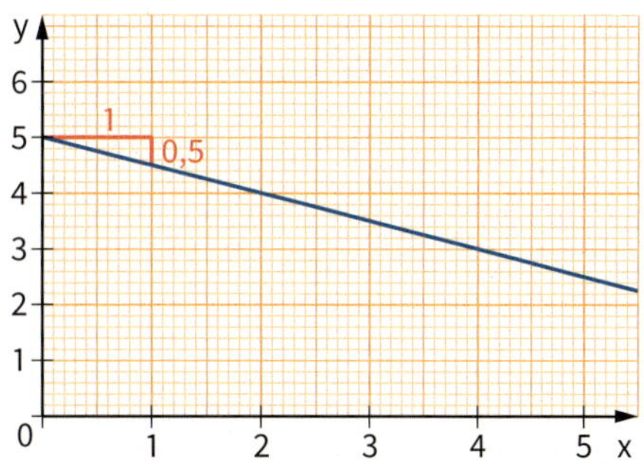

Dabei gibt m (**die Steigung**) an, um wie viel Zentimeter die Kerze pro Stunde abbrennt: $m = -0{,}5$

c gibt die Höhe der Kerze zu Beginn des Brennvorgangs an (**y-Achsenabschnitt**): $c = 5$

$y = -0{,}5x + 5$

ÜBEN: Zuordnungen – Sachaufgaben

Modellieren

Sachaufgaben mit dem Dreisatz lösen

Sachaufgaben zum Dreisatz

Vier Rollen Strukturtapete kosten im Baumarkt 99,96 €.
Wie viel Euro kosten fünf Rollen?

Für die Errichtung eines Rohbaus brauchen 9 Maurer 24 Arbeitstage.
Wie lange brauchen sechs Maurer?

So kannst du bei Dreisatzaufgaben vorgehen:

1. Überlege zunächst, ob zwischen den Größen die Beziehung „je mehr – desto mehr“ oder „je mehr – desto weniger“ vorliegt.

Je mehr Rollen gekauft werden, **desto mehr** muss bezahlt werden.

Je mehr Maurer auf dem Rohbau beschäftigt sind, **desto weniger** Tage werden benötigt.

2. Überlege dann, ob dem Doppelten das Doppelte, dem Dreifachen das Dreifache, …
oder
dem Doppelten die Hälfte, dem Dreifachen ein Drittel … zugeordnet wird.

Wird die **Anzahl** der Rollen **verdoppelt, verdoppelt** sich auch der **Preis.**
Die Zuordnung ist proportional.

Wird die **Anzahl** der Maurer **verdoppelt, halbiert** sich die **Anzahl der Tage.**
Die Zuordnung ist antiproportional.

3. Ist die Zuordnung proportional (antiproportional), lege eine Tabelle an.
Trage das gegebene Größenpaar ein und berechne die gesuchte Größe.

Anzahl	Preis (€)
4	99,96
1	24,99
5	124,95

Anzahl an Maurer	Zeit (d)
9	24
1	216
6	36

4. Formuliere eine Antwort.

Fünf Rollen Strukturtapete kosten 124,95 €.

Sechs Maurer benötigen 36 Arbeitstage.

1 Die Gemeinde Leopoldshöhe bietet in einem neuen Siedlungsgebiet Grundstücke zu einem festen Quadratmeterpreis an. Für ihr 540 m^2 großes Grundstück bezahlt Familie Kesten 92 880 €.
Wie viel Euro muss Familie Heinrichs für einen benachbarten Bauplatz mit 570 m^2 (480 m^2, 615 m^2) Grundfläche bezahlen?

2 Zum Einebnen des Geländes benötigen zwei Planierraupen 21 Arbeitsstunden. Wie viel Arbeitsstunden benötigen drei Planierraupen?

3 Die neue Wohnstraße soll 122 m lang werden. Dafür werden 134,2 m^3 Schotter benötigt. Wie viel Kubikmeter Schotter werden für eine 65 m (76 m; 48,5 m) lange Wohnstraße benötigt?

ÜBEN: Zuordnungen – Sachaufgaben

4 a) Ein Bagger benötigt 16 Arbeitsstunden, um 280 m^3 Erde auszuheben. In welcher Zeit können 350 m^3 (210 m^3) Erde ausgehoben werden?

b) Ein Lkw der Baugesellschaft kann 18 m^3 Erde transportieren. Um den Erdaushub für eine Baugrube abzufahren, sind 16 Fahrten mit diesem Lkw erforderlich. Wie oft muss ein Lkw fahren, der nur 12 m^3 transportieren kann?

5 Das Dach eines Einfamilienhauses soll mit Dachziegeln aus Beton gedeckt werden.

a) Für einen Quadratmeter Dachfläche rechnet der Dachdecker mit 10 Ziegeln. Ein Dachziegel kostet 2,50 €. Die Materialkosten für das Dach der Familie Wiemann betragen 2 750 €. Berechne die Dachfläche.
b) Der Arbeitslohn für das Verlegen beträgt 31,50 € pro Quadratmeter. Berechne den Arbeitslohn.

6 Tonziegel kosten pro Stück 1,45 €, pro Quadratmeter werden davon 15 Ziegel benötigt. Das Verlegen der Ziegel kostet 26,50 € pro Quadratmeter. Der Arbeitslohn für das Dach der Familie Dralle beträgt 3 180 €. Berechne die Dachfläche und die Gesamtkosten.

7 Für die Treppe vom Erdgeschoss zum ersten Stockwerk sind 15 Stufen geplant. Jede Stufe soll eine Höhe von 17,6 cm haben. Wegen einer Planänderung soll sie nun aus 16 Stufen bestehen. Welche Höhe muss nun jede Stufe haben?

8 Die Terrasse kann mit 108 quadratischen Steinplatten mit einer Kantenlänge von jeweils 50 cm ausgelegt werden.

Wie viele Steinplatten werden benötigt, wenn jede Platte 75 cm lang und 50 cm breit ist?

9 Ein Rohbau kann von fünf Maurern in 60 Arbeitstagen erstellt werden.

a) Wie viele Arbeitstage benötigen sechs Maurer?
b) Nach 40 Arbeitstagen wird von den fünf Maurern einer krank. In wie vielen Tagen kann der Rohbau nun fertiggestellt werden?
c) Begründe, warum 300 Maurer den Rohbau nicht an einem Tag fertigstellen können.

ÜBEN: Lineare Funktionen – Sachaufgaben

1 Der Preis für eine Taxifahrt in einer mittleren Großstadt ist von der Grundgebühr und dem Preis für einen zurückgelegten Kilometer (ohne Haltezeiten) abhängig. Der Graph der linearen Funktion, die der zurückgelegten Strecke die Gesamtkosten zuordnet, wird im Koordinatensystem dargestellt.

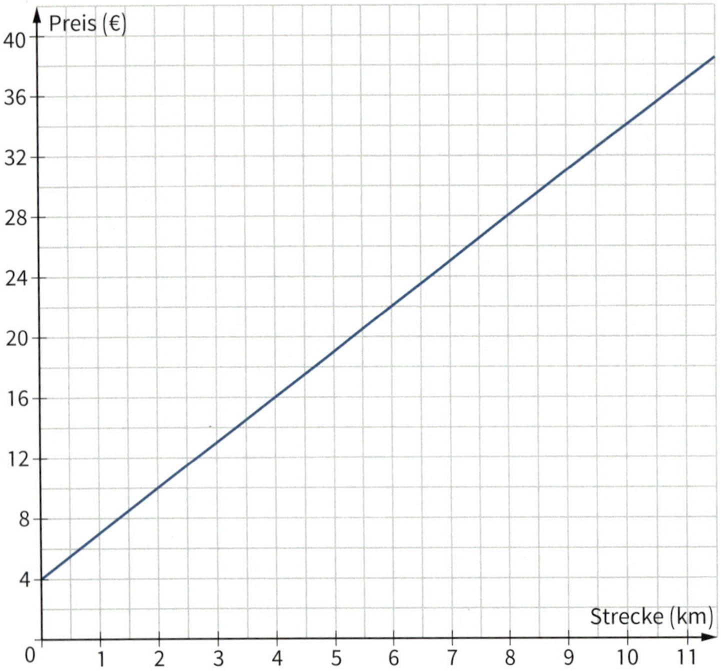

a) Bestimme anhand des Graphen die Grundgebühr und den Preis für einen zurückgelegten Kilometer.
b) Gib die Funktionsgleichung an.

2 In einer Gemeinde beträgt der Preis für einen Kubikmeter Frischwasser einschließlich Steuer und Schmutzwassergebühr 5,00 €. Die jährliche Grundgebühr beträgt 70,00 €.

a) Begründe, dass man die Gesamtkosten y (in €) in Abhängigkeit vom Verbrauch x (in m^3) mithilfe der folgenden Funktionsgleichung berechnen kann: $y = 5x + 70$.
b) Zeichne den Graphen der Funktion in ein Koordinatensystem (x-Achse: 1 cm ≙ 10 m^3; y-Achse: 1 cm ≙ 100 €).
c) Wie verändert sich der Graph der Funktion, wenn die Grundgebühr auf 80 € erhöht wird?

3 Der abgebildete Dieselgenerator verbraucht bei voller Belastung pro Stunde 4 Liter Kraftstoff. Im Tank befinden sich noch 60 *l* Kraftstoff.

a) Begründe, dass man den Tankinhalt y (in *l*) in Abhängigkeit von der Betriebsdauer x (in h) mithilfe der folgenden Funktionsgleichung berechnen kann: $y = -4x + 60$.
b) Zeichne den Graphen der Funktion in ein Koordinatensystem (x-Achse: 1 cm ≙ 1 h, y-Achse: 1 cm ≙ 5 *l*).
c) Ermittle anhand des Graphen, wie viele Stunden der Generator mit diesem Tankinhalt betrieben werden kann.
d) Wie verändert sich der Graph der Funktion, wenn der Tankinhalt auf 100 *l* erhöht wird (der Verbrauch pro Betriebsstunde auf 3 *l* gesenkt wird)?

4 Ein Getreidesilo ist mit 800 m^3 Getreide gefüllt. Pro Tag werden 50 m^3 Getreide zur Mühle transportiert.

a) Die Zuordnung „Zeit (d) → Getreidemenge (m^3)“ ist eine lineare Funktion. Gib die Funktionsgleichung an (Zeit: x, Getreidemenge: y).
b) Zeichne den Funktionsgraphen.

ÜBEN: Lineare Funktionen der Form y = m x + c

1 Zeichne den Graphen der Funktion in ein Koordinatensystem ($D = \mathbb{Q}$). Lege dazu zunächst eine Wertetabelle mit mindestens sechs Werten an.

a) $y = 2{,}6\,x + 1$ b) $y = -4{,}1\,x + 2$
c) $y = 0{,}7\,x - 3$ d) $y = -0{,}3\,x - 0{,}6$
e) $y = -1{,}5\,x - 0{,}5$ f) $y = -2{,}5\,x + 5$

2 Zeichne den Graphen der Funktion ohne Wertetabelle in ein Koordinatensystem.

a) $y = 2{,}5\,x - 5$ b) $y = -1{,}5\,x + 6$
c) $y = 0{,}5\,x + 2{,}5$ d) $y = -\frac{3}{4}x + 4$
e) $y = 1{,}5\,x - 3$ f) $y = -\frac{1}{4}x + 2{,}5$

3 Bestimme die Funktionsgleichung zu jedem im Koordinatensystem eingezeichneten Graphen.

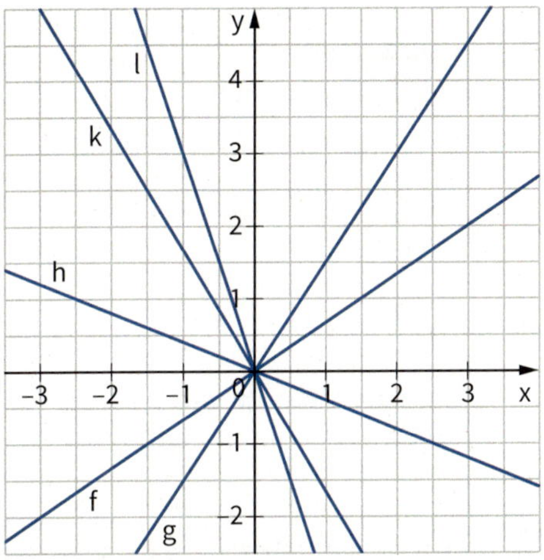

4 Bestimme die Funktionsgleichungen der im Koordinatensystem eingezeichneten Graphen.

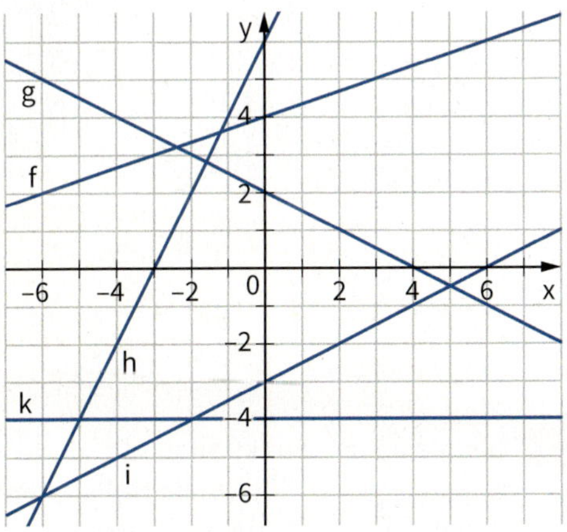

5 Trage die Punkte P und Q in ein Koordinatensystem ein und zeichne anschließend die Gerade durch P und Q. Lies den y-Achsenabschnitt c und die Steigung m ab und gib die zugehörige Funktionsgleichung an.

a) $P(2\,|\,3)$; $Q(6\,|\,5)$
b) $P(1\,|\,9)$; $Q(6\,|\,4)$
c) $P(-2\,|\,8)$; $Q(4\,|\,-4)$
d) $P(-4\,|\,3)$; $Q(6\,|\,-2)$
e) $P(4\,|\,2)$; $Q(-2\,|\,-1)$
f) $P(4{,}5\,|\,0)$; $Q(-1{,}5\,|\,6)$
g) $P(0\,|\,-2{,}5)$; $Q(4\,|\,3{,}5)$

6 Überprüfe wie im Beispiel, ob die Punkte auf dem Funktionsgraphen von f liegen.

$y = 4{,}5\,x$	$y = 4{,}5\,x$
$P(4\,|\,18)$	$Q(-2\,|\,-8)$
$x = 4$	$x = -2$
$y = 4{,}5 \cdot 4 = 18$	$y = 4{,}5 \cdot (-2) = -9$
$18 = 18$ (w)	$-9 = -8$ (f)
P liegt auf dem Graphen.	Q liegt nicht auf dem Graphen.

a) $y = 2{,}5\,x$; $P(4\,|\,12)$; $Q(-2\,|\,-5)$
b) $y = -3{,}5\,x$; $P(-6\,|\,21)$; $Q(4\,|\,-14)$
c) $y = 1{,}5\,x - 2$; $P(6\,|\,6)$; $Q(-8\,|\,-14)$
d) $y = -4{,}5\,x - 9$; $P(-2\,|\,0)$; $Q(-4\,|\,10)$

7 Zeichne den Funktionsgraphen in ein Koordinatensystem. Bestimme anhand des Funktionsgraphen zu dem angegebenen Funktionswert den zugehörigen x-Wert.

a) $y = 3\,x - 1$;   Funktionswert: 5
b) $y = 2\,x - 4$;   Funktionswert: 4
c) $y = x + 2{,}5$;   Funktionswert: $-1{,}5$
d) $y = -2\,x - 1$;   Funktionswert: 2,5
e) $y = 4\,x - 7$;   Funktionswert: 3
f) $y = -5\,x + 8$;   Funktionswert: -2

8 Entscheide anhand der Funktionsgleichungen, wie die Geraden f und g zueinander liegen.

a) f: $y = 2{,}5\,x$;   g: $y = 2{,}5\,x - 3$
b) f: $y = -\frac{1}{4}x + \frac{1}{2}$;   g: $y = -0{,}25\,x + 0{,}5$
c) f: $y = 0{,}5\,x + 3{,}5$;   g: $y = \frac{1}{2}x + 5{,}5$
d) f: $y = 1{,}5\,x + 3{,}5$;   g: $y = -1{,}5\,x + 3{,}5$

VERTIEFEN: x-Koordinate berechnen

1 Im Beispiel wird die fehlende x-Koordinate des Punktes P, der auf dem Graphen der angegebenen linearen Funktion liegt, bestimmt. Dazu wird zunächst der Graph gezeichnet und dann die fehlende Koordinate abgelesen. Anschließend werden zur Probe die beiden Koordinaten von P in die Funktionsgleichung eingesetzt.

$P(x\,|\,2{,}5)$; $y = 0{,}5x - 1$

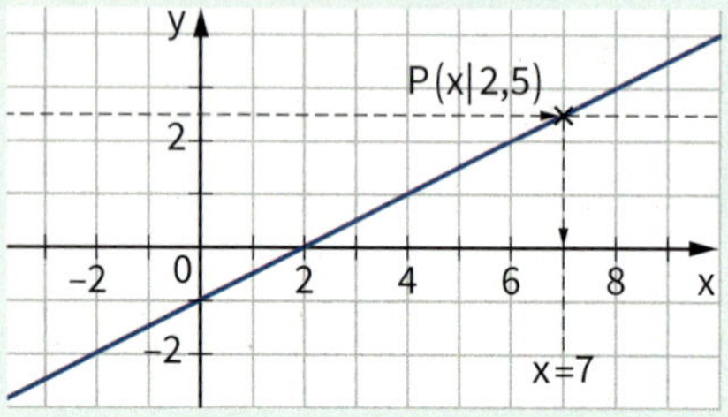

$P(7\,|\,2{,}5)$

$$y = 0{,}5x - 1$$
$$2{,}5 = 0{,}5 \cdot 7 - 1$$
$$2{,}5 = 2{,}5 \quad (w)$$

Verfahre wie im Beispiel.

a) $y = 3x - 4$; $P(x\,|\,5)$
b) $y = -2x + 1$; $P(x\,|\,0)$
c) $y = 1{,}5x - 2$; $P(x\,|\,-5)$
d) $y = -0{,}5x + 4$; $P(x\,|\,0)$

2 Im Beispiel wird die fehlende x-Koordinate des Punktes P auf dem Graphen von f berechnet.

$P(x\,|\,39)$; $y = -3x + 6$

Die Koordinaten des Punktes P müssen die Funktionsgleichung erfüllen.

$y = -3x + 6$ $\qquad y = 39$

$$-3x + 6 = 39 \quad |-6$$
$$-3x = 33 \quad |:(-3)$$
$$x = -11$$

$y = 39$ $\qquad P(-11\,|\,39)$

Der Funktionswert $y = 39$ wird an der Stelle $x = -11$ angenommen.

Berechne die x-Koordinate von P.

a) $P(x\,|\,-9)$; $y = -1{,}5x - 3$
b) $P(x\,|\,4)$; $y = 2{,}5x + 9$
c) $P(x\,|\,0)$; $y = 0{,}8x - 2{,}4$

3 Zeichne den Graphen der angegebenen linearen Funktion. Bestimme anhand des Graphen die Stelle x, an der der Graph die x-Achse schneidet.

a) $y = -0{,}5x + 4$ b) $y = 2x - 4$
c) $y = 0{,}5x - 3$ d) $y = -2{,}5x - 5$
e) $y = 1{,}5x - 4{,}5$ f) $y = -1{,}5x + 6$
g) $y = -2x - 5$ h) $y = -3x - 7{,}5$

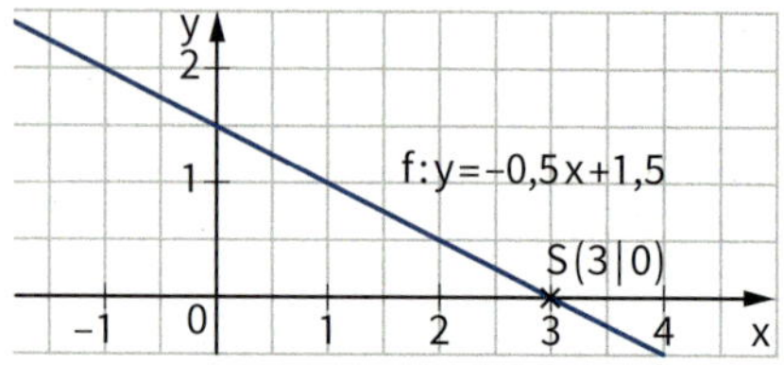

Der Schnittpunkt S des Funktionsgraphen einer linearen Funktion f mit der x-Achse hat die y-Koordinate **0: S (x | 0)**.
Es gilt die Gleichung:

$$0 = -0{,}5x + 1{,}5 \quad |+0{,}5x$$
$$0{,}5x = 1{,}5 \quad |:0{,}5$$
$$x = 3$$
$$S(3\,|\,0)$$

Nullstelle von f: x = 3

Die **x-Koordinate** von S wird **Nullstelle** der Funktion f genannt.

4 Berechne die Nullstelle wie im Beispiel.

f: $y = -0{,}5x + 1{,}6$

$$y = 0$$
$$-0{,}5x + 1{,}6 = 0 \quad |-1{,}6$$
$$-0{,}5x = -1{,}6 \quad |:(-0{,}5)$$
$$x = 3{,}2$$

Nullstelle von f: $x = 3{,}2$

a) f: $y = 2x - 8{,}4$ b) f: $y = 5x + 19$
c) f: $y = -4x - 17$ d) f: $y = \frac{2}{3}x + 2{,}4$
e) f: $y = -\frac{2}{3}x - 8$ f) f: $y = -\frac{4}{5}x - 16$

5 Gibt es lineare Funktionen, die keine Nullstelle (unendlich viele Nullstellen) haben? Begründe deine Antwort.

AUSGANGSTEST

1 Die Schülerinnen der Klasse 8 a unterhalten sich über ihre Wunschberufe. Ella möchte Krankenpflegerin werden, Alina Bürokauffrau, Hulda Bauzeichnerin, Charlotte Mechatronikerin, Nina Tischlerin, Anna Fachverkäuferin und Emma möchte Floristin werden.
a) Beschreibe die Zuordnung, die hier vorgenommen wird.
b) Stelle die Zuordnung in einem Pfeildiagramm dar.

2 Eine Rolle Isolierband kann in 20 Stücke zu jeweils 25 cm Länge zerschnitten werden.
a) Wie viele 10 cm lange Stücke erhältst du?
b) Wie lang ist jedes Stück bei 200 gleich langen Stücken?

3 Jans Vater kauft bei der Fruchtsaftkelterei Wecker 30 *l* frischgepressten Apfelsaft für 54,60 €.
Was müssen Arnd und Tim für 12 *l* (15 *l*; 17,5 *l*; 28,5 *l*) bezahlen?

4 In einer Stunde brennt eine 25 cm lange Kerze um 2 cm herunter.
a) Lege zu der Funktion „Brenndauer → Höhe der Kerze" eine Wertetabelle an (sechs Wertepaare) und zeichne den Graphen der Funktion.
b) Begründe, dass die zugehörige Funktionsgleichung wie folgt lautet: $y = -2x + 25$.
c) Nach wie vielen Stunden ist die Kerze abgebrannt?

5 Die lineare Funktion mit der Gleichung $y = 6x + 25$ beschreibt einen Füllvorgang. Dabei gibt y die Höhe des Wasserstands (in cm) und x die Zeit (in min) an.
Zeichne den Graphen für x-Werte zwischen 0 min und 10 min und beschreibe seinen Verlauf.

6 Zeichne den Graphen der Funktion ohne Wertetabelle in ein Koordinatensystem.
a) $y = 1{,}5x$
b) $y = 1{,}5x + 3$
c) $y = -2x - 1$
d) $y = \frac{3}{4}x - 3{,}5$

7 Bestimme die Funktionsgleichungen der im Koordinatensystem eingezeichneten Graphen.

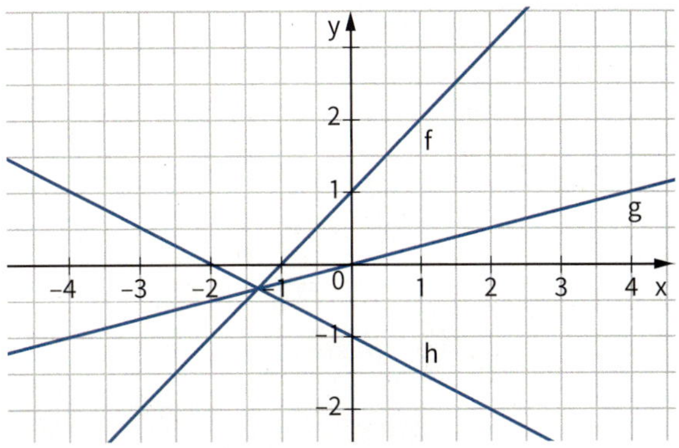

8 Die Funktion f hat die Funktionsgleichung $y = 0{,}5x - 1$. Zeichne den Graphen von f in ein Koordinatensystem. Bestimme anhand des Graphen zu dem Funktionswert 1 (2; –0,5; 0; 1,5) den zugehörigen x-Wert.

Ich kann ...

	Aufgabe	Hilfen und Aufgaben	
Zuordnungen in Pfeildiagrammen darstellen.	1	Seite 76, 77	I
Graphen linearer Funktionen zeichnen.	4, 5, 6, 8	Seite 86, 87, 88, 90, 91, 96, 97	
die Funktionsgleichung linearer Funktionen anhand des Graphen bestimmen.	7	Seite 91, 96, 97	II
proportionale und antiproportionale Zuordnungen zur Lösung von Sachproblemen anwenden.	2, 3	Seite 82, 83, 84, 94, 95	
die Gleichung einer linearen Funktion in Sachsituationen erläutern.	4, 5	Seite 86, 87, 88, 96	
Sachprobleme mithilfe linearer Funktionen lösen.	4, 5	Seite 86, 87, 88, 96	

6 Daten erheben und auswerten

Die Schülerinnen und Schüler wollen in Gruppen statistische Erhebungen durchführen. Die zugehörigen Daten sollen mithilfe von Fragebögen gesammelt werden.

In diesem Kapitel ...

– planst du Datenerhebungen, führst sie durch und wertest sie aus.
– bestimmst du Kenngrößen wie das arithmetische Mittel und den Median.
– stellst du Daten grafisch dar und bewertest vorgegebene grafische Darstellungen.

Bist du fit für dieses Kapitel? Eingangstest auf Seite 165.

Eine statistische Erhebung planen

- Nennt weitere mögliche Themen für statistische Erhebungen. Entwerft in Gruppen zu einem Thema einen Fragebogen. Beachtet dazu die Hinweise auf dieser Seite.

Säulen- und Balkendiagramm

Bei der Auswertung der Bundesjugendspiele findest du eine Wiederholung der Diagrammformen und Kennwerte, die du schon aus früheren Jahrgängen kennst.

1 Lena und Jonas möchten die Ergebnisse der Bundesjugendspiele für den 8. Jahrgang auswerten. Sie halten zunächst in einer Strichliste das Alter der teilnehmenden Mädchen und Jungen fest.

a) Wie viele Mädchen (Jungen) der Klasse 8 a haben an den Bundesjugendspielen teilgenommen?

Alter (Jahre)	Mädchen	Jungen
16	|	|
15	|	||
14	卌 ||	卌 |
13	||||	||

b) Übertrage die Häufigkeitstabelle für die Mädchen in dein Heft und trage die absoluten Häufigkeiten der Altersangaben ein.

Alter (Jahre)	absolute Häufigkeit	relative Häufigkeit
16	1	0,077
15	■	■
14	■	■
13	■	■
Summe	13	■

Bestimme die zugehörigen relativen Häufigkeiten wie im Beispiel.

Alter: 16
absolute Häufigkeit: 1
Anzahl der Daten: 13
relative Häufigkeit: $\frac{1}{13} \approx 0{,}077 = 7{,}7\,\%$

c) Addiere die relativen Häufigkeiten bei den Mädchen. Was fällt dir auf?

d) Lege auch für die Jungen der 8 a eine Häufigkeitstabelle an.
Bestimme die absoluten Häufigkeiten, die Anzahl aller Daten und berechne die relativen Häufigkeiten.
Runde auf drei Nachkommastellen.
Berechne auch die Summe der relativen Häufigkeiten.

2 Du kannst die Ergebnisse der Auswertung in Aufgabe 1 auch in einem Säulen- oder einem Balkendiagramm darstellen.

Säulendiagramm

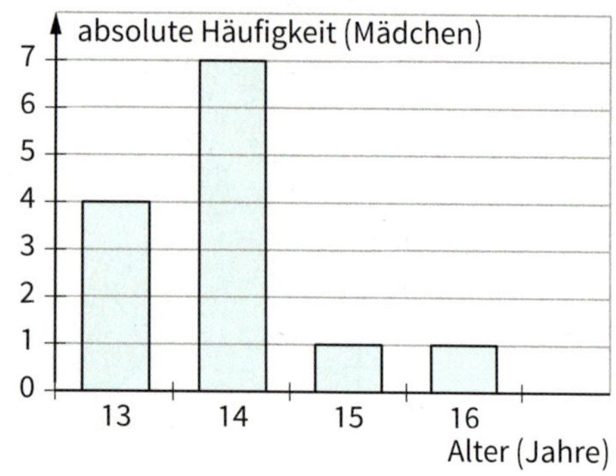

Balkendiagramm

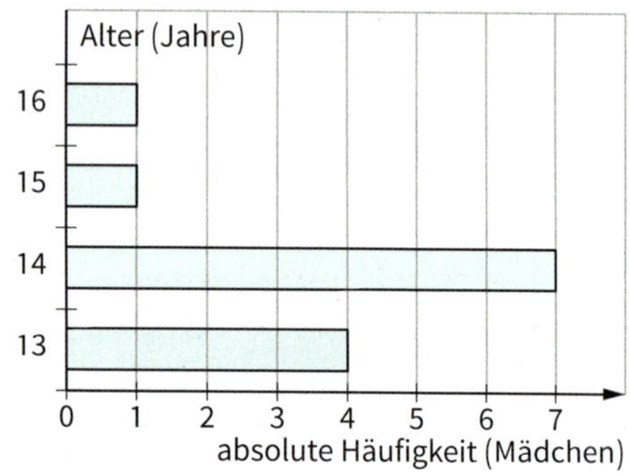

Stelle die Ergebnisse für die Jungen in einem Säulendiagramm dar.

3 In der Urliste findest du die Altersangaben der Mädchen aus der Klasse 8 b, die an den Bundesjugendspielen teilgenommen haben.

Alter der Mädchen (Jahre)
14 14 15 14 13 14 14 14 13 15
15 14 16 14 13 13 16

a) Ordne die Daten mithilfe einer Strichliste und lege eine Häufigkeitstabelle an.

b) Berechne die relativen Häufigkeiten als Dezimalzahl und in Prozent und trage sie ebenfalls in die Tabelle ein. Runde Dezimalzahlen auf drei Nachkommastellen.

c) Stelle die Häufigkeiten in einem Balkendiagramm dar.

Streifendiagramm

1 Nicht alle Mädchen des 8. Jahrgangs nehmen am Hochsprungwettbewerb teil. In der Häufigkeitstabelle werden die übersprungenen Höhen der teilnehmenden Mädchen dargestellt.

übersprungene Höhe (m)	absolute Häufigkeit	relative Häufigkeit
1,05	6	0,16
1,10	8	■
1,15	12	■
1,20	5	■
1,25	5	■
1,30	2	■
Summe	■	■

a) Ergänze die abgebildete Häufigkeitstabelle in deinem Heft.

b) Das Ergebnis der Umfrage soll in einem **Streifendiagramm** (Blockdiagramm) dargestellt werden.

1,05 m	

100 mm

Begründe, warum in diesem Fall für die Gesamtlänge des Streifens 100 mm gewählt wurden. Zeichne das vollständige Streifendiagramm in dein Heft.

2 In der Strichliste findest du die Sprunghöhen der Jungen des 8. Jahrgangs.

Sprunghöhe (m)	
1,10	𝍸 I
1,15	𝍸 II
1,20	𝍸 𝍸 𝍸
1,25	𝍸 𝍸 II
1,30	𝍸 II
1,35	III

a) Lege eine Häufigkeitstabelle an und berechne die absoluten und relativen Häufigkeiten (auch in Prozent).

b) Stelle die Ergebnisse in einem Streifendiagramm grafisch dar.

3 Die Jungen der Klasse 8 a und die Jungen der Klasse 8 c haben alle auch am Hochsprung teilgenommen.

Die erzielten Sprunghöhen werden in der abgebildeten Häufigkeitstabelle dargestellt. Die Ergebnisse im Hochsprung sollen jeweils in einem Streifendiagramm (Gesamtlänge 15 cm) dargestellt werden.

übersprungene Höhe (m)	8 a absolute Häufigkeit	8 c absolute Häufigkeit
1,10	3	2
1,15	3	4
1,20	5	4
1,25	3	2
1,30	1	1
1,35	0	1
Summe	■	■

a) Berechne zunächst die relativen Häufigkeiten. Runde auf zwei Nachkommastellen.

b) Berechne dann wie im Beispiel jeweils die Länge der zugehörigen Abschnitte des Streifendiagramms.

Klasse: 8 a	
Sprunghöhe:	1,10 m
absolute Häufigkeit:	3
relative Häufigkeit:	$\frac{3}{15} \approx 0{,}20$
Streifenbreite:	$15\text{ cm} \cdot 0{,}20 = 3{,}0\text{ cm}$

c) Zeichne beide Streifendiagramme und vergleiche sie miteinander.

Kreisdiagramm

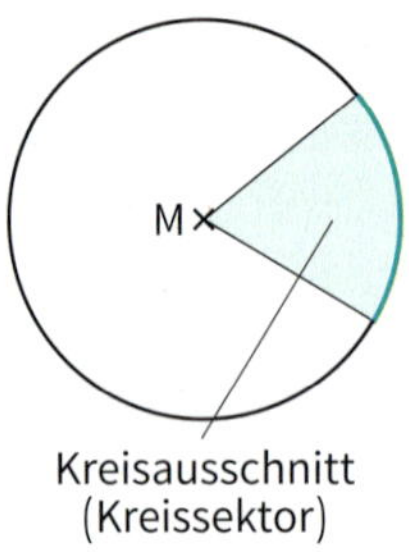

1 Die abgebildete Häufigkeitstabelle zeigt, welche und wie viele Urkunden die Mädchen im 8. Jahrgang bekommen haben.

Mädchen	absolute Häufigkeit	relative Häufigkeit
Teilnehmerurkunde	27	0,45
Siegerurkunde	21	■
Ehrenurkunde	12	■
Summe	■	■

a) Ergänze die abgebildete Häufigkeitstabelle in deinem Heft.
b) Im Beispiel siehst du, wie du den Anteil der Mädchen mit einer Teilnehmerurkunde in einem Kreisdiagramm darstellen kannst.

1. Berechne den zu der Häufigkeit gehörigen Winkel. Multipliziere dazu die Größe des Vollwinkels mit der relativen Häufigkeit.

   Größe des Vollwinkels: 360°
   relative Häufigkeit von „Teilnehmerurkunde“: 0,45
   zugehöriger Winkel: $360° \cdot 0{,}45 = 162°$

2. Zeichne den Winkel im Kreis ein und beschrifte den zugehörigen Kreisausschnitt.

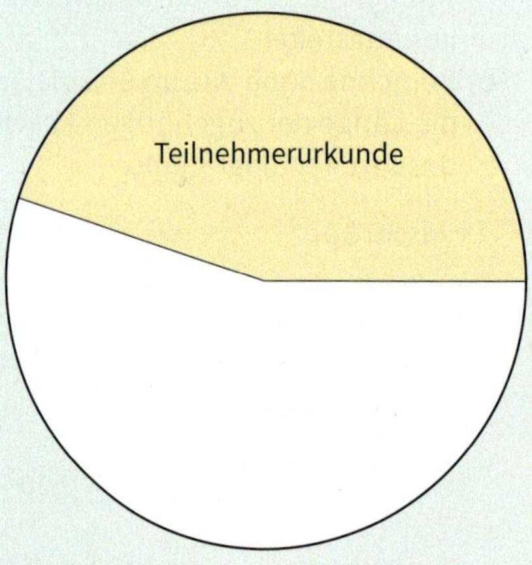

Vervollständige das Kreisdiagramm (Radius 5 cm) in deinem Heft.

2 Stelle die Verteilung der Urkunden bei den Jungen in einem Kreisdiagramm (Radius 5 cm) dar. Vervollständige zunächst die Häufigkeitstabelle in deinem Heft.

Jungen	absolute Häufigkeit	relative Häufigkeit
Teilnehmerurkunde	21	■
Siegerurkunde	24	■
Ehrenurkunde	15	■
Summe	■	■

3 In der Strichliste findest du das Alter der teilnehmenden Mädchen und Jungen im 8. Jahrgang.

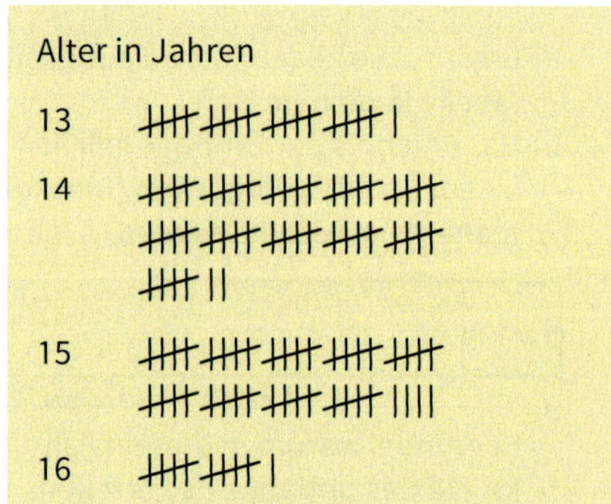

a) Lege eine Häufigkeitstabelle an und berechne die absoluten und die relativen Häufigkeiten (auch in Prozent).
b) Stelle die Ergebnisse in einem Kreisdiagramm grafisch dar (r = 5 cm).

4 In der abgebildeten Grafik wird das Ergebnis einer Umfrage unter 960 Schülerinnen und Schülern dargestellt. Berechne die absoluten Häufigkeiten und stelle die Ergebnisse in einem Streifendiagramm (15 cm) dar.

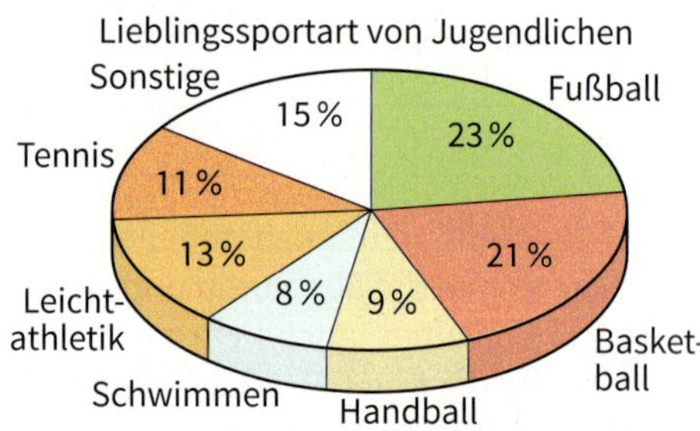

Histogramm

1 Lena und Jonas möchten für den 8. Jahrgang die Ergebnisse im 75-m-Lauf der Jungen grafisch darstellen. Dazu haben sie eine Klasseneinteilung vorgenommen und jeweils mehrere unterschiedliche Ergebnisse in einer Klasse zusammengefasst.
Das Ergebnis der Auswertung ist in der Häufigkeitstabelle zusammengefasst.

75-m-Lauf der Jungen Zeit (s)	absolute Häufigkeit
von 10,0 bis unter 10,5	7
von 10,5 bis unter 11,0	9
von 11,0 bis unter 11,5	10
von 11,5 bis unter 12,0	13
von 12,0 bis unter 12,5	14
von 12,5 bis unter 13,0	12
von 13,0 bis unter 13,5	7

Im Beispiel siehst du, wie du zu der Klasseneinteilung das zugehörige **Histogramm** zeichnen kannst.

1. Trage auf der x-Achse die Klassen ein.
2. Zeichne über jeder Klasse ein Rechteck. Bei gleich breiten Klassen entsprechen die Rechteckhöhen den absoluten oder relativen Häufigkeiten.

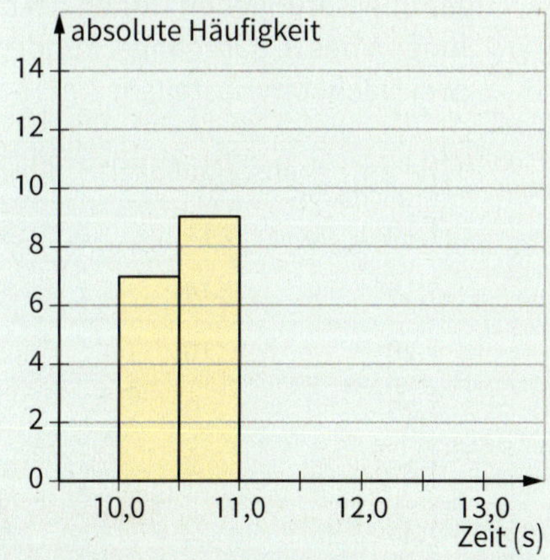

Zeichne das vollständige Histogramm in dein Heft.

2 In der Häufigkeitstabelle siehst du die Ergebnisse im 75-m-Lauf der Mädchen.

75-m-Lauf der Mädchen Zeit (s)	absolute Häufigkeit
von 10,0 bis unter 10,5	7
von 10,5 bis unter 11,0	9
von 11,0 bis unter 11,5	10
von 11,5 bis unter 12,0	13
von 12,0 bis unter 12,5	14
von 12,5 bis unter 13,0	12

Zeichne zu der Klasseneinteilung das zugehörige Histogramm.

3 Die Weitsprungergebnisse der Mädchen und Jungen aus den Klassen 8 b und 8 d sollen miteinander verglichen werden. Dazu sollen vier Histogramme mit der gleichen Klasseneinteilung gezeichnet werden.

Mädchen 8 b
Weitsprungergebnisse (m)

2,55 3,56 3,34 3,10 2,84 2,87 2,75
2,60 2,68 2,97 2,90 3,08 3,33 2,93

Mädchen 8 d
Weitsprungergebnisse (m)

2,51 3,36 3,34 3,12 2,85 2,97 2,73
2,55 2,69 2,97 2,95 3,09 3,13 3,00

Jungen 8 b
Weitsprungergebnisse (m)

3,55 3,58 3,37 3,14 2,86 3,87 3,75
2,90 3,38 3,17 3,30 3,28 3,36 3,54

Jungen 8 d
Weitsprungergebnisse (m)

3,53 3,59 3,27 3,18 2,96 3,97 3,72
3,50 3,36 3,37 3,35 3,18 3,76 3,54

a) Überlege eine für den Vergleich sinnvolle Klasseneinteilung und lege dazu jeweils eine Häufigkeitstabelle an.
b) Zeichne die zugehörigen Histogramme und vergleiche.

Arithmetisches Mittel, Modalwert

Sportliche Aktivitäten in einer Woche:

16 Mädchen insgesamt 108 h

13 Jungen insgesamt 100 h

1 Eine statistische Untersuchung zu den sportlichen Aktivitäten in der Klasse 8 a ergab das links abgebildete Ergebnis.

Ist die Behauptung richtig? Begründe.

Handelt es sich bei den Daten um Zahlen, kannst du das arithmetische Mittel $\overline{x}$ (*lies:* x quer) berechnen.

Sprungweiten (in m)			
3,24	3,32	3,18	3,22

$$\overline{x} = \frac{3{,}24 + 3{,}32 + 3{,}18 + 3{,}22}{4} = 3{,}24$$

$$\mathbf{\overline{x} = \frac{Summe\ aller\ Daten}{Anzahl\ der\ Daten}}$$

2 In der Häufigkeitstabelle findest du die erzielten Sprunghöhen der Jungen der Klasse 8 a und der Jungen der Klasse 8 c.

a) Gib für beide Klassen jeweils den häufigsten Wert (**Modalwert**) an.

b) Berechne jeweils das arithmetische Mittel und vergleiche die arithmetischen Mittel miteinander. Es gibt unterschiedliche Rechenwege.

übersprungene Höhe (m)	8 a: absolute Häufigkeit	8 c: absolute Häufigkeit
1,10	5	3
1,15	3	4
1,20	3	3
1,25	2	2
1,30	2	1
1,35	0	1
Summe	■	■

3 Im Beispiel siehst du, wie du mithilfe der absoluten Häufigkeiten das arithmetische Mittel berechnen kannst.

Die Häufigkeitstabelle zeigt die Hochsprungergebnisse der Mädchen des 8. Jahrgangs.

übersprungene Höhe (m)	absolute Häufigkeit	Produkt
1,05	5	$5 \cdot 1{,}05$
1,10	12	$12 \cdot 1{,}10$
1,15	13	$13 \cdot 1{,}15$
1,20	6	$6 \cdot 1{,}20$
1,25	4	$4 \cdot 1{,}25$
Summe	40	45,60

1. Multipliziere jede Höhe mit der zugehörigen absoluten Häufigkeit.
2. Addiere alle so berechneten Produkte.
3. Dividiere die Summe durch die Anzahl der Daten.

$$\overline{x} = \frac{5 \cdot 1{,}05 + 12 \cdot 1{,}10 + 13 \cdot 1{,}15 + 6 \cdot 1{,}20 + 4 \cdot 1{,}25}{40}$$

$$\overline{x} = \frac{45{,}60}{40} = 1{,}14$$

Das arithmetische Mittel $\overline{x}$ beträgt 1,14 m.

a) Berechne das arithmetische Mittel der übersprungenen Höhen bei den Jungen des 8. Jahrgangs. Runde auf zwei Nachkommastellen.

Höhe (m)	abs. Häufigkeit	Produkt
1,10	11	■
1,15	14	■
1,20	10	■
1,25	9	■
1,30	4	■
1,35	2	■
Summe	■	■

b) Gib den Modalwert an.

Median

1 Bei den Bundesjugendspielen treten Natalia und Ayşe beim Weitwurf an. Hierbei haben sie die folgenden Weiten erreicht.

Wurfweiten von Natalia (in m)				
21,8	23,2	0	0	22,0

Wurfweiten von Ayşe (in m)				
0	19,6	20,4	21,0	4,0

a) Erkläre, weshalb bei Natalia zweimal die Weite 0 m notiert wurde.
b) Berechne jeweils das arithmetische Mittel.
c) Erläutere, weshalb das arithmetische Mittel nicht geeignet ist, um die Leistungen der Mädchen zu vergleichen.
d) Ordne jeweils die Daten der Größe nach. Du erhältst eine Rangliste.
e) Warum ist der mittlere Wert der Rangliste für einen Vergleich besser geeignet?

Insbesondere bei **stark abweichenden Werten (Ausreißern)** ist es sinnvoll, als Mittelwert den **Median (Zentralwert)** zu bestimmen.

Ungerade Anzahl von Daten

Sprungweiten (in m)				
3,45	3,79	0	3,95	3,86

Rangliste

Sprungweiten (in m)				
0	3,45	3,79	3,86	3,95

In der Rangliste werden alle Werte der Größe nach geordnet notiert. Bei ungerader Anzahl von Daten ist der Median $\tilde{x}$ (*lies:* x Schlange) der mittlere Wert in der Rangliste.

Median: $\tilde{x} = 3{,}79$ m

2 Bestimme den Median.

a)

Sprungweiten (in m)						
3,66	3,81	3,45	0	3,81	3,42	3,56

b)

Sprungweiten (in m)								
3,47	3,39	0	3,52	0	3,51	3,42	3,32	0

3 Alina hat aufgeschrieben, wie viel Zeit sie an sechs Schultagen für ihre Hausaufgaben benötigt hat.

Dauer der Hausaufgaben (in min)					
38	48	120	46	28	44

a) Bestimme das arithmetische Mittel.
b) Ordne die Daten in einer Rangliste und bestimme den Median als arithmetisches Mittel der beiden mittleren Werte.
c) Welcher Mittelwert beschreibt die Arbeitszeit von Alina besser?

Gerade Anzahl von Daten

Sprungweiten (in m)					
3,72	3,83	0	3,74	3,88	0

Rangliste

Sprungweiten (in m)					
0	0	3,72	3,74	3,83	3,88

Bei gerader Anzahl von Daten liegt der Median zwischen den beiden mittleren Werten in der Rangliste.

Median: $\tilde{x} = \frac{3{,}72 + 3{,}74}{2} = 3{,}73$

$\tilde{x} = 3{,}73$ m

4 Bestimme den Median.

Sprungweiten (in m)							
3,77	3,21	0	0	3,66	3,75	3,40	3,36

5 Die Schülerinnen und Schüler der 8 c haben ihre Körpergröße gemessen.

Körpergrößen der Mädchen (in cm)					
165	170	158	159	169	172
163	174	162	158	167	163

Körpergrößen der Jungen (in cm)						
168	170	156	173	162	167	172
175	167	162	156	178	169	165

Berechne jeweils für die Körpergröße der Mädchen und Jungen das arithmetische Mittel und den Median und vergleiche.

Maximum, Minimum, Spannweite

1 Irem oder Sarah sollen die Schule im Weitsprung vertreten. Vor dem Wettkampf machen beide noch einmal sieben Probesprünge.

Sprungweiten von Irem (in m)						
4,89	4,85	4,92	4,97	4,98	4,92	5,05

Sprungweiten von Sarah (in m)						
4,70	5,16	5,18	4,74	5,20	4,68	4,92

Wer von beiden soll am Wettkampf teilnehmen? Begründe deine Entscheidung.

2 Beim Rundenlauf müssen die Schülerinnen und Schüler einer Gruppe jeweils eine Runde um den Sportplatz laufen.

Rundenzeiten Gruppe A (in s)					
87	91	94	90	93	97

Rundenzeiten Gruppe B (in s)							
102	96	100	91	87	87	86	81

a) Bestimme für beide Schülergruppen jeweils den größten Wert (das Maximum) und den kleinsten Wert (das Minimum).
b) Vergleiche bei beiden Schülergruppen die Differenz zwischen dem größten und dem kleinsten Wert.
c) Berechne für beide Gruppen den Median und das arithmetische Mittel.

Beim Auswerten von Daten ist es sinnvoll, das **Maximum** (den größten Wert) und das **Minimum** (den kleinsten Wert) zu bestimmen.

Sprungweiten (in m)					
4,34	4,05	3,21	4,18	4,22	3,69

Maximum: 4,34 m Minimum: 3,21 m

Die **Spannweite** gibt die Differenz zwischen dem Maximum und dem Minimum an.

Spannweite: 4,34 m – 3,21 m = 1,13 m

3 In der Urliste findest du die Weiten, die im Kugelstoßen erzielt worden sind.

Erzielte Weiten von Sascha (in m)				
8,56	8,04	9,12	8,86	9,06
8,65	8,74	8,32	9,28	8,48

Erzielte Weiten von Tobias (in m)				
8,55	7,94	9,12	8,83	8,47
9,11	8,68	8,74	8,32	9,35

a) Bestimme jeweils Maximum und Minimum und berechne die Spannweite.
b) Berechne jeweils den Median $\tilde{x}$ und das arithmetische Mittel $\bar{x}$ und vergleiche.

4 Zehn Schülerinnen und zehn Schüler der 8 b haben sich wiegen lassen.

Körpergewicht der Mädchen (in kg)									
42	70	56	58	45	49	62	64	50	51

Körpergewicht der Jungen (in kg)									
45	79	63	66	65	58	60	52	71	59

a) Bestimme für das Körpergewicht der Mädchen und Jungen jeweils Maximum und Minimum und berechne die Spannweite. Vergleiche die Werte für Mädchen und Jungen miteinander.
b) Berechne auch jeweils den Median und das arithmetische Mittel. Vergleiche auch hier die Werte miteinander.

5 Helge und Anna trainieren für den 75-m-Lauf.

Gelaufene Zeiten von Helge (in s)			
12,1	14,3	13,2	12,4

Gelaufene Zeiten von Anna (in s)			
13,7	11,6	13,7	14

a) Bestimme für Helge und Anna jeweils Maximum und Minimum der gelaufenen Zeit. Vergleiche die Werte von Helge und Anna miteinander.
b) Berechne die Spannweite für Helges und Annas Zeiten. Überlege dir Gründe für den Unterschied.

Arbeiten mit dem Computer: Tabellenkalkulation

1 Lena und Jonas möchten die Hochsprungergebnisse der Mädchen des 8. Jahrgangs mithilfe eines Tabellenkalkulationsprogramms auswerten. Sie haben dazu die absoluten Häufigkeiten in ein Tabellenblatt eingetragen.

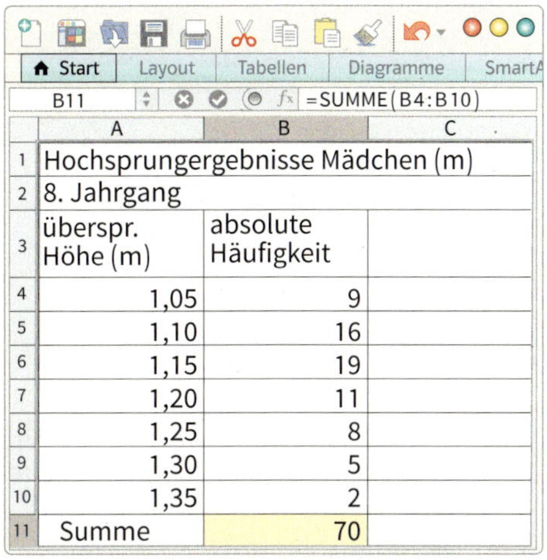

	A	B	C
1	Hochsprungergebnisse Mädchen (m)		
2	8. Jahrgang		
3	überspr. Höhe (m)	absolute Häufigkeit	
4	1,05	9	
5	1,10	16	
6	1,15	19	
7	1,20	11	
8	1,25	8	
9	1,30	5	
10	1,35	2	
11	Summe	70	

a) Gib die Daten wie Lena und Jonas in das Tabellenkalkulationsprogramm ein. Beschreibe, wie sie mithilfe des Programms die Summe der absoluten Häufigkeiten bestimmt haben.

b) Bestimme mithilfe einer Formel auch die relativen Häufigkeiten. Gib die Ergebnisse auf drei Nachkommastellen gerundet an. Benutze dazu die Schaltfläche „Dezimalstelle löschen".

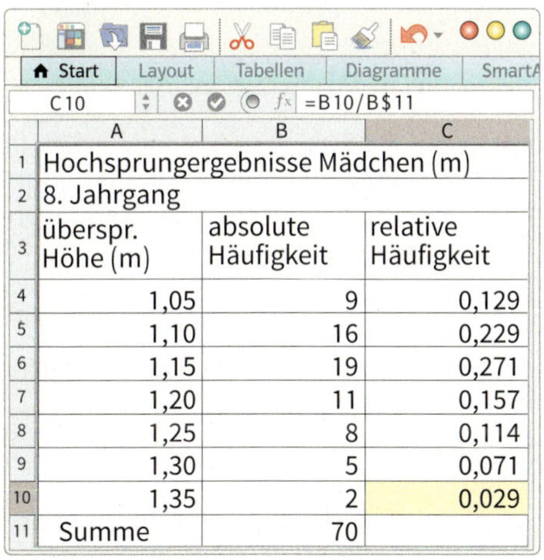

	A	B	C
1	Hochsprungergebnisse Mädchen (m)		
2	8. Jahrgang		
3	überspr. Höhe (m)	absolute Häufigkeit	relative Häufigkeit
4	1,05	9	0,129
5	1,10	16	0,229
6	1,15	19	0,271
7	1,20	11	0,157
8	1,25	8	0,114
9	1,30	5	0,071
10	1,35	2	0,029
11	Summe	70	

c) Gib die relativen Häufigkeiten auch in Prozent an und bestimme jeweils die Summe der relativen Häufigkeiten in Prozent.

d) Markiere die Zellen **B4** bis **B10** und erstelle das abgebildete Balkendiagramm.

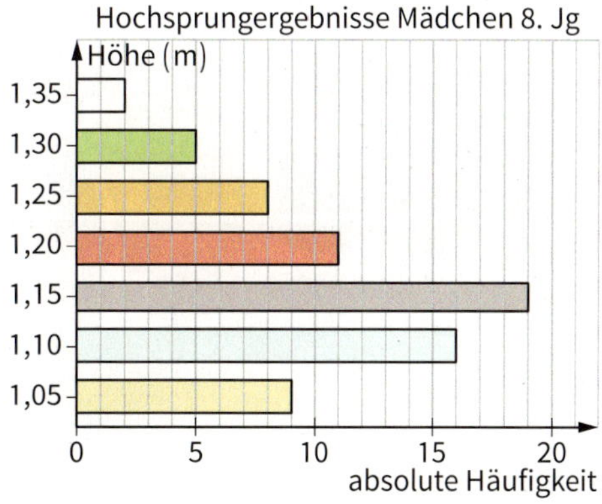

e) Stelle die absoluten (relativen) Häufigkeiten auch in anderen Diagrammformen dar. Markiere zuvor die zugehörigen Zellbereiche.

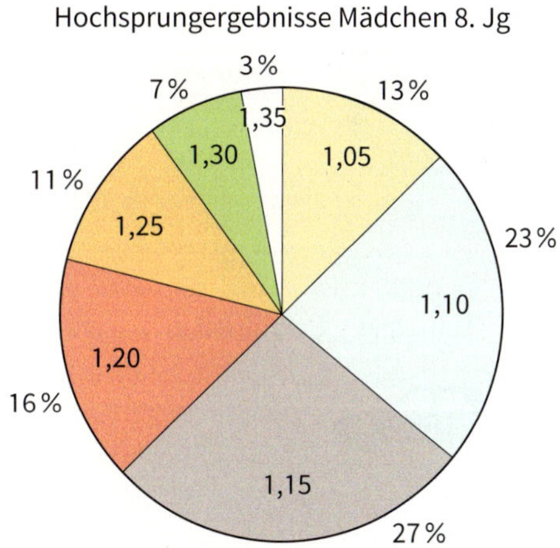

f) Werte wie Lena und Jonas auch die Hochsprungergebnisse der Jungen des 8. Jahrgangs aus und stelle sie in verschiedenen Diagrammformen grafisch dar.

Höhe (cm)	absolute Häufigkeit
110	6
115	13
120	17
125	15
130	11
135	7
140	3

Statistische Darstellungen beurteilen

Diese Aufgaben kannst du auch zusammen mit einem Partner oder einer Partnerin bearbeiten.

1 Ein bekannter Fahrzeug-Hersteller lässt in einer statistischen Untersuchung erfragen, wie zufrieden die Fahrzeugbesitzer mit ihren Autos sind.

Das Ergebnis wird mithilfe von Piktogrammen (bildlichen Zeichen) dargestellt.

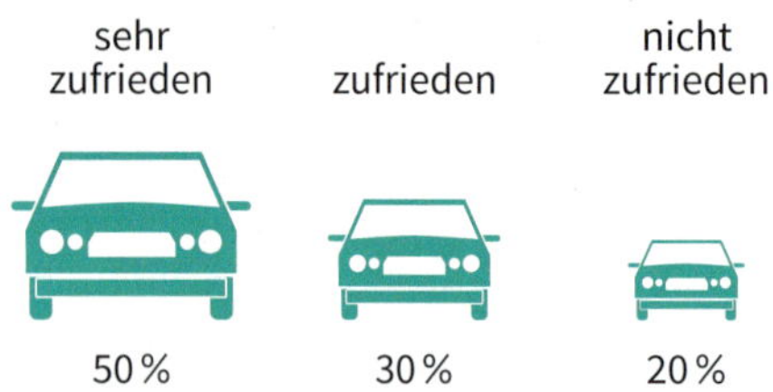

Vergleiche die beiden Darstellungen miteinander. Wo wird hier manipuliert?

2 Die Darstellung zeigt die Anzahl der Neuzulassung von Elektroautos in den letzten Jahren.

Neuzulassung von E-Autos

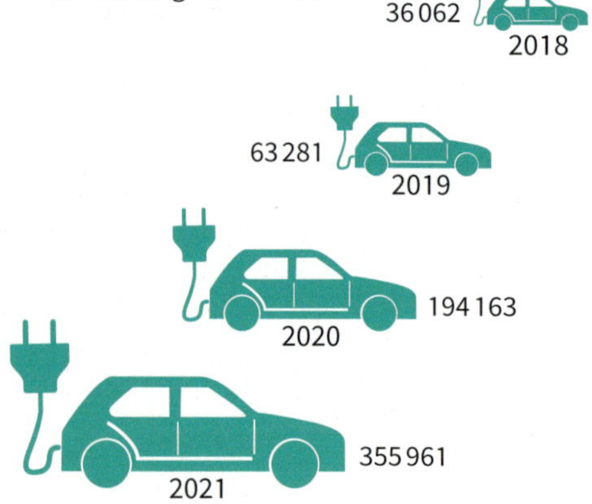

a) Was fällt dir an der Darstellung auf?
b) Stelle die Anzahlen in einem Säulendiagramm dar und vergleiche. Was stellst du fest?

3 Ist die Darstellungsform hier richtig? Begründe deine Meinung. Zeichne das zugehörige Balkendiagramm.

Bestand an Lkw in Deutschland

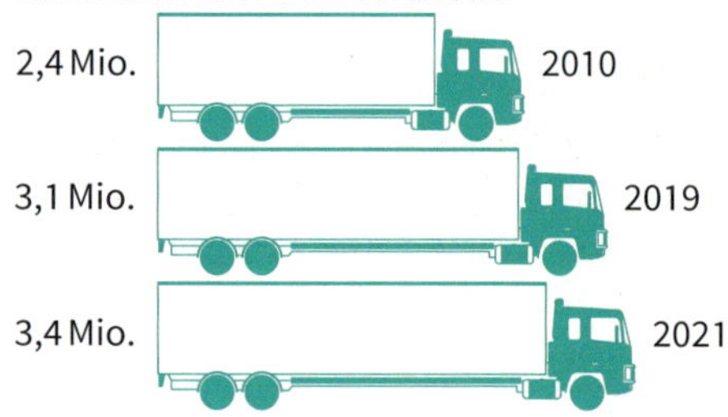

Bei der Verwendung von Piktogrammen in statistischen Darstellungen ist zu beachten:

Es wirkt die Fläche der Figur. Die Häufigkeit muss deshalb dem Flächeninhalt entsprechen, nicht der Höhe.

Werden die Figuren hintereinander angeordnet, ensteht ein räumlicher Eindruck. Kleinere Figuren im Hintergrund wirken dabei so groß wie größere Figuren im Vordergrund .

Statistische Darstellungen beurteilen

4 In einer hausinternen Mitteilung weist ein Unternehmen auf die deutliche Umsatzsteigerung hin.

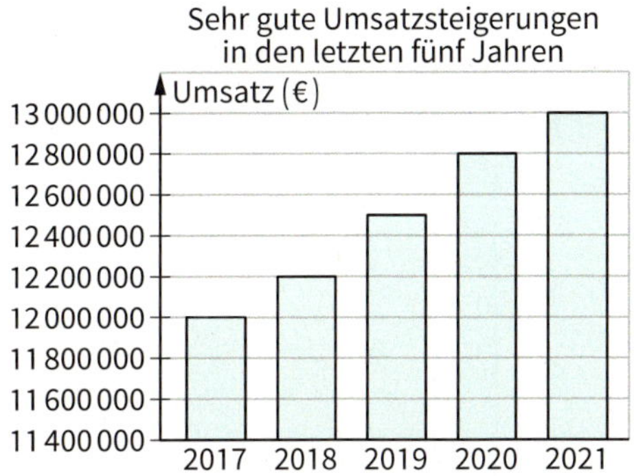

a) Was fällt dir an der Darstellung auf?
b) Zeichne ein vollständiges Säulendiagramm und vergleiche.

5 Eine Zeitung in einer mittleren Großstadt veröffentlicht den folgenden Artikel mit der abgebildeten Grafik.

Weniger Verkehrsunfälle mit Personenschaden

(ewu) Wie aus einer heute veröffentlichten Statistik hervorgeht, ist die Anzahl der Unfälle mit Personenschaden deutlich zurückgegangen.
2013: 7 384 Verkehrsunfälle insgesamt
2022: 11 076 Verkehrsunfälle insgesamt

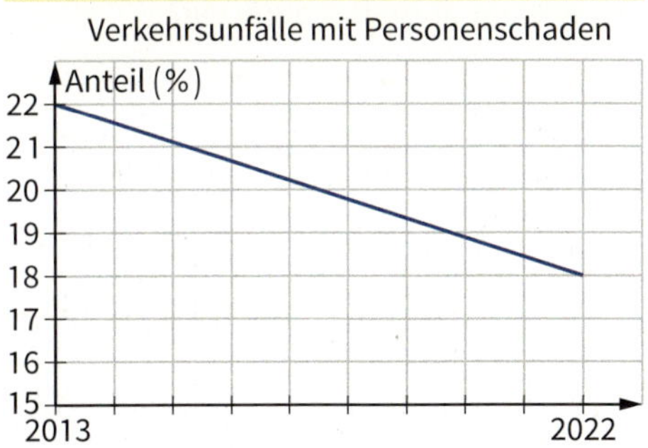

a) Welche Fehler werden hier bei der grafischen Darstellung gemacht?
b) Ist die Behauptung der Zeitung so richtig? Berechne dazu die absoluten Häufigkeiten der Unfälle mit Personenschaden für die Jahre 2013 und 2022.

6 a) Welche Fehler werden bei dieser grafischen Darstellung gemacht?
b) Zeichne das zugehörige Säulendiagramm und vergleiche.

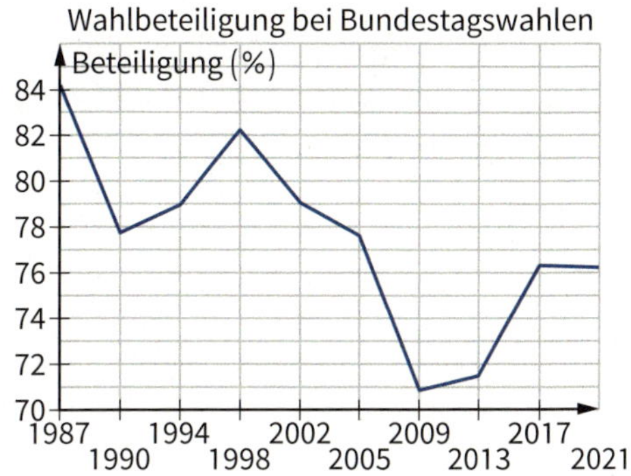

7 Die Jungen der 8 a haben ihre Ergebnisse im Kugelstoßen grafisch dargestellt.

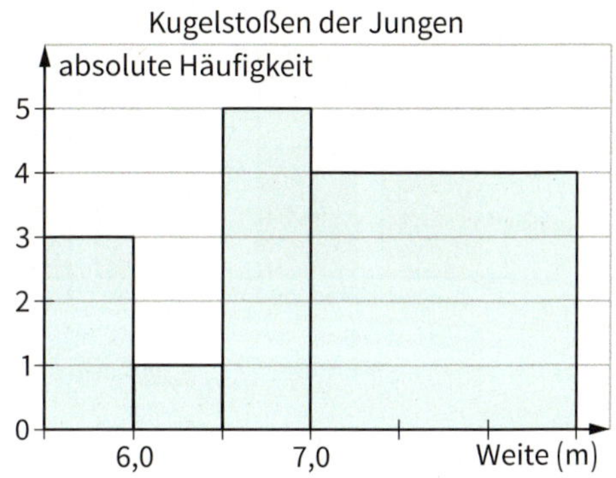

a) Was fällt dir an der Darstellung auf?
b) Die Messwerte der Klasse „von 7,00 m bis unter 8,50 m“ sind: 7,35 m, 7,12 m, 7,76 m und 8,33 m. Teile die Klasse in drei gleich breite Klassen ein. Zeichne ein neues Histogramm.
c) Vergleiche beide Darstellungen.

Werden Sockelbeträge weggelassen, wirken kleine Unterschiede viel größer.

Verbindet man einzelne Punkte, entsteht der Eindruck, als ob auch Zwischenwerte möglich sind.

Bei Histogrammen wirkt immer die Fläche des Rechtecks über der Klasse.

Statistische Darstellungen beurteilen

8 a) Vergleiche die körperlich-sportlichen Aktivitäten von 11 bis 13 Jahre alten Mädchen (Jungen) mit den Aktivitäten von 14 bis 17 Jahre alten Mädchen (Jungen).
b) Vergleiche die körperlich-sportlichen Aktivitäten von Mädchen und Jungen in den einzelnen Altersgruppen miteinander.

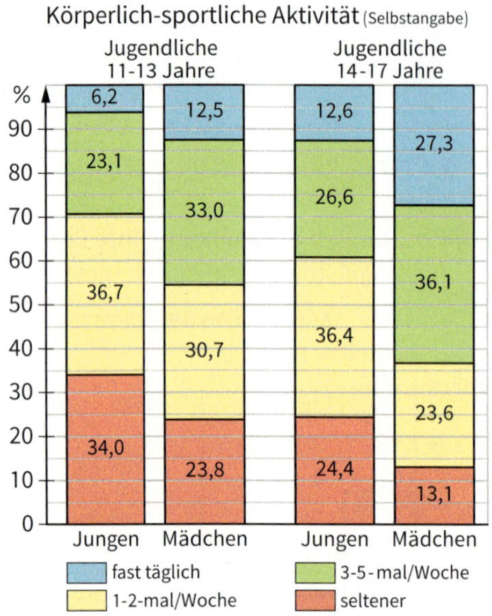

9 a) Beschreibe, was in dem unten abgebildeten Diagramm dargestellt wird.
b) Welche anderen Diagrammformen sind für die Darstellung des Sachverhalts noch geeignet?

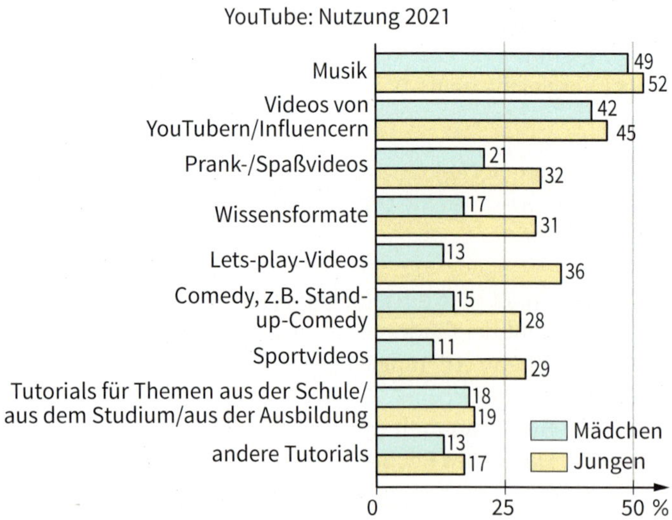

10 In dem Diagramm wird gezeigt, welche sozialen Netzwerke von Jugendlichen in Deutschland genutzt werden.

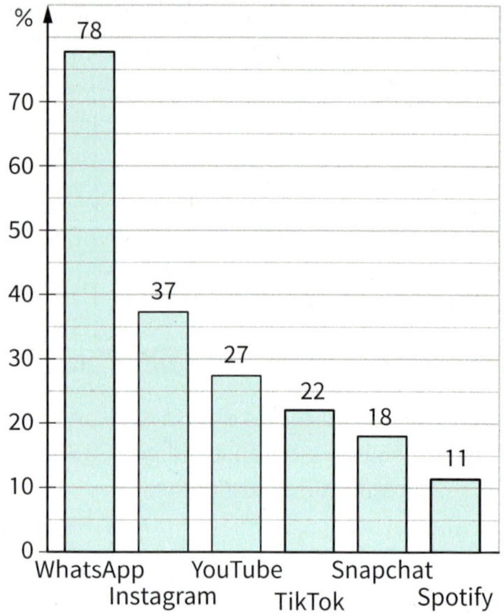

a) Beschreibe das Diagramm. Werden die angebenen Prozentsätze richtig dargestellt?
b) Lassen sich die Daten auch in einem Kreisdiagramm (Streifendiagramm) darstellen?

11 Eine bekannte deutsche Wochenzeitschrift behauptet: „Die Jugendlichen in Deutschland lesen immer seltener Bücher."
Bestätigt das unten abgebildete Diagramm diese Behauptung?

WISSEN KOMPAKT

Bei **statistischen Untersuchungen** werden **Daten** durch Befragung, Beobachtung oder Experiment gesammelt.
Die in einer **Urliste** gesammelten Daten können mithilfe einer **Strichliste** geordnet und dann in einer **Häufigkeitstabelle** dargestellt werden.

Häufigkeitstabelle

Lebensalter (Jahre)	absolute Häufigkeit	relative Häufigkeit	
12	23	0,23	23 %
13	26	0,26	26 %
14	19	0,19	19 %
15	18	0,18	18 %
16	14	0,14	14 %
Summe	100	1,00	100 %

Die **relative Häufigkeit** jedes Ergebnisses gibt den Anteil dieses Ergebnisses an allen gesammelten Daten an.
Die relative Häufigkeit kann als Bruch, Dezimalzahl oder in Prozent angegeben werden.

relative Häufigkeit = $\frac{\text{absolute Häufigkeit}}{\text{Anzahl der Daten}}$

Die in der Häufigkeitstabelle aufbereiteten Daten können in verschiedenen Diagrammformen grafisch dargestellt werden.

Säulendiagramm

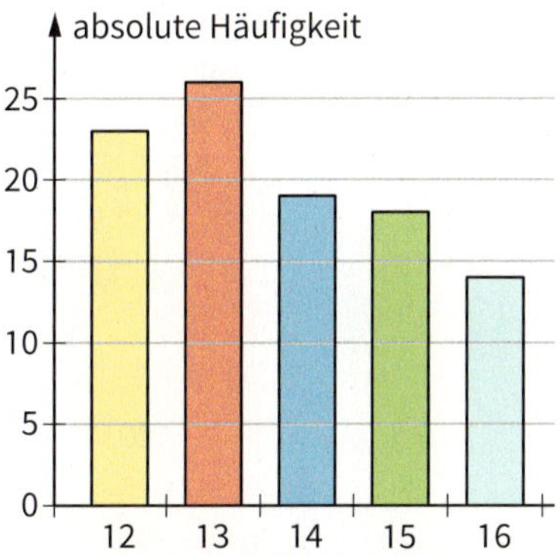

Balkendiagramm

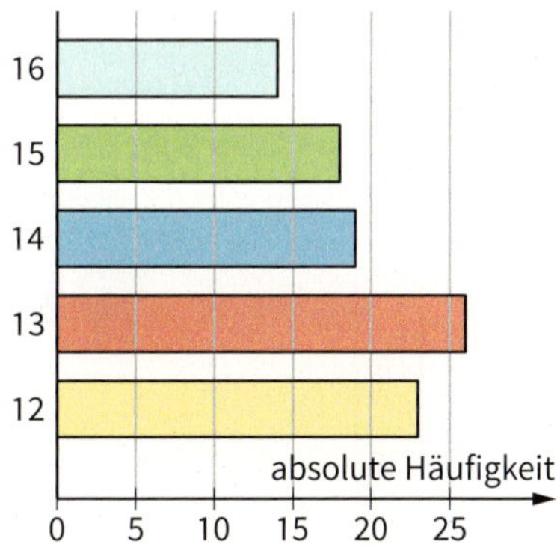

Piktogramm

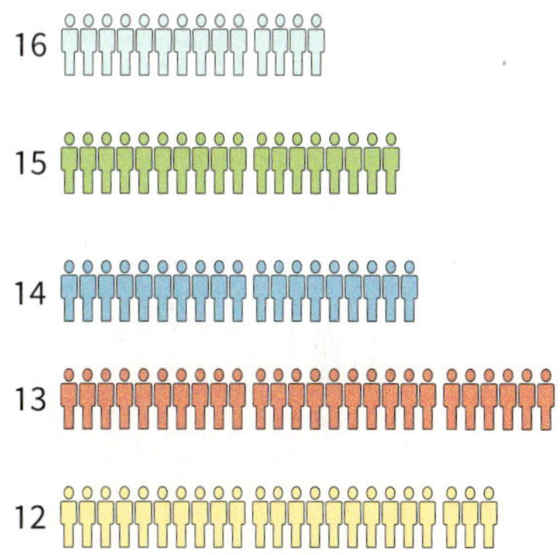

Streifendiagramm

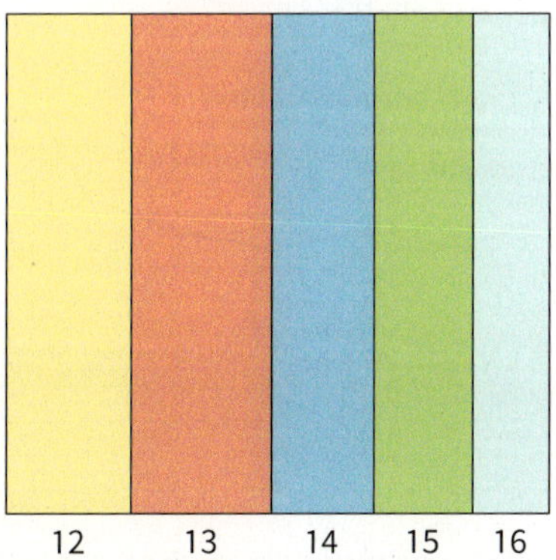

Kreisdiagramm

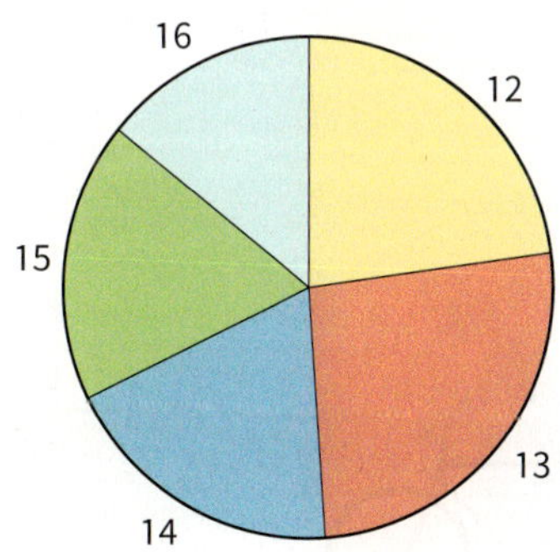

Histogramm

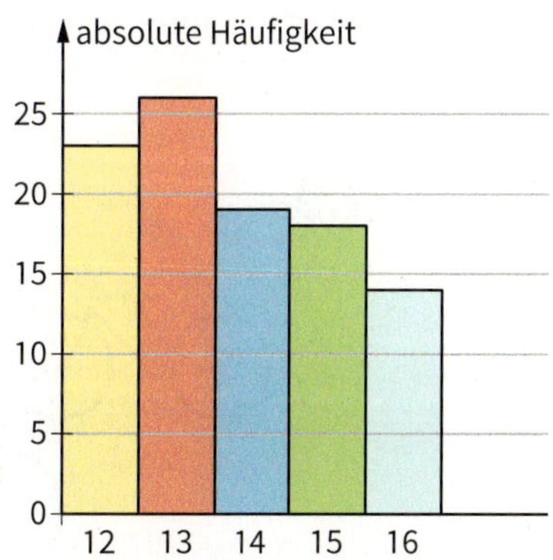

WISSEN KOMPAKT

Handelt es sich bei den Daten um Zahlen, kannst du sie der Größe nach in einer Rangliste sortieren und folgende Kenngrößen bestimmen: arithmetisches Mittel, Median, Modalwert, Maximum und Minimum, Spannweite.

Urliste

75-Meter-Zeiten (s)					
11,4	11,8	13,4	13,1	12,1	12,0
11,2	12,8	12,5	13,0	11,4	12,3

arithmetisches Mittel: $\overline{x} = \frac{\textbf{Summe aller Daten}}{\textbf{Anzahl der Daten}}$

$\overline{x} = \frac{11{,}4 + 11{,}8 + 13{,}4 + 13{,}1 + 12{,}1 + 12{,}0 + 11{,}2 + 12{,}8 + 12{,}5 + 13{,}0 + 11{,}4 + 12{,}3}{12} = 12{,}25$ $\quad \overline{x} = 12{,}25\ \text{s}$

- **Rangliste (in s):** 11,2 11,4 11,4 11,8 12,0 [12,1 12,3] 12,5 12,8 13,0 13,1 13,4
- **Median:** $\tilde{x} = \frac{12{,}1 + 12{,}3}{2} = 12{,}2$ $\quad \tilde{x} = 12{,}2\ \text{s}$ **Modalwert (häufigster Wert):** 11,4 s
- **Minimum:** 11,2 s **Maximum:** 13,4 s **Spannweite = Maximum – Minimum:** 13,4 s – 11,2 s = 2,2 s

Bei der grafischen Darstellung von Daten kannst du auch getäuscht werden.

Wenn Sockelbeträge weggelassen werden, wirken kleine Unterschiede viel größer. Die y-Achse beginnt dann nicht bei 0.

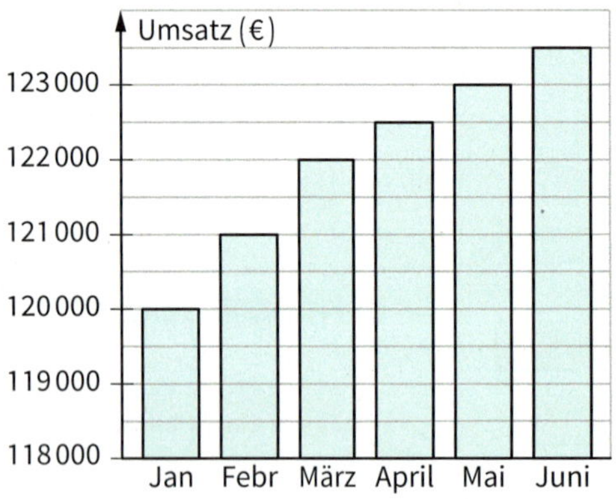

Es wirkt die Fläche der Figur. Die Häufigkeit muss deshalb dem Flächeninhalt entsprechen, nicht der Höhe.

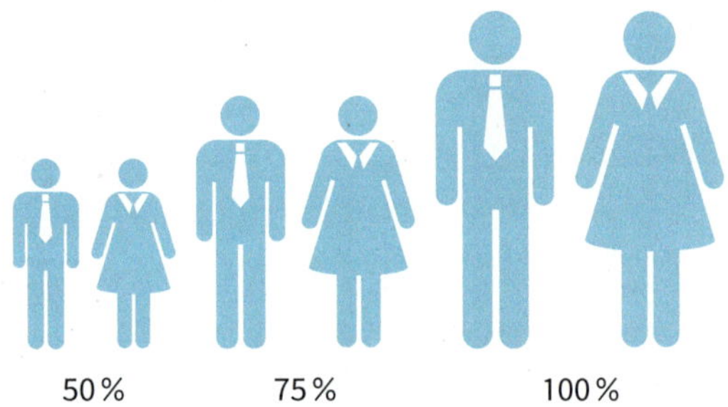

Werden Figuren hintereinander angeordnet, wirken kleinere Figuren im Hintergrund wie größere Figuren im Vordergrund.

Verbindet man in einer statistischen Darstellung einzelne Punkte, entsteht der Eindruck, dass auch Zwischenwerte möglich sind.

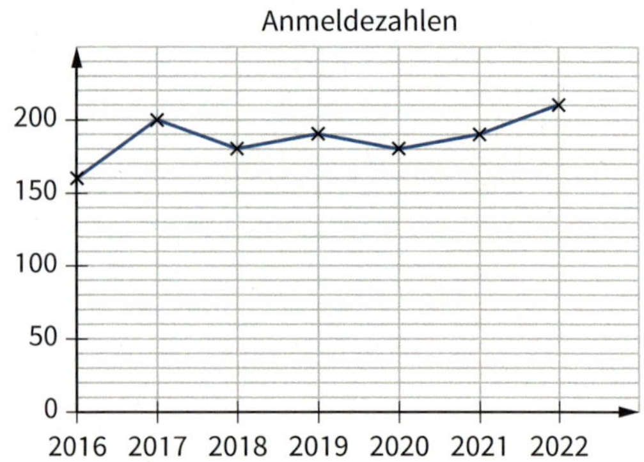

ÜBEN

1 In den Tabellen findest du Daten zu den Mädchen und Jungen der 8 c und 8 d und ihren sportlichen Leistungen.
a) Berechne für beide Klassen jeweils die relativen Häufigkeiten für das Lebensalter als Dezimalzahl und in Prozent. Trage die relativen Häufigkeiten in eine Tabelle ein.
b) Stelle die Daten zum Lebensalter der Mädchen und Jungen jeweils in einem geeigneten Diagramm dar.

2 Vergleiche die Ergebnisse der Jungen und Mädchen beider Klassen im Hochsprung. Berechne dazu jeweils die relativen Häufigkeiten und das arithmetische Mittel. Stelle die Ergebnisse jeweils in einem Diagramm dar.

3 Vergleiche die Ergebnisse der Jungen und Mädchen im 75-m-Lauf (Weitsprung, Kugelstoßen). Berechne dazu den Median und die Spannweite.

Diese Aufgaben kannst du gut in Gruppenarbeit bearbeiten. Beachte dazu die Hinweise auf Seite 186.

Mädchen 8 c				
Alter (Jahre)	Hochsprung (m)	75-m-Lauf (s)	Weitsprung (m)	Kugelstoßen (m)
13	1,10	11,2	3,35	5,24
14	1,15	12,6	3,56	5,45
14	1,15	12,9	3,18	4,96
14	1,20	12,4	2,70	5,88
13	1,05	12,6	3,58	6,06
15	1,10	13,0	2,96	6,84
13	1,20	12,8	3,32	4,98
14	1,25	11,6	3,20	7,64
16	1,20	12,3	3,32	5,24
14	1,30	12,6	3,08	5,64
13	1,25	13,5	3,32	5,24
14	1,10	12,4	3,32	6,35
14	1,05	12,8	2,95	6,78
13	1,15	12,5	3,42	6,68

Mädchen 8 d				
Alter (Jahre)	Hochsprung (m)	75-m-Lauf (s)	Weitsprung (m)	Kugelstoßen (m)
14	1,15	12,2	3,45	5,44
14	1,15	12,6	3,66	5,35
13	1,20	12,9	3,26	6,96
14	1,20	12,4	2,75	6,85
13	1,25	12,6	3,58	6,26
14	1,10	11,6	2,92	6,74
13	1,15	11,6	3,38	5,92
14	1,25	12,6	3,40	7,64
15	1,10	12,5	3,52	5,14
14	1,30	11,6	3,18	5,53
13	1,25	11,5	3,42	5,64
14	1,10	11,6	3,42	6,26
15	1,30	12,8	2,85	6,74
13	1,15	13,4	3,42	6,26

Jungen 8 c				
Alter (Jahre)	Hochsprung (m)	75-m-Lauf (s)	Weitsprung (m)	Kugelstoßen (m)
13	1,15	10,2	3,55	6,24
14	1,15	12,0	3,58	6,48
14	1,20	11,2	3,48	5,96
14	1,25	12,0	2,95	7,88
13	1,25	12,0	3,78	7,06
14	1,10	11,2	2,96	7,84
13	1,20	10,4	3,42	6,98
14	1,25	10,6	3,70	7,64
15	1,20	12,3	3,32	6,24
14	1,30	11,6	3,48	6,63
13	1,25	10,5	3,32	8,24
14	1,10	11,4	3,22	7,35
14	1,30	12,8	3,65	6,78
13	1,15	12,5	3,48	6,48

Jungen 8 d				
Alter (Jahre)	Hochsprung (m)	75-m-Lauf (s)	Weitsprung (m)	Kugelstoßen (m)
13	1,20	10,4	3,45	6,34
14	1,15	11,4	3,68	6,45
14	1,25	11,6	3,38	5,76
14	1,25	12,4	3,15	7,35
13	1,25	12,4	3,88	7,56
14	1,30	11,8	3,00	7,64
13	1,15	10,6	3,52	5,98
14	1,25	10,4	3,60	7,70
15	1,20	12,4	3,72	8,24
14	1,35	11,8	3,28	6,45
13	1,35	10,8	3,52	8,24
14	1,20	11,2	3,52	7,38
14	1,30	12,8	3,45	6,45
13	1,15	12,6	3,66	6,45

ÜBEN: Statistische Darstellungen beurteilen

1 Beurteilt die auf den Seiten 116 bis 117 abgebildeten grafischen Darstellungen. Beantwortet dazu die aufgeführten Fragen.
Diese Aufgabe kannst du auch in Partner- oder Gruppenarbeit bearbeiten.

1. Welche Diagrammform wird benutzt?
2. Welches Thema wird dargestellt?
3. Welche Inhalte kannst du dem Diagramm entnehmen?
4. Ist die Darstellung so richtig?

A Känguru der Mathematik
weltweite Anzahl der Teilnehmer

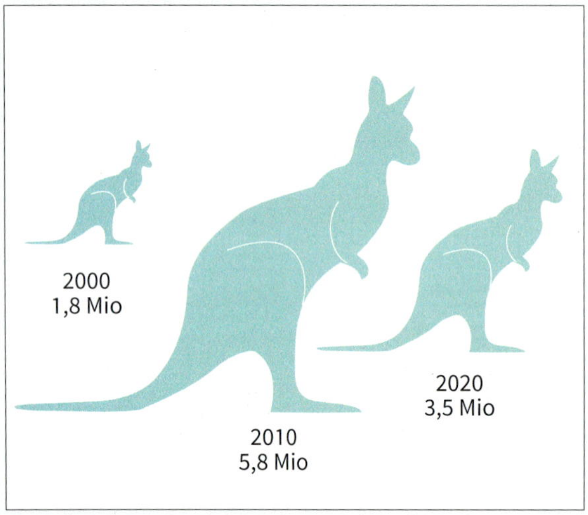

B Der perfekte Speiseplan, um den Planeten zu retten
Tägliche Nahrungszusammensetzung für eine nachhaltige und gesunde Ernährung

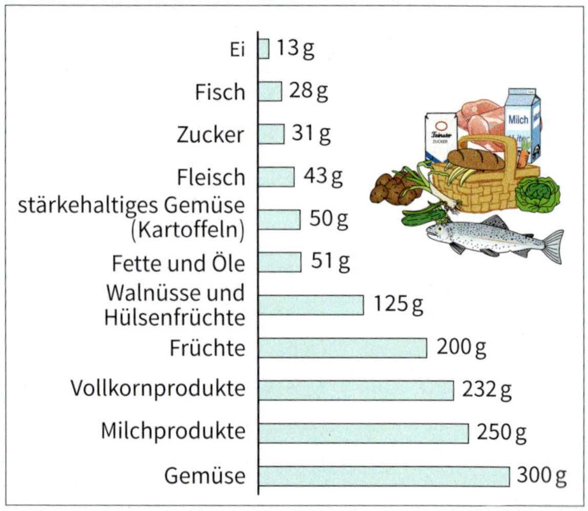

C Wie zuverlässig sind soziale Medien?
Anteil der Befragten, die soziale Medien für zuverlässig halten:

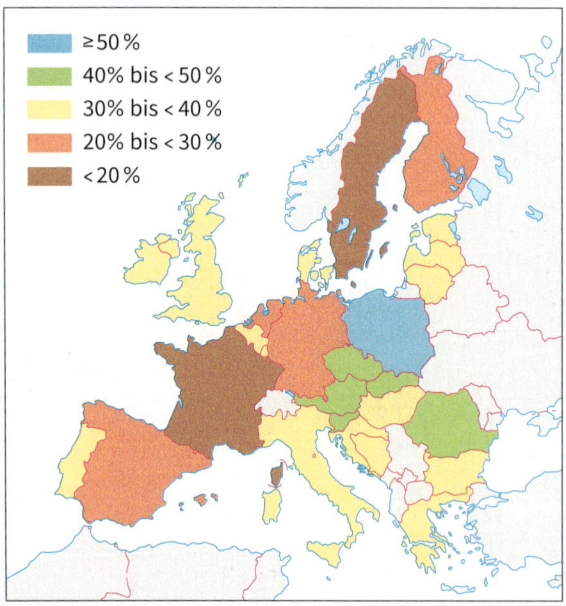

D Lesemuffel
Von je 100 Befragten sagen:

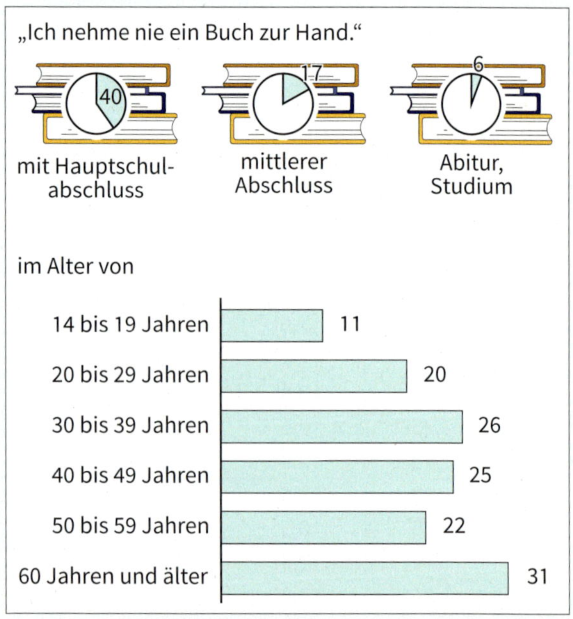

ÜBEN: Statistische Darstellungen beurteilen

E Weshalb spielst du Computer?

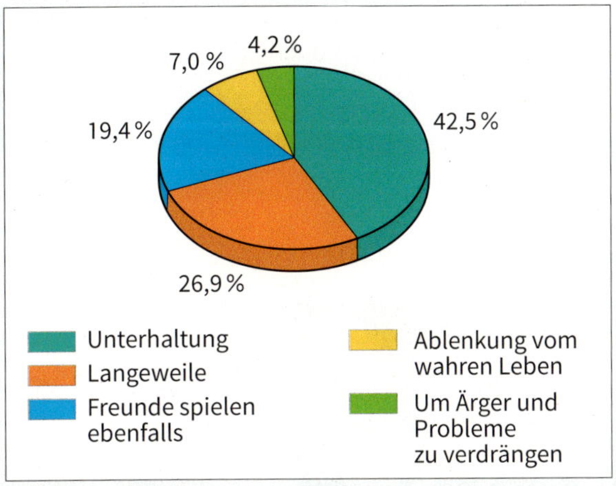

F Wie junge Deutsche über die Meinungsfreiheit denken

Wer schränkt in Deutschland deiner Meinung nach die Meinungsfreiheit ein?

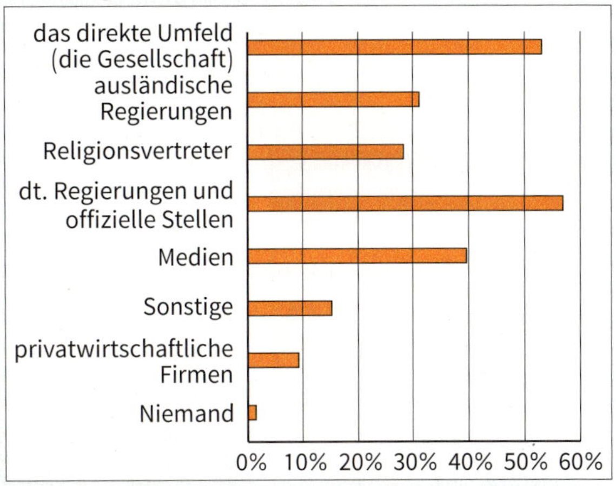

G Online-Zeit ist vor allem Social-Media-Zeit

Womit Internetbenutzer in Deutschland ihre Zeit verbringen

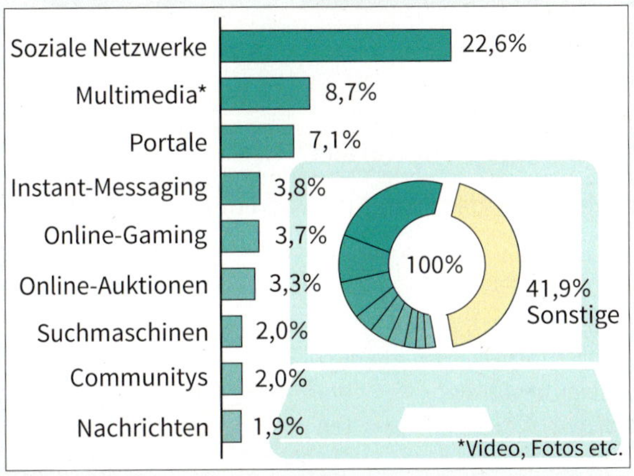

H Die Zahl der Bundesbürger, die sich vegetarisch und vegan ernähren, wächst.

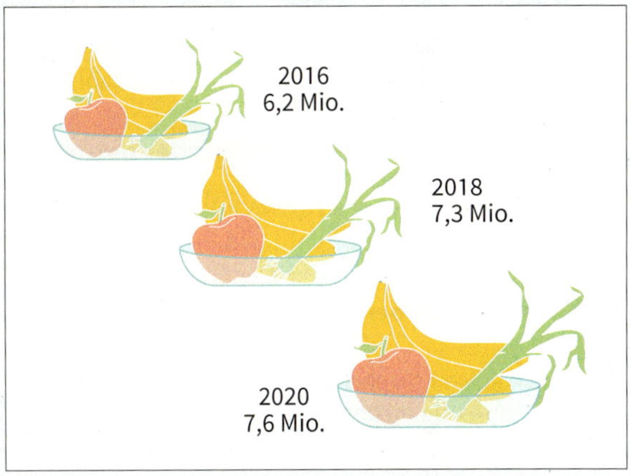

I Freizeitaktivitäten 2021 - Vergleich 2020

täglich/mehrmals pro Woche

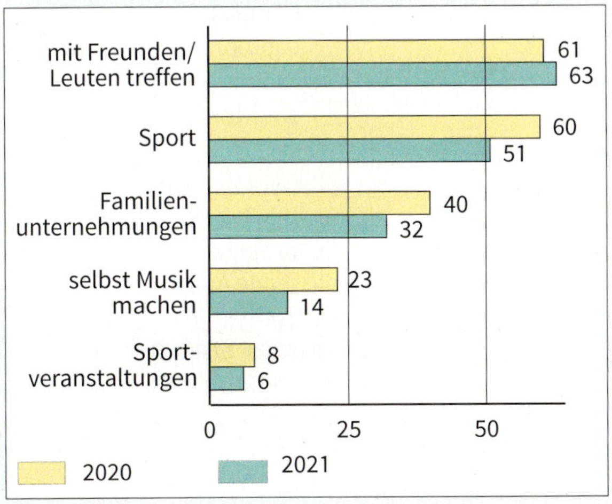

K Digitale Spiele: Nutzungsfrequenz 2021

Computer-, Konsolen, Tablet- und Smartphonespiele

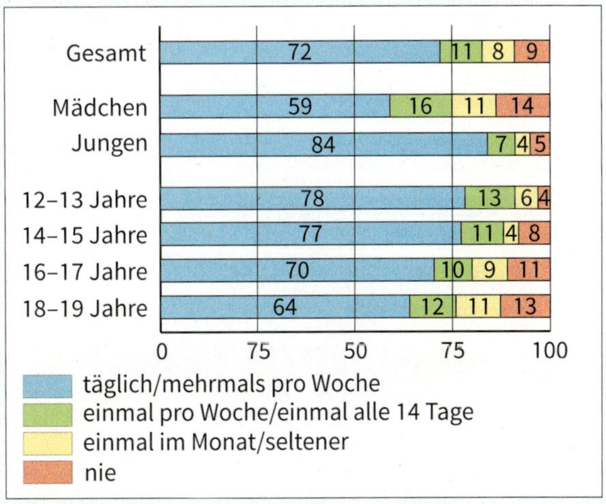

ÜBEN: Eine Umfrage planen

1 Plant in Gruppen eine Umfrage zu einem Thema. Überlegt, wen ihr befragen wollt und entwerft einen Fragebogen.

Mögliche Themen:
Jugendliche und Social Media
Jugendliche und der Klimawandel
Jugendliche und Berufswahl

Modellieren — Eine Umfrage planen

1. Welche Personengruppe soll befragt werden?

Schülerinnen und Schüler des 8. Jahrgangs

Jugendliche von 10 bis 16 Jahren

Erwachsene

beliebige Personen

2. Wie sollen die Personen aus der betroffenen Gruppe ausgewählt werden?

- Alle Schülerinnen und Schüler einer Klasse (eines Jahrgangs, der Schule) werden befragt.
- Eine zufällige Auswahl von Personen wird befragt.

3. Worauf ist beim Entwurf des Fragebogens zu achten?

Stelle keine Fragen, deren Antworten du nicht auswerten kannst.

~~Wie kann das Umweltbewusstsein verstärkt werden?~~

~~Warum wird das Freizeitverhalten von Jugendlichen untersucht?~~

Wenn mehr als eine Antwort gegeben werden kann, muss das deutlich gemacht werden.

Welche Ballsportarten betreibst du? Du kannst mehrere Antworten ankreuzen.
☐ Fußball
☐ Handball
☐ Basketball
☐ Volleyball

Mit welchem Gerät gehst du am häufigsten ins Internet?
☐ Computer
☐ Laptop
☐ Tablet
☐ Smartphone

Bei vorgegebenen Antworten muss es zu jedem möglichen Befragungsergebnis auch eine Ankreuzmöglichkeit geben.

Wie viele Paar Sportschuhe hast du? Bitte kreuze die passende Antwort an.

0	☐	1	☐
2	☐	3	☐
4	☐	mehr als 4	☐

Wie viel Taschengeld bekommst du im Monat? Bitte kreuze die passende Antwort an.

weniger als 20 €	☐
über 20 € bis 30 €	☐
über 30 € bis 40 €	☐
über 40 €	☐

ÜBEN: Eine Umfrage durchführen und auswerten

1 a) Führt in Gruppen eine geplante Umfrage durch und wertet sie aus.

b) Stellt die Ergebnisse der Umfrage grafisch dar.

Modellieren – Eine Umfrage auswerten und die Ergebnisse darstellen

1. Worauf ist bei der Auswertung der Fragebögen zu achten?

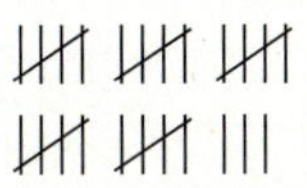

Bei der Auswertung sollte zunächst mit Strichlisten gearbeitet werden.

relative Häufigkeit

Bruch: $\frac{28}{100}$

Dezimalzahl: 0,28

Prozent: 28 %

Müssen auch relative Häufigkeiten berechnet werden? Wie sollen sie angegeben werden?

arithmetisches Mittel $\bar{x}$

Median $\tilde{x}$

Spannweite = Maximum – Minimum

Können das arithmetische Mittel und der Modalwert bestimmt werden?

Zeit (s)

15	16	25	23	17
12	18	45	10	48
67	22	32	19	18
34				

Müssen Daten in Klassen zusammengefasst werden?

2. Kann ein Tabellenkalkulationsprogramm eingesetzt werden?

3. Worauf ist bei der Darstellung der Ergebnisse zu achten?

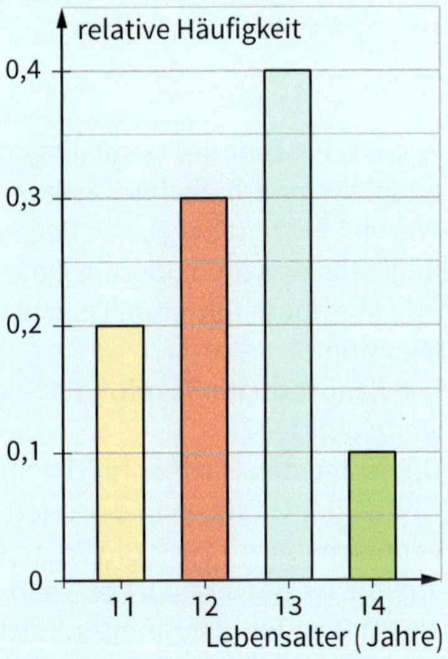

Die Achsen müssen eine Einteilung haben und beschriftet sein.

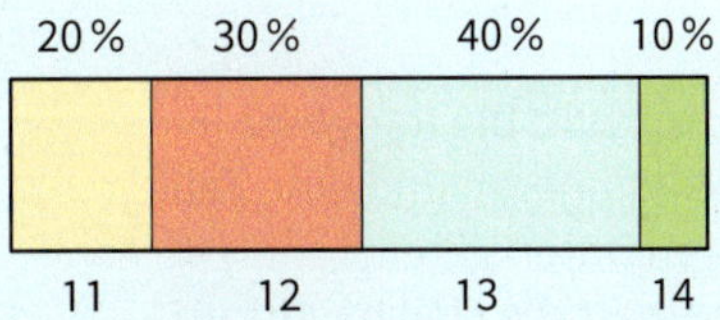

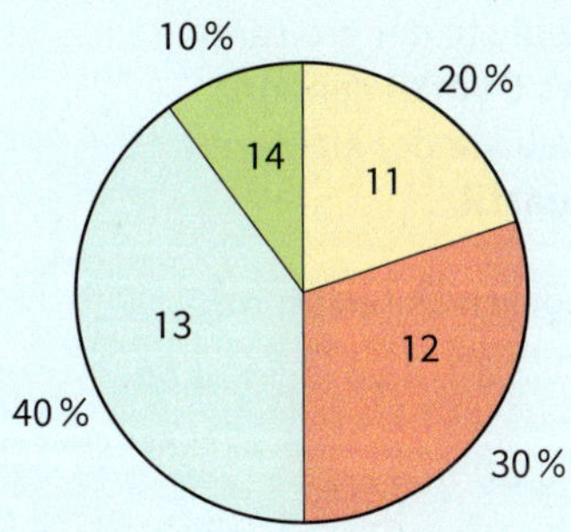

Kreis- und Streifendiagramm eignen sich nicht bei Mehrfachantworten.

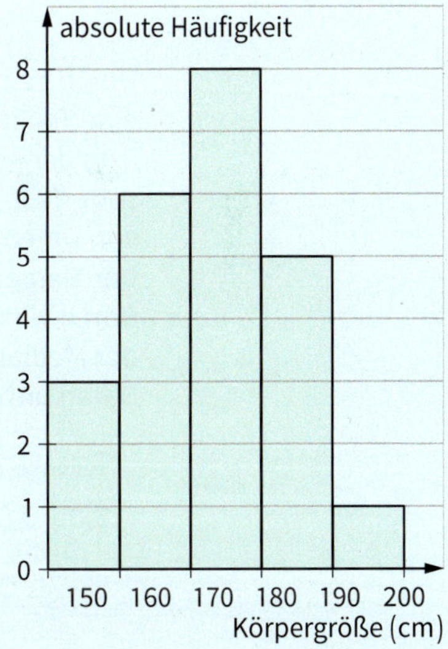

Bei Daten, die in Klassen zusammengefasst werden, ist das Histogramm die richtige Diagrammform.

VERTIEFEN: Boxplots

1 Lena und Jonas möchten die Weitsprungergebnisse der Mädchen der 8 a in einem **Boxplot (Kastenschaubild)** veranschaulichen.

Mädchen 8 a
Sprungweite (m)

2,75	3,58	3,44	3,10	2,94	2,87	3,05
3,30	2,68	2,97	2,90	3,08	3,33	2,94

Dazu haben sie die Daten in einer **Rangliste** der Größe nach geordnet.

Rangliste Sprungweite (m)

2,68	2,75	2,87	2,90	2,94	2,94	2,97
3,05	3,08	3,10	3,30	3,33	3,44	3,58

Mithilfe der Rangliste haben sie dann das Minimum, den Median und das Maximum bestimmt:

Minimum: 2,68 m

Median: $\frac{2{,}97\text{ m} + 3{,}05\text{ m}}{2} = 3{,}01\text{ m}$

Maximum: 3,58 m

Durch den Median wird die Rangliste in eine Teilliste der kleineren und eine Teilliste der größeren Daten geteilt.
Jede Teilliste enthält die gleiche Anzahl von Daten.
Der Median der Teilliste der größeren Daten wird **oberes Quartil** genannt, der Median der Teilliste der kleineren Daten **unteres Quartil**.

Teilliste der größeren Daten (in m):
3,05 3,08 3,10 3,30 3,33 3,44 3,58

oberes Quartil: 3,30 m

Teilliste der kleineren Daten (in m):
2,68 2,75 2,87 2,90 2,94 2,94 2,97

unteres Quartil: 2,90 m

Dann konnten Lena und Jonas den Boxplot zeichnen. Die Breite des Kastens ist dabei frei wählbar.

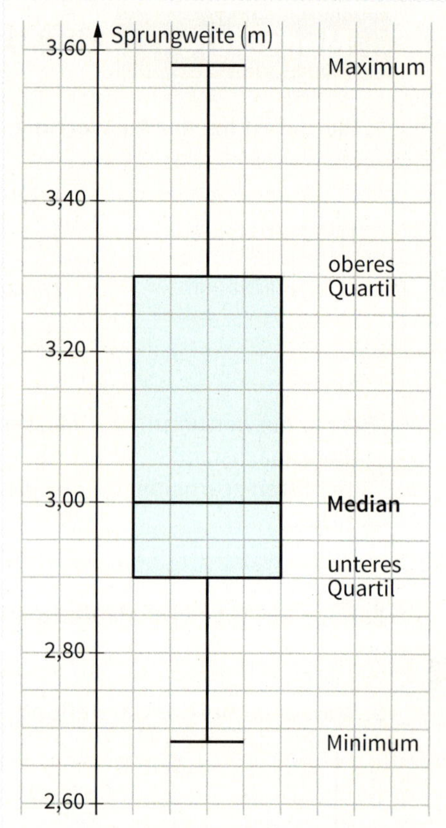

a) Wie viel Prozent der Daten liegen ungefähr innerhalb des Kastens?
b) Wie viel Prozent der Daten liegen ungefähr zwischen oberem Quartil und Maximum (unterem Quartil und Minimum)?
c) Wie kannst du im Boxplot die Spannweite ablesen?
d) Übertrage den Boxplot für die Sprungweiten der Mädchen in dein Heft .
e) Veranschauliche auch die Weitsprungergebnisse der Jungen der 8 a in einem Boxplot. Bestimme zunächst Minimum, Median, Maximum, unteres und oberes Quartil.

Jungen 8 a Sprungweite (m)

3,57	3,68	3,48	3,17	2,89	3,83	3,71
2,99	3,48	3,27	3,40	3,38	3,33	3,56

AUSGANGSTEST

1 Eine Befragung von Schülerinnen und Schülern im 8. Jahrgang zur Anzahl der Smartphones im Haushalt ergab die in der Urliste abgebildeten Ergebnisse.

Anzahl der Smartphones im Haushalt												
3	2	3	1	1	4	5	4	3	2	2	3	5
0	1	2	2	3	3	2	4	4	3	2	2	

a) Stelle die absoluten und relativen Häufigkeiten in einer Tabelle dar.
b) Stelle die Daten in einem Diagramm dar.

2 In dem Streifendiagramm werden die sportlichen Aktivitäten von 11 bis 13 Jahre alten Mädchen dargestellt.

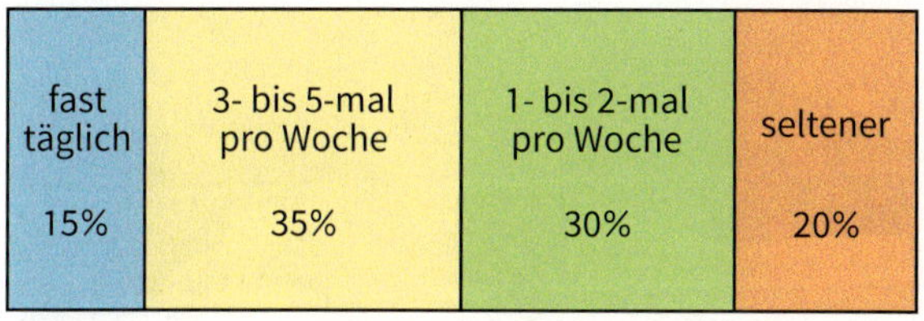

Stelle die Daten in einem Kreisdiagramm dar.

3 a) Berechne das arithmetische Mittel $\bar{x}$.

beim Kugelstoßen erzielte Weiten (m)					
7,89	8,56	8,05	8,73	5,32	7,95

b) Berechne den Median $\tilde{x}$ und vergleiche ihn mit dem arithmetischen Mittel.
c) Bestimme Maximum, Minimum und Spannweite.

4 Die grafische Darstellung zeigt das Ergebnis einer Umfrage zum monatlichen Taschengeld.

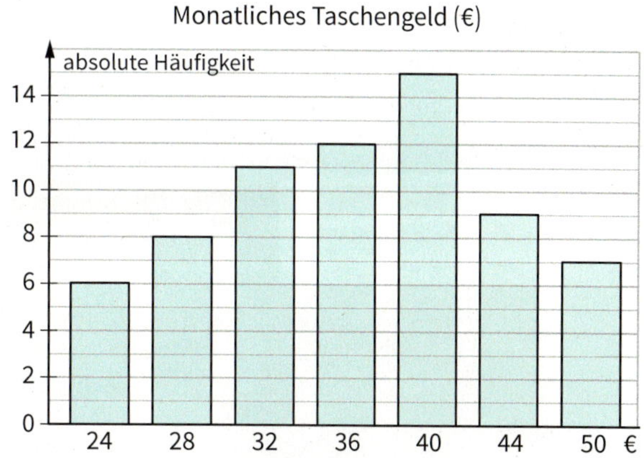

a) Berechne die relativen Häufigkeiten und trage sie in eine Tabelle ein.
b) Berechne das arithmetische Mittel mithilfe der absoluten Häufigkeiten.

5 a) Welcher Fehler wird bei dieser grafischen Darstellung gemacht?
b) Zeichne das zugehörige Säulendiagramm und vergleiche.

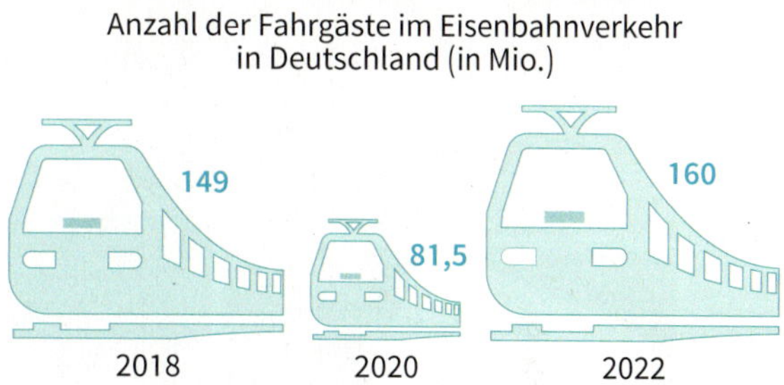

Ich kann …

	Aufgabe	Hilfen und Aufgaben	
absolute Häufigkeiten bestimmen.	1	Seite 102, 103, 104	I
relative Häufigkeiten berechnen.	1	Seite 102, 103, 104, 115	
Diagramme zeichnen.	1, 2	Seite 102, 103, 104, 115	II
das arithmetische Mittel berechnen.	3	Seite 106, 115	
das arithmetische Mittel mithilfe der absoluten Häufigkeiten berechnen.	4	Seite 106	
den Median bestimmen.	3	Seite 107, 115	
Maximum, Minimum und die Spannweite bestimmen.	3	Seite 108, 115	
absolute Häufigkeiten aus Diagrammen ablesen.	4	Seite 102, 105	
Fehler in grafischen Darstellungen benennen.	5	Seite 110, 116, 117	

7 Kreis und Kreisteile

Linus und Zoe möchten einen Fahrradcomputer am Rad anbringen und einstellen.

Bist du fit für dieses Kapitel? Eingangstest auf *Seite 165.*

In diesem Kapitel ...

- *berechnest du den Umfang und den Flächeninhalt eines Kreises.*
- *ermittelst du die Länge eines Kreisbogens.*
- *löst du Sachaufgaben zu Kreisen und Kreisteilen.*

Fahrradcomputer

Fahrräder können nachträglich mit kleinen Fahrradcomputern ausgestattet werden, die die momentane Geschwindigkeit, die gefahrenen Kilometer, die Durchschnittsgeschwindigkeit und vieles mehr anzeigen können.

Beim Einbau des Fahrradcomputers musst du den Sensor (A) an der Gabel des Rades befestigen.
Auf gleicher Höhe wird an einer Speiche ein kleiner Magnet, der Impulsgeber angebracht.
Der Sensor zählt, wie viele Umdrehungen das Rad bei einer bestimmten gefahrenen Strecke gemacht hat.

- Welche Größe müssen Linus und Zoe noch in den Fahrradcomputer eingeben, damit dieser die gefahrene Strecke berechnen und anzeigen kann?

- Warum müssen bei unterschiedlichen Reifengrößen verschiedene Werte eingegeben werden?

Umfang eines Kreises

1 Schülerinnen und Schüler der Klasse 8 a wollen den Zusammenhang zwischen Durchmesser und Umfang verschieden großer Fahrradreifen untersuchen.

a) Beschreibe, wie in den Abbildungen der Außendurchmesser und der Reifenumfang bestimmt werden.

b) Die Ergebnisse werden in einer Tabelle festgehalten. Ergänze die Tabelle in deinem Heft.

	A	B	C	D
Außendurchmesser d (cm)	46	51	61	66
Radumfang u (cm)	145	160	192	207
$\frac{\text{Radumfang u}}{\text{Außendurchmesser d}}$	3,15	■	■	■

Leo hat für Reifen A berechnet, dass der Umfang u ungefähr 3,15-mal so groß ist wie der Durchmesser d. Berechne den Quotienten $\frac{u}{d}$ für die anderen Reifen. Was stellst du fest?

2 Die Schülerinnen und Schüler führen Messungen an Gegenständen mit Kreisflächen durch.

a) Beschreibe, welche Messungen sie an den Gegenständen vornehmen.

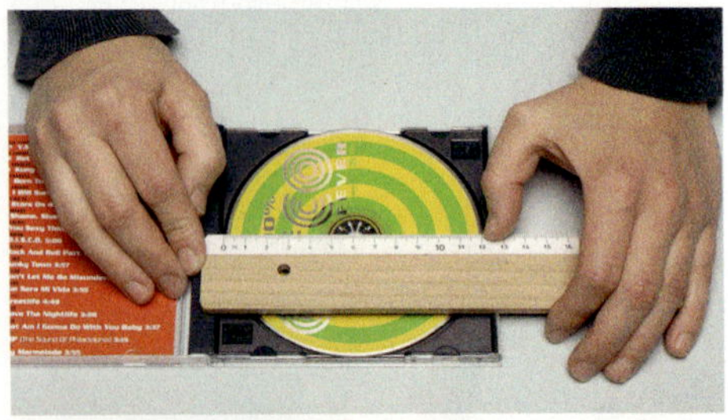

Die Ergebnisse ihrer Messungen notieren sie in einer Tabelle.

Gegenstand	Durchmesser d (cm)	Umfang u (cm)
Dose	7,5	23,3
Teller	10,0	31,5
CD	12,0	37,8
Papierkorb	32,0	100,0
Schale	18,5	56,5
Topf	21,5	67,5
Münze	2,5	7,8
Glas	6,0	18,8
MTB-Reifen	66,0	207,0

b) Vervollständige die Tabelle in deinem Heft.

Gegenstand	$\frac{\text{Umfang u}}{\text{Durchmesser d}}$
Dose	$\frac{23,3}{7,5} \approx 3,11$
Teller	$\frac{31,5}{10,0} \approx 3,15$
CD	■

Was stellst du fest?

Umfang eines Kreises

Die Kreiszahl π

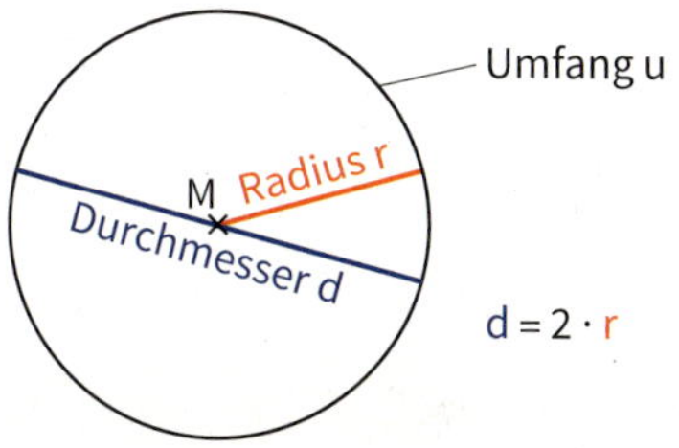

Das Verhältnis vom Umfang u zum Durchmesser d eines Kreises wird durch den Quotienten $\frac{u}{d}$ angegeben.
Dieser Quotient ist bei allen Kreisen gleich und wird mit dem griechischen Buchstaben π (*lies:* pi) bezeichnet.
π wird **Kreiszahl** genannt.

$$\frac{u}{d} = \pi \qquad \pi \approx 3{,}14$$

Umfang eines Kreises

Der Umfang eines Kreises ist etwas mehr als dreimal so groß wie der Durchmesser eines Kreises.

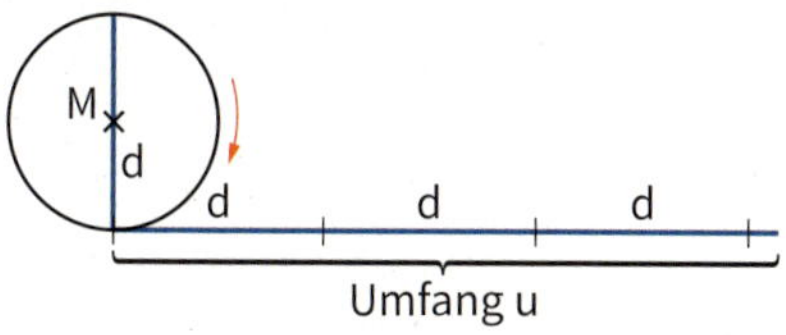

$$u = \pi \cdot d$$
$$u = \pi \cdot 2 \cdot r$$
$$u = 2 \cdot \pi \cdot r$$

3 Die Kreiszahl π lässt sich nicht als endliche oder als periodische Dezimalzahl schreiben:
π = 3,14159265358979323846 2643 …

a) Wie viele Nachkommastellen liefert dein Taschenrechner, wenn du die π-Taste drückst?

b) Vergleiche den Wert in der Anzeige des Taschenrechners mit dem oben angegebenen Wert. Was stellst du fest?

4 Im Beispiel siehst du, wie du mithilfe der π-Taste deines Taschenrechners den Umfang eines Kreises berechnen kannst.

Gegeben: r = 13,0 cm
Gesucht: u

$u = 2 \cdot \pi \cdot r$
$u = 2 \cdot \pi \cdot 13{,}0$

2×π×13,0
81,68140899

$u \approx 81{,}7$

Der Umfang beträgt ungefähr 81,7 cm.

Mit der S⇔D-Taste kannst du zwischen den beiden Ausgabeformen „Mathematisch“ und „Dezimal“ wechseln.

Berechne den Umfang des Kreises.
Runde dein Ergebnis auf eine Stelle nach dem Komma.

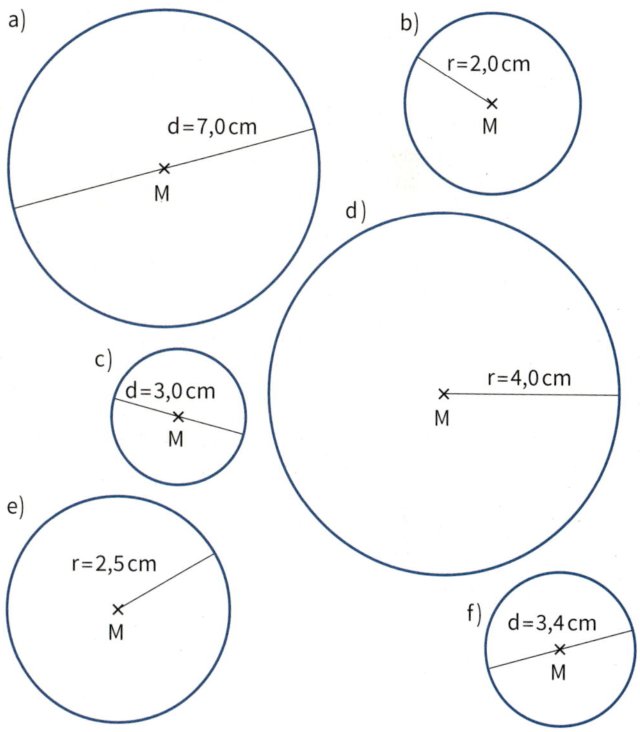

5 Berechne die fehlenden Werte des Kreises. Runde dein Ergebnis auf zwei Stellen nach dem Komma.

	a)	b)	c)	d)
d	64 m	■	■	■
r	■	4,8 m	■	■
u	■	■	6,3 m	12 m

Flächeninhalt eines Kreises

1 Die Formel für den Flächeninhalt eines Kreises lautet: $\mathbf{A = \pi \cdot r^2}$

a) Linn möchte die Formel an einem Kreis mit dem Radius r = 5 cm überprüfen.

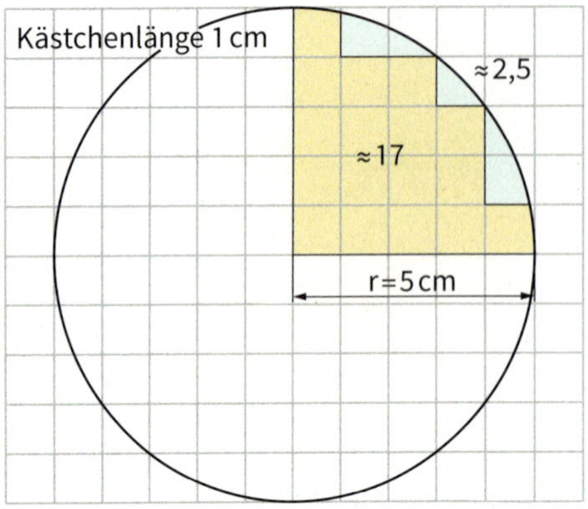

Sie stellt fest, dass in den farbig markierten Viertelkreis ungefähr 19,5 Einheitsquadrate passen.

Flächeninhalt des ganzen Kreises:

$A \approx 19{,}5\ \text{cm}^2 \cdot 4$

$\mathbf{A \approx 78\ cm^2}$

Danach setzt Linn den Wert für den Radius in die Formel für den Flächeninhalt des Kreises ein:

$\mathbf{A = \pi \cdot r^2}$

$A = \pi \cdot (5\ \text{cm})^2$

$A \approx 78{,}5\ \text{cm}^2$

Vergleiche die Werte.

b) Wähle einen Kreis mit r = 4 cm und verfahre wie Linn.
Notiere den Flächeninhalt, den du durch Auszählen bestimmt hast und vergleiche ihn mit dem Wert, den du mit der Formel $\mathbf{A = \pi \cdot r^2}$ berechnen kannst.

Kästchenlänge 1 cm

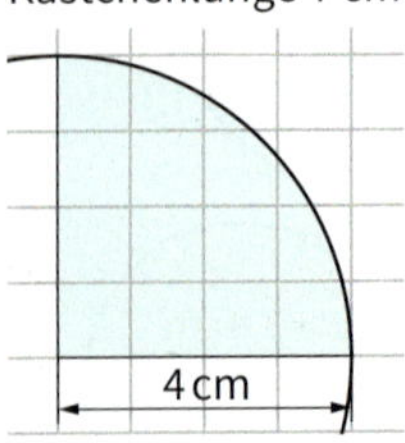

Flächeninhalt eines Kreises

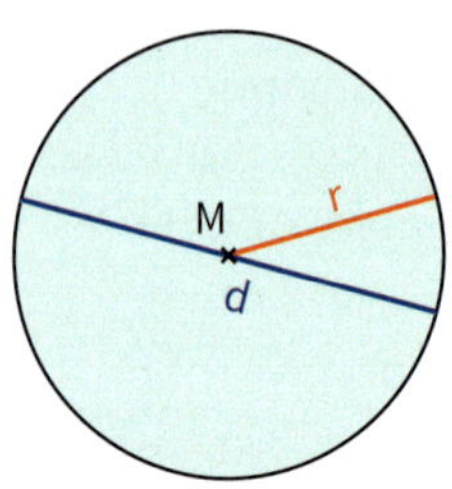

$\mathbf{A = \pi \cdot r^2}$

2 In der Abbildung wird ein Kreis in gleich große Teile zerlegt. Ein Teil wird zusätzlich halbiert. Mit den einzelnen Teilen wird wie abgebildet eine Figur gelegt.

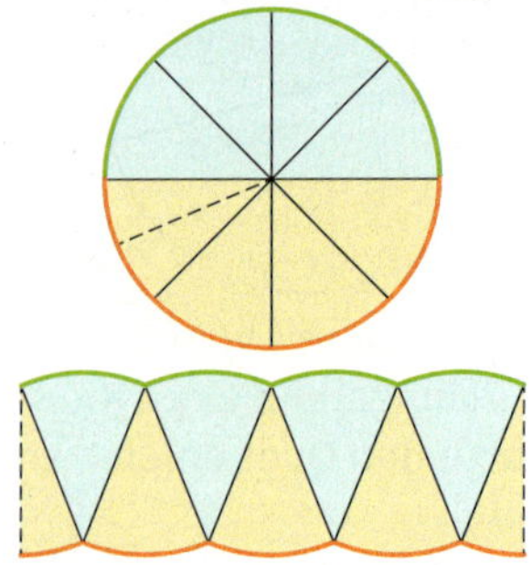

Wenn der Kreis in immer mehr Teile zerlegt wird, dann nähert sich die Figur einem Rechteck an.

a) Erläutere, wie im folgenden Beispiel der Flächeninhalt des Kreises mit r = 4,0 cm bestimmt wird.

1.

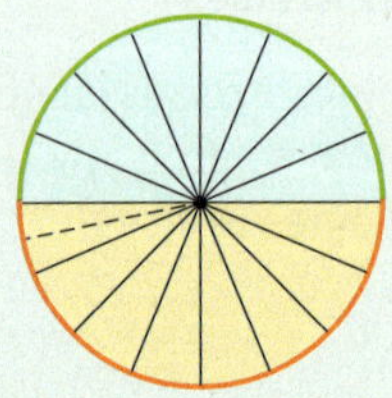

$u = 2 \cdot \pi \cdot r$

$u = 2 \cdot \pi \cdot 4{,}0$

$u \approx 25{,}1$

$u \approx 25{,}1\ \text{cm}$

2.

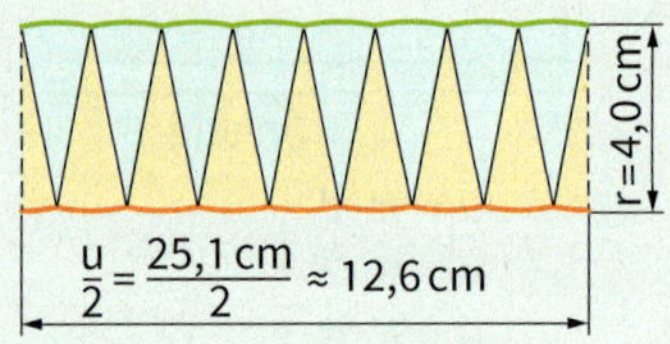

$A = \frac{u}{2} \cdot r = 12{,}6 \cdot 4{,}0$

$A = 50{,}4\ \text{cm}$

$A = 50{,}4\ \text{cm}^2$

b) Erläutere, wie im Folgenden die Formel $A = \pi \cdot r^2$ entwickelt wird.

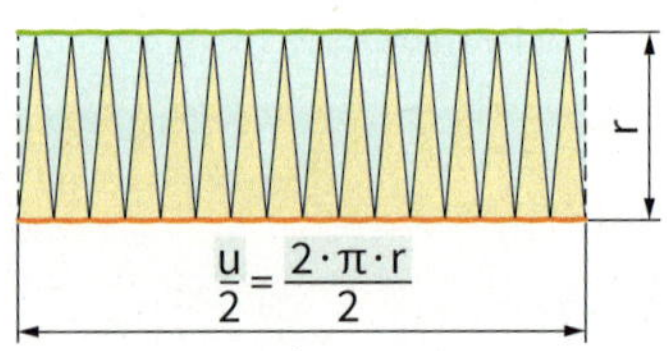

$A = \frac{u}{2} \cdot r = \frac{\overset{1}{\cancel{2}} \cdot \pi \cdot r}{\underset{1}{\cancel{2}}} \cdot r$

$A = \pi \cdot r \cdot r = \pi \cdot r^2$

Flächeninhalt eines Kreises

3 In dem folgenden Beispiel wird mithilfe eines Taschenrechners der Flächeninhalt des Kreises mit $r = 1{,}65$ m berechnet.

Gegeben: $r = 1{,}65$ m
Gesucht: A
$A = \pi \cdot r^2$
$A = \pi \cdot 1{,}65^2$

$A \approx 8{,}55$

Der Flächeninhalt beträgt ungefähr $8{,}55\ m^2$.

Bestimme den Flächeninhalt des Kreises. Runde sinnvoll.

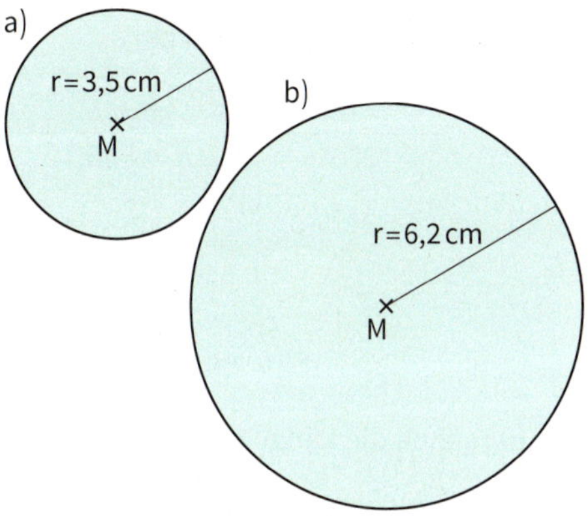

4 Bestimme den Flächeninhalt des Kreises. Runde dein Ergebnis auf zwei Stellen nach dem Komma.
a) $r = 16$ m b) $r = 120$ cm
c) $r = 760$ mm d) $r = 10$ m
e) $r = 2{,}40$ m f) $r = 0{,}85$ dm

5 In dem Beispiel wird der Flächeninhalt des Kreises mit $d = 14{,}80$ m berechnet.

$d = 14{,}80$ m	$A = \pi \cdot r^2$
$r = \frac{d}{2} = 7{,}40$	$A = \pi \cdot 7{,}40^2$
$r = 7{,}40$ m	$A \approx 172$
	$A \approx 172\ m^2$

Berechne den Flächeninhalt des Kreises.
a) $d = 38$ cm b) $d = 5{,}80$ m
c) $d = 200$ mm d) $d = 1{,}5$ km

6 Auf einem Grundstück soll eine kreisförmige Fläche ($d = 5$ m) mit farbigen Steinen gepflastert werden. Für einen Quadratmeter werden 50 Steine benötigt.

7 Die kreisförmige Fläche ($d = 28$ m) des Verkehrskreisels soll mit Rasen eingesät werden.

Auf einen Quadratmeter müssen dafür 24 g Saatgut verteilt werden.

8 Bekirs Familie beabsichtigt einen kreisförmigen Teppich ($d = 2{,}00$ m) reinigen zu lassen.

Für die Teppichreinigung werden 24,50 € pro Quadratmeter berechnet.
Wie viel Euro müssen für die Reinigung des Teppichs bezahlt werden?

9 Aus einer quadratischen Blechplatte ($a = 1$ m) soll eine möglichst große kreisförmige Scheibe geschnitten werden.

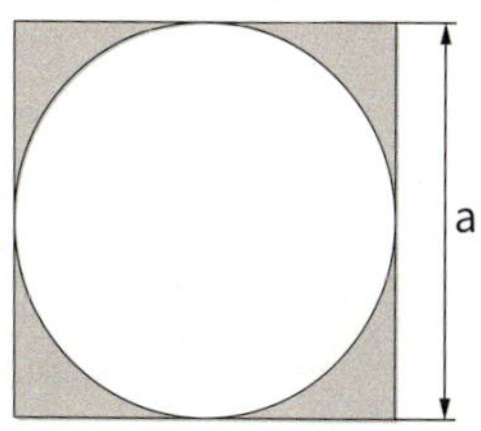

Wie viel Quadratmeter Blech bleiben als Verschnitt übrig?

Kreisbogen

1 Ein Gärtner möchte ein Beet mit Steinen einfassen. Dazu muss er die Länge der rot markierten Linie b berechnen.

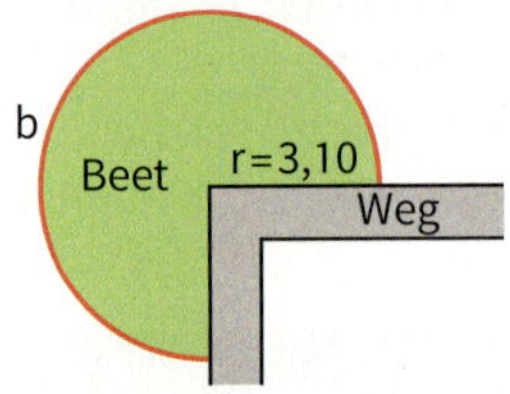

Unten siehst du, wie der Gärtner die Länge des Kreisbogens b berechnet.

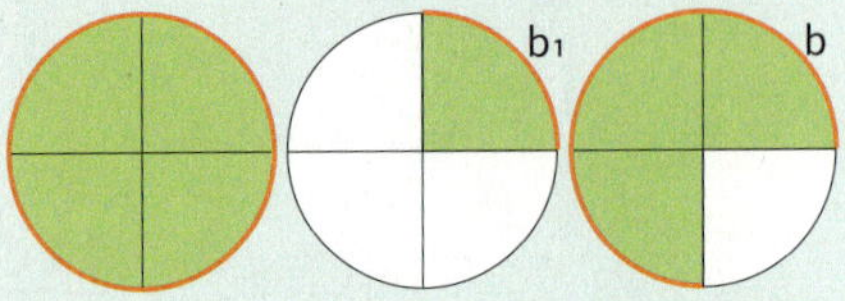

$u = 2 \cdot \pi \cdot r$
$u = 2 \cdot \pi \cdot 3{,}10$
$u \approx 19{,}48$

$b_1 \approx \frac{19{,}48}{4}$

$b \approx \frac{19{,}48 \cdot 3}{4}$
$b \approx 14{,}61$
$b \approx 14{,}61\ \text{m}$

Erkläre die Rechnung.

2 Berechne die Länge des farbig markierten Bogens.

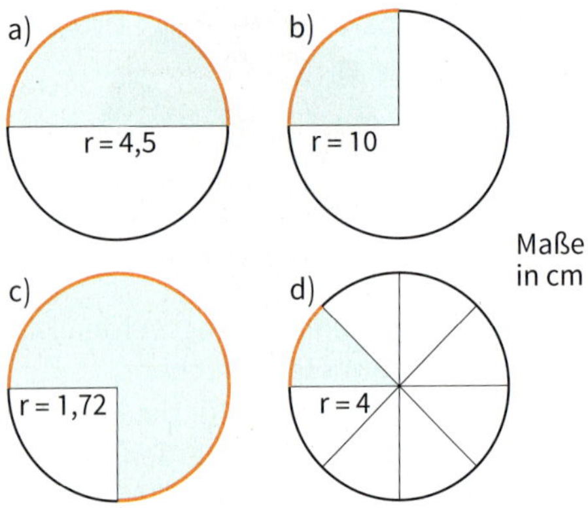

3 In dem abgebildeten Kreis sind ein Kreisausschnitt und der zugehörige **Kreisbogen** farbig gekennzeichnet.

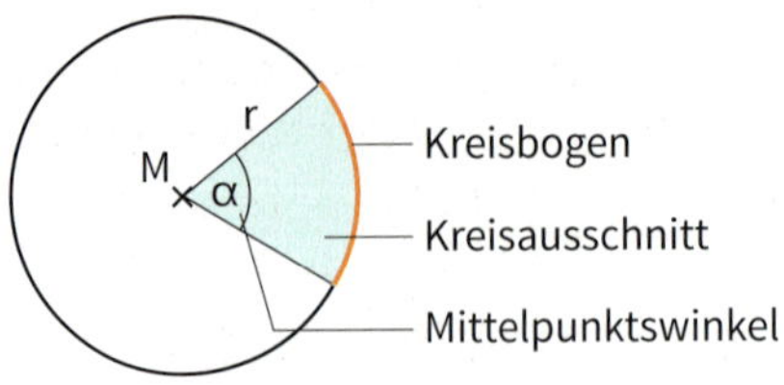

Wovon hängt die Länge des Kreisbogens ab?

4 a) Bestimme in den abgebildeten Kreisen die Größe des Mittelpunktswinkels α und die Länge b_α des Kreisbogens. Erläutere deinen Lösungsweg.

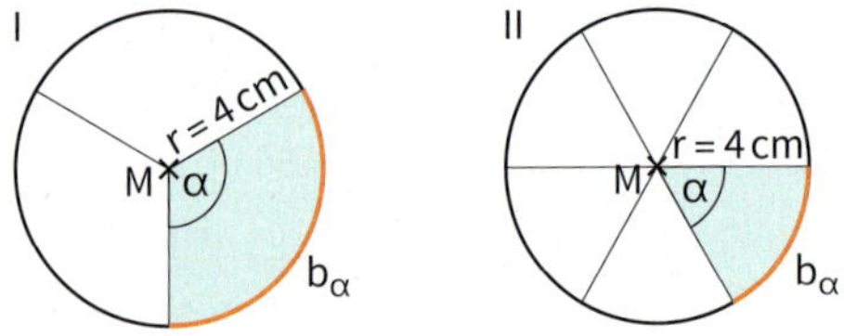

b) Wie verändert sich die Länge b_α des Kreisbogens, wenn du die Größe von α verdoppelst (verdreifachst, halbierst)?

5 Im Beispiel siehst du, wie du für den Mittelpunktswinkel α = 37° und den Radius 4 cm die Bogenlänge b_α berechnen kannst.

Gegeben: α = 37°; r = 4 cm

α	b_α
360°	$2 \cdot \pi \cdot 4 \approx 25{,}1$
1°	$\frac{25{,}1}{360}$
37°	$\frac{25{,}1 \cdot 37}{360} \approx 2{,}6$

$b_\alpha = 2{,}6\ \text{cm}$

Berechne die Länge des Kreisbogens.

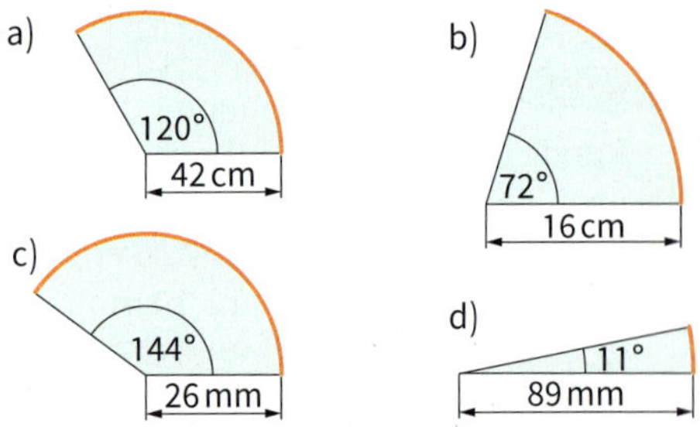

6 Der Scheibenwischer hat einen Drehwinkel von 176°. Sein Arm ist 36 cm lang.

Welchen Weg legt die Spitze des Wischerarms bei einer Bewegung zurück?

Arbeiten mit dem Computer: Berechnungen am Kreis

1 Ulyana hat mithilfe ihres Geometrieprogramms Kreise mit unterschiedlichen Maßen gezeichnet und dabei die abgebildeten Werkzeuge benutzt.

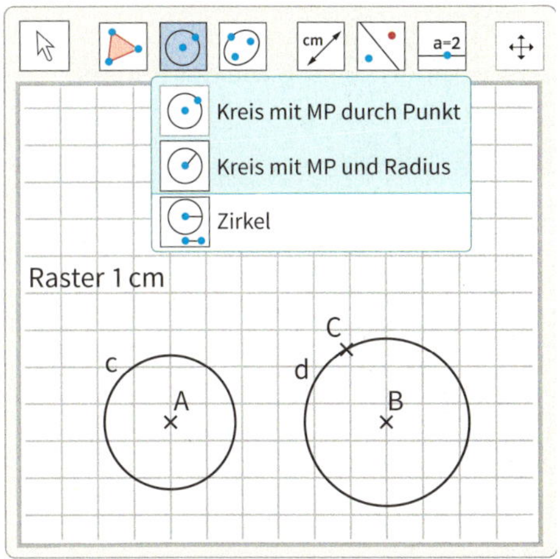

a) Zeichne drei beliebige Kreise mit dem ersten Kreiswerkzeug.
b) Zeichne einen Kreis mit dem Radius r = 2 cm (4,5 cm; 8 cm).

2 Ulyana hat bei einem Kreis die Länge des Radius, den Umfang und den Flächeninhalt gemessen.
Sie hat dazu die hervorgehobenen Werkzeuge benutzt.

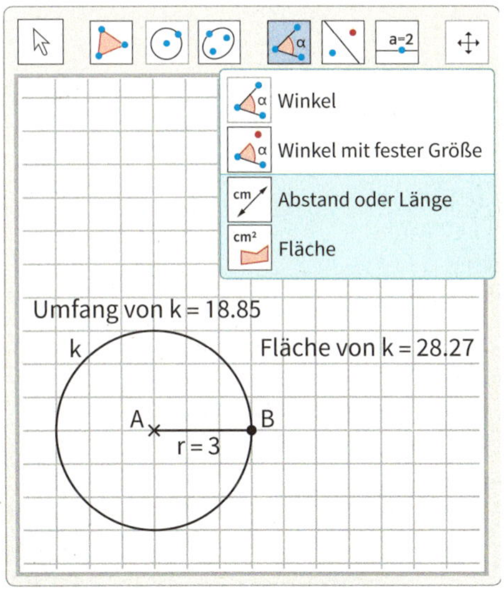

Zeichne einen Kreis mit dem Radius 3 cm (4 cm; 7,3 cm) und bestimme die Länge des Radius, den Umfang und den Flächeninhalt.

3 Tilda möchte den Flächeninhalt der abgebildeten Figur bestimmen. Den Halbkreis hat sie mit dem Werkzeug

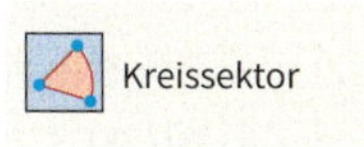

gezeichnet.

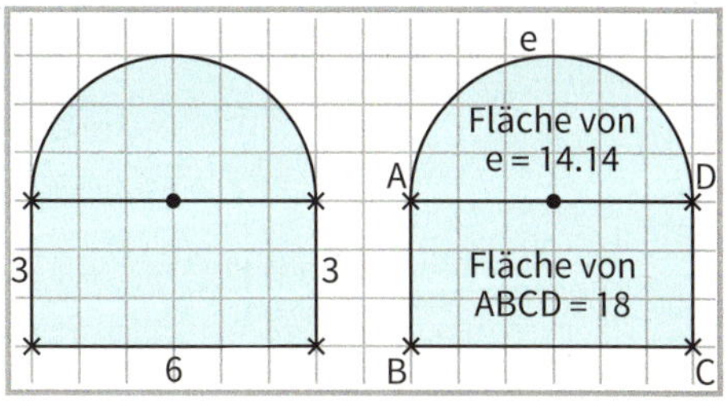

Sie erhält jeweils den Flächeninhalt einer Teilfigur und addiert die Werte.

$14{,}14\ cm^2 + 18\ cm^2 = 32{,}14\ cm^2$

Zeichne die abgebildete Figur und bestimme den Flächeninhalt.

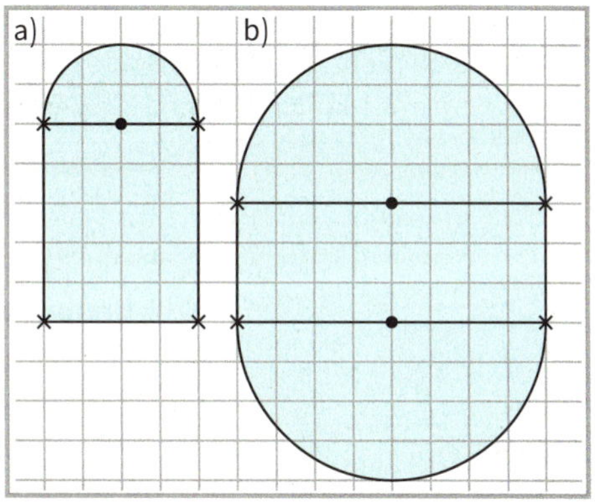

4 Bestimme den Umfang der zusammengesetzten Figur. Benutze das Werkzeug

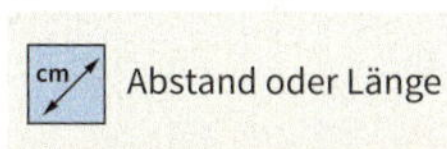

.

Zum Messen von Streckenlängen kannst du die Strecke oder die Endpunkte der Strecke anklicken.

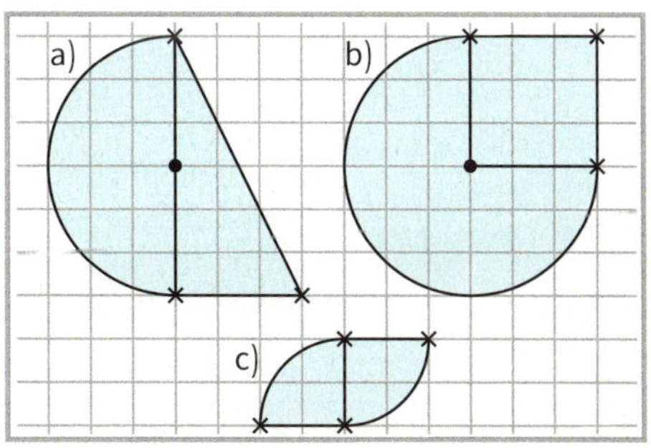

WISSEN KOMPAKT

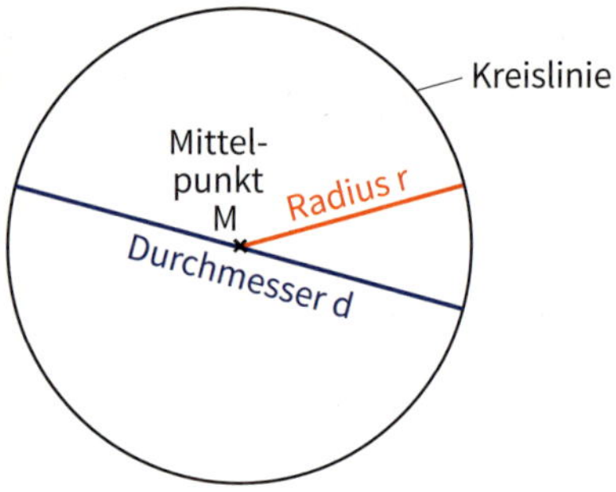

Eine Strecke vom Mittelpunkt M zu einem Punkt der Kreislinie heißt **Radius r**.

Der **Durchmesser d** verläuft durch den Mittelpunkt des Kreises.
Der Durchmesser d ist doppelt so lang wie der Radius r.

$$d = 2 \cdot r$$

Kreiszahl π

Das Verhältnis des Umfangs u eines Kreises zu seinem Durchmesser d ist bei allen Kreisen gleich.
Der Quotient u : d heißt Kreiszahl und wird mit dem griechischen Buchstaben π (*lies*: pi) bezeichnet.

$$\pi = \frac{u}{d}$$

Die Kreiszahl π lässt sich nicht als abbrechende oder periodische Dezimalzahl darstellen.

$$\pi = 3{,}14159265358979323846264338327950288419716939937\ldots$$

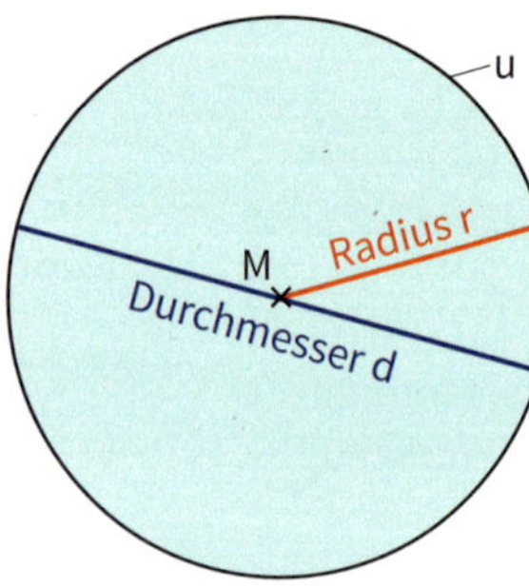

Umfang eines Kreises

$u = \pi \cdot d$

$u = 2 \cdot \pi \cdot r$

Flächeninhalt eines Kreises

$A = \pi \cdot r^2$

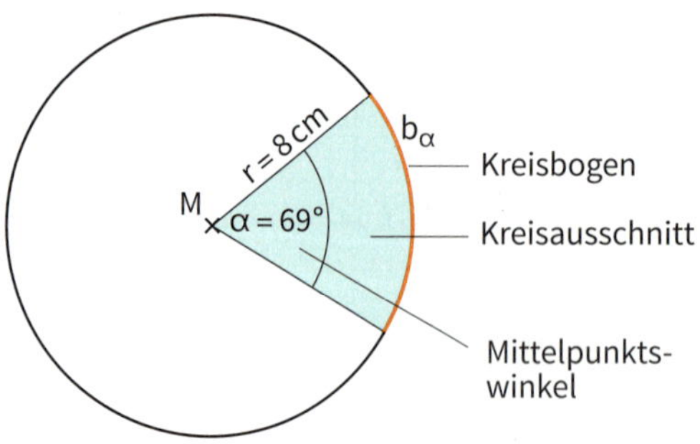

Länge eines Kreisbogens b_α

α	b_α
360°	$2 \cdot \pi \cdot 8 \approx 50{,}3$
1°	$\frac{50{,}3}{360}$
69°	$\frac{50{,}3 \cdot 69}{360} \approx 9{,}6$

$b_\alpha = 9{,}6$ cm

ÜBEN

1 Berechne den Umfang des Kreises. Runde dein Ergebnis auf zwei Stellen nach dem Komma.

	a)	b)	c)	d)
r	34 m	6,6 dm	■	■
d	■	■	5,2 cm	0,9 m

2 Berechne den Flächeninhalt des Kreises. Runde dein Ergebnis auf zwei Stellen nach dem Komma.

	a)	b)	c)	d)
r	96 cm	3,8 m	■	■
d	■	■	84 cm	6,8 m

3 Ein kreisförmiges Blumenbeet mit d = 3,20 m wird mit 25 cm langen Randsteinen eingefasst.

4 Ein kreisförmiger Sitzplatz (d = 2,50 m) soll neu gepflastert werden.

Für wie viel Quadratmeter müssen Steine gekauft werden?

5 Aus einer quadratischen Blechplatte mit 90 cm Breite soll eine möglichst große kreisförmige Scheibe geschnitten werden.

a) Berechne den Flächeninhalt der Kreisscheibe.

b) Berechne den Inhalt der Restfläche.

6 a) Ergänze die Tabelle im Heft.

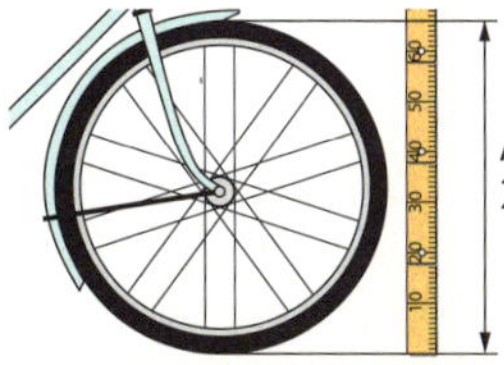

Die Zollbezeichnung (z. B. 26 x 2.0) gibt den ungefähren Außendurchmesser mit 26 Zoll und die Reifenbreite mit 2.0 Zoll an. (Zoll: altes Längenmaß, 1″ ≈ 2,54 cm)

Reifengröße (in Zoll)	24 x 1.75	26 x 1.9	28 x 1.5
Radumfang	■	■	■

b) Emma findet auf einem Reifen die Größenangabe 28 x 1.75.
Bestimme die Länge der Strecke, die dieser Reifen bei 1 000 Umdrehungen zurücklegt.

7 Das Rotorblatt einer älteren Windkraftanlage ist 25 m lang.
Das Rotorblatt einer Anlage aus dem Jahr 2016 ist doppelt so lang.

Vergleiche die Inhalte der Kreisflächen, die jeweils von den Rotoren überstrichen werden (Windernteflächen), miteinander. Was stellst du fest?

8 Mit einem Messrad werden Entfernungen gemessen.

Warum wurde für das abgebildete Messrad der angegebene Durchmesser gewählt?

Die Aufgaben auf dieser Seite könnt ihr mit einem Partner oder einer Partnerin bearbeiten.

ÜBEN

9 Im Beispiel wird der Flächeninhalt eines Kreisringes berechnet.

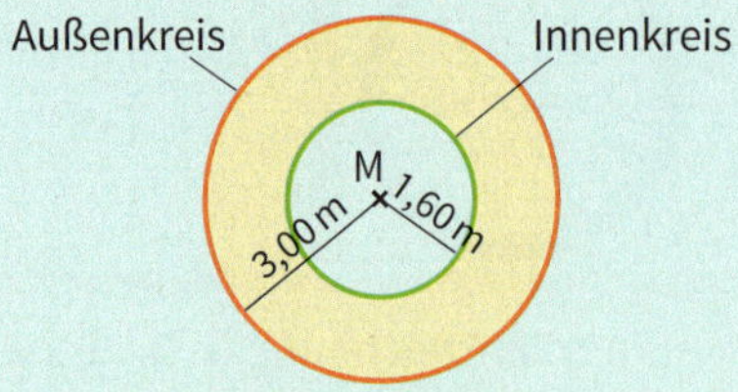

1. Flächeninhalt des Außenkreises
   $A = \pi \cdot r^2$
   $A = \pi \cdot 3{,}00^2$
   $A \approx 28{,}27$
2. Flächeninhalt des Innenkreises
   $A = \pi \cdot r^2$
   $A = \pi \cdot 1{,}60^2$
   $A \approx 8{,}04$
3. Flächeninhalt des Kreisringes
   $A = 28{,}27\ m^2 - 8{,}04\ m^2$
   $A = 20{,}23\ m^2$

Berechne den Flächeninhalt des Kreisringes. Runde dein Ergebnis auf eine Nachkommastellen.

a)

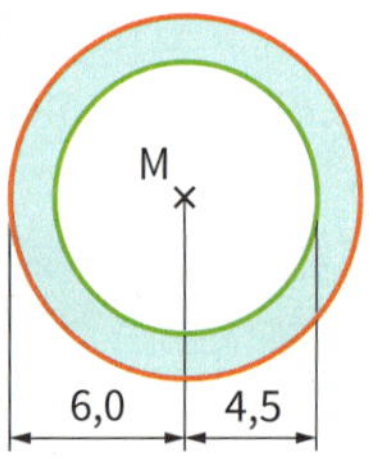

b)

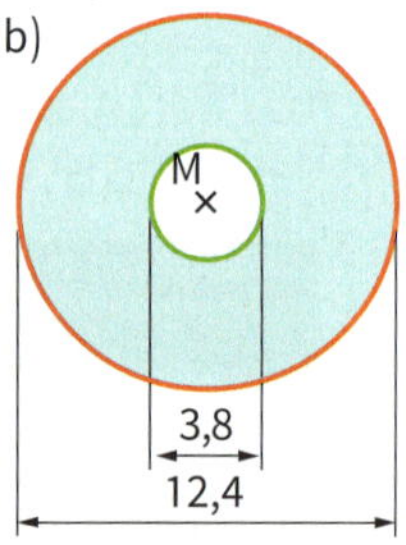

c)

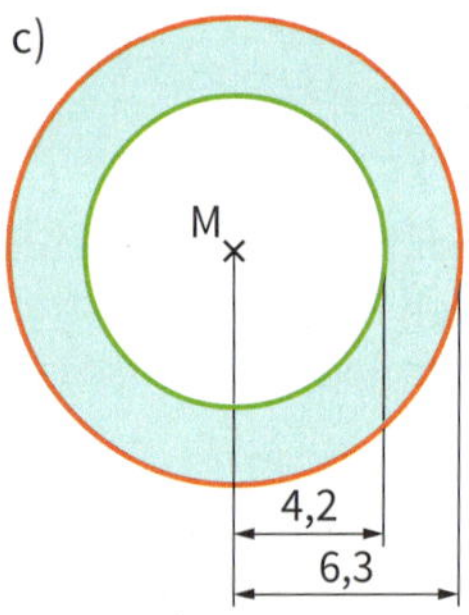

d)

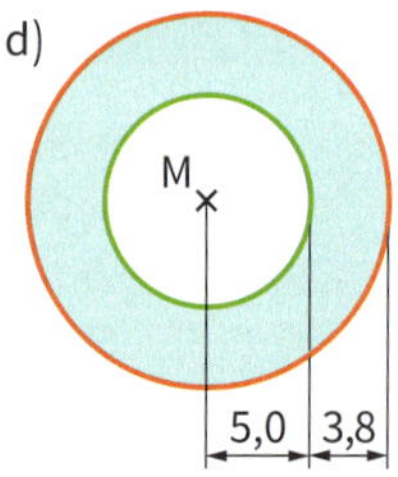

e)

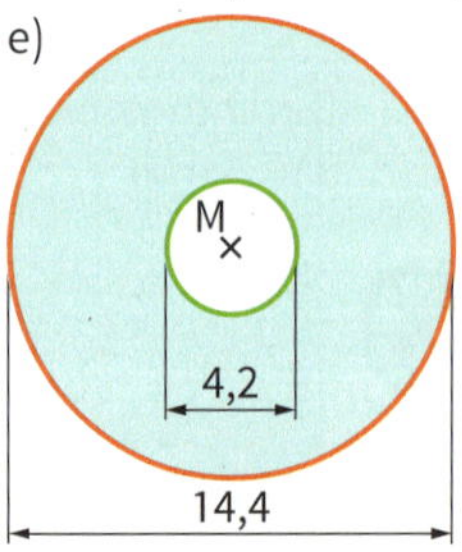

f)

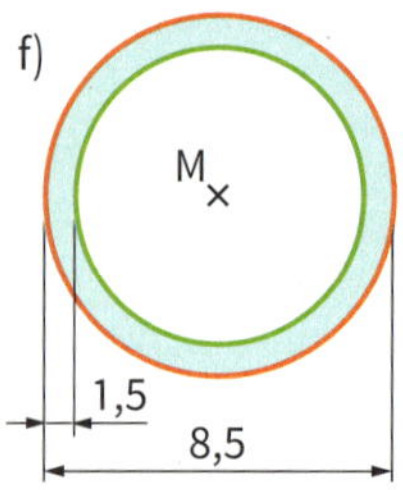

Maße in cm

10 Bei einem Kreisring wird der Innenradius mit r_i und der Außenradius mit r_a bezeichnet. Der Außendurchmesser heißt d_a und der Innendurchmesser heißt d_i.

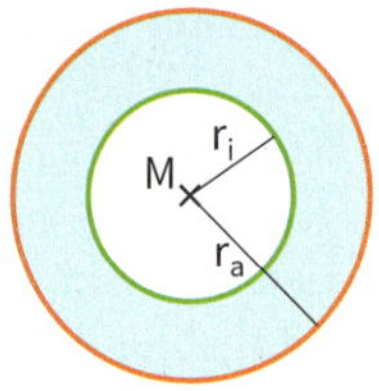

Berechne den Flächeninhalt des Ringes.

	r_a	r_i	d_a	d_i
a)	3,6 cm	2,3 cm	■	■
b)	■	■	5,4 cm	3,6 cm
c)	0,87 m	0,78 m	■	■

11 Der 0,90 m breite Streifen um den kreisförmigen Brunnen soll neu gepflastert werden.

Für einen Quadratmeter Pflastersteine berechnet der Handwerker 124 €.

12 Aus einem quadratischen Blechstück (a = 8,0 cm) soll ein möglichst großer 1,5 cm breiter Kreisring ausgeschnitten werden. Berechne den Flächeninhalt des Kreisringes.

13 Um eine Buche mit 1,20 m Durchmesser soll eine 40 cm breite Sitzbank aus Holz gebaut werden.

Berechne den Flächeninhalt der Sitzfläche.

ÜBEN: Zusammengesetzte Figuren

1 Im Beispiel wird der Flächeninhalt einer zusammengesetzten Figur berechnet.

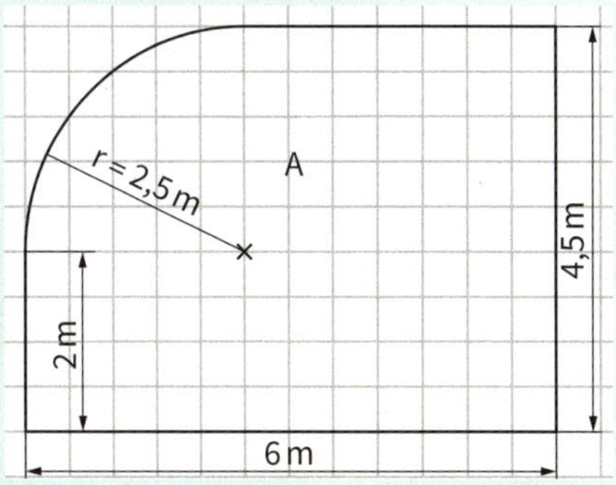

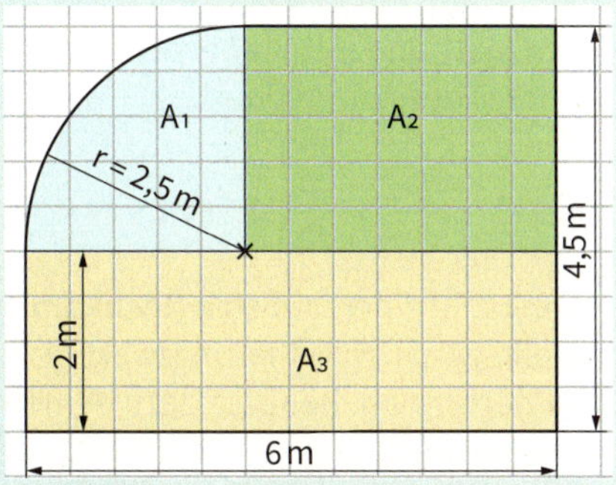

$A_1 = \frac{r^2 \cdot \pi}{4}$

$A_1 = \frac{2{,}5^2 \cdot \pi}{4}$

$A_1 \approx 4{,}91$

$A_2 = a \cdot b$

$A_2 = 3{,}5 \cdot 2{,}5$

$A_2 = 8{,}75$

$A_3 = a \cdot b$

$A_3 = 6 \cdot 2$

$A_3 = 12$

$A = A_1 + A_2 + A_3$

$A \approx 4{,}91 + 8{,}75 + 12$

$A \approx 25{,}66$

$A \approx 25{,}66\ cm^2$

a) Erkläre die Beispielrechnung.
b) Berechne den Flächeninhalt der Figur.

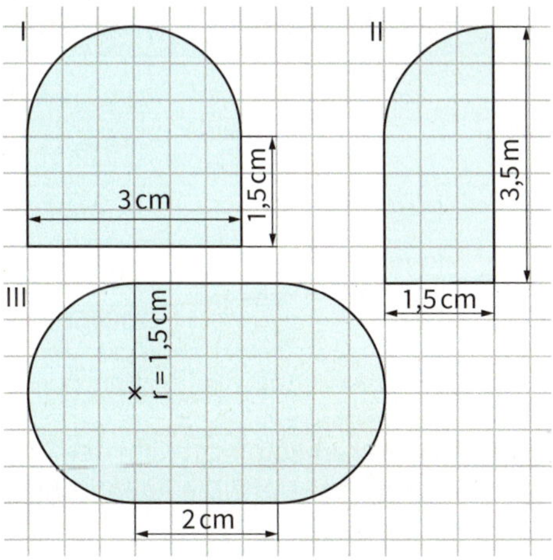

2 Berechne den Umfang der Figur. Teile dazu den Umfang in geeignete Abschnitte ein.

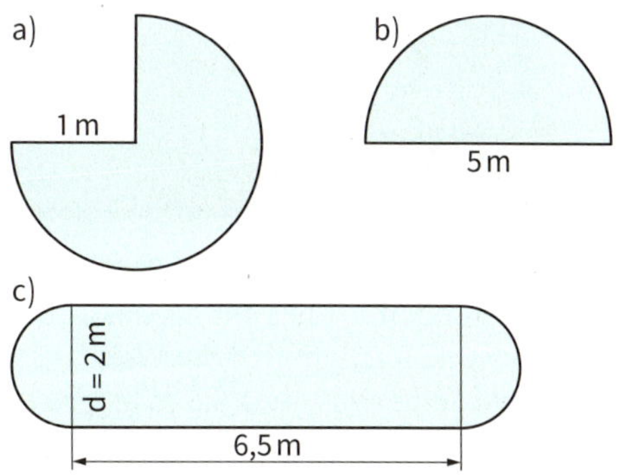

3 Berechne den Umfang und den Flächeninhalt der Figur.

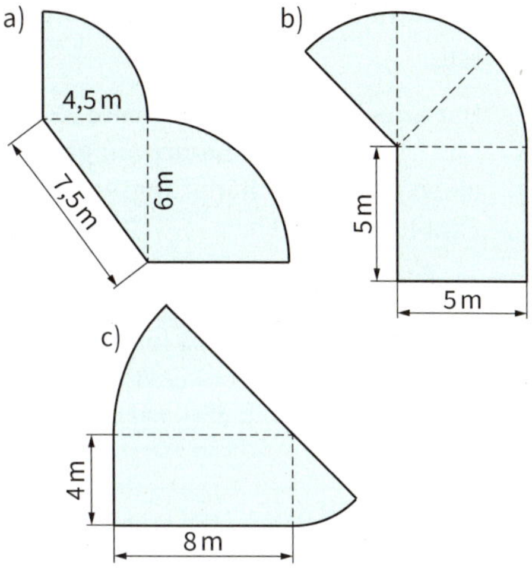

4 Das Schwimmbecken eines Hotels soll renoviert werden.

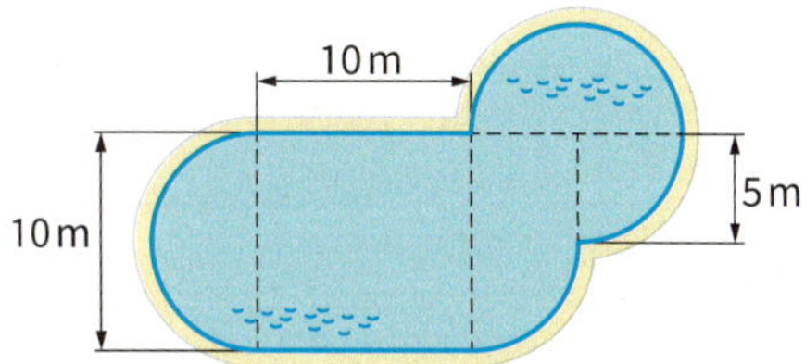

a) Die Bodenfläche des gesamten Beckens soll mit Fliesen belegt werden. Wie viel Quadratmeter müssen bestellt werden?
b) Der gelb gekennzeichnete Beckenrand soll mit rutschfesten Spezialfliesen versehen werden. Wie viel laufende Meter muss der Fliesenleger einplanen?

VERTIEFEN: Die Kreiszahl π

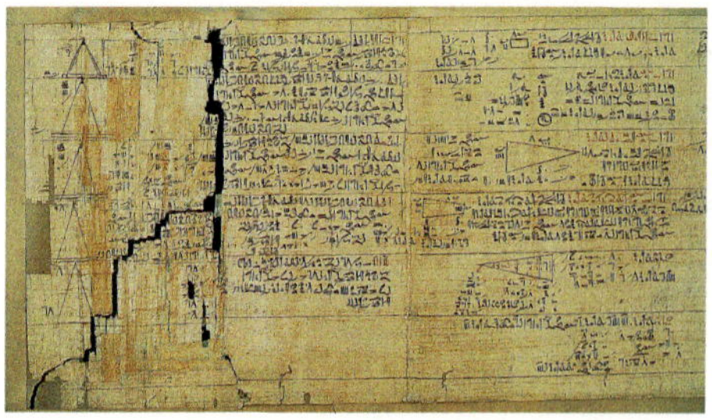

1 Das altägyptische Papyrus Rhind (17. Jahrhundert v. Chr.) gilt als das älteste bekannte Rechenbuch der Welt.
Beide Seiten des etwa 5,5 m langen und 32 cm breiten Papyrus sind mit über 80 Aufgaben und beispielhaften Lösungen beschrieben.
In einer dieser Aufgaben wird für die Zahl π der Näherungswert $\left(\frac{16}{9}\right)^2 \approx 3{,}16$ ermittelt.

Der Grieche Archimedes stellte 250 v. Chr. systematische Berechnungen an, um einen genaueren Näherungswert für die Zahl π zu erhalten.

Archimedes von Syrakus Mathematiker

> *Der Umfang eines jeden Kreises ist dreimal so groß wie der Durchmesser und noch um etwas größer, nämlich um weniger als $\frac{1}{7}$, aber mehr als $\frac{10}{71}$ des Durchmessers.*

Stimmt das? Überprüfe die Aussage von Archimedes.

Die Tabelle zeigt Näherungswerte, mit denen früher gerechnet wurde.

	Näherungswert für π
Babylonier (2000 v. Chr.)	$\frac{10}{3}$
Ägypter (1650 v. Chr.)	$\left(\frac{16}{9}\right)^2$
Archimedes (287 – 212 v. Chr.)	$\frac{22}{7}$
Ptolemäus (85 – 165)	$\frac{377}{120}$
Tsu Ch'ung Chi (430 – 510)	$\frac{355}{113}$

Wandle die Werte jeweils in eine Dezimalzahl um. Runde auf die vierte Nachkommastelle. Was stellst du fest?

Leonard Euler (1707 – 1783) verwendete erstmals den griechischen Buchstaben „pi“ (von perimetros, dt. Umfang).

Gottfried Wilhelm Leibniz 1646 – 1716

2 Der Philosoph und Mathematiker Gottfried Wilhelm Leibniz stellte die folgende Reihe auf, die sich beliebig weit fortsetzen lässt und sich dabei dem Wert von π immer besser annähert.

$$\frac{\pi}{4} = 1 - \frac{1}{3} + \frac{1}{5} - \frac{1}{7} + \frac{1}{9} - \frac{1}{11} + \dots$$

Versuche einen auf eine Nachkommastelle genauen Näherungswert für π zu berechnen. Benutze dazu deinen Taschenrechner.

3 In den Jahren 1943 bis 1946 wurde in Pennsylvania in den USA der Rechner ENIAC gebaut.
Er berechnete im Jahr 1949 für die Zahl π über 2 000 Stellen.

	Anzahl der bekannten Nachkommastellen von π
1949	107 374 000
1989	51 539 600 000
1999	206 158 430 000
2013	12 411 000 000 000

Wie viele Nachkommastellen der Zahl π sind heute bekannt? Die Antwort findest du im Internet.

AUSGANGSTEST

1 Berechne Umfang und Flächeninhalt des Kreises. Runde dein Ergebnis auf zwei Nachkommastellen.
a) r = 5,40 cm b) r = 7,50 m c) d = 18,00 m

2 Ein Kreis hat einen Umfang von 62,83 m. Berechne seinen Durchmesser und seinen Radius.

3 Die abgebildete Kreisfläche (d = 3,80 m) soll neu gepflastert werden. Wie viele Steine muss der Pflasterer dabei haben, wenn er für einen Quadratmeter 10 Steine rechnet?

4 Welche Strecke legt die markierte Spitze des Kinderwindrades bei einer Umdrehung zurück?

5 Berechne den Flächeninhalt der farbigen Figur.

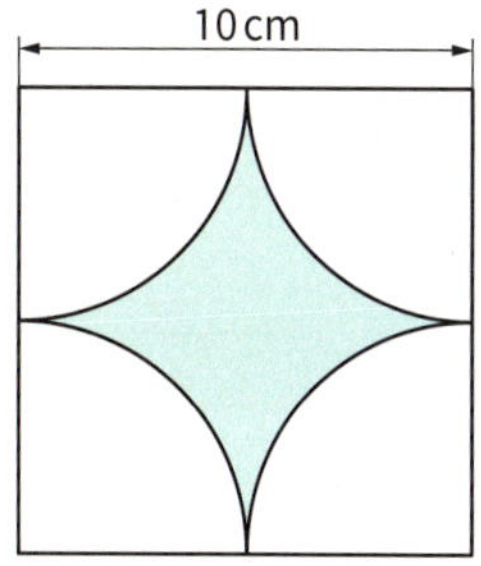

6 Berechne den Flächeninhalt und den Umfang der Figur.

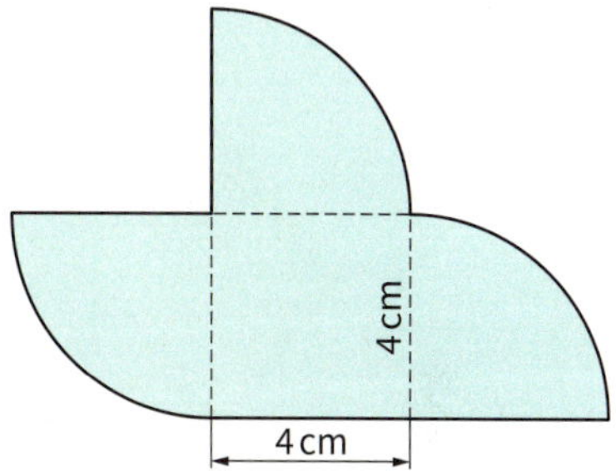

7 Berechne Umfang und Flächeninhalt der Figur.

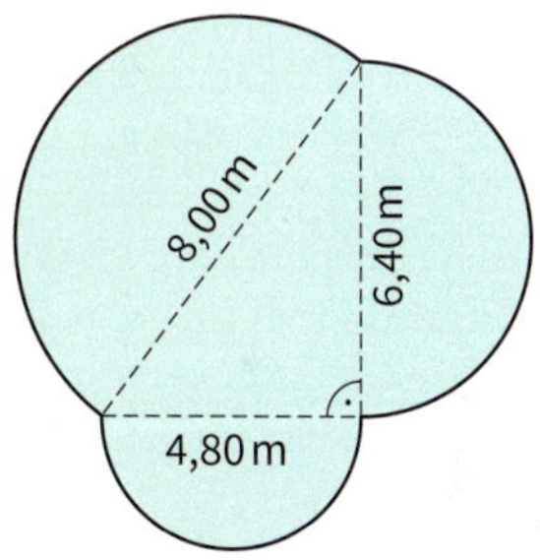

Ich kann ...

Ich kann ...	Aufgabe	Hilfen und Aufgaben	
den Umfang und den Flächeninhalt eines Kreises berechnen.	1	Seite 125, 126, 127, 131	I
den Durchmesser und Radius bei vorgegebenem Umfang berechnen.	2	Seite 125	
Sachaufgaben zum Flächeninhalt eines Kreises lösen.	3	Seite 127, 131	
Sachaufgaben zum Umfang eines Kreises lösen.	4	Seite 128, 131	
den Flächeninhalt einer Kreisfigur berechnen.	5	Seite 133	II
den Flächeninhalt und den Umfang einer zusammengesetzten Figur berechnen.	6, 7	Seite 133	

8 Prismen und Zylinder

Wasserturm auf Langeoog

In diesem Kapitel ...

- *lernst du Prismen und Zylinder und ihre Eigenschaften kennen.*
- *zeichnest du Schrägbilder und Netze von Prismen und Zylindern.*
- *berechnest du den Oberflächeninhalt und das Volumen von Prismen und Zylindern.*

Bist du fit für dieses Kapitel? Eingangstest auf Seite 166.

Körper in der Architektur

Flatiron Building in New York

Pentagon in Washington

BMW-Vierzylinder in München

Gedächtniskirche in Berlin

Musikhochschule in Stuttgart

- Auf den Bildern sind Gebäude abgebildet, die sich durch ungewöhnliche Formgebung und Gestaltung auszeichnen. Betrachte jedes Gebäude. Beschreibe jeweils Grund- und Seitenflächen.
- Suche im Internet weitere Bilder von Gebäuden mit ungewöhnlichen Formen.

Körper beschreiben

Geometrische Körper

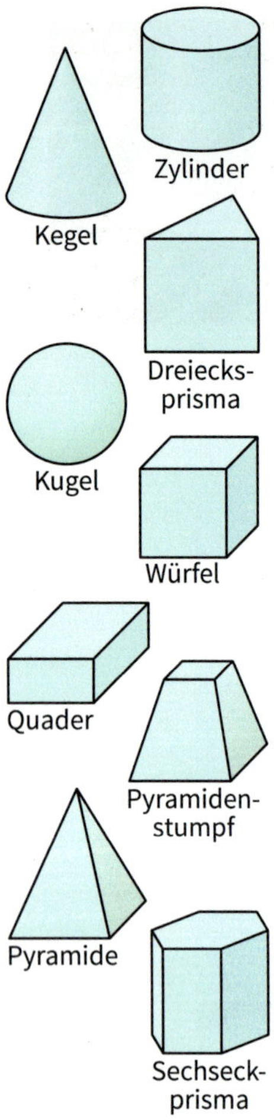

1 Ordne die oben abgebildeten Gegenstände den geometrischen Körpern zu.

2 Die Begrenzungsflächen von geometrischen Körpern können unterschiedliche Formen haben. Bei welchen Körpern findest du
a) rechteckige Begrenzungsflächen,
b) quadratische Begrenzungsflächen,
c) dreieckige Flächen,
d) runde Flächen,
e) sechseckige Flächen?

3 Suche Gegenstände in deiner Umgebung und ordne ihnen geometrische Körper zu.

4 Das Dockland-Gebäude im Hamburger Hafen hat eine ungewöhnliche Form. Aus welchen mathematischen Körpern könnte man es zusammensetzen? Beschreibe die Form der Außenflächen.

Eigenschaften eines Prismas

1 Die abgebildeten Körper sind Prismen.

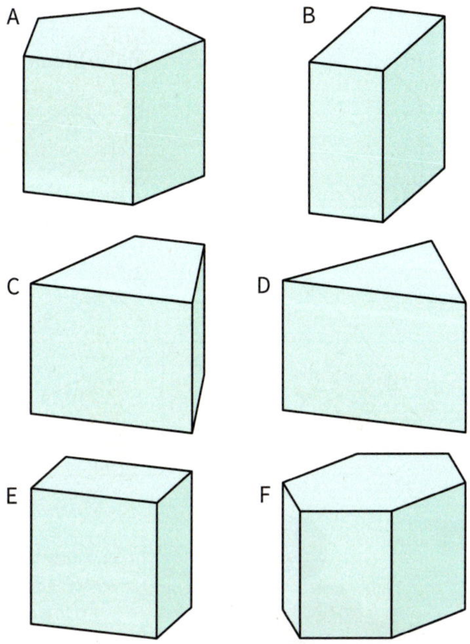

Beschreibe jeweils die Begrenzungsflächen.

2 Nenne Gegenstände aus deinem Umfeld, die die Form eines Prismas haben oder die aus mehreren Prismen zusammengesetzt sind.

Ein Körper heißt **Prisma**, wenn er von zwei zueinander parallelen und kongruenten **Vielecksflächen** und von **rechteckigen Seitenflächen** begrenzt wird.
Prismen werden oft nach der Anzahl ihrer rechteckigen Seitenflächen benannt (dreiseitiges, vierseitiges, fünfseitiges, … Prisma).
Der Abstand von Grund- und Deckfläche heißt **Körperhöhe h_k** des Prismas.

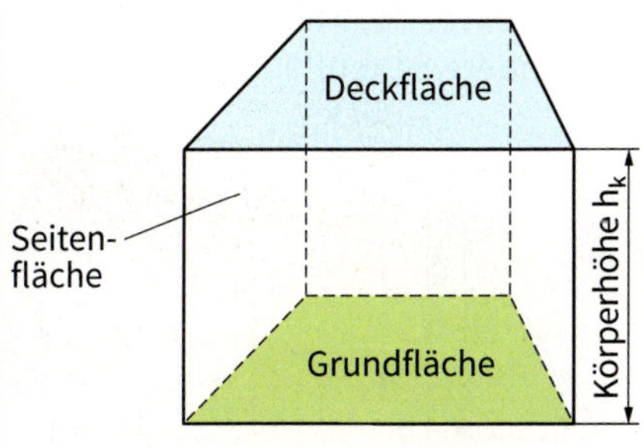

3 a) Welcher Körper ist kein Prisma? Worin unterscheidet er sich von den anderen?

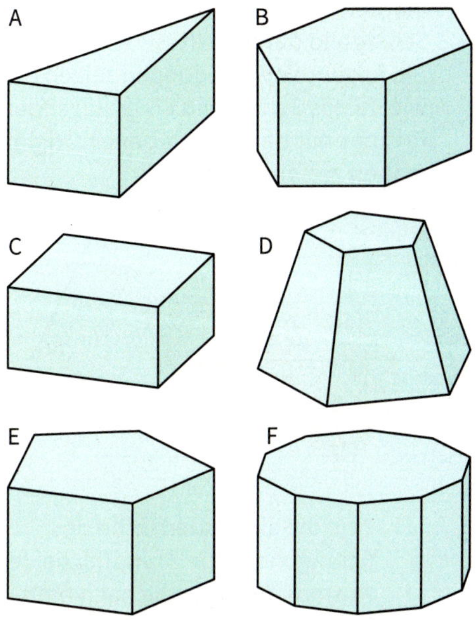

b) Gib für jedes Prisma die Anzahl seiner Seitenflächen an.

4 Prismen stehen auf ihrer Grundfläche oder liegen auf einer Seitenfläche. Welche der abgebildeten Prismen liegen auf einer Seitenfläche, welche stehen auf ihrer Grundfläche?

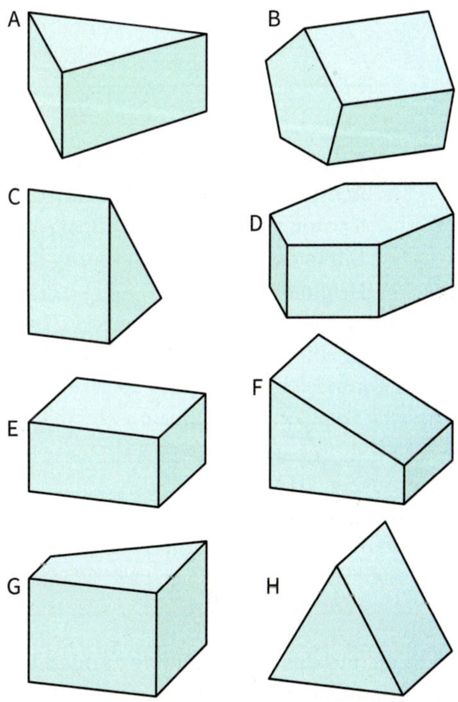

Schrägbilder von Prismen

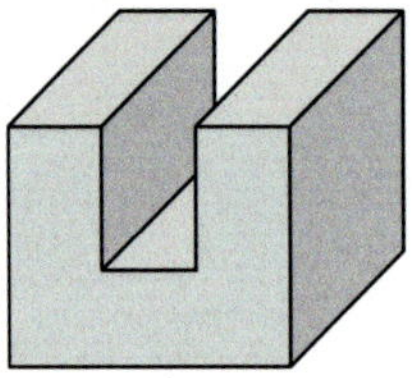

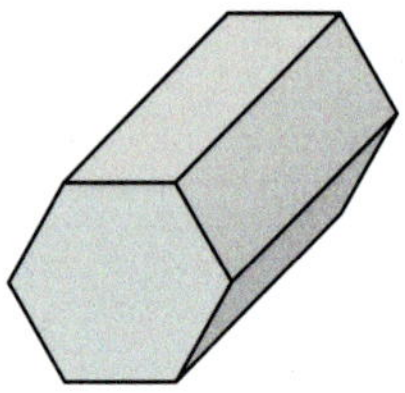

1 Damit du dir Körper besser vorstellen kannst, werden sie in technischen oder mathematischen Zeichnungen häufig als Schrägbild dargestellt.
Die folgenden Abbildungen zeigen dir, wie du das Schrägbild eines liegenden Prismas mit den angegebenen Originalmaßen zeichnen kannst.

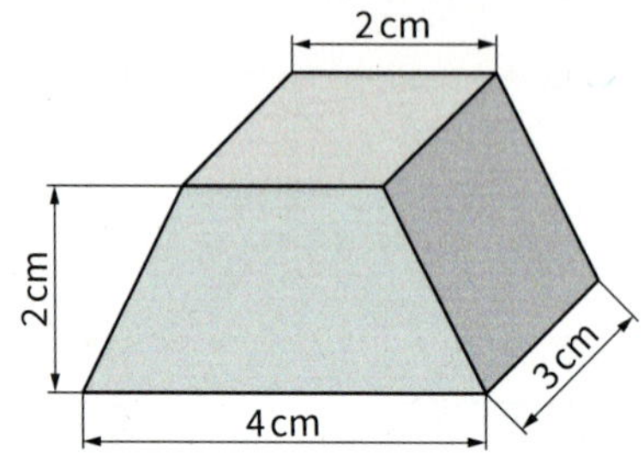

1. Zeichne als Vorderfläche des Schrägbildes die Grundfläche des Prismas. Ergänze die nach hinten laufenden Kanten um die Hälfte verkürzt (1,5 cm) in einem Winkel von 45° zur Vorderkante.

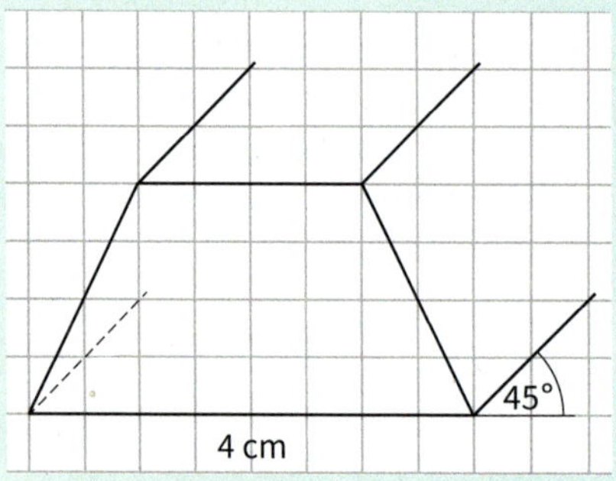

2. Zeichne die fehlenden Kanten ein. Achte darauf, dass du unsichtbare Kanten gestrichelt zeichnest. Gib in der fertigen Zeichnung die Originalmaße an.

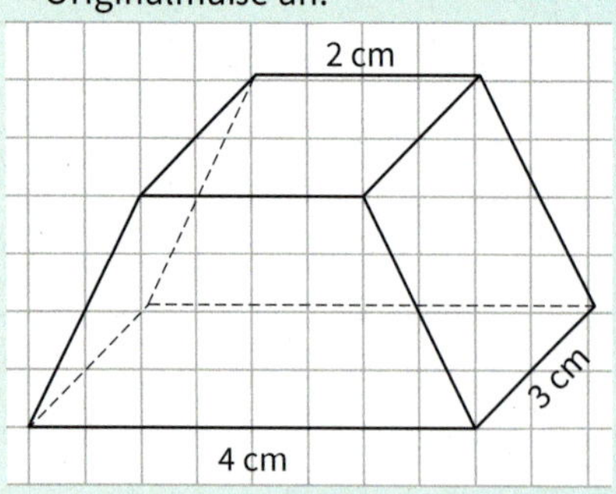

Zeichne das Schrägbild des abgebildeten Prismas in dein Heft.

2 Zeichne das abgebildete liegende Prisma auf Kästchenpapier.

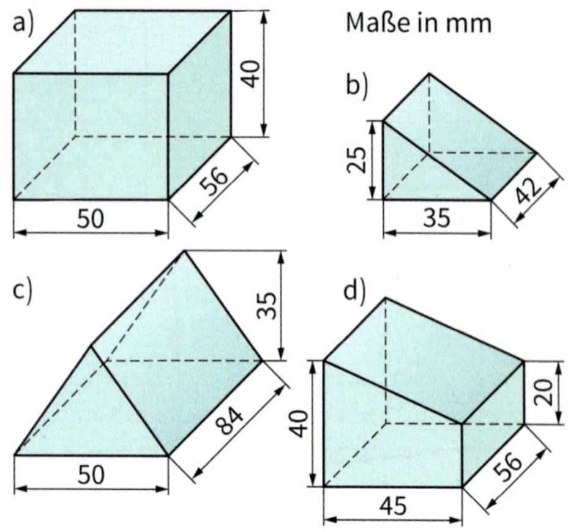

3

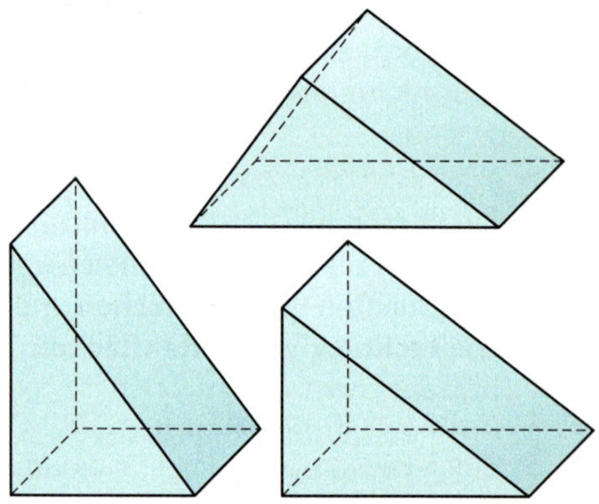

a) Was meinst du? Begründe deine Antwort.

b) Übertrage die unten abgebildeten Prismen in dein Heft. Zeichne von jedem Prisma ein weiteres Schrägbild. Benutze dazu als Auflagefläche eine andere Seitenfläche.

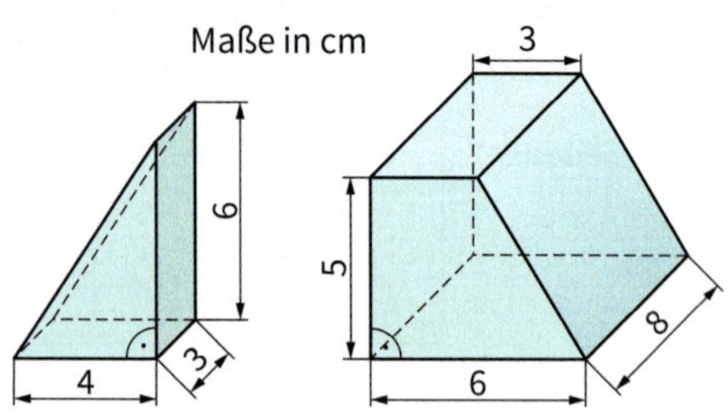

Schrägbilder von Prismen

4 Alia möchte das Schrägbild eines stehenden dreiseitigen Prismas zeichnen.

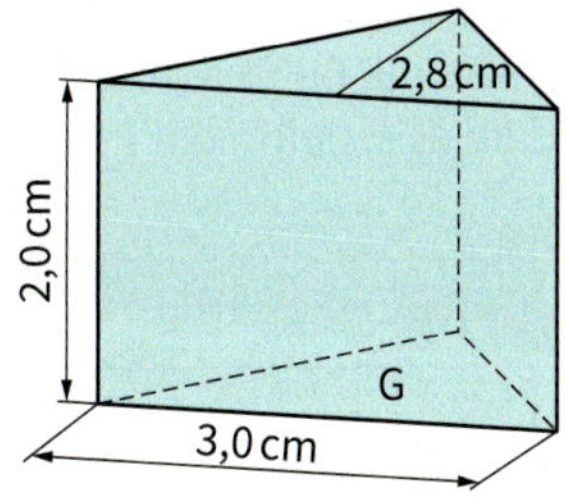

Zunächst konstruiert sie die Grundfläche und zeichnet die Höhe h_c ein.
Im Schrägbild hat Alia die Höhe h_c auf die Hälfte gekürzt.

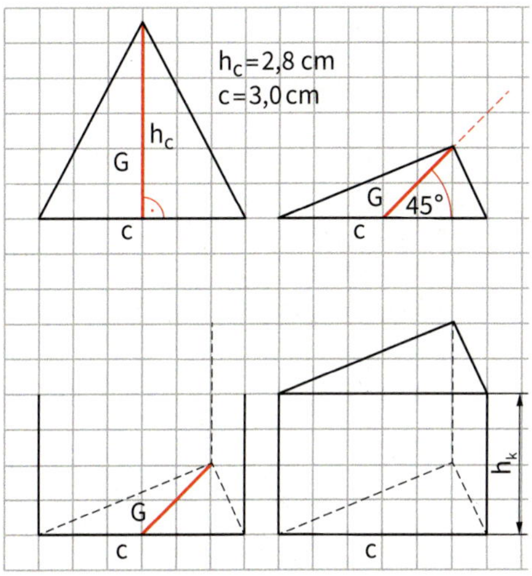

Erläutere, wie Alia das Schrägbild des Prismas gezeichnet hat.

5 Vervollständige das Schrägbild des Prismas in deinem Heft.

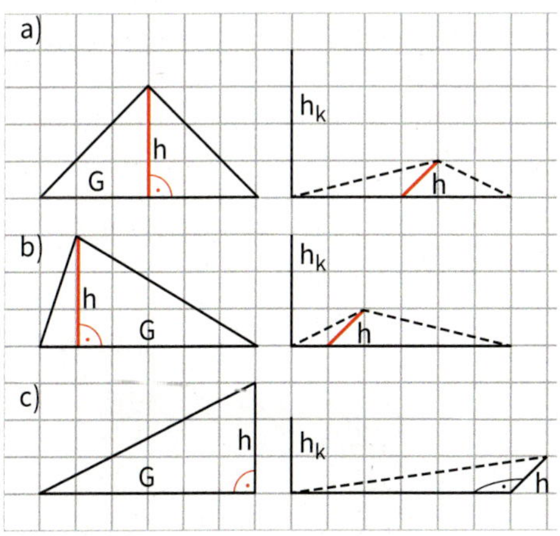

6 Zeichne das Schrägbild eines stehenden Prismas (h_k = 4 cm) mit der abgebildeten Grundfläche.

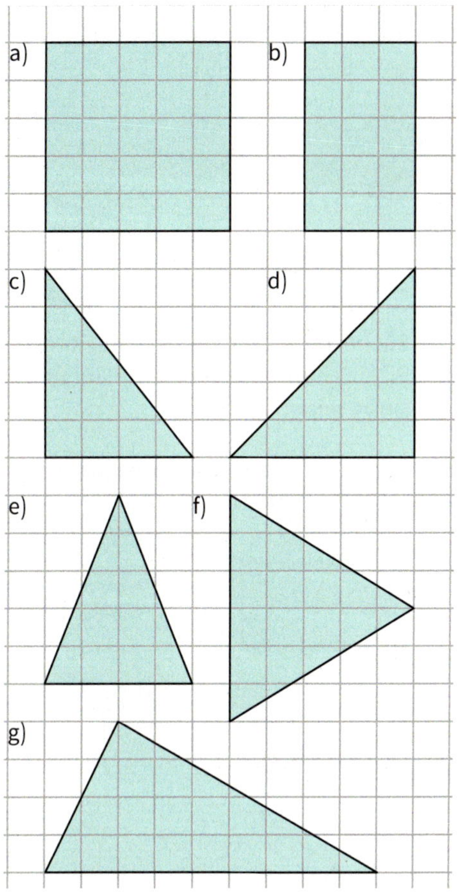

7 Das Schrägbild des Prismas (h_k = 2 cm) ist fehlerhaft. Beschreibe den Fehler.

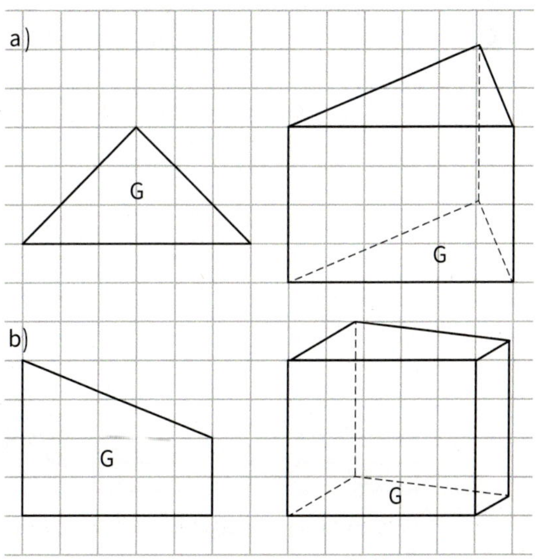

Netz eines Prismas

1 Viele Verpackungen haben die Form eines Prismas. Wenn du sie auseinanderfaltest, erhältst du das **Netz** eines Prismas.

Suche Verpackungen, die die Form eines Primas haben, schneide sie auf und falte sie auseinander.

2 Ordne jeder Verpackung ein Netz zu.

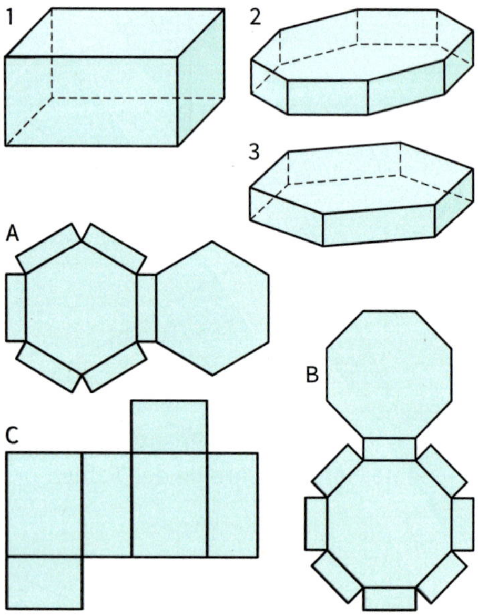

3 **Zeichne das Netz des abgebildeten Prismas.**

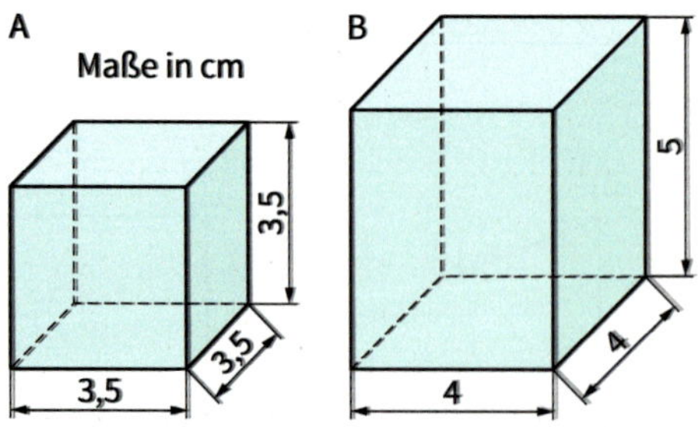

Schneide es aus und falte es zu einem Körper.

4 Übertrage das abgebildete Netz auf kariertes Papier. Schneide das Netz aus und falte es zu einem Körper. Beschreibe die Begrenzungsflächen und gib an, ob es sich um ein Prisma handelt.

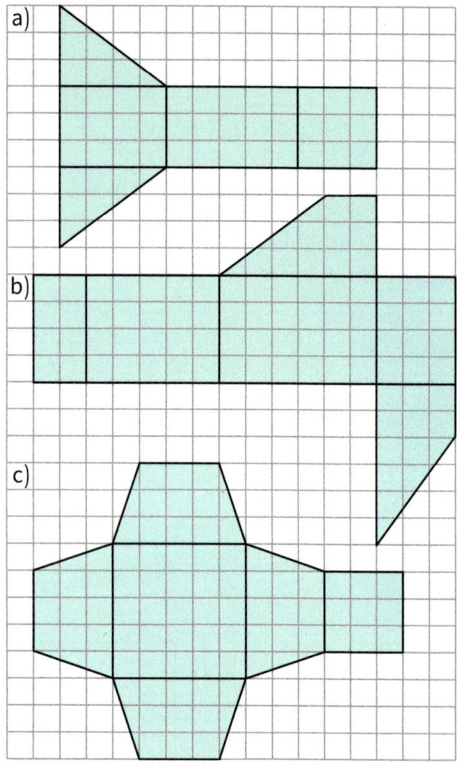

5 Ergänze das Netz des dreiseitigen Prismas in deinem Heft.

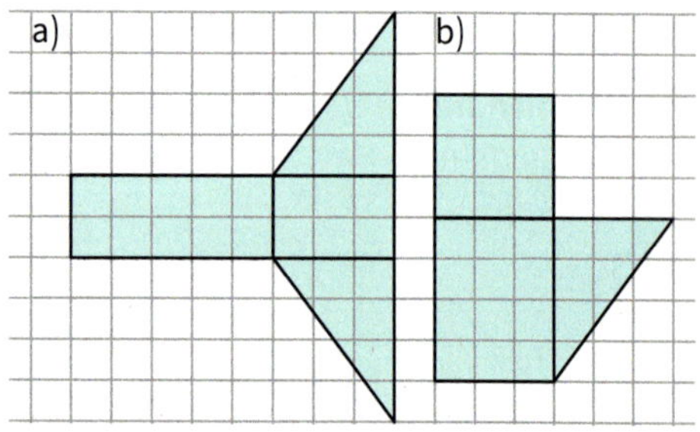

6 Zeichne das Netz des vierseitigen Prismas in dein Heft.

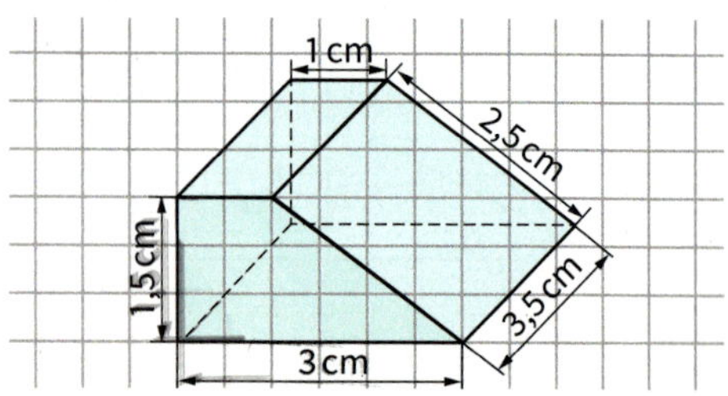

Oberflächeninhalt eines Prismas

1 Erläutere, wie der Oberflächeninhalt des Prismas berechnet wurde.

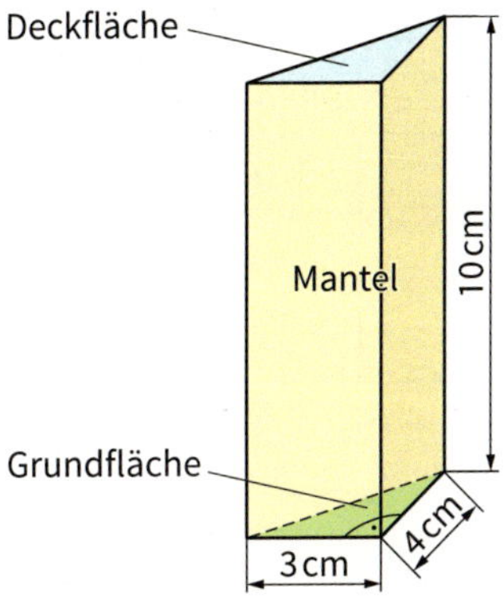

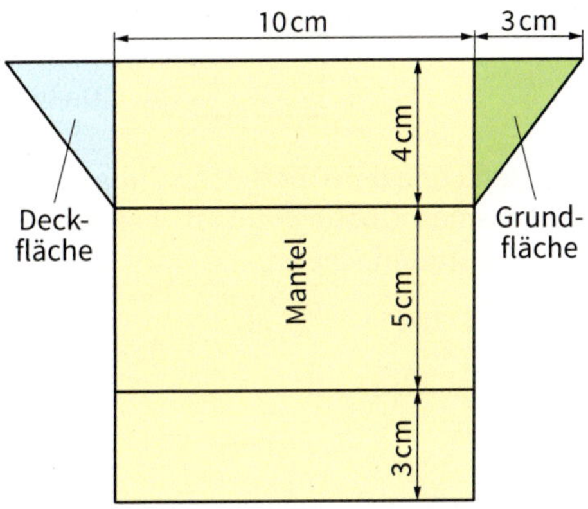

$G = \frac{4 \cdot 3}{2}$

$G = 6$

$M = 4 \cdot 10 + 5 \cdot 10 + 3 \cdot 10$

$M = 120$

$O = 2 \cdot G + M$

$O = 2 \cdot 6 + 120$

$O = 132$

$O = 132\ cm^2$

2 Berechne den Oberflächeninhalt des Prismas.

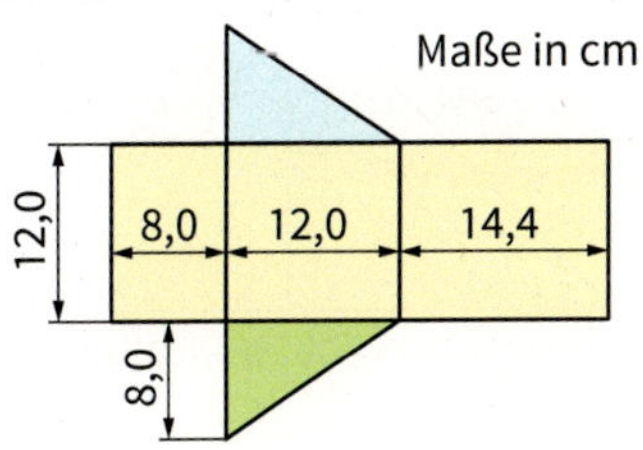

3 Ben hat den Oberflächeninhalt eines vierseitigen Prismas berechnet. Die Grundfläche ist ein Trapez.

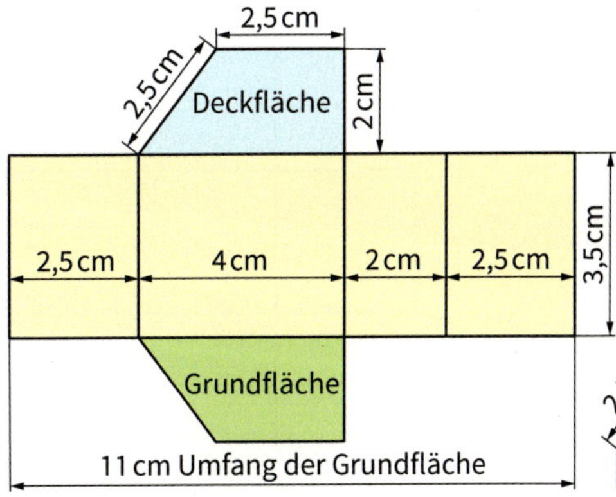

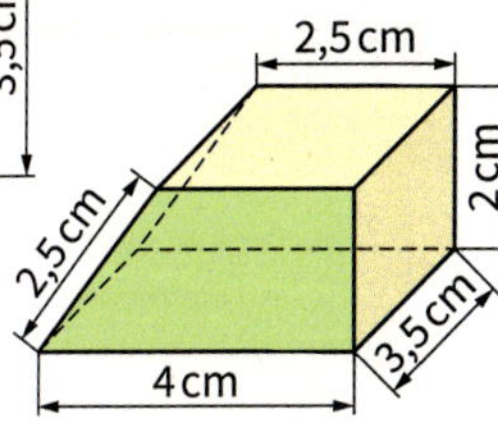

$G = \frac{4 + 2,5}{2} \cdot 2$

$G = 6,5$

$M = (2,5 + 4 + 2 + 2,5) \cdot 3,5$

$M = 38,5$

$O = 2 \cdot G + M$

$O = 2 \cdot 6,5 + 38,5$

$O = 51,5$

$O = 51,5\ cm^2$

Beschreibe, wie Ben den Inhalt der Mantelfläche berechnet hat.

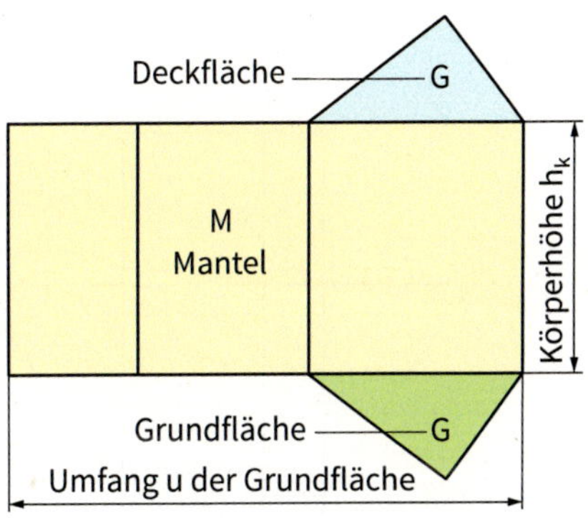

Flächeninhalt des Mantels
$M = u \cdot h_k$

Oberflächeninhalt eines Prismas
$O = 2 \cdot G + M$

Oberflächeninhalt eines Prismas

4 In der Abbildung siehst du ein Prisma und das zugehörige Netz. Berechne den Oberflächeninhalt des Prismas.

a)

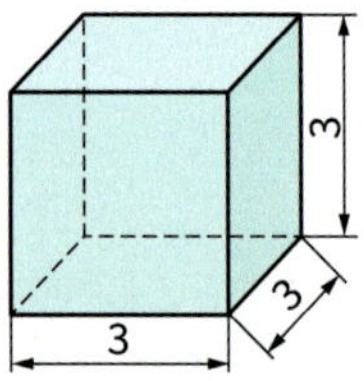

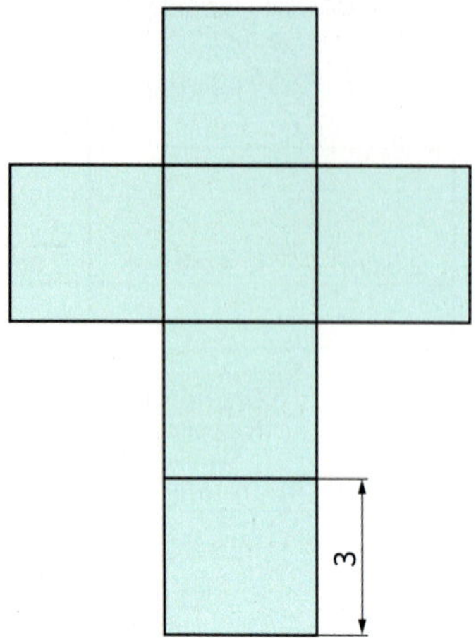

Maße in cm

b)

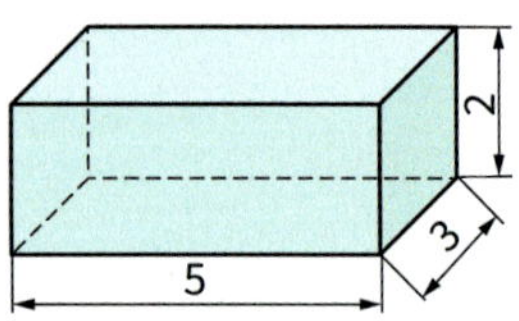

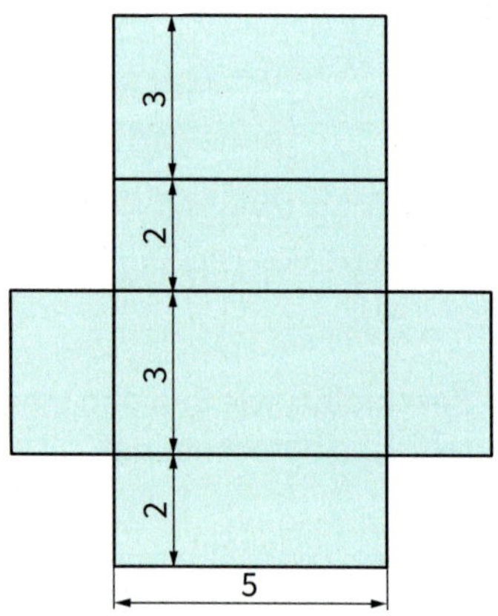

c)

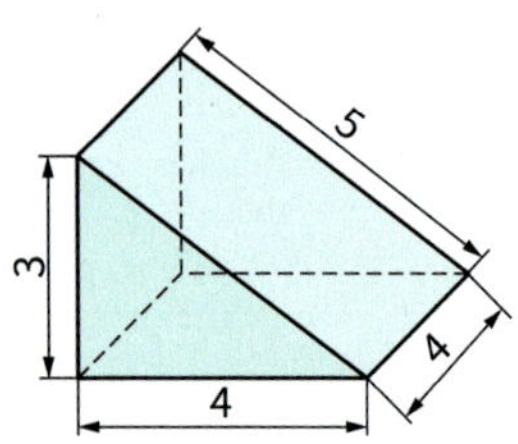

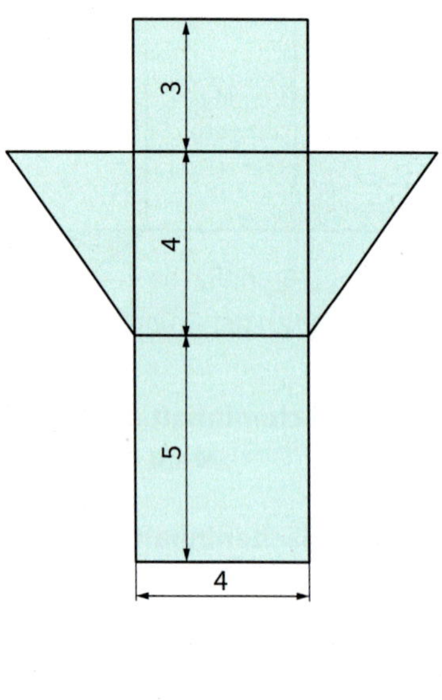

5 Bechne den Oberflächeninhalt des Prismas.

a)

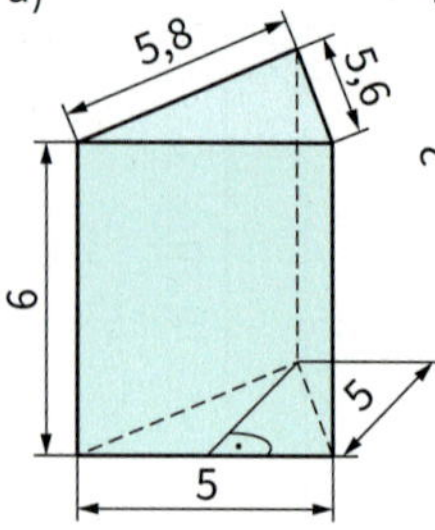

b)

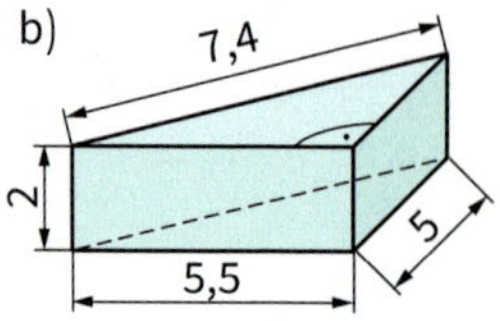

c)

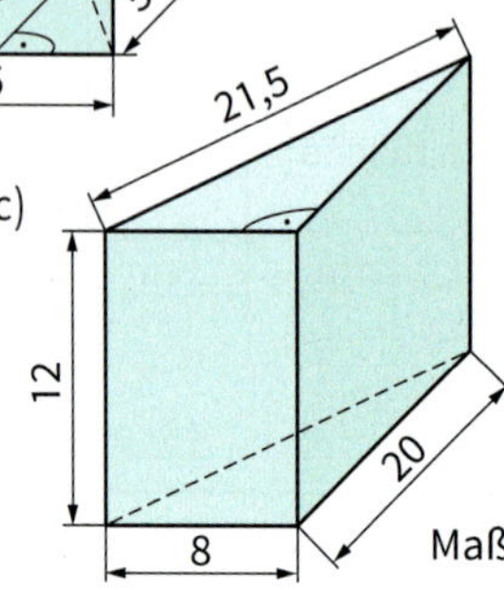

Maße in cm

6 Berechne den Oberflächeninhalt des Prismas. Überlege zuerst, welche Fläche die Grundfläche ist.

a)

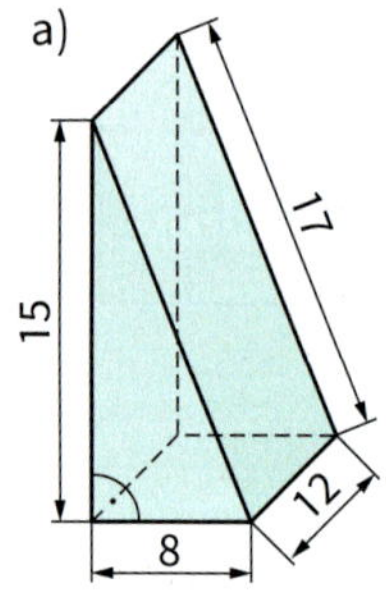

b)

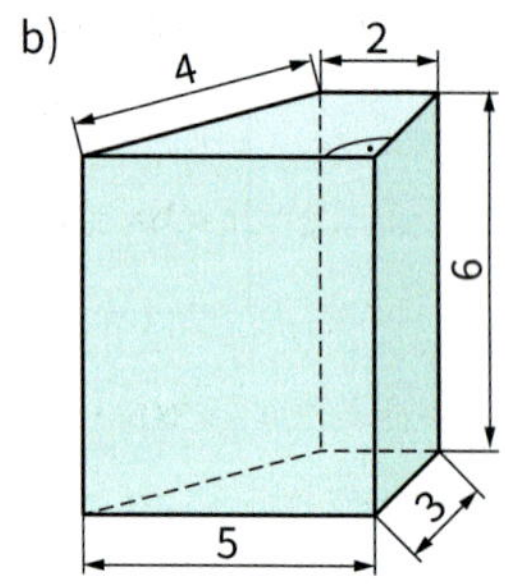

c)

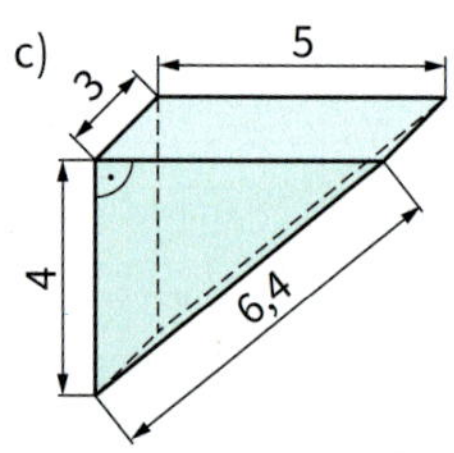

Maße in cm

7 Ein Prisma hat die abgebildete Grundfläche. Die Körperhöhe des Prismas beträgt 50 cm. Berechne den Oberflächeninhalt.

Maße in m

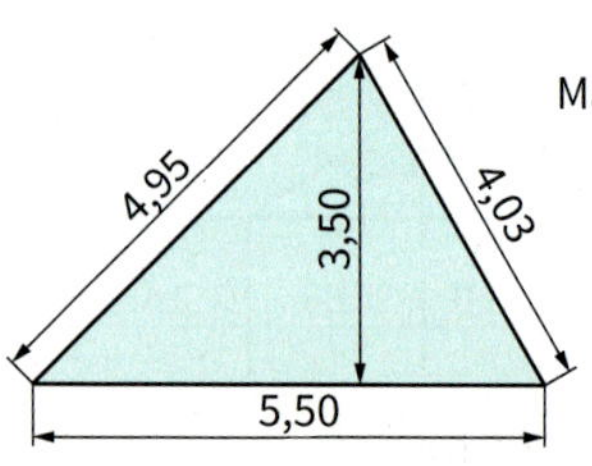

Volumen eines Prismas

1 Theo und Carla bestimmen das Volumen eines Quaders auf unterschiedliche Weise.

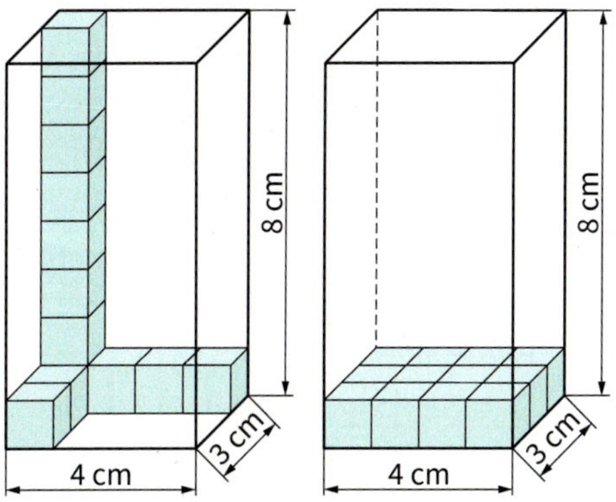

Theo:	Carla:
$V = 4 \cdot 3 \cdot 8$	$G = 4 \cdot 3 = 12$
$V = 96$	$V = 12 \cdot 8$
$V = 96\ cm^3$	$V = 96$
	$V = 96\ cm^3$

a) Welche Formel hat Theo benutzt?

b) Carla benutzt die Formel $\mathbf{V = G \cdot h_k}$, wobei die Höhe des Körpers mit h_k bezeichnet wird.
Vergleiche die beiden Lösungen.

2 Das Volumen des Dreiecksprismas wird auf zwei verschiedene Arten berechnet.

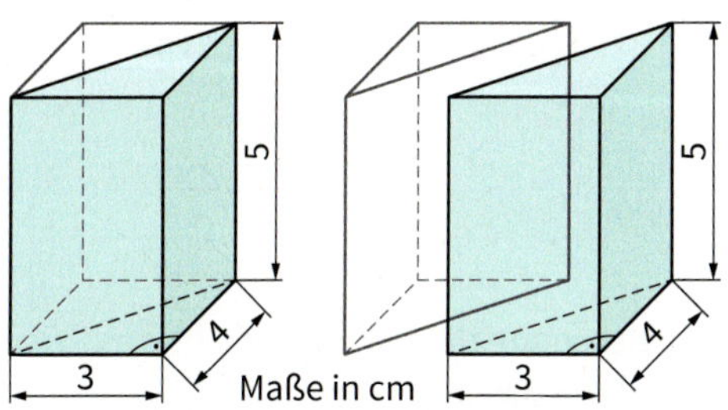

Volumen des Quaders	Volumen des Dreiecksprismas
$G = 3 \cdot 4 = 12$	$G = \frac{3 \cdot 4}{2} = 6$
$V = 12 \cdot 5 = 60$	$V = 6 \cdot 5 = 30$
$V = 60\ cm^3$	$V = 30\ cm^3$
Volumen des Dreiecksprismas	
$V = \frac{60}{2} = 30$	
$V = 30\ cm^3$	

Erkläre die beiden Rechenwege.

3 Berechne das Volumen des farbig gekennzeichneten Dreiecksprismas.

a) b)

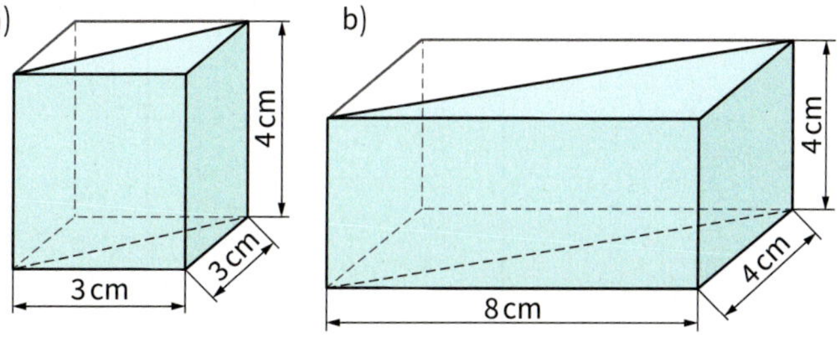

Volumen eines Prismas

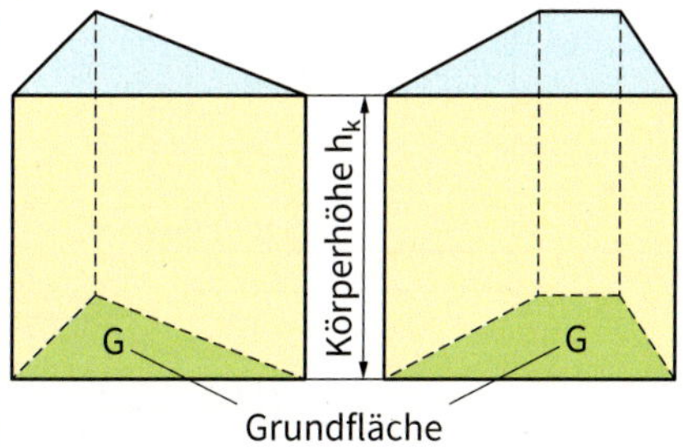

$\mathbf{V = G \cdot h_k}$

4 Im Beispiel wird das Volumen eines dreiseitigen Prismas mithilfe der Formel $\mathbf{V = G \cdot h_k}$ berechnet.

Gegeben: $g = 6\ cm$; $h = 5{,}5\ cm$;
$h_k = 4\ cm$

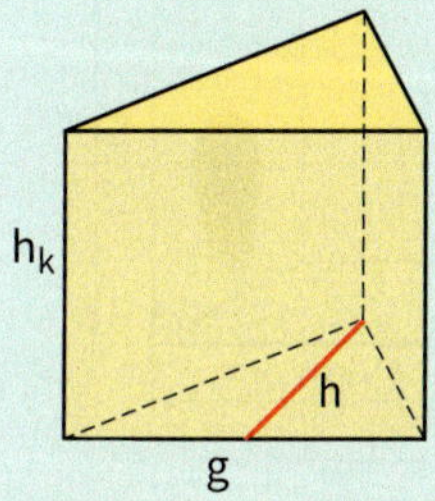

$G = \frac{6 \cdot 5{,}5}{2}$

$G = 16{,}5$

$V = G \cdot h_k$

$V = 16{,}5 \cdot 4$

$V = 66$

$V = 66\ cm^3$

Berechne das Volumen des Prismas wie im Beispiel.

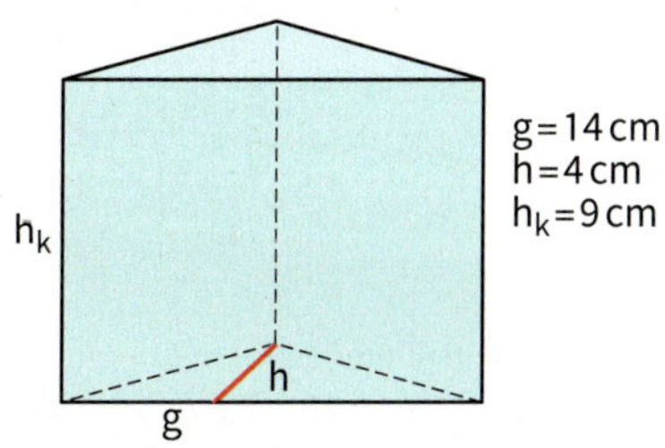

Volumen eines Prismas

5 Berechne das Volumen des Prismas.

a)

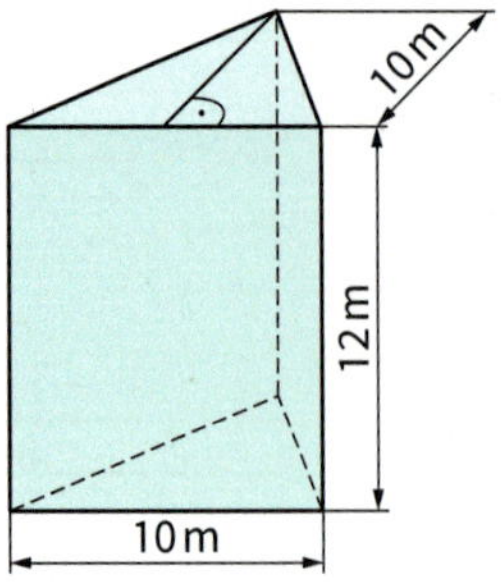

b)

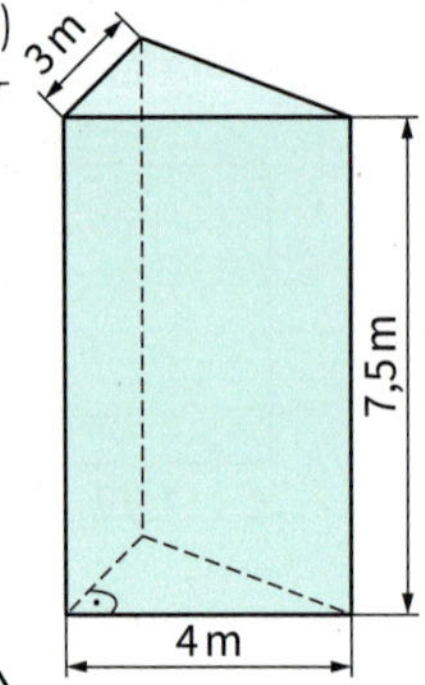

c)

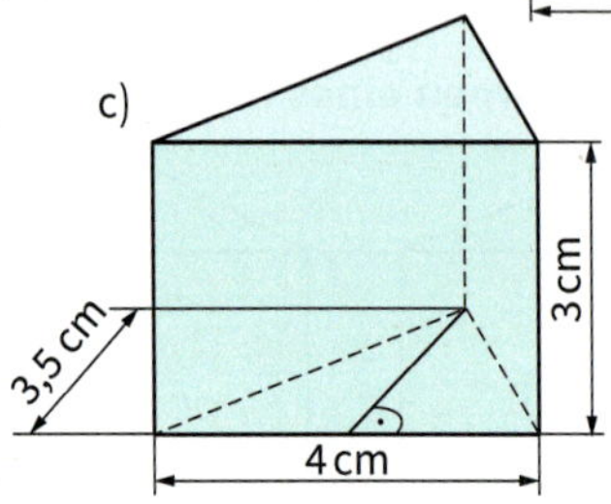

d)

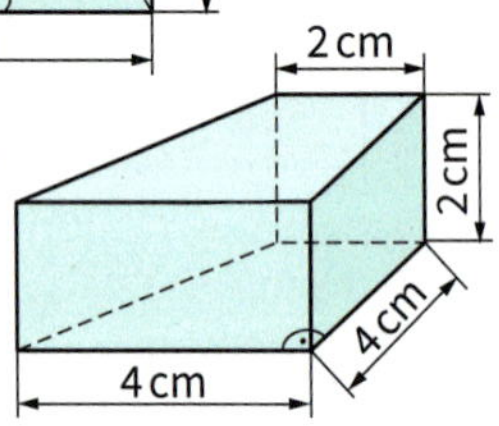

6 Berechne das Volumen des Prismas. Überlege zunächst, welche Fläche die Grundfläche ist.

a)

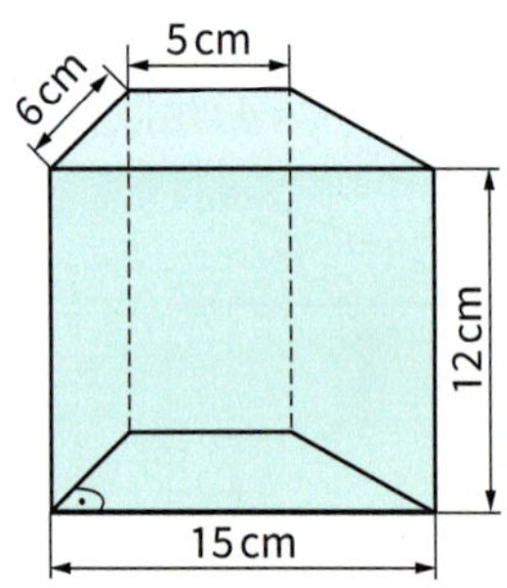

b)

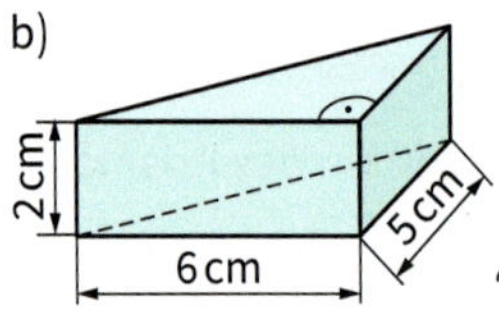

c)

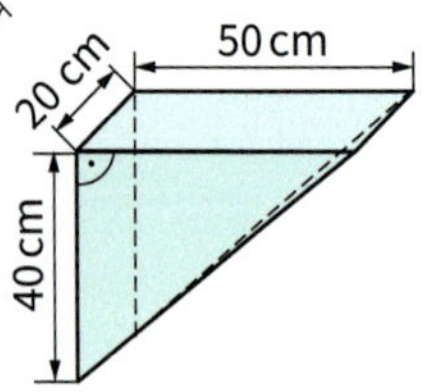

Lösungen zu den Aufgaben 5 und 6:
21 24 30 45 600 720 20 000

7 Wie viel Kubikmeter Erde passen in den Pflanzbehälter?

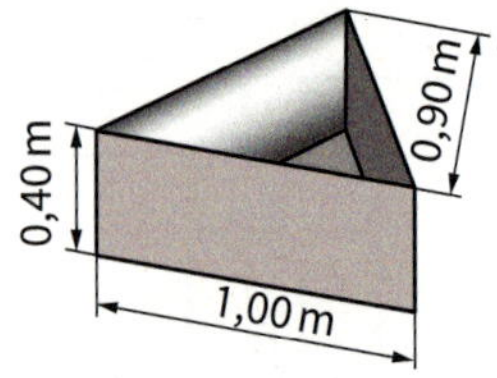

8 Ein Verkehrsschild wird aus Eisenblech hergestellt. Das Blech hat eine Stärke von 0,6 cm.

Wie viel Kubikzentimeter Blech werden benötigt?

9 Im Beispiel wird die Körperhöhe h_k eines Prismas berechnet, wenn der Inhalt der Grundfläche und das Volumen gegeben sind.

Gegeben: $G = 5{,}2\ \text{cm}^2$
$V = 72{,}8\ \text{cm}^3$
Gesucht: h_k

$V = G \cdot h_k$
$72{,}8 = 5{,}2 \cdot h_k \quad | :5{,}2$
$\frac{72{,}8}{5{,}2} = h_k$
$h_k = 14$
$h_k = 14\ \text{cm}$

Berechne die Körperhöhe h_k des Prismas.
a) $G = 8{,}6\ \text{cm}^2$; $V = 21{,}5\ \text{cm}^3$
b) $G = 88{,}4\ \text{m}^2$; $V = 795{,}6\ \text{m}^3$

10 Für einen Lärmschutzwall werden 78 400 m^3 Erde angefahren.

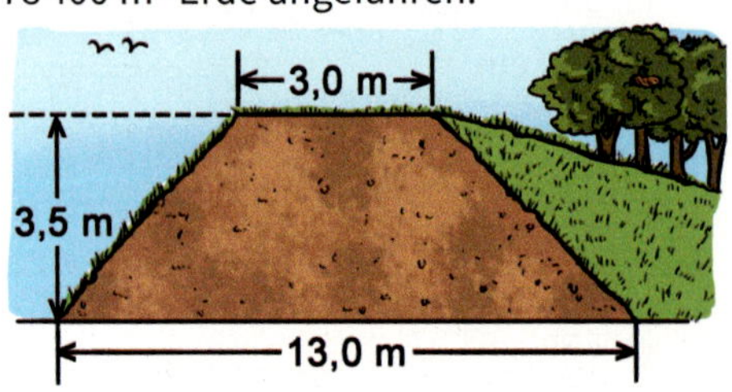

Wie lang ist der Wall?

Eigenschaften eines Zylinders

1 Die abgebildeten geometrischen Körper heißen Zylinder.

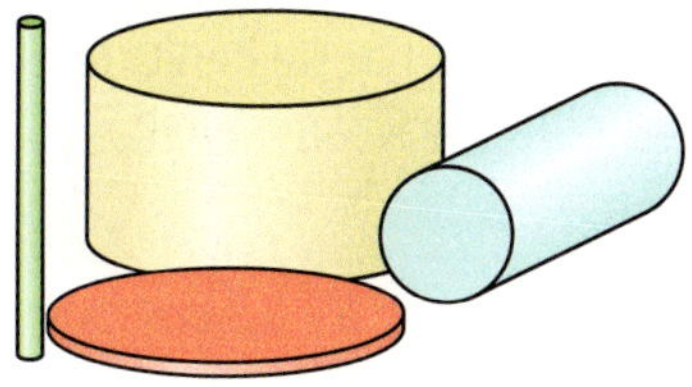

Beschreibe ihre Form und ihre Begrenzungsflächen und die Lage von Grund- und Deckfläche zueinander.

2 a) Welche abgebildeten Gegenstände aus dem Baumarkt haben die Form eines Zylinders, welche haben die Form eines Prismas? Beschreibe die Unterschiede.

b) Nenne Gegenstände aus deinem Umfeld, die die Form eines Zylinders haben.

Ein Körper heißt **Zylinder**, wenn er von zwei kongruenten und parallelen **Kreisflächen** und von einer **rechteckigen Mantelfläche** begrenzt wird.

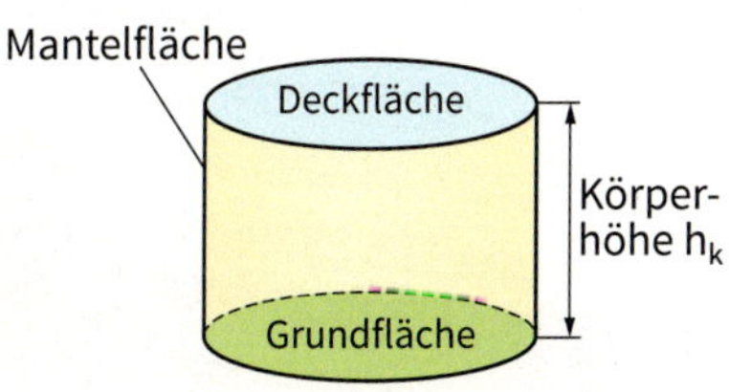

Der Abstand von Grund- und Deckfläche heißt Körperhöhe h_k des Zylinders.

3 Djamila möchte das Schrägbild eines Zylinders mit $r = 2$ cm und $h_k = 2{,}5$ cm skizzieren.

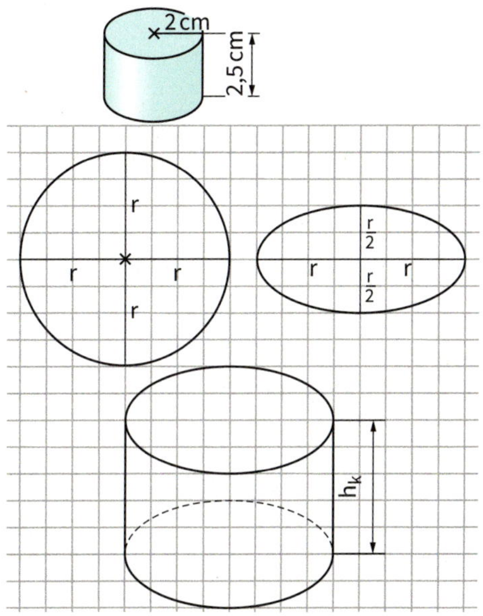

Erläutere, wie Djamila das Schrägbild des Zylinders skizziert hat.

4 Skizziere das Schrägbild eines Zylinders mit den angegebenen Maßen.
a) $r = 3$ cm; $h_k = 4$ cm
b) $r = 6$ cm; $h_k = 1$ cm

5 Unten siehst du, wie das Schrägbild eines liegenden Zylinders ($r = 2$ cm; $h_k = 6$ cm) gezeichnet wird.

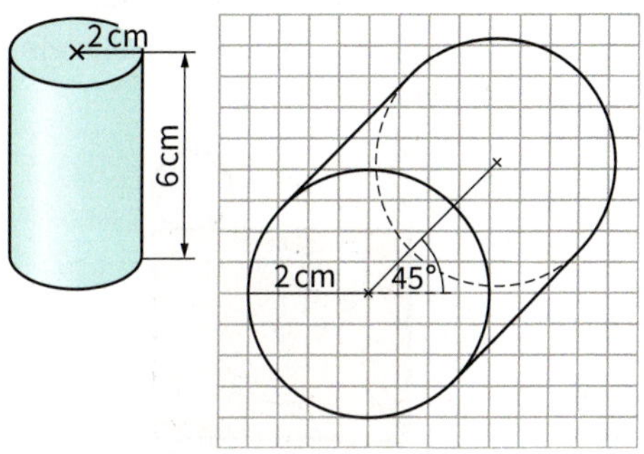

Erläutere die Vorgehensweise.

6 Zeichne das Schrägbild des liegenden Zylinders.
a) $r = 3$ cm; $h_k = 8$ cm
b) $r = 4$ cm; $h_k = 4$ cm
c) $r = 1$ cm; $h_k = 10$ cm

Eigenschaften eines Zylinders

7 Klebe ein DIN-A4-Blatt an den beiden kürzeren Seiten zusammen. Die Überlappung für die Verklebung soll einen Zentimeter betragen.

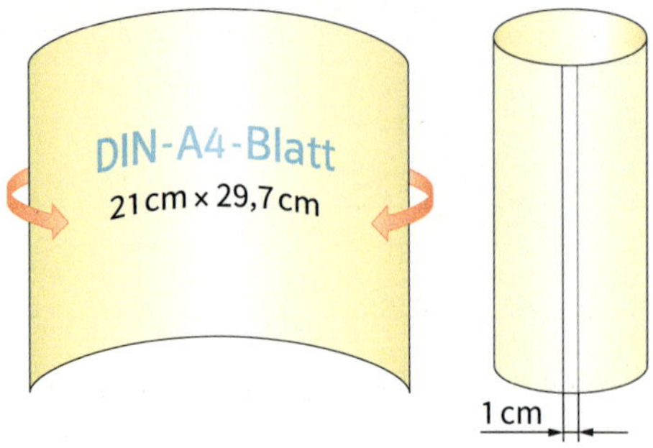

Es entsteht eine Papierrolle, die die Form eines Zylinders hat.
Die Papierrolle soll mit einem kreisförmigen Deckel versehen werden.

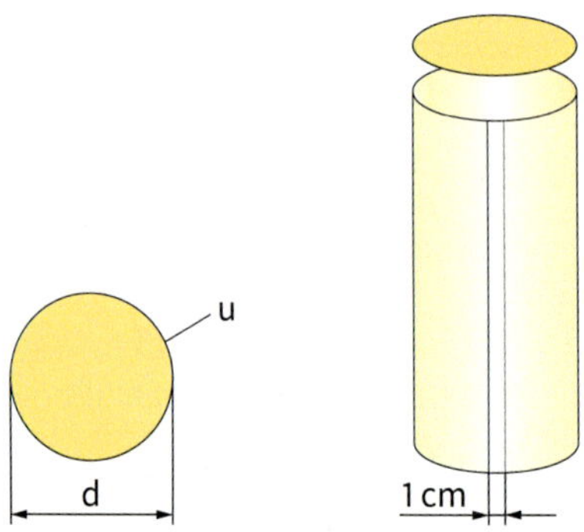

a) Wie lang ist der Umfang des Deckels?
b) Bestimme den Durchmesser.

8 Matheo hat eine zylinderförmige Verpackung aufgetrennt und die einzelnen Teile nebeneinander gelegt.

Er erhält das Netz eines Zylinders. Beschreibe die einzelnen Flächen, aus denen sich das Netz zusammensetzt. Welche Fläche ist die Mantelfläche? Wo sind Grund- und Deckfläche?

9 Aylin hat das Netz eines Zylinders mit $r = 1$ cm und $h_k = 3$ cm gezeichnet. Um die Länge a der Mantelfläche zu bestimmen, hat sie den Umfang der Grundfläche G berechnet.

$$u = 2 \cdot \pi \cdot r$$
$$u = 2 \cdot \pi \cdot 1$$
$$u \approx 6{,}3 \text{ cm}$$

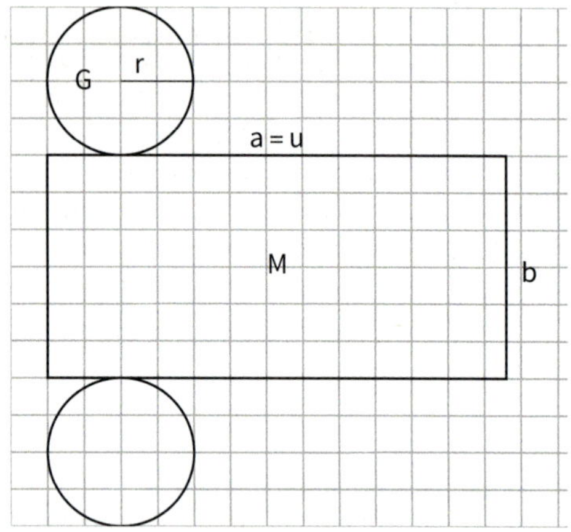

a) Begründe, warum die Länge a der Mantelfläche M und der Umfang u der Grundfläche gleich sind.
b) Warum ist die Seite b der Mantelfläche 3 cm lang?
c) Zeichne das Netz eines Zylinders mit $r = 2$ cm und $h_k = 2{,}5$ cm.

10 Zeichne ein Netz des Zylinders. Entnimm die Maße der Zeichnung.

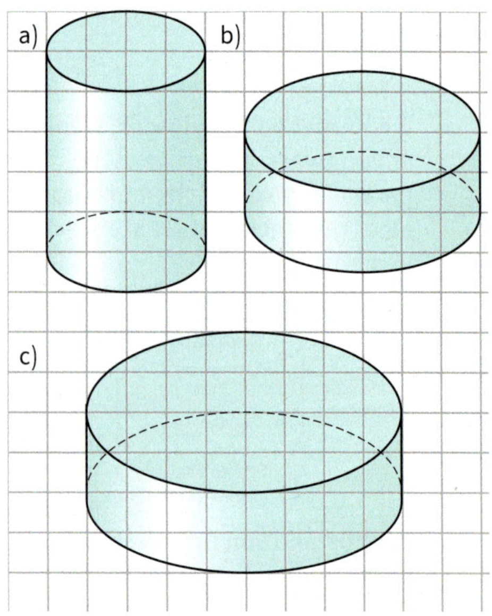

Oberflächeninhalt eines Zylinders

1 Ein Unternehmen stellt zylinderförmige Konservendosen aus Weißblech her.

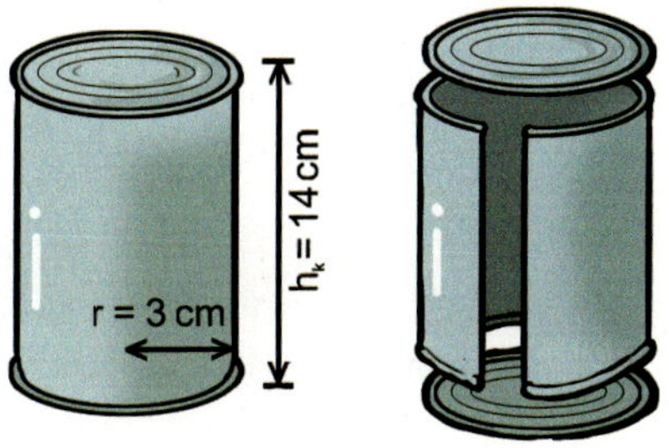

Um den Materialbedarf für die Herstellung einer Dose zu ermitteln, muss ihr Oberflächeninhalt berechnet werden.

Gegeben: $h_k = 14$ cm; $r = 3$ cm

$G = \pi \cdot r^2$
$G = \pi \cdot 3^2$
$G \approx 28{,}3$

$M = 2 \cdot \pi \cdot r \cdot h_k$
$M = 2 \cdot \pi \cdot 3 \cdot 14$
$M \approx 263{,}9$

$\mathbf{O = 2 \cdot G + M}$
$O \approx 2 \cdot 28{,}3 + 263{,}9$
$O \approx 320{,}5$
$O \approx 320{,}5\ \text{cm}^2$

Der Oberflächeninhalt einer Dose beträgt $320{,}5\ \text{cm}^2$.

Erkläre, wie im Beispiel der Oberflächeninhalt berechnet wird.

2 Berechne den Oberflächeninhalt des Zylinders. Runde auf eine Nachkommastelle.

a)
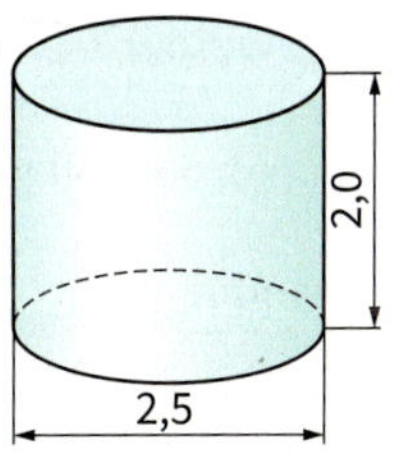

b)
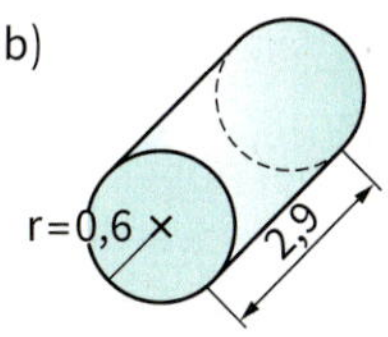

c)
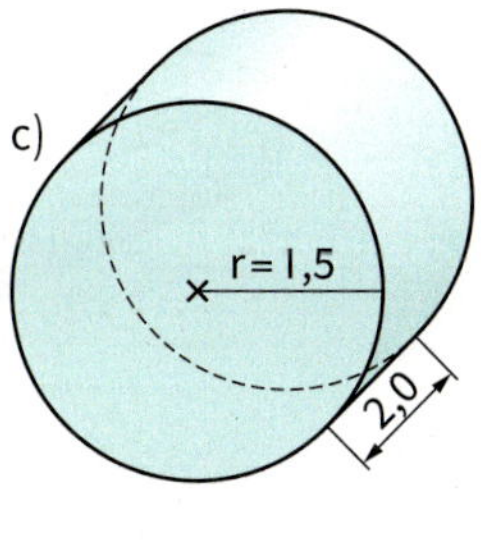

Maße in m

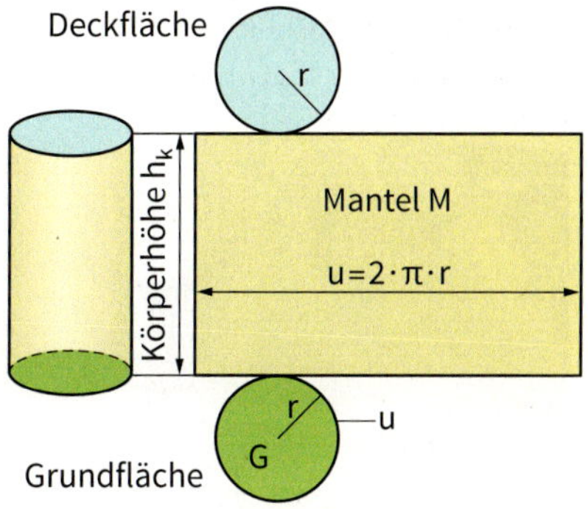

Flächeninhalt der Grundfläche:
$G = \pi \cdot r^2$

Flächeninhalt des Mantels:
$M = 2 \cdot \pi \cdot r \cdot h_k$

Oberflächeninhalt eines Zylinders:
$O = 2 \cdot G + M$
$O = 2 \cdot \pi \cdot r^2 + 2 \cdot \pi \cdot r \cdot h_k$

3 Berechne den Flächeninhalt des Mantels. Runde auf eine Nachkommastelle.
a) $h_k = 10$ cm; $r = 20$ cm
b) $h_k = 15$ mm; $r = 4$ cm
c) $h_k = 1$ m; $d = 1$ m

4 Berechne den Oberflächeninhalt wie im Beispiel. Runde auf eine Nachkommastelle.

Gegeben: $h_k = 8$ m; $r = 5$ m

$O = 2 \cdot \pi \cdot r^2 + 2 \cdot \pi \cdot r \cdot h_k$
$O = 2 \cdot \pi \cdot 5^2 + 2 \cdot \pi \cdot 5 \cdot 8$
$O \approx 408{,}4$
$O \approx 408{,}4\ \text{m}^2$

a) $h_k = 21$ m; $r = 1{,}20$ m
b) $h_k = 1{,}95$ m; $r = 0{,}30$ m
c) $h_k = 1$ m; $r = 20$ cm
d) $h_k = 3$ cm; $r = 1$ m

Lösungen zu Aufgabe 4:
1,5 4,2 167,4 6,5

5 Berechne die fehlenden Werte des Zylinders.

	r	h_k	G	M	O
a)	■	9 cm	■	20 cm²	■
b)	2 cm	■	■	70 cm²	■

Oberflächeninhalt eines Zylinders

6 Eine Entsorgungsfirma muss 50 Abfalltonnen mit einem neuen Anstrich versehen.

Eine Tonne hat einen Durchmesser von 0,70 m und eine Höhe von 0,90 m. Für einen Quadratmeter Anstrich rechnet man 0,2 Liter Farbe.
a) Berechne den Oberflächeninhalt einer Tonne in Quadratmeter.
b) Wie viel Liter Farbe werden benötigt?

7 Eine Druckerei wird beauftragt, für 8 000 zylindrische Dosen jeweils einen Papiermantel anzufertigen. Der Durchmesser einer Dose beträgt 8 cm und die Höhe misst 10 cm.
a) Berechne den Papierbedarf für eine Dose.
b) Wie viel Quadratmeter Papier müssen insgesamt bedruckt werden? ($1\ m^2 = 10\,000\ cm^2$)

8 Eine Firma stellt zwei unterschiedliche Werbeflächen zur Verfügung.

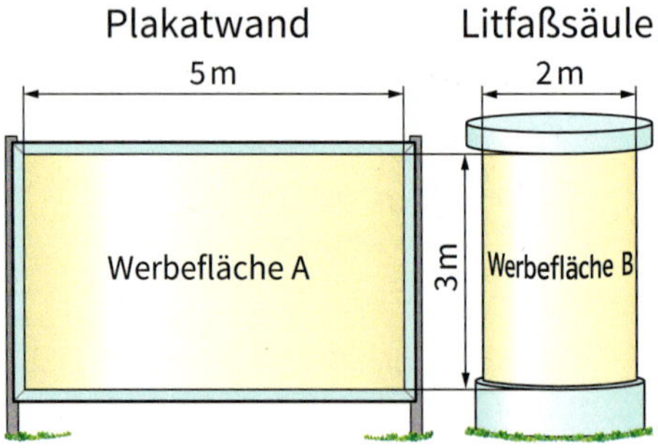

Ein Kunde möchte eine der beiden Flächen für Plakatwerbung mieten. Welche Fläche ist größer?

Lösungen zu den Aufgaben 6 bis 8:
2,75   Säule   201,04   27,5   251,3

9 Die zylinderförmige Walze einer Baumaschine hat einen Durchmesser von 1,20 m und ist 2,50 m breit.

a) Wie groß ist die Fläche, die bei einer Umdrehung gewalzt wird?
b) Die Walze macht fünf Umdrehungen. Wie groß ist die gewalzte Fläche?

10 Herr Wolf will seine oben offene Regentonne innen und außen streichen. Die Farbe wird in zwei Lagen aufgetragen.

Für wie viel Quadratmeter muss er Farbe einkaufen?

11 Die abgebildete Viehtränke soll innen neu verzinkt werden.

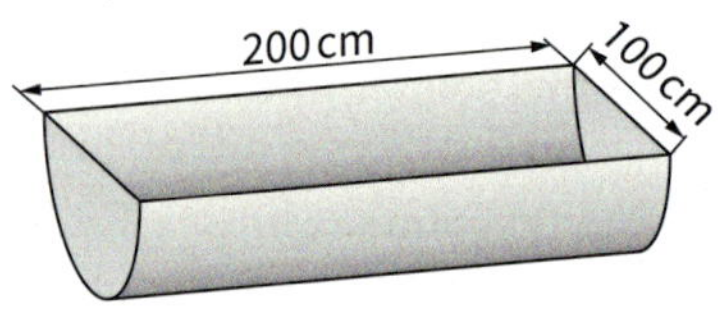

Wie viel Quadratmeter müssen bei der Verzinkung eingeplant werden?

12 Der abgebildete Metallkörper soll verzinkt werden.
Berechne den Oberflächeninhalt.

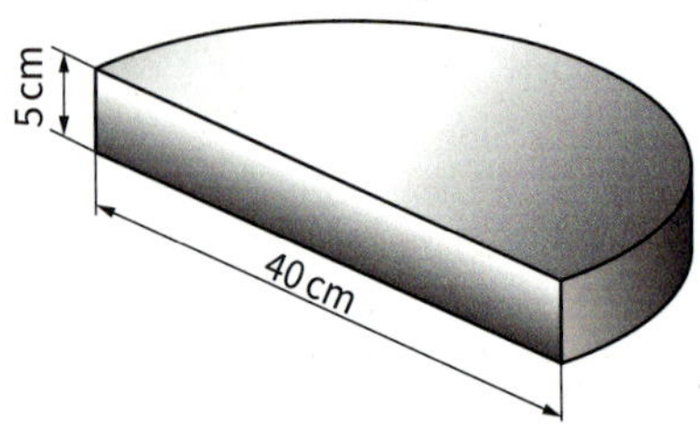

Volumen eines Zylinders

1 Der abgebildete Zylinder passt genau in den grünen Quader. Der blaue Quader passt genau in den Zylinder.

Maße in cm

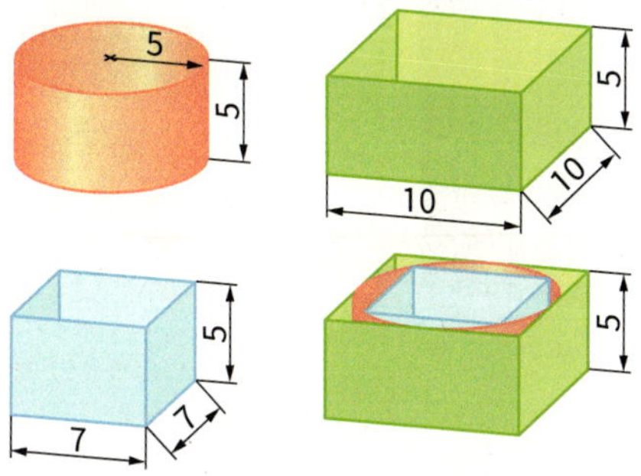

Gib einen Schätzwert für das Volumen des Zylinders an.
Ihr könnt diese Aufgabe als Ich-Du-Wir-Aufgabe bearbeiten.

2 Für das Volumen eines Prismas gilt:

$$\mathbf{V = G \cdot h_k}$$

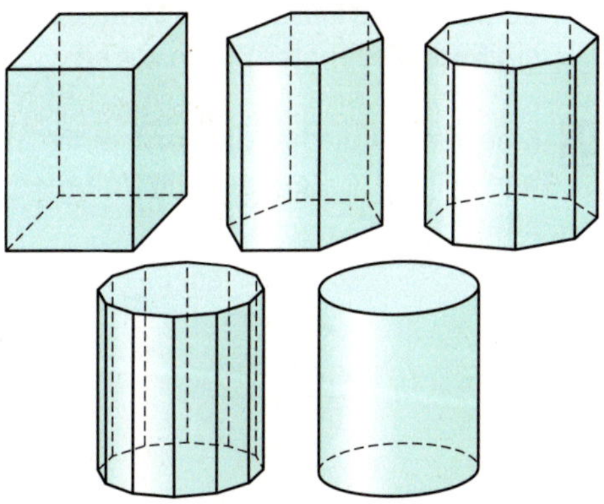

Begründe anhand der abgebildeten Körper, dass diese Formel auch für das Volumen des Zylinders gilt.

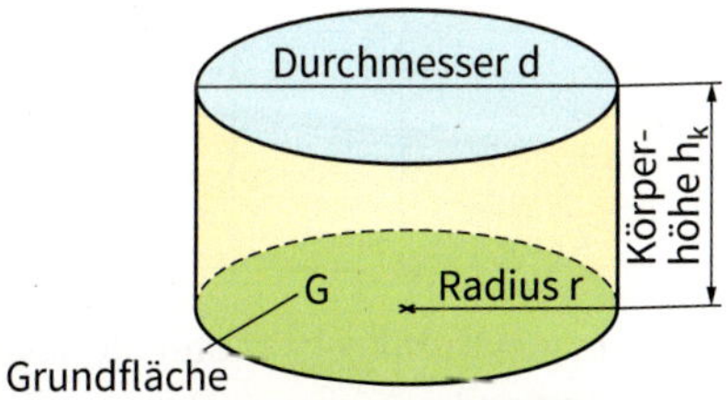

Volumen eines Zylinders

$V = G \cdot h_k$

$V = \pi \cdot r^2 \cdot h_k$

3 Berechne das Volumen des Zylinders wie im Beispiel.

Gegeben: $h_k = 1{,}1$ cm; $r = 2{,}3$ cm

Inhalt der Grundfläche:
$G = \pi \cdot r^2$
$G = \pi \cdot 2{,}3^2$
$G \approx 16{,}6$

Volumen des Zylinders:
$V = G \cdot h_k$
$V \approx 16{,}6 \cdot 1{,}1$
$V \approx 18{,}3$
$V \approx 18{,}3\ \text{cm}^3$

a)
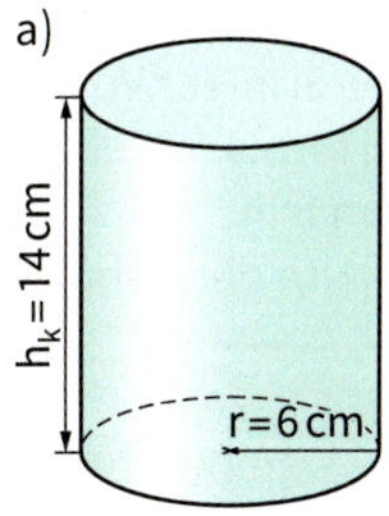

b)
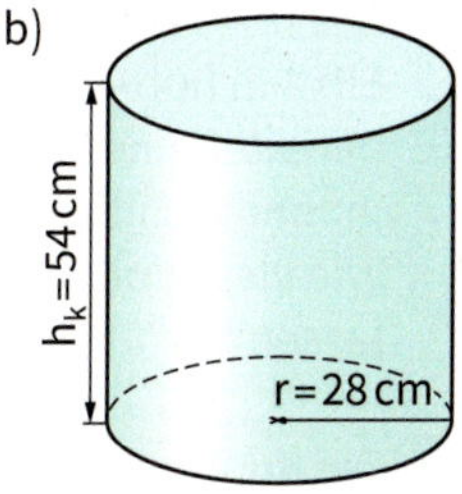

c)
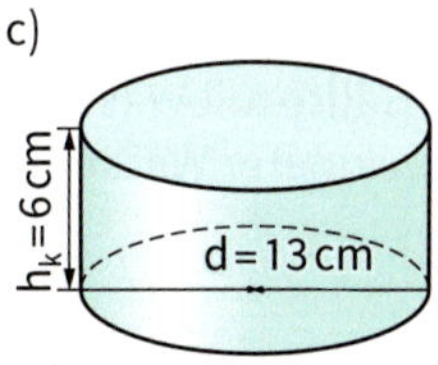

d)
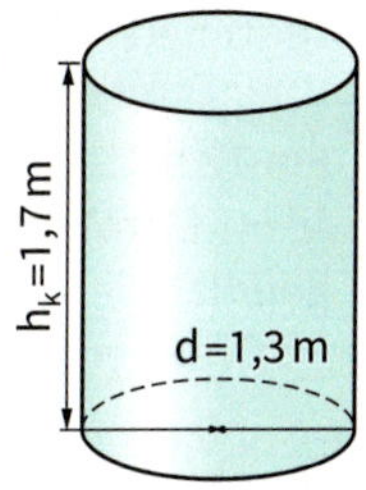

4 Berechne das Volumen des Zylinders wie im Beispiel.

Gegeben: $h_k = 8$ cm; $r = 4{,}3$ cm

$V = \pi \cdot r^2 \cdot h_k$
$V = \pi \cdot 4{,}3^2 \cdot 8$
$V \approx 464{,}7$
$V \approx 464{,}7\ \text{cm}^3$

Maße in cm

a)
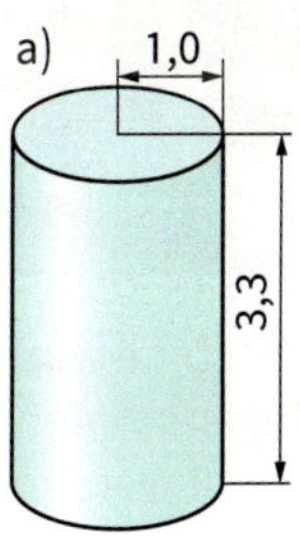

b)
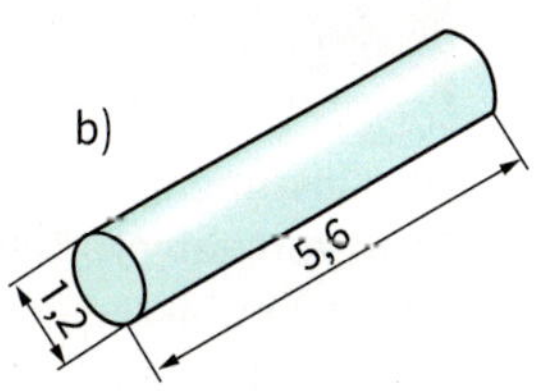

Volumen eines Zylinders

5 Die Speicherbehälter haben jeweils einen Durchmesser von 7,70 m und eine Höhe von 7 m. Berechne das Volumen eines Speichers in Kubikmeter.

6 Ein 4 m hoher zylinderförmiger Vorratsbehälter eines Wasserturms hat einen Innendurchmesser von 8 m.
Wie viel Kubikmeter kann der Behälter fassen?

7 Ein Kupferdraht hat 0,2 cm Durchmesser und ist 900 cm lang. Aus wie viel Kubikzentimeter Kupfer besteht er?

8 Ein 12 m tiefer zylindrischer Brunnen (d = 1,60 m) ist zur Hälfte mit Wasser gefüllt. Wie viel Kubikmeter Wasser sind im Brunnen?

9 Durch einen Berg soll ein Tunnel mit der abgebildeten Tunnelbohrmaschine gebohrt werden. Der Durchmesser des Bohrkopfes beträgt 12 m.

Die Leistung der Bohrmaschine wird mit 20 m Vortrieb pro Tag angenommen. Wie viel Kubikmeter Gestein werden von der Maschine täglich losgebrochen?

10 Berechne das Volumen des Mülleimers (ohne Deckel) in Liter.

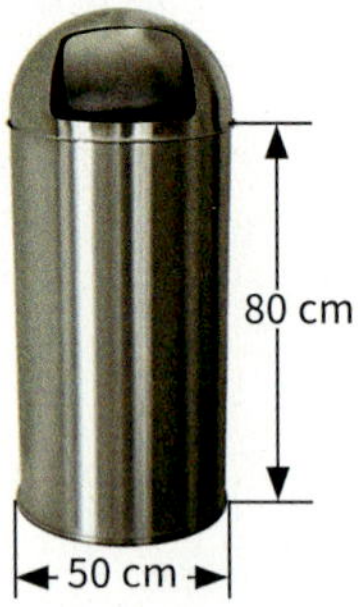

$1\,l = 1\,dm^3$
$1\,dm^3 = 1\,000\,cm^3$

11 Einer der abgebildeten Betonpfähle hat einen Durchmesser von 20 cm und eine Länge von 100 cm.

Berechne die Masse eines Pfahls, wenn ein Kubikdezimeter Beton 2,4 kg wiegt.

12 Eine Viehtränke hat die Form eines halben Zylinders. Berechne ihr Volumen in Liter.

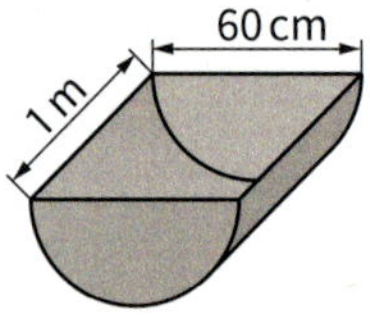

13 In ein Rundholz wird ein Loch mit einem 20-mm-Bohrer gebohrt.

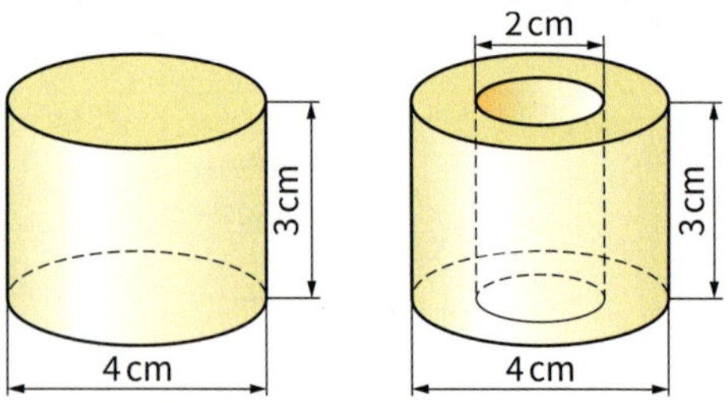

a) Wie viel Kubikzentimeter Holzspäne fallen an?
b) Berechne das Volumen des Restkörpers.

Lösungen zu den Aufgaben 11 bis 13:
9,4   141,4   28,3   75,4

WISSEN KOMPAKT

Prisma

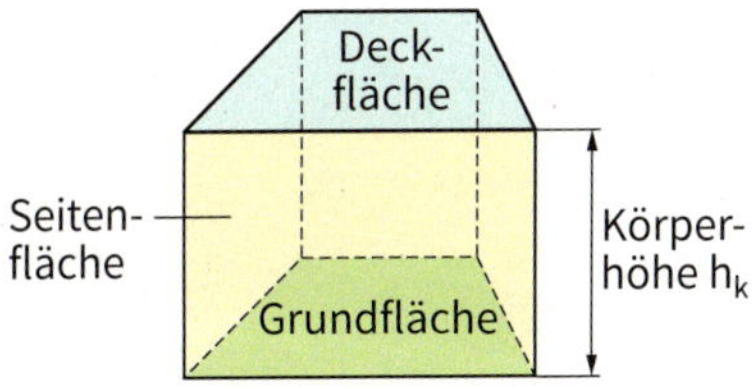

Ein Körper heißt **Prisma**, wenn er von zwei zueinander parallelen und kongruenten **Vielecksflächen** und **rechteckigen Seitenflächen** begrenzt wird.
Der Abstand von Grund- und Deckfläche heißt **Körperhöhe h_k** des Prismas.

Zylinder

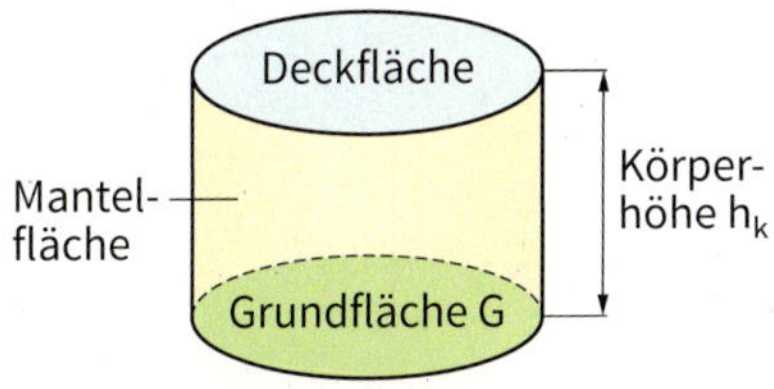

Ein Körper heißt **Zylinder**, wenn er von zwei zueinander parallelen und kongruenten **Kreisflächen** und von einer **rechteckigen Mantelfläche** begrenzt wird.
Der Abstand von Grund- und Deckfläche heißt **Körperhöhe h_k** des Zylinders.

Oberflächeninhalt eines Prismas

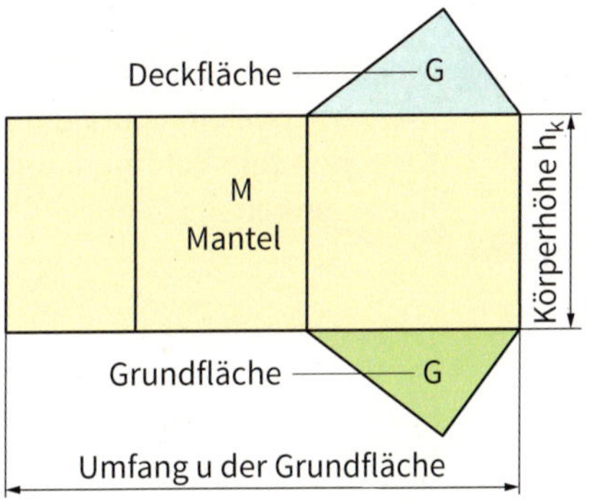

Flächeninhalt des Mantels

$$\mathbf{M = u \cdot h_k}$$

Oberflächeninhalt eines Prismas

$$\mathbf{O = 2 \cdot G + M}$$

Oberflächeninhalt eines Zylinders

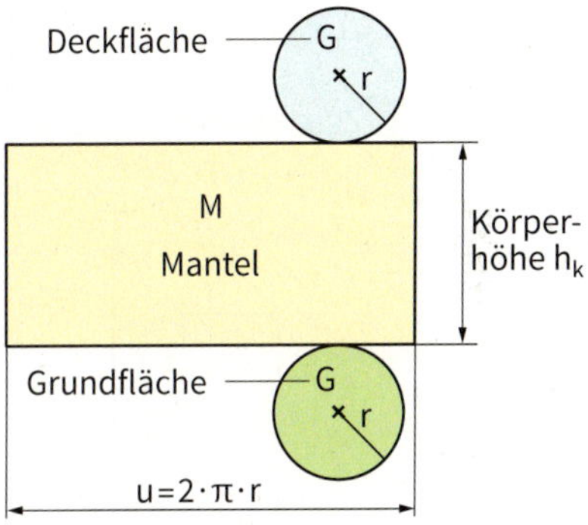

Flächeninhalt des Mantels

$$\mathbf{M = u \cdot h_k}$$
$$\mathbf{M = 2 \cdot \pi \cdot r \cdot h_k}$$

Oberflächeninhalt eines Zylinders

$$\mathbf{O = 2 \cdot G + M}$$
$$\mathbf{O = 2 \cdot \pi \cdot r^2 + 2 \cdot \pi \cdot r \cdot h_k}$$

Volumen eines Prismas

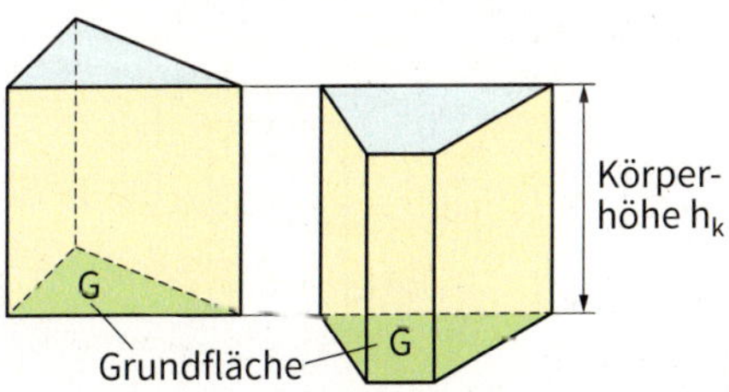

$$\mathbf{V = G \cdot h_k}$$

Volumen eines Zylinders

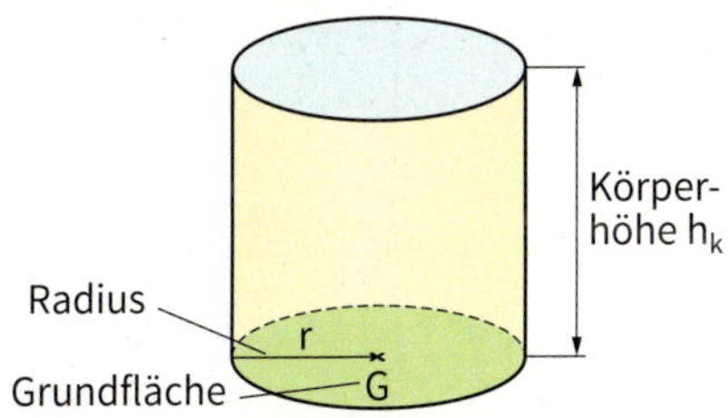

$$\mathbf{V = G \cdot h_k}$$
$$\mathbf{V = \pi \cdot r^2 \cdot h_k}$$

ÜBEN

1 Zeichne das abgebildete Schrägbild des Prismas in dein Heft.

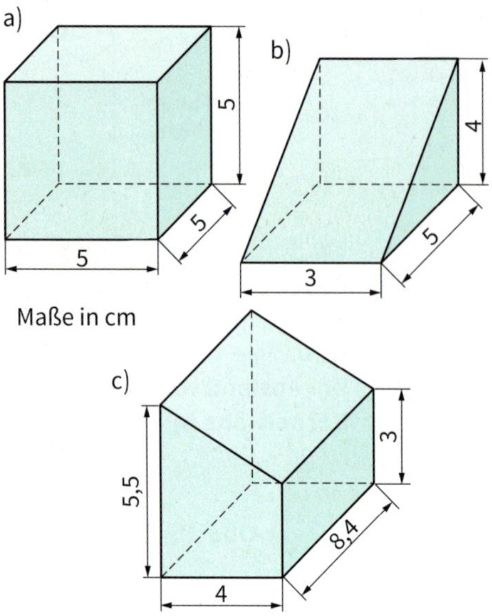

2 Zeichne ein Netz des Prismas.

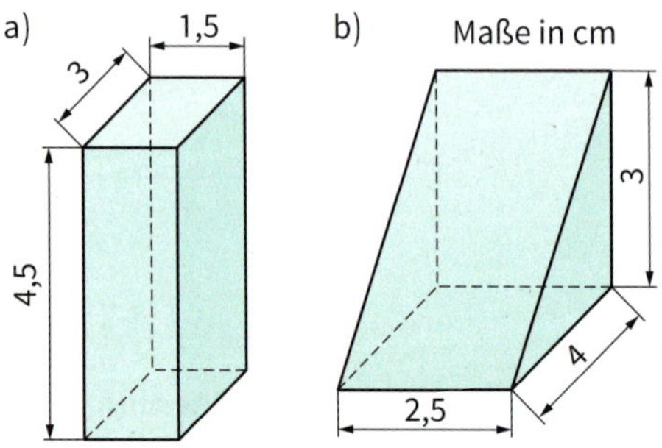

3 Bestimme Oberflächeninhalt und Volumen des Prismas.

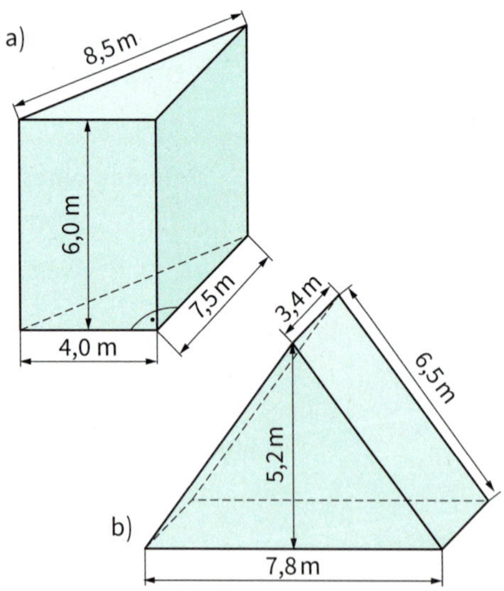

4 Die Abbildung zeigt das Netz eines Prismas und sein Schrägbild. Berechne den Oberflächeninhalt und das Volumen des Prismas.

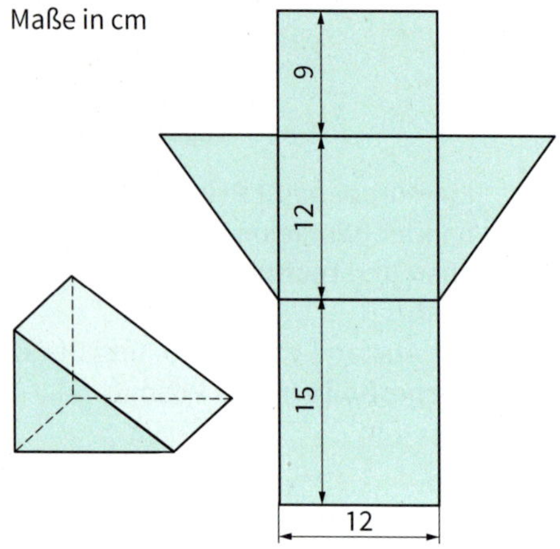

5 Die Abbildung zeigt das Netz eines Prismas. Zeichne ein Schrägbild des Körpers. Berechne sein Volumen und seinen Oberflächeninhalt.

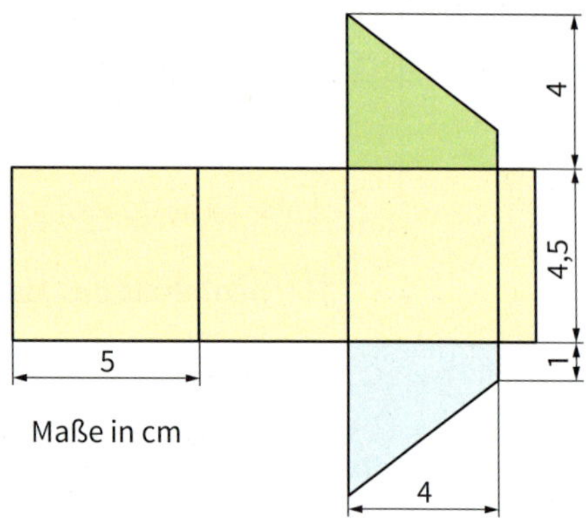

6 Im Beispiel wird die Körperhöhe h_k eines Prismas berechnet.

Gegeben: $G = 3{,}2\ m^2$; $V = 4{,}8\ m^3$

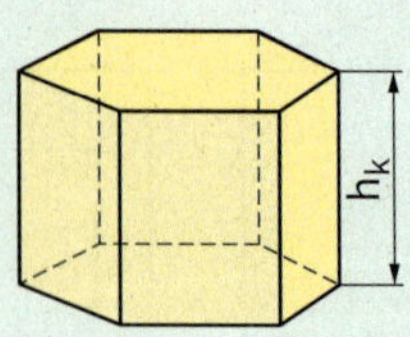

$V = G \cdot h_k$

$4{,}8 = 3{,}2 \cdot h_k$

$h_k = \frac{4{,}8}{3{,}2}$

$h_k = 1{,}5$

$h_k = 1{,}5\ m$

Berechne h_k wie im Beispiel.

a) $G = 1{,}2\ m^2$; $V = 4{,}2\ m^3$

b) $G = 52\ m^2$; $V = 624\ m^3$

c) $G = 9{,}25\ m^2$; $V = 77{,}7\ m^3$

ÜBEN

7 Skizziere das Schrägbild und zeichne das Netz eines Zylinders mit den Maßen $r = 2$ cm und $h_k = 5$ cm.

8 Berechne die fehlenden Größen des Zylinders.

	r	d	h_k	O
a)	4 m	■	5 m	■
b)	■	3,30 m	12 m	■
c)	2,7 cm	■	1 cm	■

	r	d	h_k	V
d)	2 m	■	3 m	■
e)	■	3,30 m	12 m	■

9 Eine Firma stellt die abgebildeten Konservendosen her.

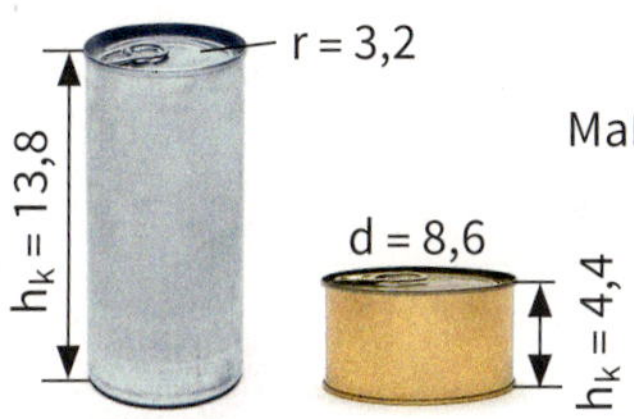

Maße in cm

a) Gib das Fassungsvermögen jeder Dose in Kubikzentimeter an.
b) Berechne jeweils die Größe der Mantelfläche.

10 Das warme Wasser läuft in einem geraden Kupferrohr 6 m vom Keller bis in den ersten Stock eines Hauses. Wie viel Liter Wasser befinden sich im Rohr, wenn es einen Innendurchmesser von 1,6 cm hat? (1 Liter = 1 000 cm^3)

11 Ein zylinderförmiger Eimer mit einer Höhe von 2,5 dm und einem Durchmesser von 2,2 dm ist zur Hälfte mit Wasser gefüllt. Berechne die Wassermenge in Liter. (1 dm^3 = 1 *l*)

12 Herr Özdemir möchte einen Kübel für seine Gartenpflanzen kaufen.
Kübel A hat die Form eines Zylinders mit den Maßen $r = 25$ cm und $h_k = 40$ cm.
Kübel B ist quaderförmig mit 50 cm Länge, 40 cm Breite und 30 cm Höhe.

a) Welchen Kübel würdest du ihm empfehlen, wenn er bei der Blumenerde sparen möchte?
b) Gib für jeden Kübel das Volumen in Liter an.

13 Berechne die Höhe eines Zylinders mit einem Volumen von 6 283,2 cm^3 und einer Grundfläche von 314,2 cm^2.

14 Eine Rolle mit Haushaltspapier hat einen Durchmesser von 13 cm.
Das Papier ist 26 cm breit. Der Durchmesser der leeren Rolle beträgt 4 cm.

Wie viel Kubikzentimeter Papier befinden sich auf der Rolle?

15 Ein liegender Zylinder ist bis zur Hälfte gefüllt. Die Flüssigkeit soll in den quaderförmigen Behälter umgefüllt werden.

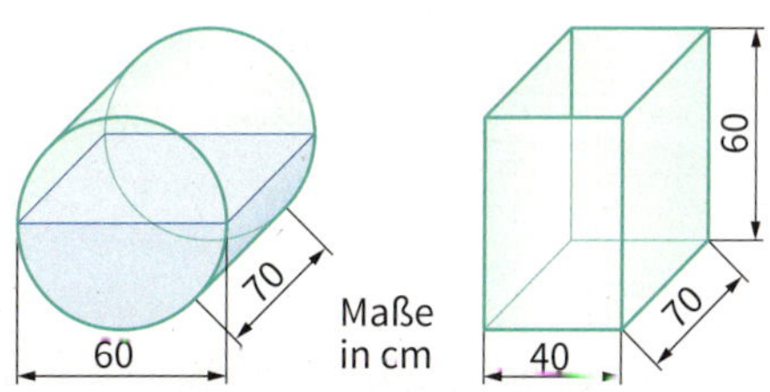

Wie hoch steht danach die Flüssigkeit im quaderförmigen Behälter?

ÜBEN: Masse von Prisma und Zylinder

Stoff	Dichte in $\frac{g}{cm^3}$
Gold	19,3
Blei	11,3
Kupfer	8,9
Eisen	7,2 bis 7,9
Aluminium	2,7
Quecksilber	13,6
Zink	7,1
Glas	2,5
Beton	1,8 bis 2,2
Holz	0,5 bis 0,9
Kork	0,2
Styropor	0,03 bis 0,04
Wasser	1
Stahl	7,9

Jeder Stoff hat eine bestimmte Dichte.

$$\text{Dichte} = \frac{\text{Masse}}{\text{Volumen}}$$

$$\rho = \frac{m}{V}$$

Griechischer Buchstabe: rho (ρ)

Die Dichte gibt die Masse von einem Kubikzentimeter in Gramm an.

1 Im Beispiel wird gezeigt, wie du die Masse eines Quaders aus Aluminium bestimmen kannst.

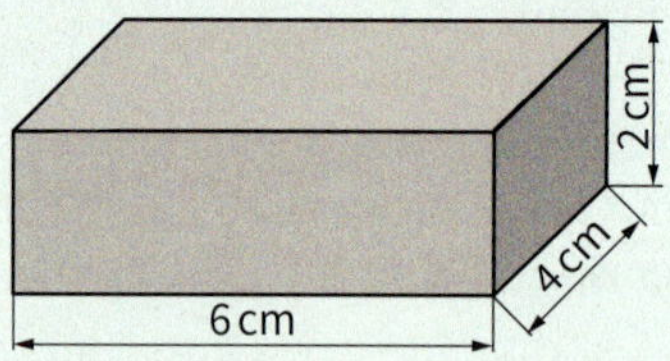

Material: Aluminium $\rho = 2{,}7\ \frac{g}{cm^3}$

Gegeben: $a = 6$ cm; $b = 4$ cm; $h_k = 2$ cm

Gesucht: Masse m

$\rho = \frac{m}{V}$

$m = V \cdot \rho$

$m = G \cdot h_k \cdot \rho$

$m = 6 \cdot 4 \cdot 2 \cdot 2{,}7$

$m = 129{,}6$

$m = 129{,}6$ g

Der Quader hat eine Masse von 129,6 g.

Berechne die Masse des abgebildeten Prismas.

a)

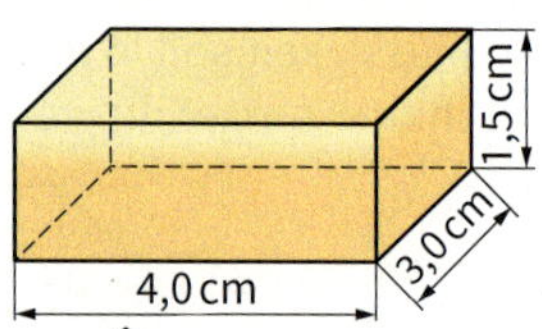

Gold

b)

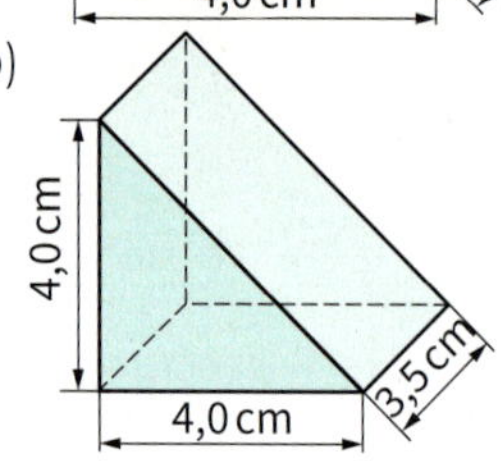

Glas

2 Kim hat in ihrer Ausbildung einen Zylinder aus Stahl gefertigt. Berechne die Masse.

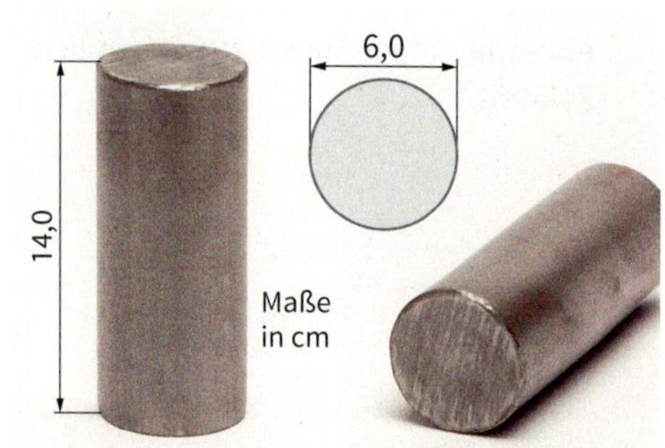

3 Die Abbildung zeigt den Querschnitt eines Aluminiumprofils. Berechne die Masse in Gramm für ein 9 cm langes Profil.

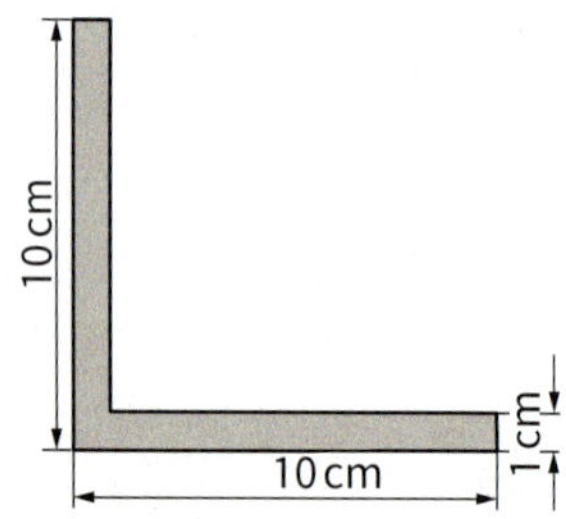

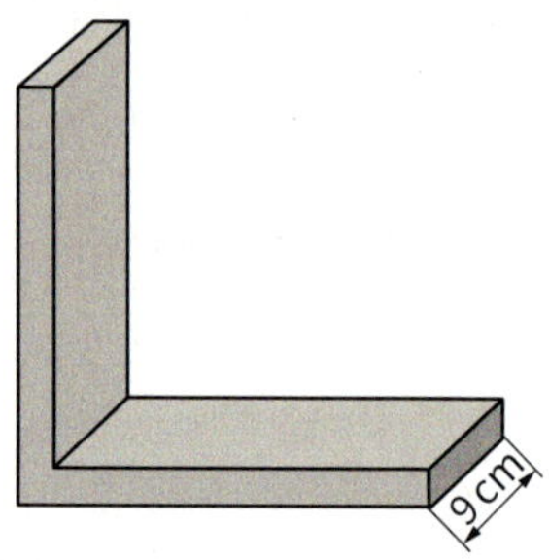

4 Der abgebildete Körper wurde in einer Werkstatt aus Eisen gefertigt. Bestimme seine Masse in Gramm.

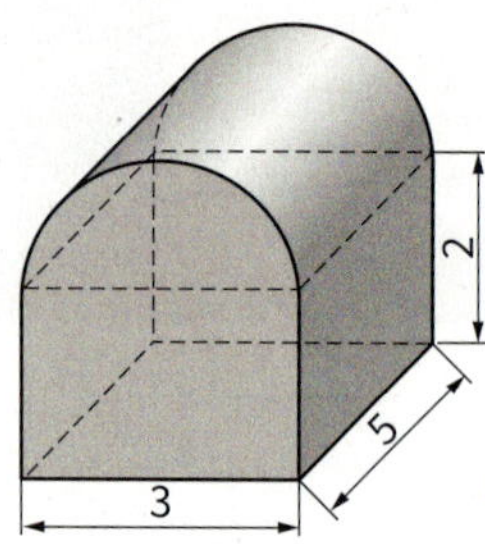

Maße in cm

Welche Masse hätte der gleiche Körper aus Glas (Kupfer)?

ÜBEN: Zusammengesetzte Körper

1 Berechne den Oberflächeninhalt und das Volumen des Körpers.
Beachte, dass bei zusammengesetzten Körpern Begrenzungsflächen, die aufeinander liegen, nicht zur Oberfläche gehören.

a)

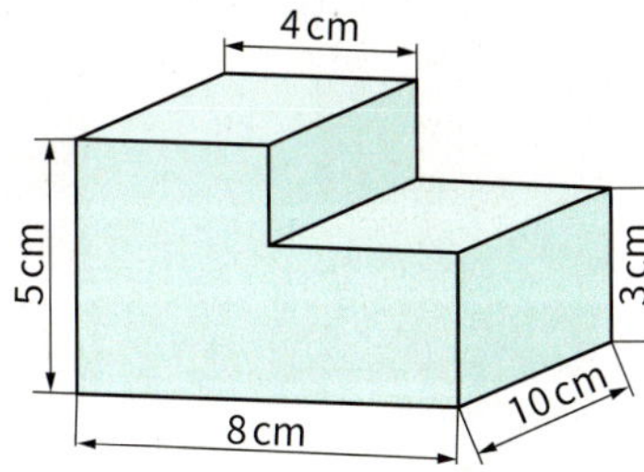

b)

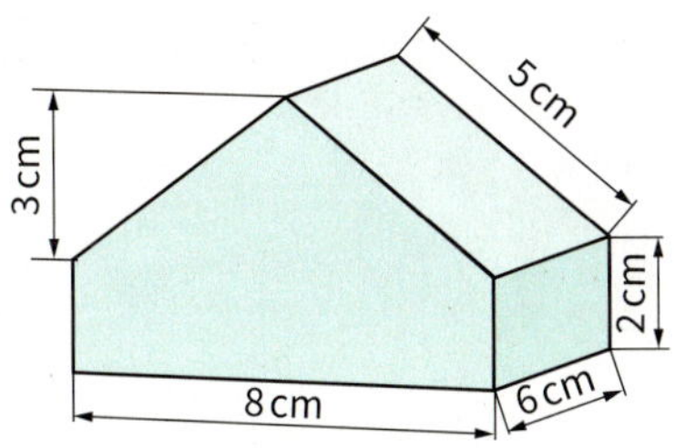

c)

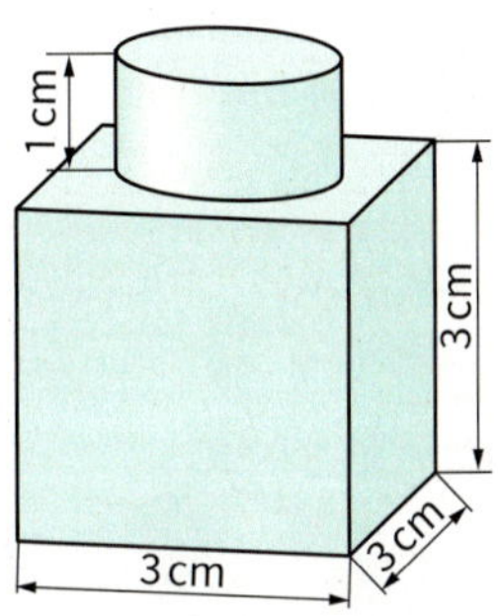

2 Berechne das Volumen des Körpers.

a)

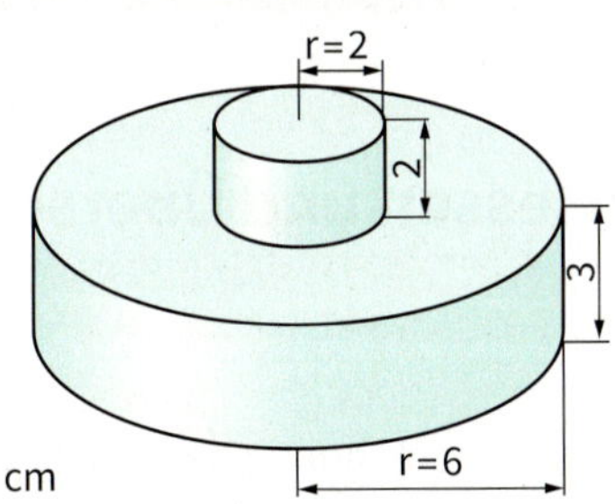

Maße in cm

b)

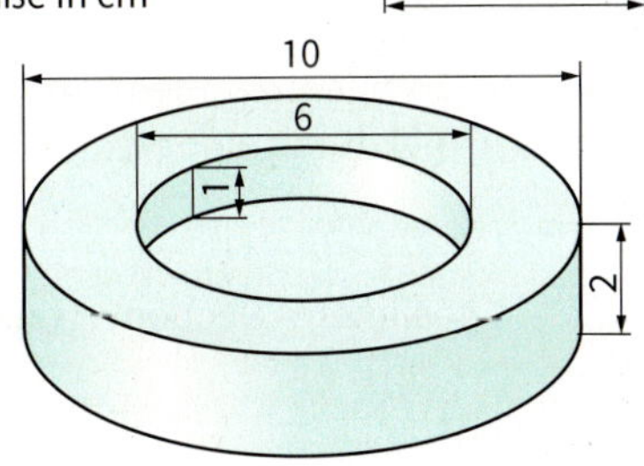

3 Berechne das Volumen des Körpers.

a)

Maße in dm

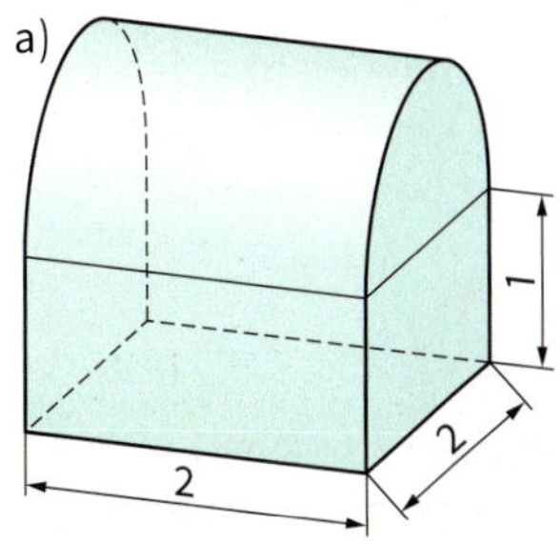

b)

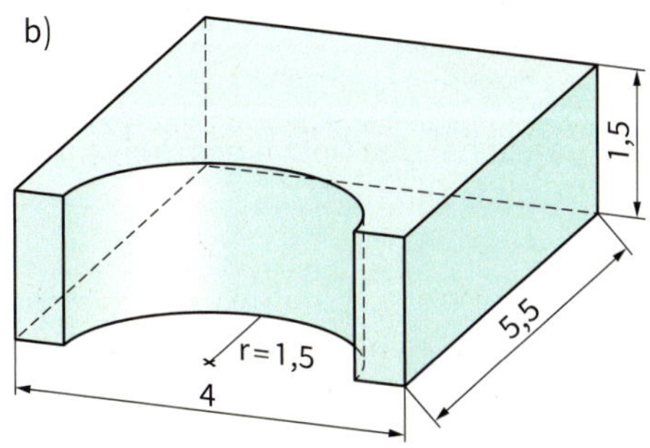

c)

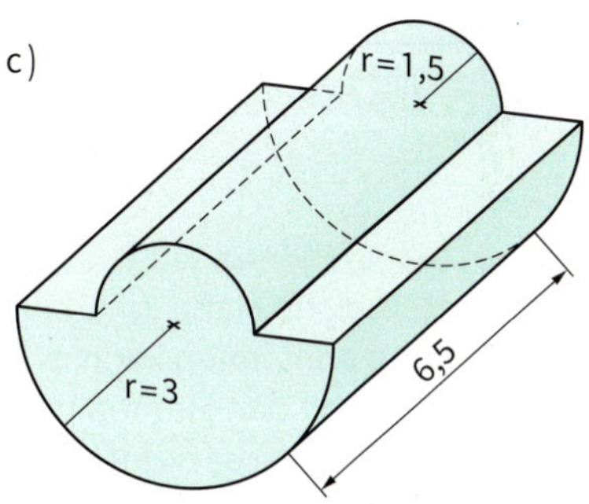

4 Berechne das Fassungsvermögen des abgebildeten Tanks.

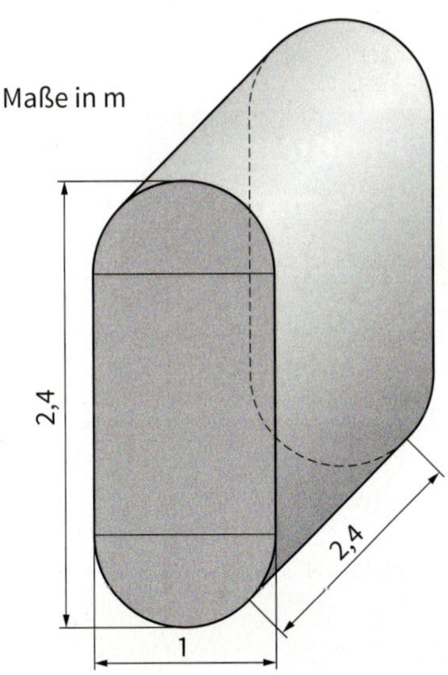

ÜBEN: Oberflächeninhalt und Volumen schätzen

Bearbeite alle Aufgaben als Ich-Du-Wir-Aufgabe. Beachte dazu die Hinweise auf Seite 187.

1 Cansu und Mila wollen für das nächste Schulfest Sandwichverpackungen basteln. Sie möchten den ungefähren Materialverbrauch für 50 Verpackungen in Quadratmeter bestimmen.

Cansu hat das Netz eines dreiseitigen Prismas skizziert.

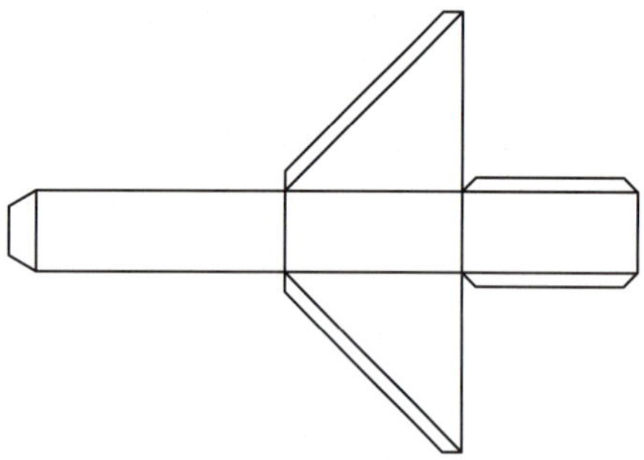

a) Überlege, welche Maße du für eine Verpackung annehmen kannst. Bestimme dann den Materialverbrauch für eine Verpackung. Rechne etwas Material für Verschnitt hinzu.
b) Bestimme den Materialverbrauch in Quadratmeter für 50 Verpackungen durch eine Überschlagsrechnung.

2 Schätze die Größe der Werbefläche der abgebildeten Litfaßsäule.

3 Wie viel Quadratmeter Glas müssen für den Bau dieses Aquariums ungefähr eingeplant werden? Das Aquarium ist oben offen.

Probleme mathematisch lösen

Schätzen, Messen und Überschlagen

1. Überlege, welche Angaben du für eine Überschlagsrechnung benötigst.
2. Prüfe, ob du alle Angaben den vorhandenen Informationen entnehmen kannst. Wenn nötig, verschaffe dir weitere Angaben, zum Beispiel durch eine Messung oder eine Schätzung.
3. Führe die Überschlagsrechnung aus. Wähle dazu ein geeignetes Rechenverfahren.
4. Überlege, ob das Ergebnis deiner Rechnung sinnvoll ist.

ÜBEN: Oberflächeninhalt und Volumen schätzen

4 Herr Prati möchte 100 Pflastersteine aus Beton vom Baustoffhandel abholen. Sein Pkw kann maximal noch 380 kg zuladen. Er kennt nur die Länge und Breite eines Steins.

a) Schätze das Volumen eines Steins in Kubikdezimeter.
b) Herr Prati weiß, dass ein Kubikdezimeter Beton 2,5 kg wiegt. Schätze die Masse eines Steins.
c) Darf Herr Prati 100 Steine in seinem Pkw transportieren?

5 Das Verkehrsschild unter dem abgebildeten Findling ist 40 Zentimeter breit.

a) Schätze das Volumen des Findlings in Kubikmeter ($1\ m^3 = 1\,000\,000\ cm^3$).
b) Der Findling besteht aus Granit. Ein Kubikmeter Granit wiegt 2,8 Tonnen. Gib die ungefähre Masse des Findlings in Tonnen an.

6 Der abgebildete Gartenpool ist 1,30 m tief.

Schätze, wie viel Kubikmeter Wasser eingefüllt werden können.

7 Nele möchte wissen, wie viele Raummeter Holz aufgestapelt sind. Die einzelnen Rundhölzer sind ungefähr einen Meter lang.

Ein **Raummeter** Holz ist die Holzmenge, die in einen Würfel mit 1 m Seitenlänge hineinpasst.
Man rechnet bei einem Raummeter mit 70 % Holz und 30 % Luft in den Zwischenräumen.

8 Schätze das Volumen der Milchdose.

VERTIEFEN: Drei Ansichten von Prismen und Zylindern

In technischen Zeichnungen werden Körper in drei Ansichten dargestellt.

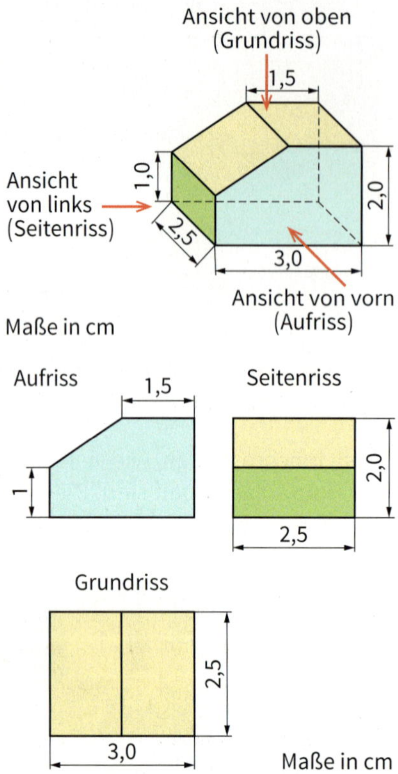

1 Zeichne die drei Ansichten des Prismas.

a)

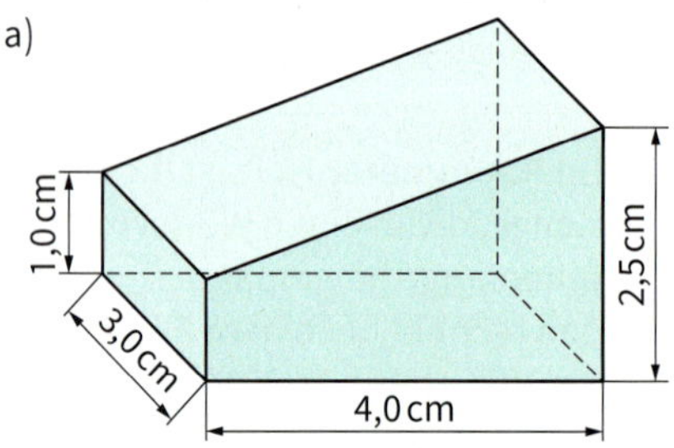

b)

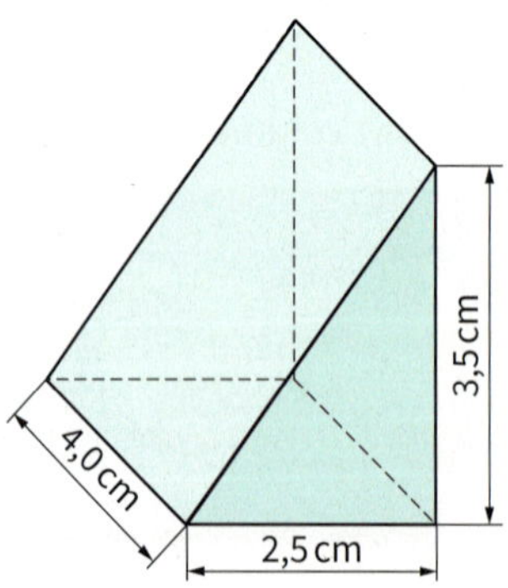

2 In der Abbildung sind zwei Ansichten eines Prismas abgebildet. Übertrage die Zeichnung in dein Heft und ergänze die dritte Ansicht.

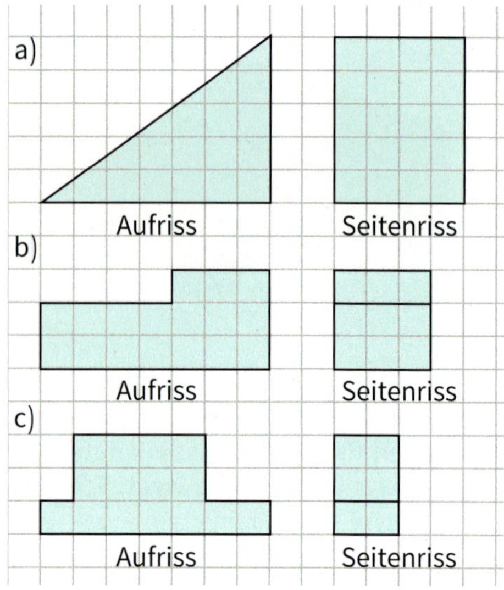

3 Zeichne die drei Ansichten des Körpers und berechne sein Volumen.

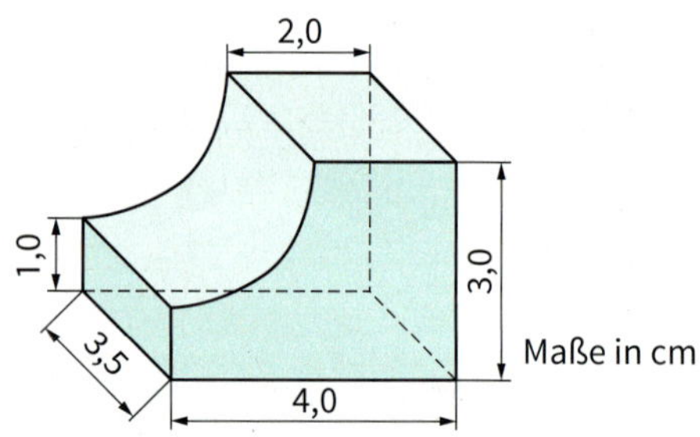

4 Ein zusammengesetzter Körper ist in drei Ansichten dargestellt worden.
a) Skizziere ein Schrägbild des Körpers.

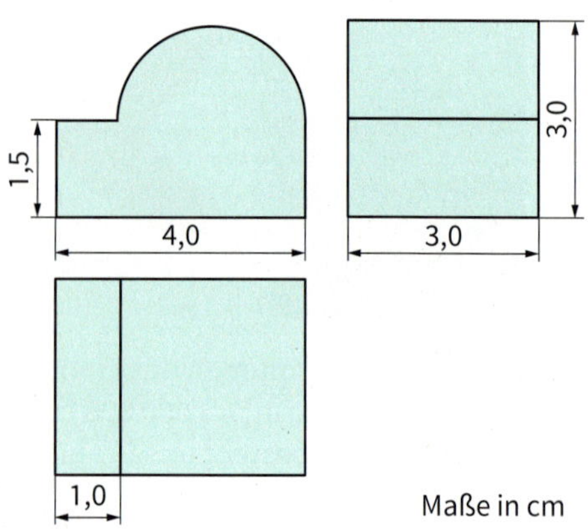

b) Berechne das Volumen des Körpers.

AUSGANGSTEST

1 Zeichne ein Schrägbild des Prismas mit der abgebildeten Grundfläche G. Die Körperhöhe h_k ist angegeben.

a) $h_k = 4{,}5$ cm

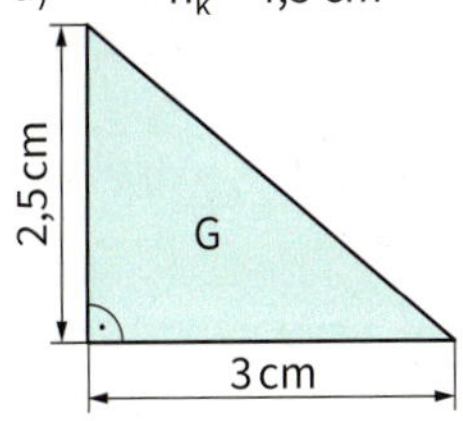

b) $h_k = 3{,}5$ cm

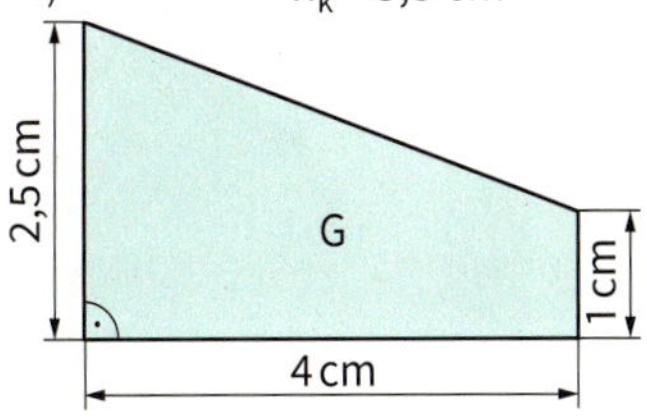

2 In der Abbildung siehst du das Netz eines Prismas. Berechne den Oberflächeninhalt des Prismas.

a)

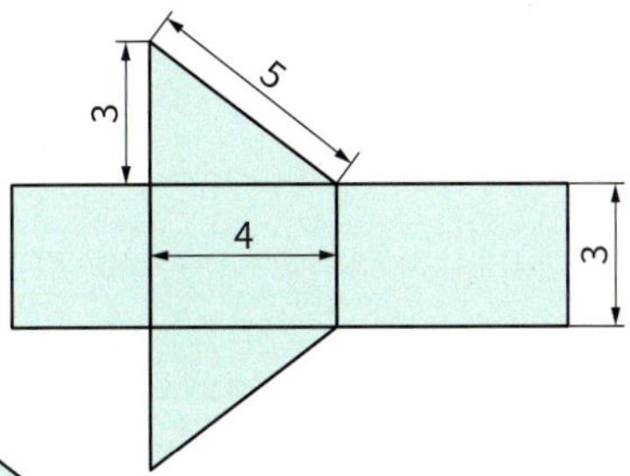

b)

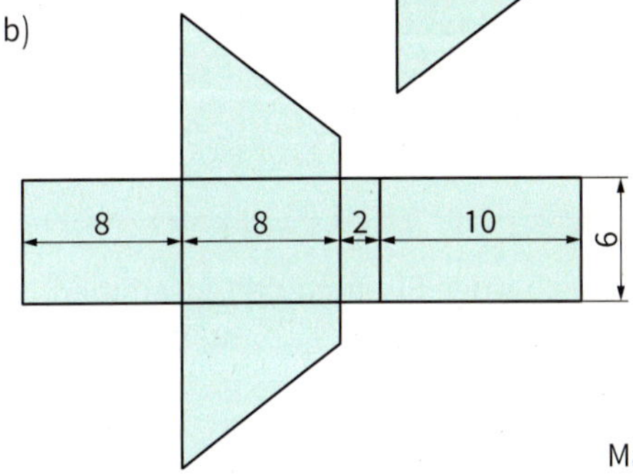

Maße in cm

3 Berechne die fehlenden Größen des Zylinders.

	r	d	h_k	O	V
a)	3 cm	▪	5 cm	▪	▪
b)	▪	1,20 m	4 m	▪	▪

4 Berechne Oberflächeninhalt und Volumen des abgebildeten Körpers.

a)

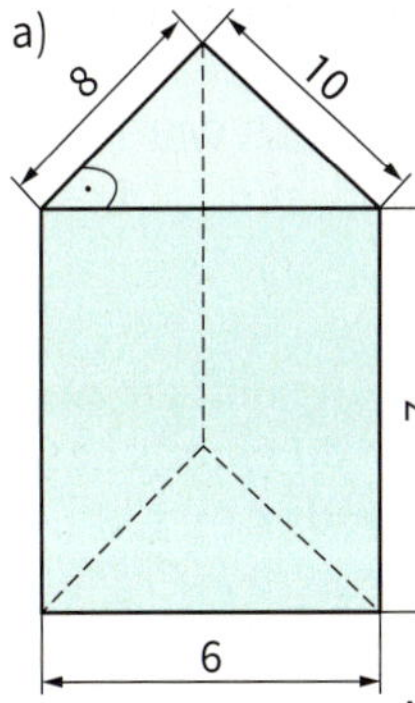

b)

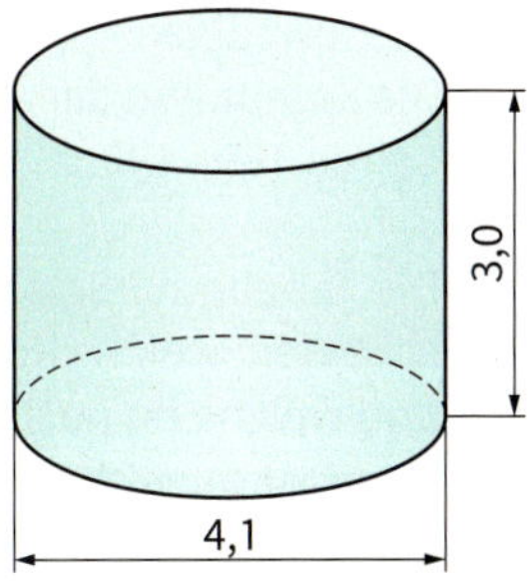

Maße in cm

5 Ein Kanal hat einen trapezförmigen Querschnitt. Wie viel Kubikmeter Wasser enthält ein 1 000 m langer Kanalabschnitt?

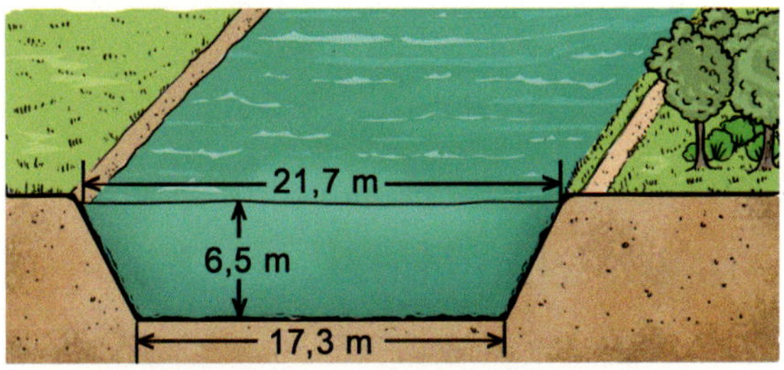

6 Ein Kubikdezimeter Aluminium wiegt 2,7 kg.

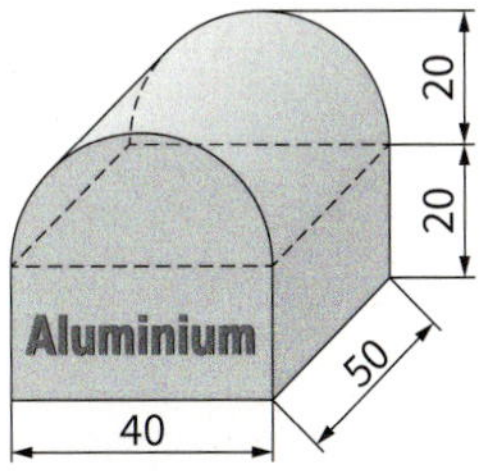

Maße in cm

Berechne die Masse des Körpers in Kilogramm.

Ich kann …

Ich kann …	Aufgabe	Hilfen und Aufgaben	
das Schrägbild eines Prismas zeichnen.	1	Seite 140, 141, 154	I
den Oberflächeninhalt eines Prismas bei vorgegebenem Netz berechnen.	2	Seite 143, 144, 154	
den Oberflächeninhalt und das Volumen eines Zylinders oder Prismas berechnen.	3, 4	Seite 143–146, 149–152, 154, 155	
das Volumen eines Prismas in Sachzusammenhängen berechnen.	5	Seite 146, 155	II
die Masse eines zusammengesetzten Körpers berechnen.	6	Seite 156, 157	

EINGANGSTEST

Zu den Kapiteln 1 bis 8 in diesem Buch wird jeweils ein Eingangstest angeboten.
Damit kannst du überprüfen, ob du die mathematischen Fähigkeiten hast, die bei der Bearbeitung des jeweiligen Kapitels vorausgesetzt werden.
Die Ergebnisse der Aufgaben findest du auf den Seiten 189 – 190.

Die Tabelle zur Selbsteinschätzung hilft dir zu entscheiden, welche Kompetenzen du bereits hast und welche du noch erwerben musst.
Kommst du mithilfe der Tabelle zu dem Ergebnis, dass dir bestimmte Voraussetzungen fehlen, benutze die angegebenen Hilfen und bearbeite die angegebenen Aufgaben.

1 Gleichungen

1 Schreibe den Text als Term.
a) eine Zahl vermindert um 5
b) das Dreifache einer Zahl vermehrt um 9
c) die Summe aus dem Vierfachen und dem Achtfachen einer Zahl

2 Für den Wandertag kauft Luis eine Flasche Multivitaminsaft zu 1,40 € und mehre Müsliriegel zu 0,40 € je Stück.
a) Gib einen Term an, mit dem du berechnen kannst, wie viel Euro er insgesamt bezahlen muss.
b) Berechne den Gesamtpreis, wenn Luis einen (zwei, drei) Müsliriegel kauft.
c) Luis bezahlt insgesamt 3 €. Wie viele Müsliriegel hat er gekauft?

3 Fasse gleichartige Summanden zusammen.
a) $5x + 7y + 3x - 2y$ b) $9a + 8 - 7a - 2$

4 Multipliziere die Klammern aus.
a) $5(x + y)$ b) $3(a - 4b - 2)$

5 a) Gib für jede Figur einen möglichst einfachen Term zur Bestimmung des Umfangs an.

Maße in cm

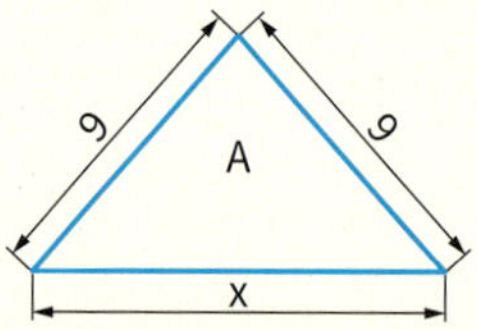

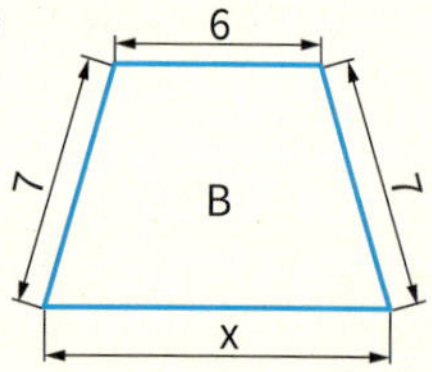

b) Der Umfang jeder Figur beträgt 30 cm. Bestimme jeweils x.

Ich kann ...

Ich kann ...	Aufgabe	Hilfen und Aufgaben
einen Text in einen Term übersetzen.	1, 2	Seite 167–169
einen Term umformen.	3, 4	Seite 183
einen Term zur Bestimmung des Umfangs einer Figur aufstellen.	5	Seite 183
den Wert eines Terms berechnen.	2, 5	Seite 183

2 Prozentrechnung

1 Schreibe als Bruch mit dem Nenner Hundert.

a) 0,57 b) 0,3 c) 0,09

d) $\frac{7}{10}$ e) $\frac{17}{50}$ f) $\frac{19}{25}$

2 Gib den Anteil der farbigen Fläche als Bruch, Hundertstelbruch und in Prozent an.

a)
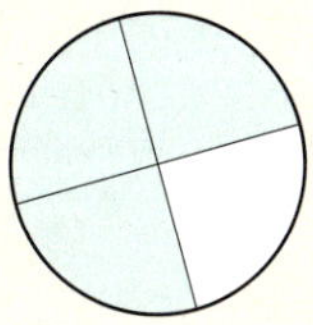

b)
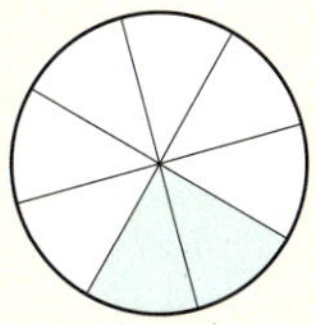

c)
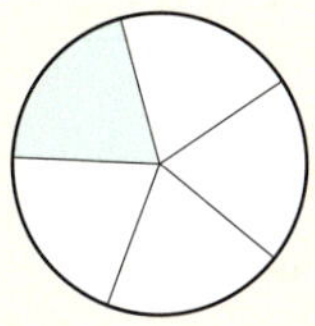

d)
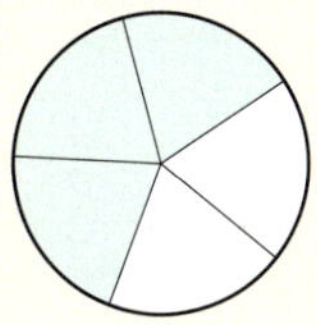

3 Gib als Bruch und als Dezimalzahl an.

a) 25 % 30 % 60 % 75 % 100 % 5 %

b) 10 % 120 % 250 % 3 % 4,5 % 0,1 %

4 100 g Mandeln enthalten 20 g Eiweiß.

a) Begründe, dass die Zuordnung „Masse Mandeln → Masse Eiweiß" proportional ist.

b) Vervollständige die Tabelle im Heft.

Masse Mandeln (g)	Masse Eiweiß (g)
100	■
200	■
500	■
50	■
25	■

Ich kann ...

	Aufgabe	Hilfen und Aufgaben
Brüche und Dezimalzahlen als Hundertstelbrüche angeben.	1	Seite 170
Flächenanteile als Brüche oder in Prozent angeben.	2	Seite 177
Prozentangaben als Bruch oder als Dezimalzahl schreiben.	3	Seite 177
proportionale Zuordnungen erkennen und in Tabellen darstellen.	4	Seite 175

3 Zinsrechnung

1 Gib in Prozent an.

a) $\frac{17}{100}$ b) $\frac{1}{4}$ c) $\frac{3}{10}$ d) $\frac{9}{50}$

2 Berechne den Prozentwert.

a) 4 % von 250 kg

b) 85 % von 120 km

3 Berechne den Prozentsatz.

a) 12 m^2 von 48 m^2

b) 9 min von 75 min

4 Berechne den Grundwert.

a) 6 % von ■ sind 12 €. b) 15 % von ■ sind 27 m.

5 Der Preis einer Jeans ist um 35 % reduziert. Jana spart 21 €. Was kostete die Jeans ursprünglich?

6 Vollmilch enthält 3,5 % Fett. Wie viel Kubikzentimeter Fett sind in 500 cm^3 Vollmilch enthalten?

7 Frau Diller verdient 3 250 €. Ihr Gehalt wird um 130 € erhöht. Wie viel Prozent sind das?

Ich kann ...

	Aufgabe	Hilfen und Aufgaben
einfache Brüche in Prozent angeben.	1	Seite 177
einfache Aufgaben der Prozentrechnung rechnen.	2, 3, 4	Seite 26, 27, 178
Grundaufgaben der Prozentrechnung in Sachzusammenhängen lösen.	5, 6, 7	Seite 26, 27, 178

EINGANGSTEST

4 Umfang und Flächeninhalt

1 a) Zeichne die Figur mit den angegebenen Eckpunkten in ein Koordinatensystem (Einheit 1 cm).
b) Gib an, um welche Figur es sich handelt. Nenne auch ihre Eigenschaften.

Figur	Eckpunkte
I	A(−4 | 2), B(−2 | −2), C(0 | 0), D(−2 | 4)
II	A(−6 | −4), B(−3 | −2), C(−5 | 2)
III	A(0 | −1), B(6 | 3), C(4 | 4), D(1 | 2)
IV	A(1 | −2), B(3 | −4), C(7 | −2), D(3 | 0)

2 Gib in der Einheit an, die in Klammern steht.
a) 45 cm (m) b) 1,56 m (cm) c) 1 250 mm (cm)

3 Gib in der Einheit an, die in Klammern steht.
a) 27 m^2 (dm^2) b) 13 m^2 (cm^2) c) 5 a (m^2)

4 Ergänze die Tabelle. Gib die Lösung in Meter an.

	Maßstab	Länge in der Zeichnung	Länge in der Wirklichkeit
a)	1 : 2 000	4,5 cm	■
b)	1 : 10 000	3,8 cm	■

Ich kann …

	Aufgabe	Hilfen und Aufgaben
in ein Koordinatensystem ein Viereck einzeichnen und es benennen.	1	Seite 179
Längenangaben und Flächeneinheiten in anderen Einheiten angeben.	2, 3	Seite 180, 181
Längen mithilfe eines Maßstabs bestimmen.	4	Seite 180

5 Funktionale Zusammenhänge

1 Zeichne die in der Tabelle vorgegebenen Wertepaare als Punkte in ein Koordinatensystem ein.

x	−2	−1	0	1	2
y	3	1	−1	−3	−5

2 Bestimme die Koordinaten der im Koordinatensystem eingezeichneten Punkte.

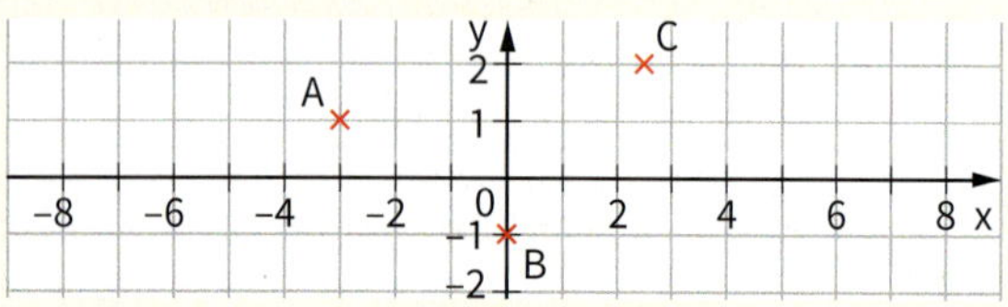

3 Die in der Tabelle dargestellte Zuordnung ist proportional. Ergänze die Tabelle in deinem Heft.

Anzahl	Preis (€)
3	2,40
6	■
1	■
5	■

4 Ein Goldbarren hat ein Volumen von 200 cm^3 und eine Masse von 3,860 kg. Welche Masse hat ein Goldbarren mit einem Volumen von 500 cm^3?

Ich kann …

	Aufgabe	Hilfen und Aufgaben
Wertepaare als Punkte in ein Koordinatensystem einzeichnen.	1	Seite 179
die Koordinaten von Punkten im Koordinatensystem ablesen.	2	Seite 179
Tabellen zu proportionalen Zuordnungen ergänzen.	3	Seite 175
die Eigenschaften proportionaler Funktionen zur Lösung von Sachproblemen anwenden.	4	Seite 175

6 Daten erheben und auswerten

1 In der Urliste findest du das Lebensalter befragter Schülerinnen und Schüler.

Lebensalter
15 15 16 16 15 15 16 17 15 15 15 16 17 15
16 15 16 15 14 15 14 15 16 16 15

a) Bestimme zu den in der Urliste angegebenen Daten die absoluten Häufigkeiten und die relativen Häufigkeiten.
b) Gib die relativen Häufigkeiten auch als Dezimalzahl und in Prozent an.

2 In dem Diagramm wird das Ergebnis einer Befragung in mehreren Haushalten dargestellt.

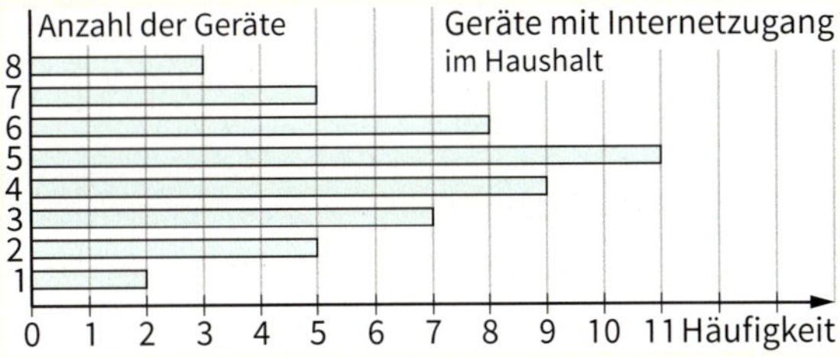

Berechne die relativen Häufigkeiten und trage sie in eine Tabelle ein.

Ich kann ...	Aufgabe	Hilfen und Aufgaben
absolute und relative Häufigkeiten bestimmen.	1, 2	Seite 182
relative Häufigkeiten auch als Dezimalzahl und in Prozent angeben.	1	Seite 182
Häufigkeiten aus Diagrammen ablesen.	2	Seite 182

7 Kreis und Kreisteile

1 Gib in der Einheit an, die in Klammern steht.
a) 450 cm (m) b) 0,37 m (cm)
c) 2 300 mm (cm) d) 6 400 mm² (cm²)
e) 32 m² (dm²) f) 5,6 cm² (mm²)

2 Runde auf Zehntel (Hundertstel).
a) 4,567 b) 0,6436 c) 6,9582

3 Berechne.
a) $0{,}6^2$ b) $1{,}2^2$ c) $1{,}5^2$

4 Bestimme den Umfang und den Flächeninhalt der abgebildeten Figur.

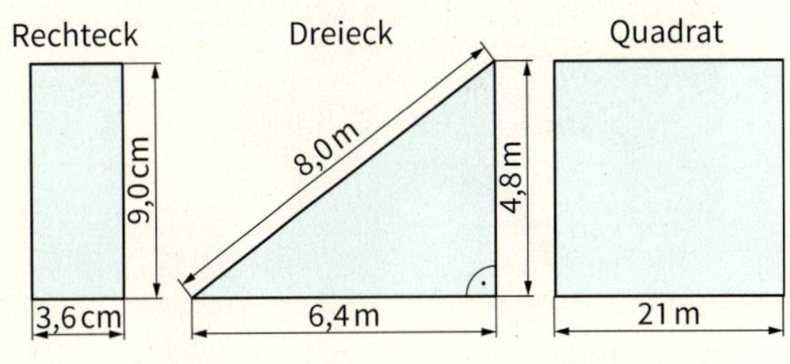

Ich kann ...	Aufgabe	Hilfen und Aufgaben
Längen und Flächeninhalte in anderen Einheiten angeben.	1	Seite 180, 181
Dezimalzahlen auf Zehntel (Hundertstel) runden.	2	Seite 170
Dezimalzahlen multiplizieren.	3	Seite 172
den Umfang und den Flächeninhalt eines Rechtecks, eines Quadrats und eines Dreiecks berechnen.	4	Seite 60, 63, 180

EINGANGSTEST

8 Prismen und Zylinder

1 Berechne Flächeninhalt und Umfang der Figur.

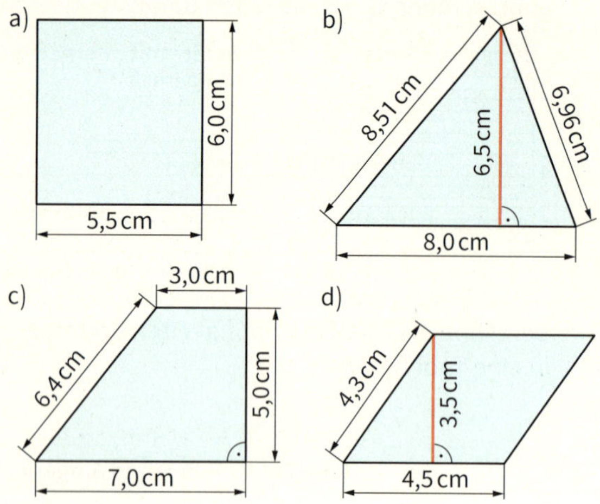

2 Berechne Flächeninhalt und Umfang des Kreises.

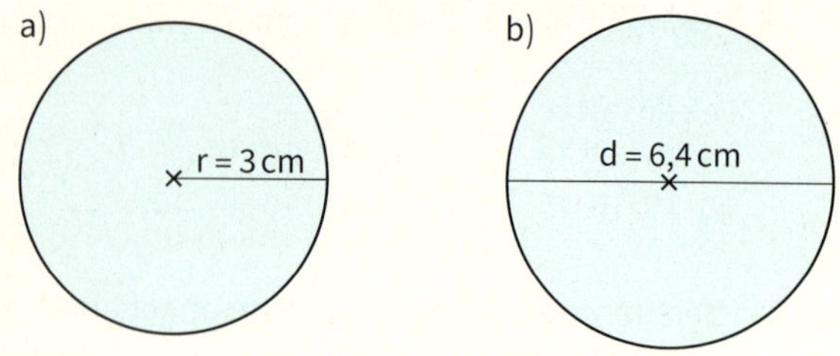

3 Ein Quader ist 5 cm lang, 4 cm breit und 3 cm hoch.
a) Zeichne ein Netz des Quaders.
b) Berechne sein Volumen und seinen Oberflächeninhalt.

Ich kann ...

	Aufgabe	Hilfen und Aufgaben
Flächeninhalt und Umfang von Rechteck, Dreieck, Trapez, Parallelogramm und Kreis berechnen.	1, 2	Seite 60, 61, 63, 65, 125, 126, 180
das Netz eines Quaders zeichnen, seinen Oberflächeninhalt und sein Volumen bestimmen.	3	Seite 181

Jede Schülerin und jeder Schüler kann einen Eingangstest für sich bearbeiten und fehlende Kompetenzen dann mithilfe der angegebenen Seiten erwerben.
Es kann aber auch die ganze Lerngruppe den Eingangstest machen. Die Diagnose ergibt dann, ob nur einzelne Schülerinnen oder Schüler fehlende Kompetenzen erwerben müssen oder die ganze Lerngruppe.

WIEDERHOLUNG
Addieren und Subtrahieren

1 Notiere als Aufgabe und berechne.
a) Die Summanden heißen 108 und 37. Berechne die Summe.
b) Addiere zur Zahl 236 die Summe der Zahlen 14 und 29.
c) Wie heißt die Differenz der Zahlen 607 und 311?
d) Subtrahiere von der Zahl 900 die Zahlen 145 und 89.

2 Der erste Summand ist 155, der zweite Summand ist um 41 größer als der erste Summand, der dritte Summand ist um 31 kleiner als der erste Summand. Wie groß ist die Summe?

3 Bestimme den Platzhalter.

a)	b)	c)
■ + 31 = 130	■ − 39 = 67	55 + ■ = 233
■ − 35 = 235	65 + ■ = 950	■ − 35 = 4 555

4 Mirkos Schulweg ist 1 300 m lang. Als er gerade die Hälfte des Weges mit dem Fahrrad zurückgelegt hat, muss er noch einmal umkehren, um seine vergessenen Sportschuhe zu holen. Welche Strecke legt er an diesem Morgen insgesamt zurück?

5 Bei einigen Rechnungen fehlen die Klammern.

a)	b)
58 − 17 − 11 = 30	135 − 35 + 29 = 129
85 − 48 − 30 = 67	83 − 47 − 14 = 50

6 Schreibe den Rechenweg zu der folgenden Aufgabe auf. Benutze Klammern.
a) Subtrahiere von 256 die Summe der Zahlen 23 und 54.
b) Subtrahiere die Differenz aus 13 und 7 von der Zahl 78.
c) Addiere zu der Summe der Zahlen 25 und 67 die Differenz aus 75 und 48.

7 Schreibe zu den folgenden Aufgaben einen Text.
a) 70 + (48 − 10) b) (75 + 12) − 35 c) 65 − (53 − 17)
d) (75 + 30) + (55 − 2) e) (120 − 6) − (60 − 15)

8 Vertausche die Zahlen und setze die Klammer so, dass du vorteilhaft rechnen kannst.

a)	b)
54 + 105 + 46 + 75	21 + 27 + 44 + 79 + 73 + 56
170 + 86 + 114 + 830	2 040 + 48 + 7 + 960 + 52 + 3

9 a) Die Personen einer Familie wiegen 93 kg, 72 kg, 63 kg und 47 kg. Dürfen sie alle in den Fahrstuhl einsteigen?
b) Drei Männer wiegen 82 kg, 74 kg und 67 kg. Dürfen sie noch eine 80 kg schwere Kiste mitnehmen?

Addition

Summand		Summand		Summe
45	+	18	=	63

Auch **45 + 18** wird als **Summe** der Zahlen 45 und 18 bezeichnet.

Subtraktion

Minuend		Subtrahend		Differenz
83	−	54	=	29

Auch **83 − 54** wird als **Differenz** der Zahlen 83 und 54 bezeichnet.

Addition und Subtraktion sind Umkehrungen voneinander.

45 + 18 = 63 63 − 45 = 18
63 − 18 = 45

Rechnen mit Klammern

Die Klammer wird zuerst berechnet.

57 − (15 + 22) = 57 − 37 = 20
63 − (24 − 15) = 63 − 9 = 54

Sind keine Klammern vorhanden, so rechnet man schrittweise von links nach rechts.

88 − 15 + 22 = 73 + 22 = 95
83 − 24 − 15 = 59 − 15 = 44

Rechengesetze

Bei der Addition darf man beliebig Klammern setzen. Das Ergebnis verändert sich dabei nicht **(Assoziativgesetz)**.

(a + b) + c = a + (b + c)
(8 + 13) + 45 = 8 + (13 + 45) = 66

Bei der Addition darf man die Reihenfolge der Summanden beliebig vertauschen. Das Ergebnis verändert sich dabei nicht **(Kommutativgesetz)**.

a + b = b + a
14 + 23 = 23 + 14 = 37

WIEDERHOLUNG
Multiplizieren und Dividieren

Multiplikation

Faktor		Faktor		Produkt
18	·	12	=	216

Auch **18 · 12** wird als **Produkt** der Zahlen 18 und 12 bezeichnet.

Division

Dividend		Divisor		Quotient
216	:	12	=	18

Auch **216 : 12** wird als **Quotient** der Zahlen 216 und 12 bezeichnet.

Multiplikation und Division sind Umkehrungen voneinander.

$18 \cdot 12 = 216$ $216 : 12 = 18$
$216 : 18 = 12$

Rechnen mit Klammern

Die Klammer wird zuerst berechnet.

$120 : (15 \cdot 4) = 120 : 60 = 2$

Sind keine Klammern vorhanden, so rechnet man schrittweise von links nach rechts.

$200 : 2 : 5 \cdot 4 = 80$

Rechengesetze

Bei der Multiplikation darf man beliebig Klammern setzen. Das Ergebnis verändert sich dabei nicht **(Assoziativgesetz)**.

$(\mathbf{a} \cdot \mathbf{b}) \cdot \mathbf{c} = \mathbf{a} \cdot (\mathbf{b} \cdot \mathbf{c})$
$(8 \cdot 3) \cdot 4 = 8 \cdot (3 \cdot 4) = 96$

Bei der Multiplikation darf man die Reihenfolge der Faktoren beliebig verändern. Das Ergebnis verändert sich dabei nicht (**Kommutativgesetz**).

$\mathbf{a} \cdot \mathbf{b} = \mathbf{b} \cdot \mathbf{a}$
$14 \cdot 3 = 3 \cdot 14 = 42$

Durch 0 kann nicht dividiert werden.
$8 : 0$

1
a) Multipliziere 12 und 4.
b) Bestimme das Produkt aus 13 und 3.
c) Nenne zwei Faktoren, deren Produkt 60 (15, 120, 200, 96, 17) ist.
d) Ein Produkt aus zwei Faktoren hat den Wert 48. Der erste Faktor ist 4.
e) Ein Produkt aus drei Faktoren hat den Wert 120. Der erste Faktor ist 4, der zweite ist 5. Berechne den dritten Faktor.

2
a) Dividiere 200 durch 5 (2, 4 , 8, 10, 50, 100).
b) Dividiere 90 durch 5 (84 durch 4; 72 durch 2).
c) Bestimme den Quotienten aus 32 und 16 (2, 4, 8, 32).
d) Bestimme den Quotienten aus 48 (64, 80, 120, 200, 880) und 4.
e) Der Quotient aus 144 und einer Zahl ist 16. Wie heißt die Zahl?

3 Berechne das Produkt im Kopf.
a) $8 \cdot 20$; $9 \cdot 30$
b) $30 \cdot 20$; $70 \cdot 30$
c) $3 \cdot 300$; $7 \cdot 400$
d) $0 \cdot 5$; $0 \cdot 400$

4 Berechne den Quotienten im Kopf.
a) $8 : 2$; $80 : 2$
b) $3\,000 : 5$; $300 : 50$
c) $400 : 200$; $4\,000 : 20$
d) $0 : 300$; $0 : 30$

5 Berechne.
a) $80 : 20 \cdot 2$; $80 : (20 \cdot 2)$; $(80 : 20) \cdot 2$
b) $(60 : 15) \cdot 2$; $60 : (15 \cdot 2)$; $60 : 15 \cdot 2$
c) $40 : 10 \cdot 4 : 2$; $40 : 10 \cdot (4 : 2)$; $40 : (10 \cdot 4) : 2$

6 Rechne vorteilhaft.
a) $8 \cdot 50 \cdot 2$; $90 \cdot 5 \cdot 2$; $4 \cdot 25 \cdot 80$
b) $31 \cdot 200 \cdot 5$; $70 \cdot 250 \cdot 4$; $20 \cdot 50 \cdot 67$
c) $2 \cdot 250 \cdot 2 \cdot 13$; $7 \cdot 125 \cdot 8 \cdot 2$; $2 \cdot 125 \cdot 2 \cdot 2 \cdot 7$

7 14 Mädchen und 16 Jungen der Klasse 8 c machen einen Ausflug. Für den Bus und die Eintrittsgelder zahlt die ganze Klasse 285 €. Wie viel Euro muss jeder bezahlen?

8 Tennisbälle werden in Dosen zu je 4 Bällen verkauft. Beim Kauf von vier Dosen gibt es einen Ball gratis.

a) Wie viele Bälle erhält der Verein, wenn 10 Viererdosen bestellt werden?
b) Der Verein erhält insgesamt 55 Bälle. Wie viele Dosen sind bestellt worden?

WIEDERHOLUNG

Verbindung der Grundrechenarten

1 a) Wer hat richtig gerechnet?

Paul: $12 + 3 \cdot 7$
$= 15 \cdot 7$
$= 105$

Meike: $12 + 3 \cdot 7$
$= 12 + 21$
$= 33$

b) Beschreibe die Rechenwege.

2 Berechne.

a) $34 + 2 \cdot 5$
$12 - 5 \cdot 8$
$22 + 8 \cdot 9$

b) $14 + 2 \cdot 5$
$12 \cdot 5 - 8$
$12 \cdot 8 + 9$

c) $41 + 2 \cdot 15 - 6$
$120 - 5 \cdot 12 - 28$
$280 - 18 \cdot 5 + 3 \cdot 9$

d) $35 + 20 : 5$
$96 - 56 : 8$
$32 + 8 : 4$

e) $15 + 20 : 5$
$120 : 6 - 2$
$24 : 4 + 2$

f) $15 + 45 : 15 - 10$
$110 - 50 : 5 - 3$
$180 - 80 : 5 + 3 \cdot 7$

3 Vergleiche die beiden Aufgaben und gib jeweils das Ergebnis an.

a) $(14 - 4) \cdot 3$ und $14 - 4 \cdot 3$
b) $(40 + 5) \cdot 4$ und $40 + 5 \cdot 4$
c) $(120 + 12) \cdot 2$ und $120 + 12 \cdot 2$
d) $(24 - 6) \cdot 3$ und $24 - 6 \cdot 3$

4 Bei einigen Aufgaben hat Lia vergessen Klammern zu setzen. Setze die Klammern und schreibe die Aufgaben richtig in dein Heft.

a) $12 + 9 : 3 = 15$
$10 : 2 + 8 = 1$

b) $90 : 30 - 15 = 6$
$24 + 24 : 6 = 28$

c) $36 - 12 : 3 = 32$
$80 : 8 + 32 = 2$

5 Berechne.

a) $(20 - 7) \cdot 5 - 3$
$100 - 5 \cdot (20 - 17)$
$(23 - 17) \cdot (15 + 5)$

b) $200 - 8 \cdot (15 + 7)$
$93 + 5 - 3 \cdot 12$
$340 - (66 - 54) \cdot 2$

6 Berechne.

a) $100 : 50 \cdot 2 + 1$
$1 + 2 \cdot 5 \cdot 100$

b) $100 : 20 - 3 - 2$
$2 \cdot 30 : 15 + 4$

7 Rechne vorteilhaft wie im Beispiel.

$23 \cdot 8 + 23 \cdot 2 = 23 \cdot (8 + 2) = 23 \cdot 10 = 230$

a) $14 \cdot 6 + 14 \cdot 4$
$78 \cdot 3 + 78 \cdot 7$

b) $13 \cdot 71 - 3 \cdot 71$
$118 \cdot 35 - 18 \cdot 35$

8 Schreibe den Rechenweg auf und bestimme die Lösung.

a) Das Dreifache von 12 vermehrt um 21
b) Multipliziere die Summe aus 9 und 6 mit der Differenz dieser Zahlen.
c) Subtrahiere vom Produkt aus 13 und 5 die Summe dieser Zahlen.
d) Dividiere die Summe aus 30 und 20 durch die Differenz dieser Zahlen.

Verbindung der Grundrechenarten

Enthält eine Aufgabe Punkt- und Strichrechnung, dann gilt:
Punktrechnung **(· und :)** geht vor Strichrechnung **(+ und –)**

$48 - 8 \cdot 4$
$= 48 - 32$
$= 16$

$45 + 15 : 3$
$= 45 + 5$
$= 50$

Enthält eine Aufgabe Klammern, dann gilt:
Die Klammer wird zuerst gerechnet.

$(27 + 4) \cdot 3$
$= 31 \cdot 3$
$= 93$

$(22 + 14) : 3$
$= 36 : 3$
$= 12$

Distributivgesetz

$\mathbf{(a + b) \cdot c = a \cdot c + b \cdot c}$
$(15 + 8) \cdot 4 = 15 \cdot 4 + 8 \cdot 4 = 92$

$\mathbf{(a - b) \cdot c = a \cdot c - b \cdot c}$
$(15 - 8) \cdot 4 = 15 \cdot 4 - 8 \cdot 4 = 28$

Text und Term

Text	Term
Das Doppelte von 7	$2 \cdot 7$
Die Hälfte von 16	$16 : 2$
Die Summe aus 4 und 5	$4 + 5$
Die Differenz aus 9 und 3	$9 - 3$
Der Quotient aus 8 und 4	$8 : 4$
Das Produkt aus 4 und 5 vermehrt um 7	$4 \cdot 5 + 7$
Das Dreifache von 6 vermindert um 5	$3 \cdot 6 - 5$

WIEDERHOLUNG

Brüche und Dezimalzahlen

Eine Dezimalzahl ist ein Bruch mit dem Nenner 10, 100, 1 000, …

$0{,}3 = \frac{3}{10}$ $0{,}79 = \frac{79}{100}$ $0{,}191 = \frac{191}{1\,000}$

$0{,}5 = \frac{5}{10} = \frac{1}{2}$ $0{,}2 = \frac{2}{10} = \frac{1}{5}$

$0{,}25 = \frac{25}{100} = \frac{1}{4}$ $0{,}75 = \frac{75}{100} = \frac{3}{4}$

Eine **gemischte Zahl** besteht aus einer **natürlichen Zahl** und einem **echten Bruch.**

$2\frac{4}{9}$

natürliche Zahl echter Bruch

gemischte Zahl

$\frac{11}{40} = 11:40 = ■$

11 : 40 = 0,275
110
80
300
280
200
200
0

$\frac{4}{11} = 4:11 = ■$

$4:11 = 0{,}3636\ldots = 0{,}\overline{36}$
40
33
70
66
40
33
70…

Beim **Runden** einer Dezimalzahl auf eine bestimmte Stelle kommt es nur auf die nachfolgende Stelle an.
Steht dort die Ziffer 0, 1, 2, 3, 4 wird **ab**gerundet.
Steht dort die Ziffer 5, 6, 7, 8, 9 wird **auf**gerundet.

Runden auf Zehntel:
$0{,}328 \approx 0{,}3$ $0{,}761 \approx 0{,}8$

Runden auf Hundertstel:
$0{,}3439 \approx 0{,}34$ $0{,}3462 \approx 0{,}35$

1 Schreibe als Bruch.
a) 0,8 0,3 0,33 0,5 0,09
b) 0,91 0,13 0,471 0,386 0,0567

2 Schreibe als Dezimalzahl.
a) $\frac{3}{10}$ $\frac{7}{10}$ $\frac{3}{100}$ $\frac{95}{100}$ $\frac{372}{1\,000}$
b) $\frac{15}{100}$ $\frac{34}{100}$ $\frac{78}{100}$ $\frac{9}{1\,000}$ $\frac{32}{1\,000}$

3 Erweitere und schreibe als Dezimalzahl.
a) $\frac{14}{50}$ $\frac{3}{20}$ $\frac{13}{20}$ $\frac{6}{25}$ $\frac{14}{25}$
b) $\frac{3}{5}$ $\frac{5}{8}$ $\frac{7}{8}$ $\frac{2}{5}$ $\frac{107}{500}$

4 Schreibe als Bruch.
a) $1\frac{5}{9}$ $4\frac{3}{4}$ $8\frac{7}{6}$ $3\frac{4}{7}$ $1\frac{7}{10}$
b) 6,3 4,17 3,23 3,016 4,001

5 Schreibe als gemischte Zahl.
a) $\frac{11}{7}$ $\frac{15}{3}$ $\frac{35}{7}$ $\frac{37}{9}$ $\frac{45}{7}$
b) 2,3 9,03 39,10 7,071 2,007

6 Bestimme die Dezimalzahl durch Division.
a) $\frac{7}{8}$ $\frac{9}{16}$ $\frac{13}{40}$ $\frac{7}{32}$ $\frac{9}{40}$
b) $\frac{10}{40}$ $\frac{3}{16}$ $\frac{21}{25}$ $\frac{17}{25}$ $\frac{25}{40}$

7 Bestimme die Dezimalzahl durch Division. Du erhältst eine periodische Dezimalzahl.
a) $\frac{5}{6}$ $\frac{7}{11}$ $\frac{7}{3}$ $\frac{4}{9}$ $\frac{43}{60}$
b) $\frac{17}{18}$ $\frac{7}{15}$ $\frac{1}{12}$ $\frac{8}{9}$ $\frac{17}{22}$

8 Runde auf Zehntel.
a) 0,48 0,75 0,674 0,756 0,89
b) 4,68 4,97 6,849 7,048 3,8939

9 Runde auf Hundertstel.
a) 9,413 2,372 6,619 8,738 6,546
b) $3{,}\overline{4}$ $4{,}\overline{6}$ $3{,}\overline{5}$ $7{,}\overline{49}$ $1{,}\overline{57}$

10 Runde auf Tausendstel.
a) 0,5364 9,89645 6,5 0,7 2,36

WIEDERHOLUNG

Brüche und Dezimalzahlen addieren und subtrahieren

1 Bestimme den Hauptnenner und addiere. Kürze das Ergebnis, wenn möglich.

a) $\frac{3}{4}+\frac{1}{8}$ $\quad\frac{3}{5}+\frac{3}{10}$ $\quad\frac{7}{12}+\frac{1}{3}$

b) $\frac{1}{3}+\frac{1}{4}$ $\quad\frac{5}{6}+\frac{1}{5}$ $\quad\frac{1}{8}+\frac{5}{9}$

c) $\frac{5}{6}+\frac{3}{5}$ $\quad\frac{3}{4}+\frac{1}{3}$ $\quad\frac{5}{12}+\frac{1}{3}$

2 Bestimme den Hauptnenner und subtrahiere. Kürze das Ergebnis, wenn möglich.

a) $\frac{1}{4}-\frac{1}{8}$ $\quad\frac{7}{9}-\frac{1}{6}$ $\quad\frac{7}{12}-\frac{1}{9}$

b) $\frac{4}{5}-\frac{1}{4}$ $\quad\frac{5}{9}-\frac{1}{8}$ $\quad\frac{5}{8}-\frac{1}{9}$

c) $\frac{8}{11}-\frac{1}{8}$ $\quad\frac{15}{27}-\frac{4}{18}$ $\quad\frac{9}{16}-\frac{4}{9}$

3 Schreibe richtig untereinander und addiere.

a) 7,35 + 3,08
3,46 + 2,39
4,89 + 3,71

b) 2,87 + 5,4
5,753 + 1,56
4,8 + 0,875

c) 14 + 1,076 + 12
64,85 + 2 + 12,7
76,3 + 26 + 3,72

d) 0,786 + 0,87 + 0,7
4,875 + 3,6 + 7,4
1,7 + 9,103 + 1,21

e) 12,6 + 13,8 + 31,8 + 33,9
7,85 + 0,6 + 1,88 + 0,74 + 9
12,85 + 52 + 20

4 Schreibe richtig untereinander und subtrahiere.

a) 14,7 − 5,3
37,4 − 8,9
57,8 − 16,8

b) 7,45 − 3,89
2,51 − 1,39
4,37 − 3,19

c) 4,3 − 2,18
7,8 − 3,97
10,4 − 5,28

5 Berechne.

a) 35,6 − 5,085 + 0,08
b) 930 − 11,8 + 12,06 + 9
c) 18,46 − 12,68 + 7,309 − 6,432
d) 756 − 9 − 84,8 − 0,742 + 10
e) 467 − 4,067 − 5,09 + 0,7653
f) 4 + 13,895 + 0,082 − 13,009

6 Bestimme den Platzhalter.

a) ■ − 0,31 = 2,435
b) ■ + 45,401 = 413,98
c) ■ − 14,05 = 0,1
d) 25,601 + ■ = 31,408
e) 0,001 + ■ = 2

Addition (Subtraktion) ungleichnamiger Brüche

$\frac{2}{3}+\frac{1}{8}=\frac{16}{24}+\frac{3}{24}=\frac{19}{24}$

$\frac{2}{3}-\frac{1}{8}=\frac{16}{24}-\frac{3}{24}=\frac{13}{24}$

Die Brüche müssen vor dem Addieren (Subtrahieren) so erweitert werden, dass sie den gleichen Nenner haben. Dann werden die Zähler addiert (subtrahiert). Der Nenner ändert sich nicht.

Addition von Dezimalzahlen

Beim schriftlichen Addieren gilt: Komma unter Komma.

4,78 + 0,452 + 4,6 = ■

	4,	7	8			
+	0,	4	5	2		
+	4,	6				
	1	1				
	9,	8	3	2		

4,78 + 0,452 + 4,6 = 9,832

Subtraktion von Dezimalzahlen

Beim schriftlichen Subtrahieren gilt: Komma unter Komma.

2,9 − 1,569 = ■

	2,	9	0	0		
−	1,	5	6	9		
		1	1			
	1,	3	3	1		

2,9 − 1,569 = 1,331

WIEDERHOLUNG

Brüche und Dezimalzahlen multiplizieren und dividieren

Multiplizieren von Brüchen

$\frac{3}{8} \cdot \frac{4}{9} = \frac{\overset{1}{\cancel{3}} \cdot \overset{1}{\cancel{4}}}{\underset{2}{\cancel{8}} \cdot \underset{3}{\cancel{9}}} = \frac{1}{6}$

$\frac{2}{11} \cdot 3 = \frac{2 \cdot 3}{11 \cdot 1} = \frac{6}{11}$

Bruchteile berechnen

$\frac{2}{3}$ von $\frac{4}{5}$ sind ■. $\frac{2}{3} \cdot \frac{4}{5} = \frac{2 \cdot 4}{3 \cdot 5} = \frac{8}{15}$

$\frac{2}{3}$ von $\frac{4}{5}$ sind $\frac{8}{15}$.

Dividieren von Brüchen

$\frac{4}{5} : \frac{7}{15} = \frac{4 \cdot \overset{3}{\cancel{15}}}{\underset{1}{\cancel{5}} \cdot 7} = \frac{12}{7} = 1\frac{5}{7}$

$\frac{3}{4} : 7 = \frac{3 \cdot 1}{4 \cdot 7} = \frac{3}{28}$

Wir dividieren durch einen Bruch, indem wir mit seinem Kehrwert multiplizieren.

Multiplizieren von Dezimalzahlen

$0{,}057 \cdot 0{,}79 =$ ■

3 Stellen		2 Stellen
0,057	·	0,79
		399
		513
		11
		0,04503
	5 Stellen	

$0{,}057 \cdot 0{,}79 = 0{,}04503$

Dividieren von Dezimalzahlen

Bei beiden Zahlen wird das Komma um so viele Stellen nach rechts verschoben, dass die zweite Zahl eine ganze Zahl wird.

$1{,}911 : 0{,}13 =$ ■

$191{,}1 : 13 = 14{,}7$

```
13
 61
 52
  91
  91
   0
```

Beim Überschreiten des Kommas wird im Ergebnis das Komma gesetzt.

$1{,}911 : 0{,}13 = 14{,}7$

1 Berechne. Kürze vor dem Ausrechnen.

a) $\frac{5}{8} \cdot \frac{1}{5}$ $\frac{2}{3} \cdot \frac{5}{8}$ $\frac{7}{9} \cdot \frac{3}{7}$ $\frac{5}{7} \cdot \frac{8}{15}$

b) $\frac{4}{9} \cdot \frac{3}{4}$ $\frac{7}{8} \cdot \frac{7}{14}$ $\frac{7}{12} \cdot \frac{6}{14}$ $\frac{8}{9} \cdot \frac{3}{12}$

c) $\frac{1}{3} \cdot 9$ $\frac{7}{8} \cdot 12$ $9 \cdot \frac{5}{6}$ $8 \cdot \frac{5}{64}$

2 Schreibe als Multiplikationsaufgabe und berechne.

a) $\frac{1}{9}$ von $\frac{5}{7}$ b) $\frac{1}{8}$ von $\frac{3}{11}$ c) $\frac{1}{2}$ von $\frac{7}{9}$ d) $\frac{1}{5}$ von 4

$\frac{2}{3}$ von $\frac{1}{9}$ $\frac{3}{4}$ von $\frac{1}{11}$ $\frac{5}{8}$ von $\frac{7}{10}$ $\frac{3}{4}$ von 7

3 Berechne. Kürze vor dem Ausrechnen.

a) $\frac{4}{9} : \frac{1}{6}$ $\frac{3}{8} : \frac{6}{12}$ $\frac{5}{12} : \frac{5}{8}$ $\frac{3}{11} : \frac{9}{22}$

b) $\frac{8}{9} : \frac{1}{3}$ $\frac{10}{24} : \frac{5}{12}$ $\frac{35}{32} : \frac{7}{8}$ $\frac{49}{33} : \frac{7}{22}$

c) $\frac{3}{10} : 9$ $\frac{8}{9} : 4$ $24 : \frac{8}{9}$ $36 : \frac{9}{11}$

4 Multipliziere im Kopf.

a) $0{,}6 \cdot 4$; $0{,}4 \cdot 7$; $0{,}5 \cdot 9$
b) $3{,}5 \cdot 2$; $1{,}5 \cdot 5$; $5{,}5 \cdot 6$
c) $0{,}7 \cdot 11$; $0{,}8 \cdot 10$; $0{,}25 \cdot 2$

d) $0{,}6 \cdot 0{,}4$; $0{,}7 \cdot 0{,}9$; $0{,}9 \cdot 0{,}8$
e) $0{,}06 \cdot 0{,}7$; $0{,}07 \cdot 0{,}7$; $0{,}12 \cdot 0{,}3$
f) $0{,}3^2$; $1{,}1^2$; $0{,}8^2$

5 Multipliziere schriftlich.

a) $4{,}8 \cdot 0{,}7$; $7{,}9 \cdot 0{,}8$; $5{,}8 \cdot 0{,}5$
b) $3{,}87 \cdot 0{,}8$; $9{,}64 \cdot 0{,}9$; $7{,}09 \cdot 1{,}9$
c) $3{,}7^2$; $4{,}8^2$; $3{,}12^2$

6 Berechne im Kopf.

a) $37{,}5 : 10$; $2{,}89 : 10$; $2{,}36 : 10$; $0{,}4 : 10$
b) $233{,}8 : 100$; $7{,}679 : 100$; $65{,}861 : 100$; $0{,}096 : 100$
c) $23{,}82 : 1\,000$; $5{,}97 : 1\,000$; $0{,}64 : 1\,000$; $0{,}089 : 1\,000$

7 Dividiere schriftlich.

a) $2{,}415 : 0{,}7$; $9{,}072 : 0{,}4$; $0{,}0832 : 0{,}2$
b) $0{,}6175 : 0{,}25$; $13{,}5 : 0{,}9$; $0{,}0267 : 0{,}01$
c) $0{,}574 : 0{,}07$; $0{,}708 : 1{,}2$; $0{,}0345 : 0{,}015$

8 Bestimme den Platzhalter.

a) $2{,}44 :$ ■ $= 6{,}1$; $0{,}184 :$ ■ $= 0{,}08$; $6{,}93 :$ ■ $= 23{,}1$
b) ■ $: 1{,}2 = 48{,}2$; ■ $: 0{,}8 = 0{,}31$; ■ $: 1{,}1 = 2{,}7$

WIEDERHOLUNG

Ganze und rationale Zahlen

1 Lies die markierten Zahlen ab.

a) 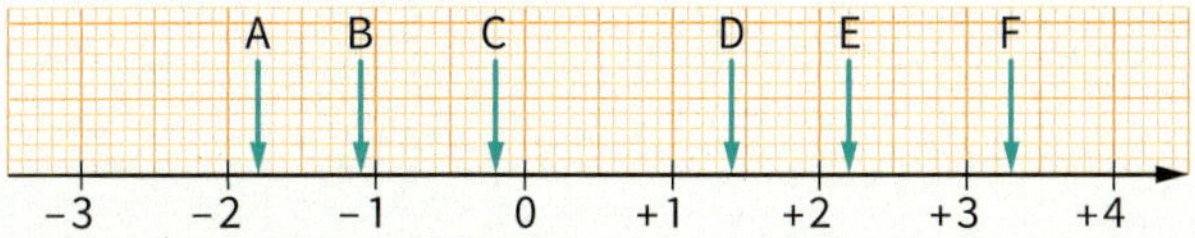

b) 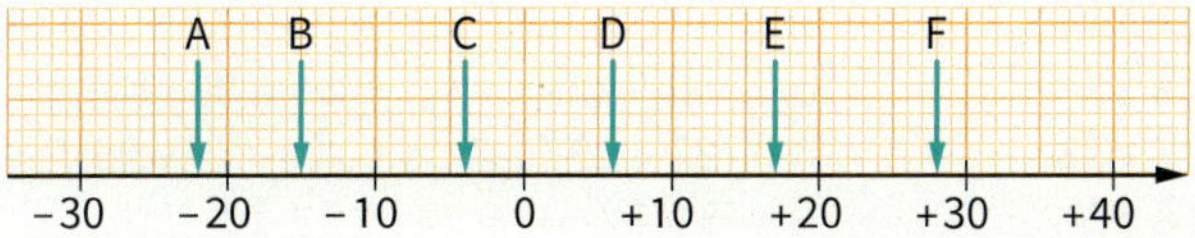

c) 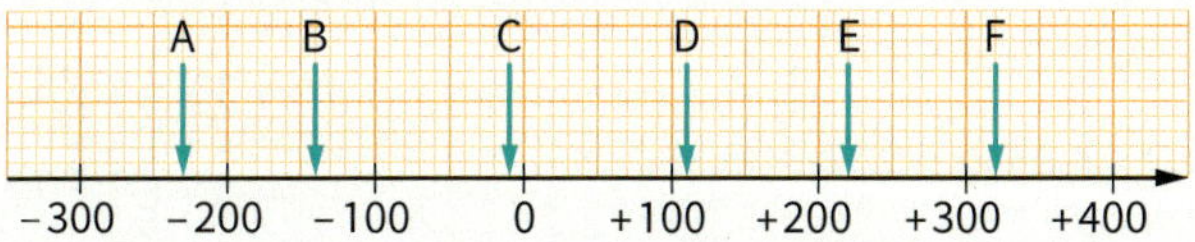

2 Trage die Zahlen auf einer Zahlengeraden ein.

a) +4,5; −3; −2,5; +4; −0,5; −4; −3,5; −5,5
b) −14; +5; +12; −7; −10; +4,5; +9,5; −12,5
c) +0,6; −1,8; +1,7; −0,9; −1,6; +0,3; −2,5

3 a) Nenne alle ganzen Zahlen zwischen 2 und 9 (−4 und 2, 11 und −2).
b) Nenne fünf rationale Zahlen zwischen 0 und −7 (−8 und 6, −3,5 und −3,4).
c) Nenne alle negativen ganzen Zahlen, die größer als −6 sind.
d) Nenne fünf rationale Zahlen, die negativ sind und nicht zu den ganzen Zahlen gehören.

4 Kleiner, größer oder gleich (<, >, =)?

a) +6 ■ +4
+7 ■ −4

b) +11 ■ −23
−5 ■ −6

c) −3 ■ +3
−7 ■ −9

d) −3,5 ■ −3,6
−0,8 ■ −0,08

e) +5,7 ■ +5,5
+2,1 ■ +1,2

f) +8,1 ■ +8,01
−2 ■ −2,0

g) −2,01 ■ −1,9
−0,7 ■ −0,07

h) 1,89 ■ 1,889
−1,1 ■ −1,09

i) 2,303 ■ 2,033
2,010 ■ 2,01

5 Ordne die Zahlen in einer Ungleichheitskette mithilfe des <-Zeichens.

a) −11; +25; 0; −8; +4; +18; −14; +2; −16

b) −5,8; 6,9; −6,9; −6,09; 7,1; 7,01; 7,001

c) $2\frac{2}{3}$; $-3\frac{1}{5}$; 2,5; −3,6; $1\frac{1}{2}$; 1,1; $1\frac{1}{4}$

6 Bestimme jeweils Betrag und Gegenzahl.

a) 11; −711; −14; 0; $-2\frac{1}{2}$; $3\frac{1}{3}$; −0,23

b) −0,06; $\frac{1}{6}$; 10,3; $16\frac{1}{4}$; 254; −789; $\frac{3}{8}$

Auf der **Zahlengeraden** lassen sich **ganze** und **rationale Zahlen** darstellen.

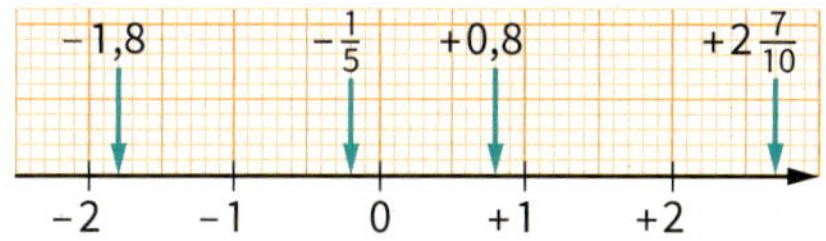

Zahlen wie +5; −3; +2; −44; 0; −19 sind **ganze Zahlen**.
Zahlen wie +5,1; −0,85; $-\frac{4}{7}$; +2,6; $-11\frac{2}{3}$ sind **rationale Zahlen**.

Zur Menge der **rationalen Zahlen** ℚ gehören die **positiven rationalen Zahlen**, die **negativen rationalen Zahlen** und die **Null**.

Die ganzen Zahlen (ℤ) sind eine **Teilmenge** der rationalen Zahlen (ℚ).

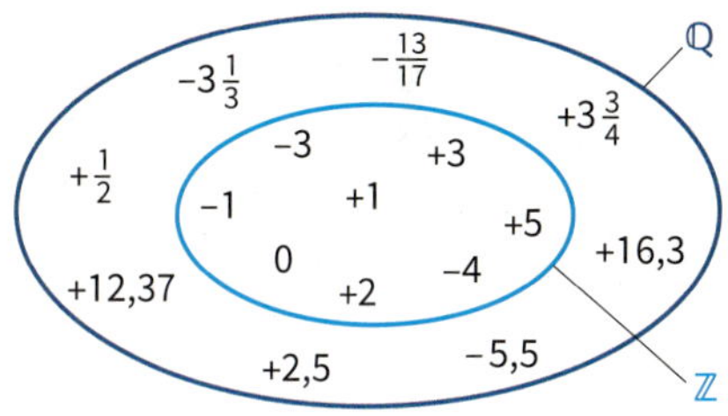

Oft wird auf das **Vorzeichen** Plus (+) verzichtet und statt z. B. +4 nur 4 geschrieben.

Auf der Zahlengeraden liegt von zwei Zahlen die kleinere Zahl links und die größere Zahl rechts.

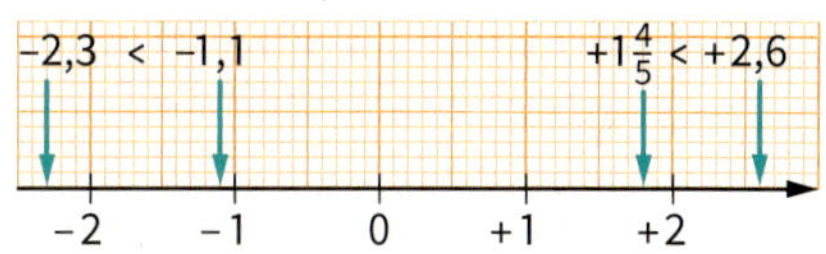

Der **Abstand** einer Zahl **von Null** heißt **Betrag**.
|−5| = 5
Lies: Der Betrag von −5 ist 5.

Zwei Zahlen mit **gleichem Abstand** von Null und verschiedenen Vorzeichen heißen **entgegengesetzte Zahlen** oder **Gegenzahlen**.

WIEDERHOLUNG

Rechnen mit rationalen Zahlen

Addition und Subtraktion
Vereinfachte Schreibweise

Sind die Rechen- und Vorzeichen der zweiten Zahl gleich, so schreibe +.

Sind die Rechen- und Vorzeichen der zweiten Zahl verschieden, so schreibe –.

$(-8)+(-13)$ | $(-8)-(-13)$
$= -8-13$ | $= -8+13$
$= -21$ | $= 5$

$(+8)+(+13)$ | $(+8)-(+13)$
$= +8+13$ | $= +8-13$
$= 21$ | $= -5$

Addieren und Subtrahieren

Beide Zeichen gleich: Addiere die Beträge und setze das gemeinsame Zeichen:

$-8-13$ | $+8+13$
$= -21$ | $= 21$

Verschiedene Zeichen: Subtrahiere den kleineren vom größeren Betrag und setze das Zeichen vor der Zahl mit dem größeren Betrag.

$-8+13$ | $+8-13$
$= 5$ | $= -5$

Multiplikation (Division) zweier rationaler Zahlen mit gleichem Vorzeichen: Multipliziere (Dividiere) die Beträge und setze das Vorzeichen +.

$(+3{,}5)\cdot(+3) = +10{,}5$
$(-3{,}5)\cdot(-3) = +10{,}5$

$(+7{,}5):(+3) = +2{,}5$
$(-7{,}5):(-3) = +2{,}5$

Multiplikation (Division) zweier rationaler Zahlen mit verschiedenen Vorzeichen: Multipliziere (Dividiere) die Beträge und setze das Vorzeichen –.

$(-4{,}2)\cdot(+6) = -25{,}2$
$(+4{,}2)\cdot(-6) = -25{,}2$

$(-4{,}2):(+6) = -0{,}7$
$(+4{,}2):(-6) = -0{,}7$

1 Berechne.

a) $(-4{,}5)+(-3{,}8)$
$(+4{,}9)+(+1{,}6)$
$(-3{,}6)+(-4{,}6)$

b) $(-9{,}7)+(-5{,}3)$
$(+10{,}1)+(+1{,}1)$
$(-0{,}8)+(+0{,}09)$

2 Berechne.

a) $15+35$
$-27+38$
$14-55$

b) $-48-22$
$-31+29$
$75-18$

c) $-88-47$
$-79+95$
$79-95$

d) $-2{,}5-9$
$-1{,}1+4{,}4$
$3{,}5+6{,}8$

e) $8{,}1+2{,}9$
$6{,}3-1{,}8$
$-2{,}6+2{,}7$

f) $-3{,}8-7{,}2$
$-1{,}7-2{,}4$
$4{,}9-5{,}7$

g) $\frac{1}{4}-\frac{1}{2}$
$-\frac{2}{3}+\frac{3}{4}$

h) $-\frac{3}{4}+\frac{1}{2}$
$\frac{7}{8}-\frac{1}{4}$

i) $-\frac{6}{12}-\frac{9}{18}$
$\frac{5}{15}-\frac{4}{12}$

3 Berechne.

a) $(+25)\cdot(+8)$
$(-17)\cdot(-5)$
$(-8)\cdot(+12)$
$(+26)\cdot(-8)$

b) $(+7{,}5)\cdot(+9)$
$(+1{,}4)\cdot(-2)$
$(-1{,}1)\cdot(+8)$
$(-2{,}2)\cdot(-11)$

4 Berechne.

a) $(+81):(+3)$
$(-49):(-7)$
$(+104):(-52)$
$(-225):(+15)$

b) $(-2{,}8):(+4)$
$(+7{,}5):(-2{,}5)$
$(+8{,}8):(+2)$
$(-6{,}9):(0{,}3)$

5 Berechne.

a) $-90:15$
$144:(-12)$
$12{,}8\cdot(-3)$
$-6{,}4\cdot 4{,}0$

b) $32:(-8)$
$-45:(-0{,}9)$
$7{,}2\cdot(-5)$
$-14{,}5\cdot(-4)$

6 Berechne. Beachte die Regel „Punkt- vor Strichrechnung".

a) $80+(-5)\cdot 2$
$80-(-5)\cdot 2$
$-80+(-5)\cdot(-2)$

b) $6{,}2+(-5{,}8):2$
$6{,}7-5{,}2:(-2)-1$
$4{,}6:(-2)-5\cdot 8{,}2$

7 Berechne. Achte auf die Klammern.

a) $100-(20-30)$
$100-(-20-30)$

b) $-5{,}2\cdot(2{,}3-0{,}3)$
$13{,}5:(5-6{,}5)$

8 a) Subtrahiere das Produkt aus – 5,2 und 12 von der Zahl 50.
b) Dividiere die Summe aus 20 und – 12 durch die Differenz dieser beiden Zahlen.

WIEDERHOLUNG
Proportionale Zuordnungen

1 Die folgenden Zuordnungen sind proportional. Berechne die fehlenden Werte.

a)

kg	€
4	35,84
2	■
8	■

b)

kg	€
3	14,97
6	■
9	■

c)

l	km
2	15
4	■
6	■
1	■

d)

l	km
8	128
4	■
2	■
1	■

e)

kg	€
2,5	17,45
1	■
3,5	■

f)

l	km
44	1 012
1	■
10,8	■

2 Für 25 DVD-Rohlinge bezahlen Pia und Leonie im Medienmarkt 14,90 €. Pia nimmt 10, Leonie 15 Rohlinge. Wie viel Euro muss jede bezahlen?

3 Mandy legt mit ihrem Fahrrad eine Strecke von 6,4 km in 32 Minuten zurück. Wie weit fährt sie bei gleicher Durchschnittsgeschwindigkeit in 8 (16; 48) Minuten?

4 Kevin möchte für den Urlaub in der Schweiz 50 € in Franken einwechseln. Sein Vater erhielt für 320 € auf der Bank 483,20 Franken. Wie viele Franken bekommt Kevin?

5 500 g Rindfleisch kosten beim Schlachter 16,50 €. Frau Hechler kauft ein Stück Fleisch, das 600 g wiegt. Wie viel Euro muss sie dafür bezahlen?

6 Für das Sportabzeichen muss Lisa 1 000 m in 4 min 30 s laufen. Wie viel Zeit hat sie durchschnittlich für eine Runde zur Verfügung? (Länge einer Runde: 400 m)

7 16 dm³ Marmor haben eine Masse von 40 kg.
a) Trage das Zahlenpaar als Punkt in ein Koordinatensystem ein (x-Achse: 1 cm ≙ 1 dm³, y-Achse: 1 cm ≙ 4 kg). Zeichne durch den Punkt die zugehörige Ursprungsgerade.
b) Bestimme anhand der Geraden die Masse von 12 dm³ (2 dm³; 6 dm³; 10 dm³; 14 dm³) Marmor. Trage die Ergebnisse in eine Tabelle ein.

8 20 Hefte kosten 9 €. Trage das Zahlenpaar als Punkt in ein Koordinatensystem ein und zeichne durch den Punkt die zugehörige Ursprungsgerade.
Bestimme anhand der Geraden den Preis für 11 (13, 4) Hefte. Überprüfe deine Ergebnisse durch eine Rechnung.

18 Kiwis kosten 3,42 €.

Anzahl ⟶ Preis

	Anzahl	Preis (€)	
	18	3,42	
·2 (·3)	36	6,84	·2 (·3)
·3	54	10,26	·3
	18	3,42	
:2 (:3)	9	1,71	:2 (:3)
:3	6	1,14	:3

doppelte Anzahl ⟶ **doppelter** Preis
dreifache Anzahl ⟶ **dreifacher** Preis

Hälfte d. Anzahl ⟶ **Hälfte** d. Preises
Drittel d. Anzahl ⟶ **Drittel** d. Preises

Diese Zuordnung ist **proportional**.

Dreisatz

Wie viel kosten 7 Kiwis?

	Anzahl	Preis (€)	
	18	3,42	
:18	1	0,19	:18
·7	7	1,33	·7

18 Kiwis kosten 3,42 €.
1 Kiwi kostet 3,42 € : 18 = 0,19 €.
7 Kiwis kosten 0,19 € · 7 = 1,33 €.

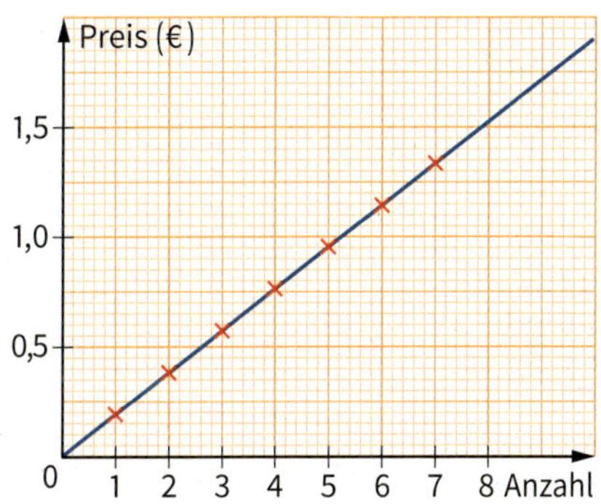

Bei einer proportionalen Zuordnung liegen die Punkte im Koordinatensystem auf einer Geraden durch den Ursprung.

WIEDERHOLUNG

Antiproportionale Zuordnungen

Eine Rolle Schnur lässt sich in sechs jeweils 1,20 m lange Stücke zerschneiden.

Anzahl ⟶ Länge pro Stück

Anzahl	Länge (m)
6	1,20
3	2,40
2	3,60
6	1,20
12	0,60
18	0,40

(:2, :3 bzw. ·2, ·3)

Hälfte d. Anzahl ⟶ **doppelte** Länge
Drittel d. Anzahl ⟶ **dreifache** Länge

doppelte Anzahl ⟶ **Hälfte** d. Länge
dreifache Anzahl ⟶ **Drittel** d. Länge

Diese Zuordnung ist **antiproportional**.

Dreisatz

Wie lang ist jedes Stück bei fünf gleich langen Stücken?

Anzahl	Länge (m)
6	1,20
1	7,20
5	1,44

(:6 / ·6, ·5 / :5)

Bei sechs Stücken hat jedes eine Länge von 1,20 m.
Die ganze Schnur hat eine Länge von $6 \cdot 1{,}20\text{ m} = 7{,}20\text{ m}$.
Bei fünf Stücken hat jedes eine Länge von $7{,}20\text{ m} : 5 = 1{,}44\text{ m}$.

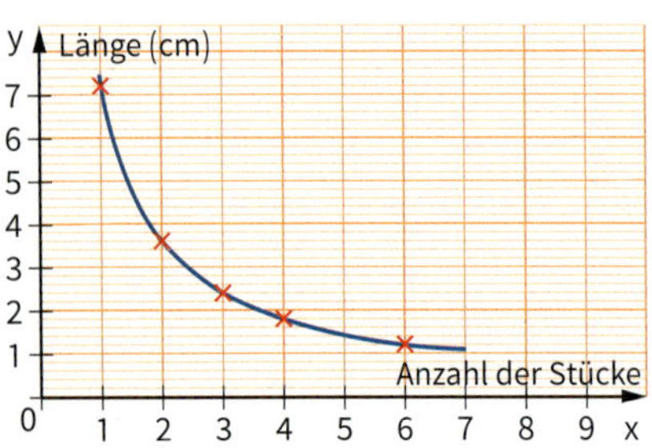

Bei einer antiproportionalen Zuordnung liegen die Punkte auf einer **Hyperbel**.

1 Die folgenden Zuordnungen sind antiproportional. Berechne die fehlenden Werte.

a)

Anzahl	Tage
2	180
6	■
12	■
18	■

b)

Anzahl	Tage
18	5
45	■
9	■
4	■

c)

Anzahl	Tage
16	14
8	■
2	■
1	■

d)

cm	cm
12	24
24	■
60	■
1	■

e)

cm	cm
26,8	22,5
1	■
60	■

f)

cm	cm
156,4	90,0
1	■
80,0	■

2 Eine Busreise kostet für eine Gruppe von 48 Personen 50 € pro Person. Sechs Personen fallen am Abreisetag wegen Krankheit aus. Wie viel Euro muss nun jeder Teilnehmer zahlen?

3 Du kannst eine Rolle Klebestreifen in 120 Streifen von je 5 cm Länge schneiden. Wie viele Streifen erhältst du, wenn jeder Streifen 20 cm lang werden soll?

4 Familie Lange plant ihren Sommerurlaub. Wenn die täglichen Kosten 90 € betragen, reicht das gesparte Urlaubsgeld für 14 Tage. Wie viel Euro darf Familie Lange täglich ausgeben, wenn sie drei Wochen in den Urlaub fahren möchte?

5 Frau Heuer fährt mit ihrem Auto an die Ostsee. Sie braucht dazu bei einer Durchschnittsgeschwindigkeit von $80\,\frac{\text{km}}{\text{h}}$ eine Zeit von 2 h 30 min. Wie lange braucht sie für die gleiche Strecke bei einer Durchschnittsgeschwindigkeit von $100\,\frac{\text{km}}{\text{h}}$?

6 Bei einem Benzinverbrauch von sechs Liter auf 100 km kann Frau Remus mit einer Tankfüllung 700 km fahren. Bei der Fahrweise ihrer Tochter Nina verbraucht das Auto acht Liter auf 100 km. Wie weit kommt Nina mit einer Tankfüllung?

7 Bei der Planung einer Klassenfahrt sind für die Mädchen drei Vierbettzimmer vorgesehen. Bei der Ankunft stellt sich heraus, dass nur Dreibettzimmer zur Verfügung stehen. Wie viele Zimmer werden für die Mädchen jetzt gebraucht?

WIEDERHOLUNG
Prozent

1 Gib den Anteil der farbigen Felder als Hundertstelbruch und in Prozent an.

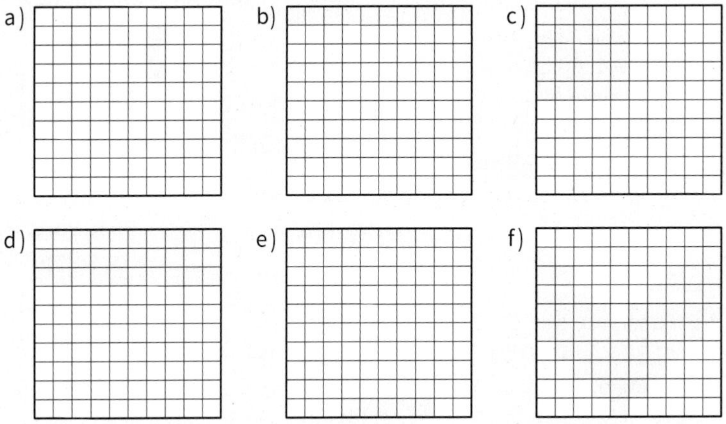

2 Gib den Anteil der farbigen Fläche als Bruch, als Hundertstelbruch und in Prozent an.

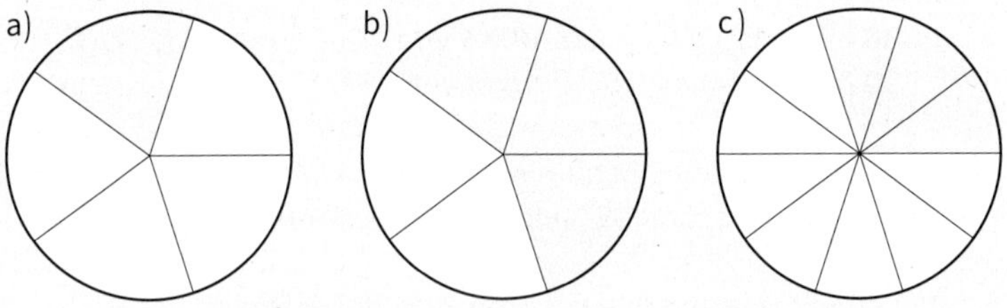

3 Zeichne ein Quadrat mit hundert Rechenkästchen in dein Heft. Färbe den angegebenen Anteil und gib ihn in Prozent an.

a) $\frac{1}{5}$ b) $\frac{1}{25}$ c) $\frac{2}{20}$ d) $\frac{6}{8}$

4 Zeichne ein Rechteck mit der Länge 5 cm und der Breite 3 cm in dein Heft. Färbe den angegebenen Prozentsatz blau.

a) 25 % b) 75 % c) 10 % d) 40 % e) $33{,}\overline{3}$ %

5 Gib den Anteil der farbigen Fläche in Prozent an.

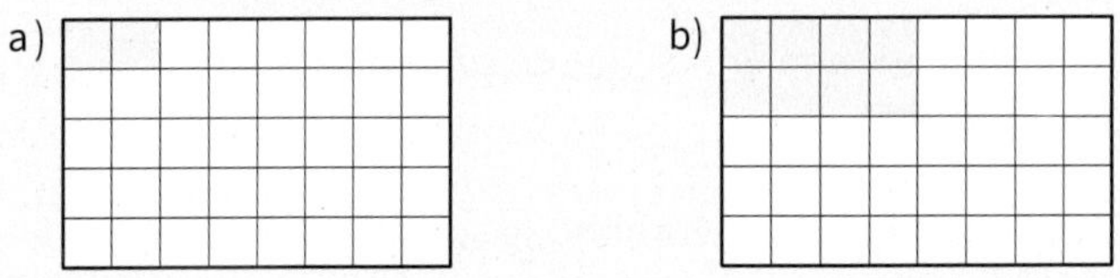

6 Gib als Bruch und als Dezimalzahl an.

a)	b)	c)	d)	e)
20 %	5 %	15 %	45 %	8 %
30 %	20 %	25 %	4 %	16 %
75 %	40 %	50 %	2 %	32 %

7 Schreibe in Prozent.

a)	b)	c)	d)
0,6	0,05	0,11	0,12
0,2	1	0,44	0,89
0,1	0,95	0,04	0,99

Der Anteil an einer Gesamtgröße wird häufig als Hundertstelbruch angegeben.

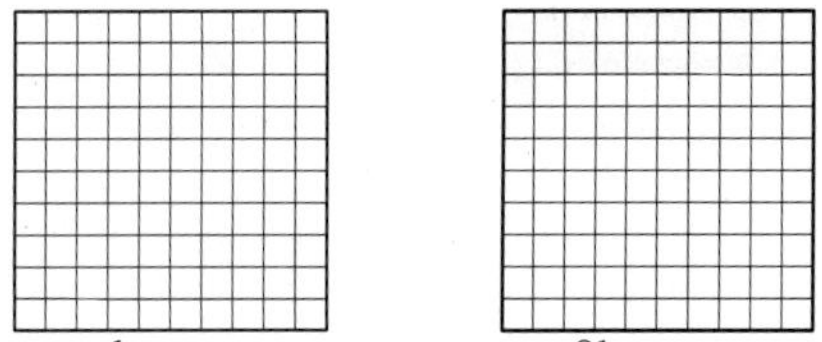

$\frac{1}{100} = 1\%$ $\frac{21}{100} = 21\%$

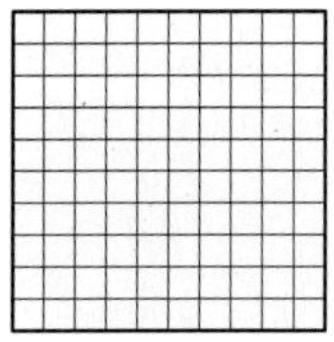

$\frac{100}{100} = 100\%$

Ein Hundertstel einer Gesamtgröße wird **Prozent** genannt.

Flächenanteile können als Brüche oder in Prozent angegeben werden.

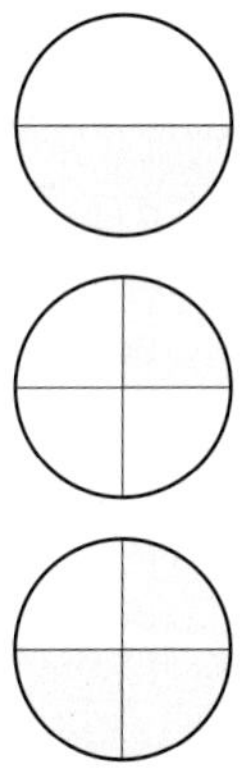

$\frac{1}{2} = \frac{50}{100} = 50\%$

$\frac{1}{4} = \frac{25}{100} = 25\%$

$\frac{3}{4} = \frac{75}{100} = 75\%$

Brüche und Prozentangaben, die häufig vorkommen:

$\frac{1}{2} = 50\%$ $\frac{1}{4} = 25\%$ $\frac{3}{4} = 75\%$

$\frac{1}{3} = 33\frac{1}{3}\%$ $\frac{1}{5} = 20\%$ $\frac{1}{10} = 10\%$

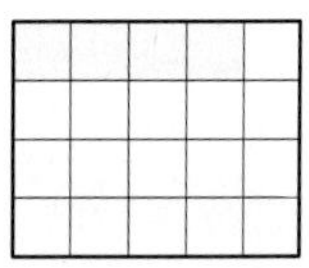

$\frac{4}{20} = \frac{20}{100} = 20\%$

$1{,}2 = 1{,}20 = \frac{120}{100} = 120\%$

WIEDERHOLUNG

Grundaufgaben der Prozentrechnung

In der Prozentrechnung werden folgende Begriffe verwendet:

Grundwert (G)
Prozentwert (W)
Prozentsatz (p %)

Der Grundwert entspricht immer 100 %.

Prozentwert gesucht

35 % von 250 kg = ■ kg

	%	Masse (kg)	
: 100	100	250	: 100
· 35	1	2,5	· 35
	35	87,5	

$W = \frac{G \cdot p}{100}$

$W = \frac{250 \cdot 35}{100}$

$W = 87{,}5$

Der Prozentwert beträgt 87,5 kg.

Grundwert gesucht

30 % ≙ 120 €   100 % ≙ ■ €

	%	Betrag (€)	
: 30	30	120	: 30
· 100	1	4	· 100
	100	400	

$G = \frac{W \cdot 100}{p}$

$G = \frac{120 \cdot 100}{30}$

$G = 400$

Der Grundwert beträgt 400 €.

Prozentsatz gesucht

18 m sind ■ von 120 m.

	Strecke (m)	%	
: 120	120	100	: 120
· 18	1	$0{,}8\overline{3}$	· 18
	18	15	

$p\,\% = \frac{W \cdot 100}{G}\,\%$

$p\,\% = \frac{18 \cdot 100}{120}\,\%$

$p\,\% = 15\,\%$

Der Prozentsatz beträgt 15 %.

Ein Tausendstel einer Gesamtgröße wird **Promille** genannt.

$\frac{1}{1000} = 1\,‰$

$0{,}001 = 1\,‰$

1 Grundwert, Prozentwert, Prozentsatz: Welche Werte sind gegeben? Welcher Wert ist gesucht?
a) 4 % von 900 Schülerinnen und Schülern kommen mit dem Motorroller zur Schule.
b) 9 von 60 Lehrerinnen und Lehrern sind krank.
c) In einer Wurst sind 75 g Fett. Der Fettgehalt beträgt 25 %.

2 Berechne den Prozentwert.

a)	b)	c)
25 % von 200 €	15 % von 300 €	8 % von 2,50 €
10 % von 80 m	75 % von 280 m	35 % von 2,40 m
5 % von 200 kg	4 % von 840 kg	95 % von 350 kg

3 Berechne den Grundwert.

a)	b)
30 % sind 210 €	7 % sind 14 €
60 % sind 72 €	19 % sind 76 €
75 % sind 4,20 €	99 % sind 297 €

4 Berechne jeweils den Prozentsatz.

a)	b)
15 g von 300 g	2,34 € von 2,60 €
30 € von 120 €	700 € von 2 000 €
90 m von 150 m	10 ct von 20 €

5 Der Reinerlös eines Schulfestes betrug 1 840 €. Für die Gestaltung der neuen Aula sind 65 % des Betrages vorgesehen.

6 Bei einem Handballspiel waren 80 % der Plätze in der Halle besetzt. Es wurden 360 Zuschauer gezählt. Wie viele Zuschauer fasst die Halle?

7 Bei einer Klassenarbeit haben von 30 Schülerinnen und Schülern 9 Schüler die Note „ausreichend“ bekommen.
Wie viel Prozent sind das?

8 Max trinkt 2,5 *l* Milch mit einem Fettgehalt von 3,5 %. Wie viel Gramm Fett hat er zu sich genommen, wenn ein Liter Milch 1 000 Gramm wiegt?

9 Von 800 Schülerinnen und Schülern sind 440 Mädchen. Berechne den Prozentsatz.

10 Felix hat eine Taschengelderhöhung von 20 % erhalten. Er bekommt jetzt monatlich fünf Euro mehr. Wie hoch war sein Taschengeld vorher?

11 Von den 160 Schülerinnen und Schülern eines 6. Jahrgangs haben 32 Naturwissenschaften, 40 Technik, 16 Französisch, 40 Hauswirtschaft, 10 Darstellen und Gestalten und 22 Spanisch gewählt.

12 Berechne.
a) 4 ‰ von 30 *l*   b) 2,5 ‰ von 5 t   c) 0,8 ‰ von 80 kg

WIEDERHOLUNG
Geometrische Grundbegriffe

1 a) Zeichne zwei beliebige Geraden, die nicht parallel zueinander sind und benenne sie.
b) Zeichne eine Strecke $\overline{AB}$ mit einer Länge von 4,7 cm.

2 Zeichne die Strecken mit den angegebenen Endpunkten in ein Koordinatensystem (Einheit 1 cm) und bestimme ihre Länge.
a) A(1|1); B(4|5)   b) C(5|12); D(10|0)
c) E(3|8); F(10|2)

3 a) Beschreibe die Eigenschaften der im Koordinatensystem abgebildeten Vierecke.
b) Gib jeweils die Koordinaten der Eckpunkte an.

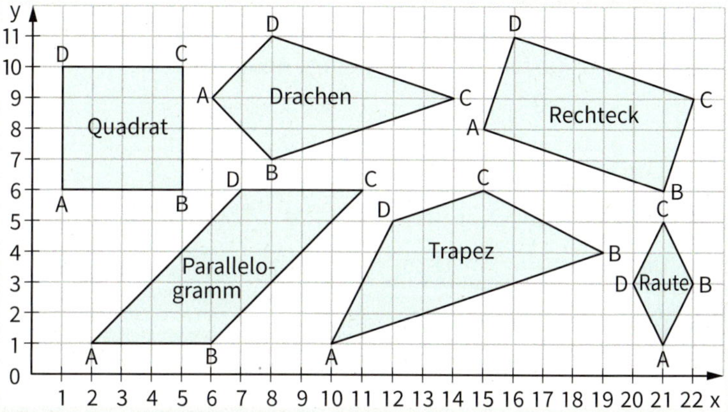

4 Zeichne das Viereck mit den angegebenen Eckpunkten in ein Koordinatensystem (Einheit 0,5 cm). Welche Figur erhältst du?
a) A(0|3); B(4|1); C(8|3); D(4|5)
b) A(2|6); B(8|4); C(9|7); D(6|8)

5 Überprüfe, welche Geraden senkrecht zueinander stehen.

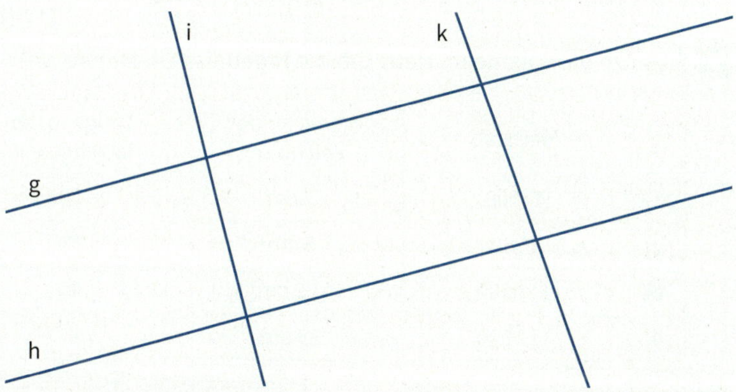

6 Zeichne in einem Koordinatensystem (Einheit 0,5 cm) eine Senkrechte zur Strecke $\overline{AB}$ durch den Punkt C.
a) A(2|2); B(4|10); C(7|5)   b) A(1|1); B(9|3); C(6|2)
c) A(1|2); B(9|4); C(4|7)   d) A(1|2); B(7|0); C(4|1)

Gerade

Eine Gerade hat keinen Anfangspunkt und keinen Endpunkt. Sie wird mit einem kleinen lateinischen Buchstaben bezeichnet.

Strecke

Eine Strecke ist die kürzeste Verbindung zwischen zwei Punkten.
Sie wird durch ihre Endpunkte oder mit einem kleinen lateinischen Buchstaben bezeichnet.

Koordinatensystem

Die waagerechte **x-Achse** und senkrechte **y-Achse** bilden ein Koordinatensystem.

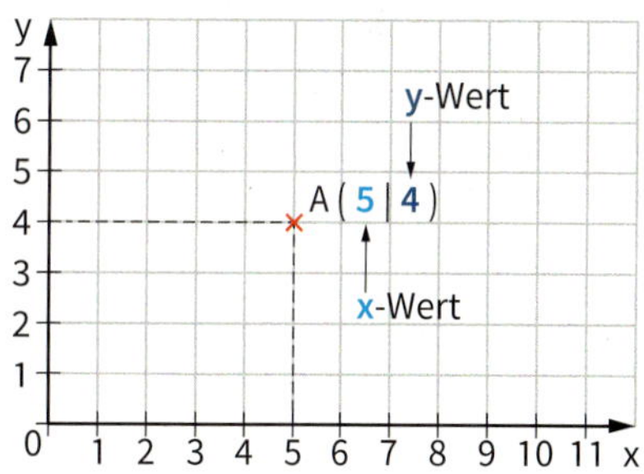

Der Punkt A hat die Koordinaten 5 und 4.   A(5|4)

Die Geraden g und h stehen **senkrecht zueinander,** sie bilden **rechte Winkel.**

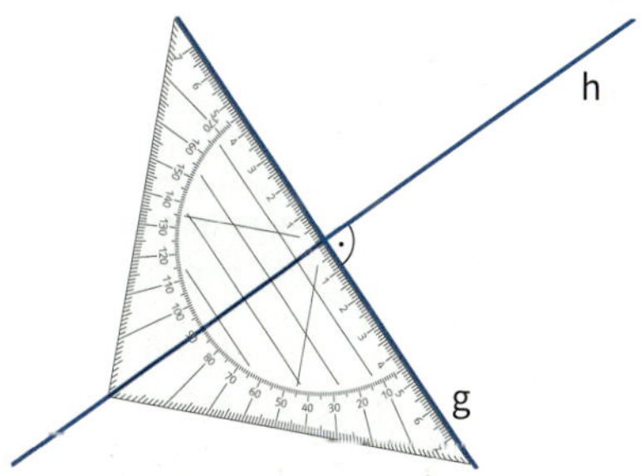

Man schreibt: $g \perp h$
Man sagt: g steht senkrecht zu h

WIEDERHOLUNG
Längen

Längeneinheiten

Die Umwandlungszahl für Längeneinheiten ist 10.

1 m = 10 dm
1 dm = 10 cm
1 cm = 10 mm

1 km = 1 000 m

Umfang eines Rechtecks

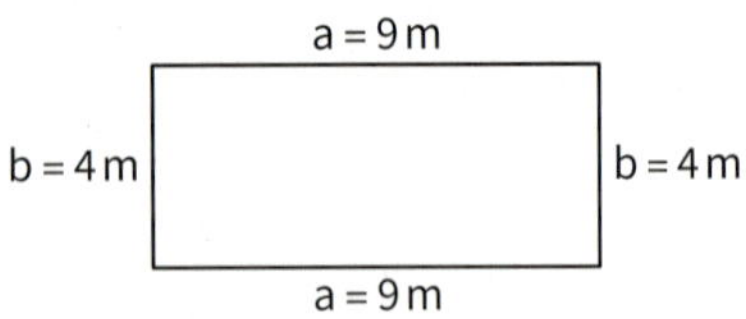

$u = 9 + 4 + 9 + 4 = 26$
$u = 26$ m
oder $u = 2 \cdot 9 + 2 \cdot 4 = 26$
$u = 26$ m
oder $u = 2 \cdot (9 + 4) = 26$
$u = 26$ m
$\mathbf{u = 2a + 2b}$

Umfang von ebenen Figuren

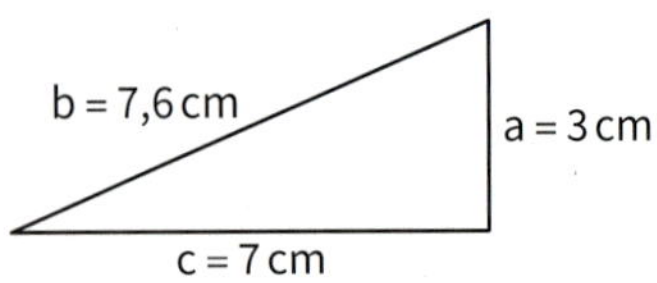

$u = 3 + 7{,}6 + 7 = 17{,}6$
$u = 17{,}6$ cm
$\mathbf{u = a + b + c}$

Maßstab

Der **Maßstab 1 : 100** bedeutet:
1 cm in der Karte entspricht 100 cm in der Wirklichkeit.

1 cm ≙ 100 cm

Länge in der Zeichnung	Länge in der Wirklichkeit
4 cm	4 cm · 100 = 400 cm = 4 m
4 cm ≙ 4 m	

1 Gib in der Einheit an, die in Klammern steht.
a) 5 cm (mm)
55 cm (mm)
11 m (dm)
b) 60 cm (dm)
30 mm (cm)
60 dm (m)
c) 4 500 cm (m)
14 km (m)
1 500 mm (m)

2 Berechne den Umfang der Figur.

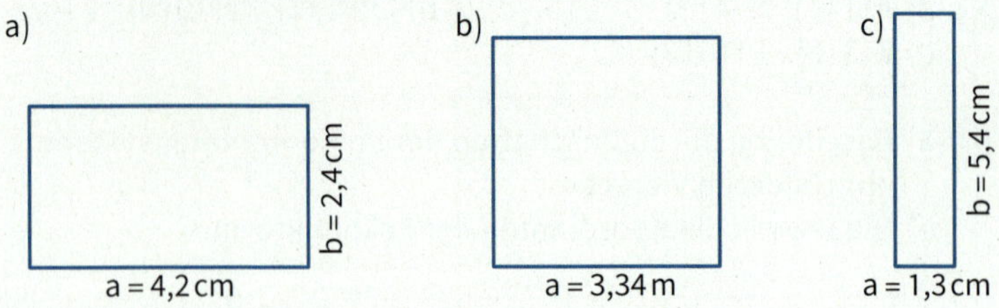

3 Berechne die fehlende Seitenlänge des Rechtecks.

	a)	b)	c)	d)
Seitenlänge a	4 cm	21,50 m	■	1,5 km
Seitenlänge b	■	■	3,7 mm	■
Umfang u	15 cm	56 m	14,6 mm	3,234 km

4 Berechne den Umfang der Figur.

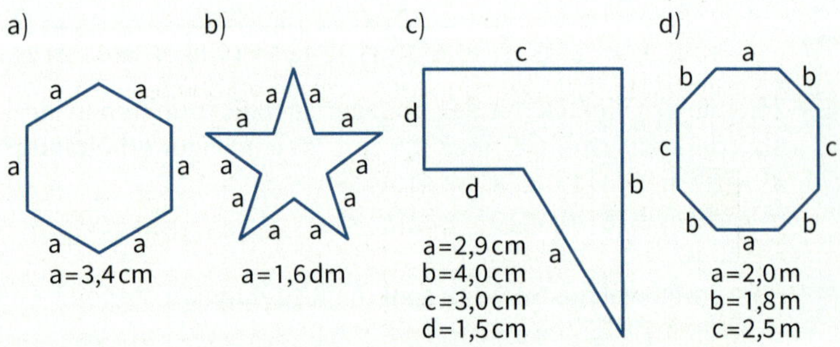

5 Ergänze die Tabelle im Heft. Gib die Ergebnisse in Metern an.

	Maßstab	Länge in der Zeichnung	Länge in der Wirklichkeit
a)	1 : 100	3 cm	■
b)	1 : 50	8 cm	■
c)	1 : 1 000	3,2 cm	■
d)	1 : 2 500	35 cm	■

6 Die Entfernung von Bielefeld nach Köln (Luftlinie) beträgt 164 km. Wie groß ist die Entfernung auf einer Karte im Maßstab 1 : 1 000 000?

7 Auf einer Wanderkarte im Maßstab 1 : 25 000 beträgt die Entfernung zweier Orte 12 cm.
Wie viele Kilometer sind die Orte in Wirklichkeit voneinander entfernt?

WIEDERHOLUNG

Quader und Würfel

1 Gib in der Einheit an, die in Klammern steht.

a) $6\ dm^3$ (cm^3)
$11\ cm^3$ (mm^3)
$9\ m^3$ (dm^3)
$12\ dm^3$ (l)

b) $2\ cm^3$ (mm^3)
$13\ m^3$ (cm^3)
$21\ dm^3$ (mm^3)
4 000 ml (l)

c) $12\,000\ cm^3$ (dm^3)
$54\,000\ mm^3$ (cm^3)
$120\,000\ dm^3$ (m^3)
0,5 l (ml)

2 Zeichne ein Netz des abgebildeten Quaders. Berechne seinen Oberflächeninhalt und sein Volumen.

a)

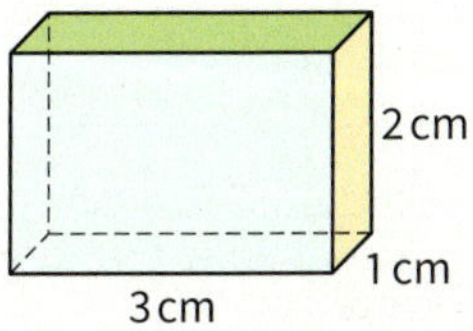

b)

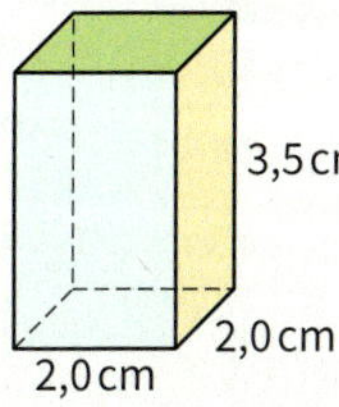

3 Zeichne ein Netz des abgebildeten Würfels. Berechne seinen Oberflächeninhalt und sein Volumen.

a)

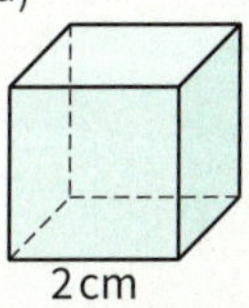

b)

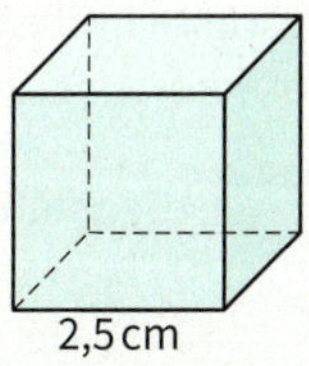

4 In der Abbildung siehst du das Netz eines Quaders. Skizziere ein Schrägbild des Quaders und berechne sein Volumen und seinen Oberflächeninhalt.

a)

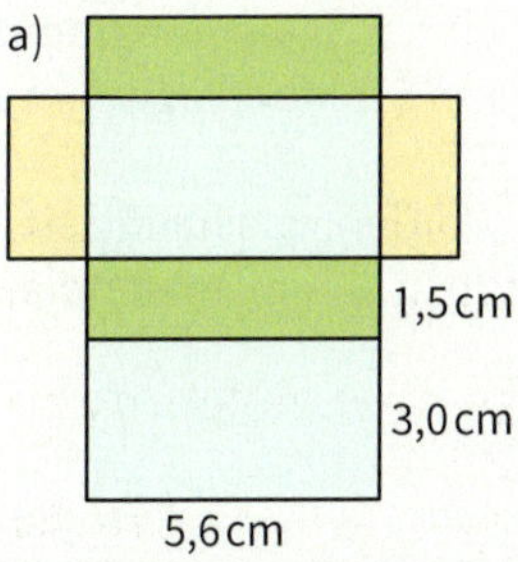

b)

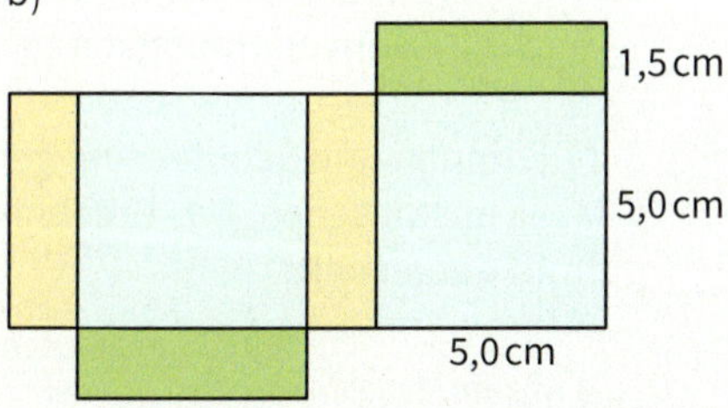

5 Eine quaderförmige Streichholzschachtel ist 5 cm lang, 3,5 cm breit und 1,5 cm hoch. Paul behauptet, dass sie ein Volumen von mehr als 25 000 Kubikmillimetern hat.

6 Die innere Bodenfläche eines Aquariums hat einen Inhalt von $0{,}48\ m^2$. Wie hoch ist das Aquarium (Innenmaß), wenn man bis zum oberen Rand 240 l Wasser einfüllen kann?

Raumeinheiten

$1\ m^3 = 1\,000\ dm^3$
$1\ dm^3 = 1\,000\ cm^3$
$1\ cm^3 = 1\,000\ mm^3$
$1\ l = 1\ dm^3$ $\quad$ $1\ l = 1\,000$ ml (Milliliter)

Quader

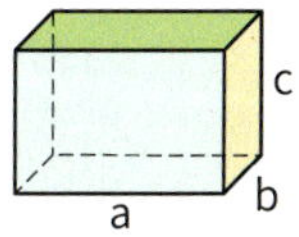

Quadernetz

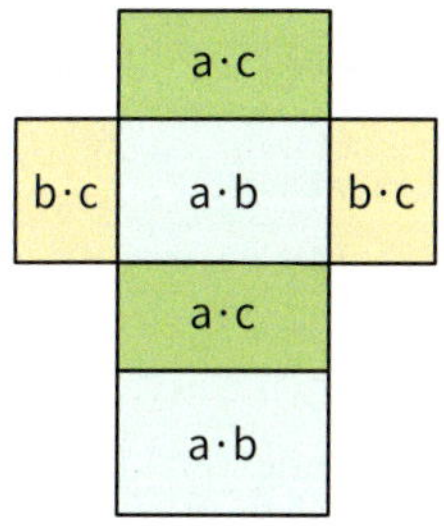

a = 6 cm $\quad$ b = 3 cm $\quad$ c = 4 cm

Oberflächeninhalt

$O = 2ab + 2bc + 2ac$
$O = 2 \cdot 6 \cdot 3 + 2 \cdot 3 \cdot 4 + 2 \cdot 6 \cdot 4 = 108$
$O = 108\ cm^2$

Volumen

$V = a \cdot b \cdot c$
$V = 6 \cdot 3 \cdot 4 = 72$
$V = 72\ cm^3$

Würfel

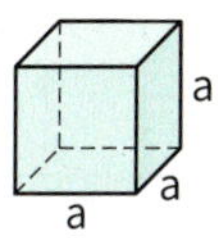

Würfelnetz

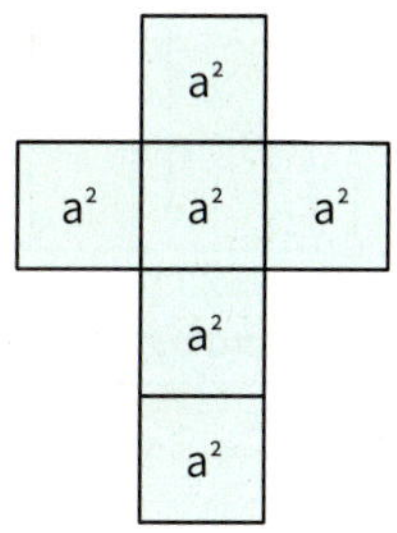

Oberflächeninhalt

$O = 6a^2$
$O = 6 \cdot 4^2 = 96$
$O = 96\ cm^2$

Volumen

$V = a^3$
$V = 4^3 = 64$
$V = 64\ cm^3$

WIEDERHOLUNG

Daten erheben und auswerten

In statistischen Erhebungen werden **Daten** durch Befragung, Beobachtung oder Experiment gesammelt. Die in einer **Urliste** gesammelten Daten können mithilfe einer **Strichliste** geordnet und dann in einer **Häufigkeitstabelle** dargestellt werden.

Alter (Jahre)	absolute Häufigkeit	relative Häufigkeit	
12	23	0,23	23 %
13	26	0,26	26 %
14	19	0,19	19 %
15	18	0,18	18 %
16	14	0,14	14 %
Summe	100	1,00	100 %

Die relative Häufigkeit jedes Ergebnisses gibt den Anteil der Versuche mit diesem Ergebnis an. Sie kann als Bruch, Dezimalzahl oder in Prozent angegeben werden.

relative Häufigkeit $= \frac{\text{abs. Häufigkeit}}{\text{Anzahl der Daten}}$

Die in der Häufigkeitstabelle aufbereiteten Daten können in verschiedenen Diagrammformen grafisch dargestellt werden.

Säulendiagramm

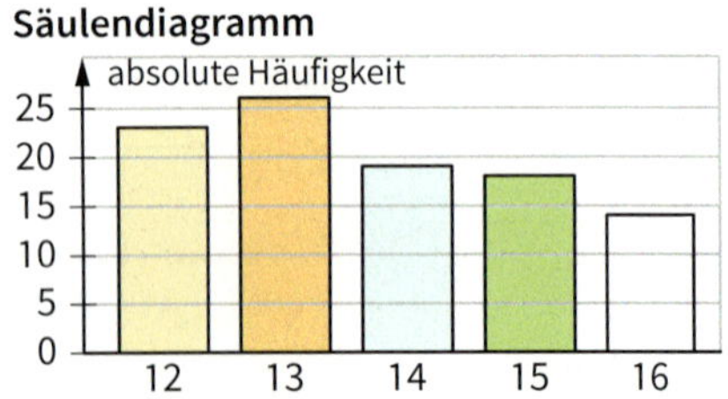

Streifendiagramm

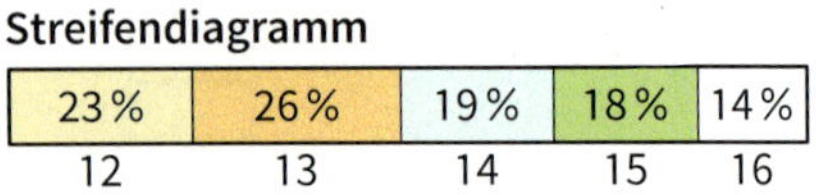

Das Streifendiagramm sollte eine Breite von 100 mm haben.

Kreisdiagramm

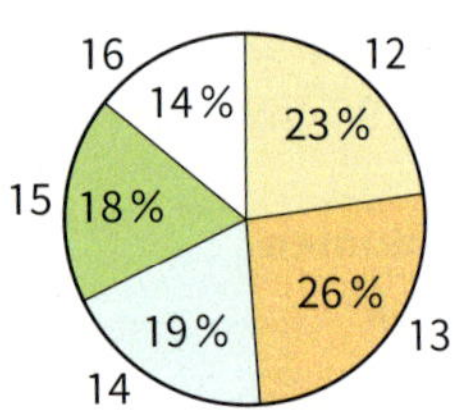

1 Bei einer Befragung wurde das Lebensalter der befragten Personen in einer Strichliste festgehalten.

Strichliste

Lebensalter (Jahre)	
11	𝍸 II
12	𝍸 II
13	𝍸 𝍸 I
14	𝍸 IIII
15	𝍸 𝍸
16	𝍸 I

Häufigkeitstabelle

Lebensalter (Jahre)	absolute Häufigkeit	relative Häufigkeit
11	7	$\frac{7}{50} = 0{,}14$
12	■	■
13	■	■
14	■	■
15	■	■

a) Wie viele Personen wurden befragt?
b) Vervollständige die Häufigkeitstabelle in deinem Heft.

2 In der Urliste findest du das Lebensalter der befragten Schülerinnen und Schüler aus einer anderen Klasse.

Lebensalter (Jahre)
10 10 11 13 11 10 12 12 10 11 12 11 11
10 10 13 12 10 10 11 10 10 11 12 11

a) Lege eine Strichliste an.
b) Trage die absoluten und relativen Häufigkeiten in eine Häufigkeitstabelle ein.
c) Stelle die absoluten Häufigkeiten in einem Säulendiagramm und die relativen Häufigkeiten in einem Streifendiagramm dar.

3 Schülerinnen und Schüler sind gefragt worden, wie häufig sie E-Mails austauschen. Das Ergebnis wurde in einem Säulendiagramm dargestellt.

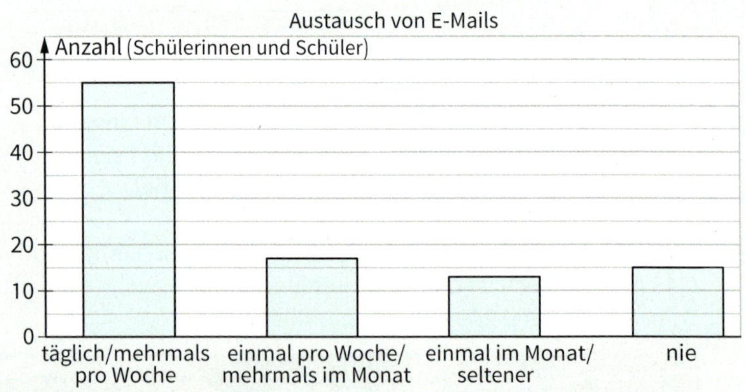

a) Wie viele Schülerinnen und Schüler nutzen E-Mail nur einmal im Monat oder seltener?
b) Berechne die relativen Häufigkeiten und trage sie in eine Tabelle ein.
c) Erstelle ein Kreisdiagramm.

WIEDERHOLUNG
Terme

1 Gib für die Figur einen möglichst einfachen Term zur Berechnung des Umfangs der Figur an.

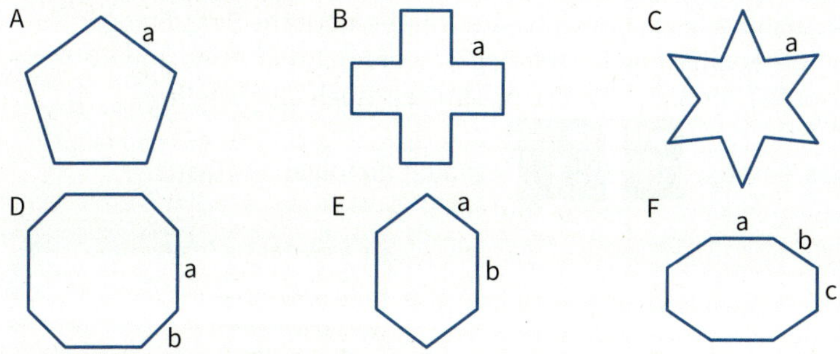

2 a) Gib einen Term zur Berechnung des Umfangs an.
b) Berechne den Umfang des Dreiecks für a = 6 cm.

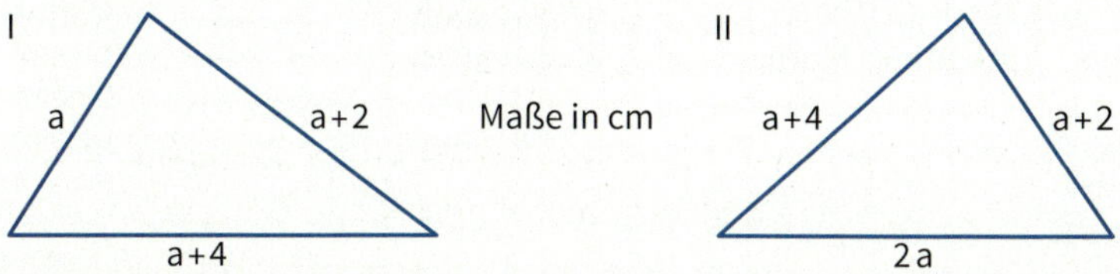

3 Setze für die Variablen die angegebenen Zahlen ein und berechne den Wert des Terms.

	a)	b)	c)	d)	e)
x	7x	50 − x	x : 4	2x + 5	x^2
4	■	■	■	■	■
12	■	■	■	■	■
20	■	■	■	■	■
1	■	■	■	■	■

		f)	g)	h)	i)
a	b	a + b	5a − b	3a + 2b	5ab
3	4	■	■	■	■
6	2	■	■	■	■
10	1	■	■	■	■
8	8	■	■	■	■

4 Ordne die Variablen alphabetisch und vereinfache den Term.

a) $5 \cdot x \cdot 2 \cdot y \cdot 4$
$3 \cdot u \cdot 7 \cdot v \cdot 3$
$9 \cdot c \cdot 2 \cdot d \cdot 5$

b) $5 \cdot a \cdot 6 \cdot b \cdot 2 \cdot c$
$4 \cdot y \cdot 2 \cdot x \cdot 7 \cdot z$
$2 \cdot 8 \cdot r \cdot 5 \cdot q \cdot p$

5 Fasse gleichartige Summanden (Terme) zusammen.

a) $2x - 8 + 7x + 3$
$4x + 14 + 3x + 16$
$43 + 3x - 30 + x$

b) $7x + 4 - 2x + 1$
$8x + 9 - 5x + 7$
$6x - 12 + 4x - 22$

Zahlen und Variablen sind Terme. Summen, Differenzen, Produkte, Quotienten von Termen sind auch Terme.

a $2x - 4$ 45 b^2 $2a + 2$

Wenn du bei einem Term für die Variable eine Zahl einsetzt, erhältst du den Wert des Terms.

Term: $3x + 1$

Wert des Terms für x = 5:
$3 \cdot 5 + 1 = 16$

Wert des Terms für x = −4:
$3 \cdot (-4) + 1 = -11$

Für die Umfangsberechnung geometrischer Figuren kannst du Terme verwenden.

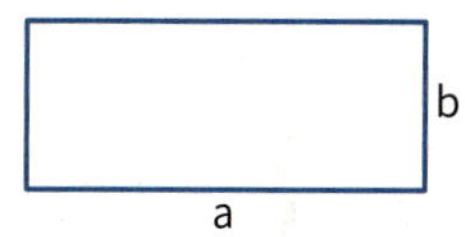

$a + b + a + b$
$= a + a + b + b$
$= 2a + 2b$

Wert des Terms für a = 4,5 und b = 3:
$2 \cdot 4{,}5 + 2 \cdot 3$
$= 9 + 6$
$= 15$

Bei Produkten werden die Variablen alphabetisch geordnet. Die Zahlen stehen am Anfang.

$0{,}5 \cdot b \cdot a \cdot 2 \cdot c \cdot 3$
$= 0{,}5 \cdot 2 \cdot 3 \cdot a \cdot b \cdot c$
$= 3abc$

Gleichartige Summanden (Terme) kannst du zusammenfassen.

$7a + 9 - 5a + 4$
$= 2a + 13$

$5x + 3y - 2x - 5 + y$
$= 5x - 2x + 3y + y - 5$
$= 3x + 4y - 5$

WIEDERHOLUNG

Der Taschenrechner

Wahl der Eingabelogik

Wähle bei deinem Taschenrechner die „mathematische Eingabelogik“.
Bei der „mathematischen Eingabelogik“ werden Brüche und andere Terme in mathematischer Schreibweise wie im Lehrbuch dargestellt.

Mit der Tastenfolge 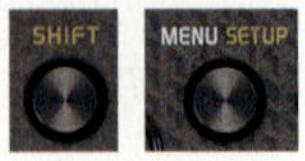 erhältst du folgendes Display:

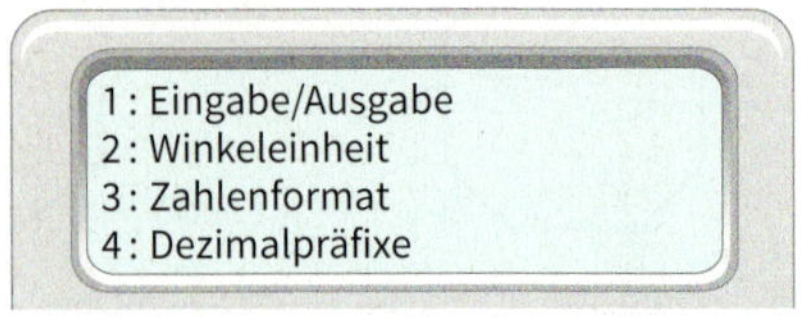

Wähle dann die 1 für Eingabe/Ausgabe und dann erneut die 1 für Math → Math.

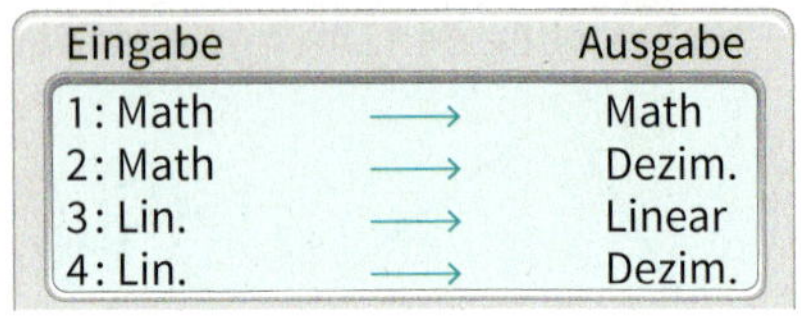

Die SD-Taste

Das Ergebnis einer Rechnung kann als Bruch oder als Dezimalzahl angezeigt werden.

Durch Drücken der S⇔D -Taste kannst du zwischen den beiden Ergebnisdarstellungen wechseln.
Dabei ist die Darstellung als Bruch nicht immer möglich.

Beispiel 1

Beispiel 2

Werte speichern

Außerdem verfügt ein Rechner über mehrere Speicher, die mit Großbuchstaben bezeichnet sind.

In der rechten Abbildung wird gezeigt, wie du einen Wert speicherst, das Display löschst und den Wert zurückholst.

Aufgabe	Tasten-kombination	Beschreibung
Wert 2,3 abspeichern	2.3 STO A	2,3 wird in Speicher A gespeichert
Display löschen	AC	Display wird gelöscht
Inhalt von Speicher A zurückholen	RCL A	Im Display erscheint 2.3 (Der Inhalt von Speicher A)

Das Ergebnis der letzten Rechnung wird immer zwischengespeichert und kann über die Ans -Taste zurückgeholt werden.

Aufgabe
Multipliziere 2,3 mit 5,1. Subtrahiere das Ergebnis von 30,2.

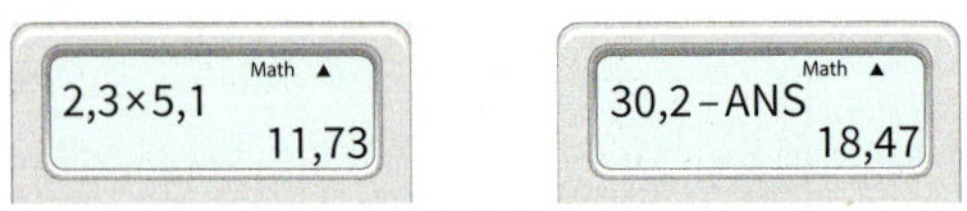

Partnerarbeit

Regeln für die Partnerarbeit

1. Jeder liest zunächst die Aufgabenstellung für sich durch und beachtet dabei die vorgegebenen Arbeitsschritte, Hinweise und Hilfen.
2. Jeder entwickelt einen eigenen Lösungsansatz.
3. Vergleicht eure Lösungsansätze und erarbeitet eine gemeinsame Lösung.
4. Bereitet eine Präsentation eures Ergebnisses vor (Folie, Lernplakat, Vortrag mit Stichwortzettel, ...).

Einem Text Informationen entnehmen

1. Lies den Text im Ganzen durch. Schreibe in einem Satz auf, wovon der Text handelt.
2. Lies jeden einzelnen Abschnitt des Textes langsam und konzentriert.
   Schreibe zu jedem Abschnitt eine Überschrift auf.
3. Schreibe die Aussagen des Textes auf, die du für besonders wichtig hältst.
4. Schreibe die Wörter auf, die du nicht kennst. Kläre ihre Bedeutung, indem du das Internet oder ein Lexikon benutzt oder deine Lehrerin oder deinen Lehrer fragst.
5. Berichte einem Mitschüler oder einer Mitschülerin, was du gelesen hast.

Gruppenarbeit

Regeln für die Gruppenarbeit

1. Der Arbeitsplatz wird eingerichtet. Alle Arbeitsmaterialien werden zurechtgelegt.
2. Die Gruppenarbeit beginnt mit einer gemeinsamen Besprechung der Aufgabenstellung.
3. Der Arbeitsablauf wird organisiert. Dabei werden alle an der Arbeit beteiligt.
4. Alle Gruppenmitglieder notieren die wichtigsten Ergebnisse.
5. Der Vortrag der Ergebnisse wird gemeinsam vorbereitet. Alle sind für die Qualität der Arbeit verantwortlich.

Regeln für die Präsentation

1. Beginne nicht sofort, sondern warte ab, bis Ruhe herrscht.
2. Versuche frei zu sprechen und schaue das Publikum an. Benutze einen Notizzettel als Merkhilfe.
3. Stelle wichtige Informationen besonders heraus.
   Benutze dazu die Tafel, Folien, Plakate.
4. Warte am Ende ab, ob es noch Fragen oder Anmerkungen gibt. Gehe auf Fragen sowie Kritik sachlich und angemessen ein.

Regeln für das Publikum

1. Wenn eine Gruppe ihre Ergebnisse vorträgt, hört das Publikum aufmerksam zu.
2. Jeder überlegt während der Präsentation:
   - Was kann ich bei dieser Präsentation lernen?
   - Welche Fragen habe ich noch?
   - Was hat mir gut gefallen, was könnte noch verbessert werden?
3. Das Publikum nimmt in der Nachbesprechung dazu Stellung. Alle Schülerinnen und Schüler äußern Lob und Kritik konstruktiv.

Ich-Du-Wir-Aufgaben

Ich: Höre dir die Aufgabenstellung genau an und lies die Aufgabenstellung sorgfältig durch. Überlege, in welchen Schritten du die Aufgabe lösen kannst.
Notiere, was du dir überlegt hast.

Du: Sprich mit deinem Partner oder deiner Partnerin über die Aufgabe.
Stelle ihm oder ihr deinen Lösungsweg vor.
Höre dir seinen oder ihren Lösungsweg an.
Erarbeitet eine gemeinsame Lösung.

Wir: Informiert eure Klasse in einem kurzen Vortrag über die Aufgabe und euren Lösungsweg.
Aus allen Beiträgen kann dann ein gemeinsames Ergebnis erarbeitet werden.

Lernen an Stationen

1. An jeder Station findest du unterschiedliche Aufgaben.

2. Die Reihenfolge der Stationen legst du in Absprache mit deinen Mitschülerinnen und Mitschülern selbst fest.

3. Es gibt Stationen, die unbedingt notwendig sind, und Stationen, die frei wählbar sind.

4. An jeder Station gibt es Aufgaben, die bearbeitet werden müssen, und zusätzliche Aufgaben.

5. Bearbeitet die Aufgaben an der Station in Partner- oder Gruppenarbeit. Beachtet dazu die Hinweise auf den Seiten 185 und 186.

6. Kontrolliere deine Lösungen anhand eines Lösungsblatts.

7. Notiere auf deinem Laufzettel, welche Stationen du besucht und welche Aufgaben du bearbeitet hast. Mache dir bei Bedarf zusätzliche Notizen.

LÖSUNGEN
zu den Eingangstests

Gleichungen Seite 162

1 a) $x - 5$ b) $3x + 9$ c) $4x + 8x$

2 a) 1,40 € + $x \cdot$ 0,40 €
b) 1,80 € (2,20 €, 2,60 €)
c) Er hat vier Müsliriegel gekauft.

3 a) $8x + 5y$ b) $2a + 6$

4 a) $5x + 5y$ b) $3a - 12b - 6$

5 a) A: $u = x + 18$ cm B: $u = x + 20$ cm
b) A: $x = 12$ cm B: $x = 10$ cm

Prozentrechnung Seite 163

1 a) $\frac{57}{100}$ b) $\frac{30}{100}$ c) $\frac{9}{100}$
d) $\frac{70}{100}$ e) $\frac{34}{100}$ f) $\frac{76}{100}$

2 a) $\frac{3}{4} = \frac{75}{100} = 75\,\%$ b) $\frac{2}{8} = \frac{25}{100} = 25\,\%$
c) $\frac{1}{5} = \frac{20}{100} = 20\,\%$ d) $\frac{3}{5} = \frac{60}{100} = 60\,\%$

3 a) $\frac{25}{100} = \frac{1}{4} = 0{,}25$ $\frac{30}{100} = \frac{3}{10} = 0{,}3$ $\frac{60}{100} = \frac{3}{5} = 0{,}6$
$\frac{75}{100} = \frac{3}{4} = 0{,}75$ $\frac{100}{100} = \frac{1}{1} = 1$ $\frac{5}{100} = \frac{1}{20} = 0{,}05$
b) $\frac{10}{100} = \frac{1}{10} = 0{,}1$ $\frac{120}{100} = 1\frac{1}{5} = 1{,}2$ $\frac{250}{100} = 2\frac{1}{2} = 2{,}5$
$\frac{3}{100} = 0{,}03$ $\frac{4{,}5}{100} = 0{,}045$ $\frac{0{,}1}{100} = \frac{1}{1\,000} = 0{,}001$

4 a) Die Zuordnung ist proportional, da z. B. die doppelte Menge Mandeln die doppelte Menge Eiweiß enthält.
b)

Masse Mandeln (g)	Masse Eiweiß (g)
100	20
200	40
500	100
50	10
25	5

Zinsrechnung Seite 163

1 a) 17 % b) 25 % c) 30 % d) 18 %

2 a) 10 kg b) 102 km

3 a) 25 % b) 12 %

4 a) 200 € b) 180 m

5 60 €

6 17,5 cm^3

7 4 %

Umfang und Flächeninhalt Seite 164

1 a) –
b) Figur I: Parallelogramm
Figur II: Dreieck
Figur III: Trapez
Figur IV: Drachen

2 a) 0,45 m b) 156 cm c) 125 cm

3 a) 2 700 dm^2 b) 130 000 cm^2 c) 500 m^2

4 a) 90 m b) 380 m

Funktionale Zusammenhänge Seite 164

1

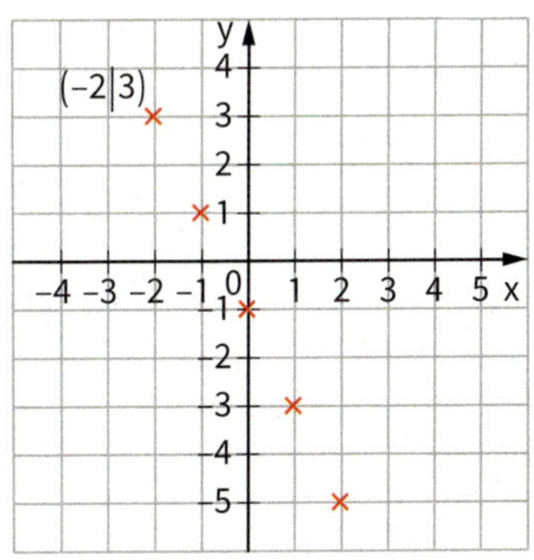

2 A(−3 | 1) B(0 | −1) C(2,5 | 2)

3

Anzahl	Preis (€)
3	2,40
6	4,80
1	0,80
5	4,00

4 500 cm^3 wiegen 9 650 g.

LÖSUNGEN
zu den Eingangstests

Daten erheben und auswerten Seite 165

1

Lebensalter (Jahre)	absolute Häufigkeit	relative Häufigkeit	relative Häufigkeit (%)
14	2	$\frac{2}{25} = 0{,}08$	8 %
15	13	$\frac{13}{25} = 0{,}52$	52 %
16	8	$\frac{8}{25} = 0{,}32$	32 %
17	2	$\frac{2}{25} = 0{,}08$	8 %
Summe	25	1	100 %

2

Anzahl Geräte	relative Häufigkeit
1	$\frac{2}{50} = 0{,}04$
2	$\frac{5}{50} = 0{,}10$
3	$\frac{7}{50} = 0{,}14$
4	$\frac{9}{50} = 0{,}18$
5	$\frac{11}{50} = 0{,}22$
6	$\frac{8}{50} = 0{,}16$
7	$\frac{5}{50} = 0{,}10$
8	$\frac{3}{50} = 0{,}06$
Summe	1

Kreis und Kreisteile Seite 165

1 a) 4,5 m b) 37 cm c) 230 cm
d) 64 cm^2 e) 3 200 dm^2 f) 560 mm^2

2 a) 4,6 (4,57) b) 0,6 (0,64) c) 7,0 (6,96)

3 a) 0,36 b) 1,44 c) 2,25

4 Rechteck: u = 25,2 cm; A = 32,4 cm^2
Dreieck: u = 19,20 m; A = 15,36 m^2
Quadrat: u = 84 m; A = 441 m^2

Prismen und Zylinder Seite 166

1 a) Rechteck: u = 23 cm A = 33 cm^2
b) Dreieck: u = 23,47 cm A = 26 cm^2
c) Trapez: u = 21,4 cm A = 25 cm^2
d) Parallelogramm: u = 17,6 cm A = 15,75 cm^2

2 a) $u \approx 18{,}8$ cm $A \approx 28{,}3$ cm^2
b) $u \approx 20{,}1$ cm $A \approx 32{,}2$ cm^2

3 a) –
b) V = 60 cm^3 O = 94 cm^2

LÖSUNGEN
zu den Ausgangstests

zu Seite 23

1 a) $7x + 5x + 8 = 80$
$12x + 8 = 80 \quad | -8$
$12x = 72 \quad | :12$
$x = 6$

b) $8x + 15 - 3x - 6 = 54$
$5x + 9 = 54 \quad | -9$
$5x = 45 \quad | :5$
$x = 9$

c) $23 + 8x - 11 = 60$
$8x + 12 = 60 \quad | -12$
$8x = 48 \quad | :8$
$x = 6$

d) $50 + 7x - 3x - 2 = 56$
$4x + 48 = 56 \quad | -48$
$4x = 8 \quad | :4$
$x = 2$

2 a) $6(x + 7) = 4x + 50$
$6x + 42 = 4x + 50 \quad | -4x$
$2x + 42 = 50 \quad | -42$
$2x = 8 \quad | :2$
$x = 4$

b) $7x + 5 = 2(x + 10)$
$7x + 5 = 2x + 20 \quad | -2x$
$5x + 5 = 20 \quad | -5$
$5x = 15 \quad | :5$
$x = 3$

c) $9(x - 2) = 5x + 30$
$9x - 18 = 5x + 30 \quad | -5x$
$4x - 18 = 30 \quad | +18$
$4x = 48 \quad | :4$
$x = 12$

d) $8x - 5 = 3(x + 15)$
$8x - 5 = 3x + 45 \quad | -3x$
$5x - 5 = 45 \quad | +5$
$5x = 50 \quad | :5$
$x = 10$

3 a) $8x - 10 = 5x + 17 \quad | -5x$
$3x - 10 = 17 \quad | +10$
$3x = 27 \quad | :3$
$x = 9$

b) $5(x + 4) = 2x + 38$
$5x + 20 = 2x + 38 \quad | -2x$
$3x + 20 = 38 \quad | -20$
$3x = 18 \quad | :3$
$x = 6$

4 $76 = \frac{627}{x}$
$x = 8{,}25$
Die Fahrt dauert 8 h und 15 Minuten.

5 $\frac{2}{7} = \frac{270}{x}$
$x = 945$
Der Kiessand wiegt 945 kg.

6 Lina: $x + 2$
Mia: $x - 3$
Azra: x
$x + 2 + x - 3 + x = 50$
$3x - 1 = 50 \quad | +1$
$3x = 51 \quad | :3$
$x = 17$
Azra ist 17 Jahre alt, Lina ist 19 Jahre und Mia 14 Jahre alt.

7 $675 = 25 \cdot 15 \cdot c$
$675 = 375 \cdot c \quad | :375$
$1{,}8 = c$
Das Schwimmbecken ist 1,80 m tief.

8 a) $29 = 2x + 11 \quad | -11$
$18 = 2x \quad | :2$
$9 = x$
Die gesuchte Seitenlänge beträgt 9 cm.

b) $52 = 2 \cdot 12 + x + x + 8$
$52 = 32 + 2x \quad | -32$
$20 = 2x \quad | :2$
$10 = x$
Die kurze Seite ist 10 cm lang, die lange Seite 18 cm.

9 Frau Klein: x
Frau Mohn: $9216 - x$
$\frac{7}{5} = \frac{x}{9216 - x} \quad | \cdot (9216 - x)$
$\frac{7 \cdot (9216 - x)}{5} = x \quad | \cdot 5$
$7 \cdot (9216 - x) = 5 \cdot x$
$64512 - 7x = 5x \quad | +7x$
$64512 = 12x \quad | :12$
$x = 5376$
Frau Klein erhält 5 376 € und Frau Mohn 3 840 €.

zu Seite 39

1 a) W = 85 kg b) p % = 16 % c) G = 24 €
d) p % = 75 % e) G = 40 g f) W = 77 *l*

LÖSUNGEN
zu den Ausgangstests

2 $W = 165\ m^2$
Es sind 165 m^2 der Grundstücksfläche bebaut.

3 $G = 840\ km$
Der Urlaubsort ist 840 km vom Heimatort entfernt.

4 $p\% = 55\%$
Der Zuckeranteil beträgt 55 %.

5 $W = 861$
In diesem Jahr besuchen 861 Schülerinnen und Schüler die Elisabeth-Selbert-Schule.

6 $W = 4\,642$
Im Jahr 2 023 hat Familie Rode 4 642 Kilowattstunden Strom genutzt.

7 grüne Jacke: 61,20 €
rote Jacke: 79,80 €

8 Mehrwertsteuer: 475 €
Nettobetrag: 2 500 €

9 Gehalt nach erster Erhöhung: 2 716,25 €
Gehalt nach zweiter Erhöhung: 2 759,71 €
In einem halben Jahr verdient Frau Körner 2 759,71 €.

zu Seite 57

1 a) $Z = 580$ € b) $Z = 544$ €

2 a) $p\% = 2{,}5\%$ b) $p\% = 7\%$

3 a) $K = 9\,500$ € b) $K = 25\,600$ €

4 Die Zinsen im 1. Jahr betragen 275 €.

5 Der Zinssatz beträgt 4,2 %.

6 Ihr Sparguthaben beträgt 15 400 €.

7 Familie Keskin muss 500 € Zinsen zahlen.

8 Frau Schiller muss für 21 Tage Überziehungszinsen zahlen. Das sind 17,50 €.

9 Beim linken Angebot müssen nach einem Jahr 4 232 € zurückgezahlt werden.
Beim rechten Angebot müssen 4 234 € zurückgezahlt werden.
Das linke Angebot ist günstiger.

10 Das Kapital beträgt nach 3 Jahren 21 416,06 €.

zu Seite 73

1 Figur I: $A = 16\ m \cdot 7{,}50\ m = 120\ m^2$
$u = 2 \cdot 16\ m + 2 \cdot 7{,}50\ m = 47\ m$

Figur II: $A = \frac{18{,}0\ cm \cdot 10{,}8\ cm}{2} = 97{,}2\ cm^2$
$u = 18{,}0\ cm + 17{,}7\ cm + 11{,}5\ cm = 47{,}2\ cm$

Figur III: $A = \frac{(45\ m + 18\ m) \cdot 27\ m}{2} = 850{,}5\ m^2$
$u = 45\ m + 28{,}5\ m + 18\ m + 32{,}4\ m = 123{,}9\ m$

Figur IV: $A = 8{,}5\ m \cdot 3{,}4\ m = 28{,}9\ m^2$
$u = 2 \cdot 8{,}5\ m + 2 \cdot 3{,}5\ m = 24\ m$

2 Figur I: Trapez; $A = \frac{(6\ cm + 4\ cm) \cdot 4\ cm}{2} = 20\ cm^2$

Figur II: Parallelogramm; $A = 5\ cm \cdot 4\ cm = 20\ cm^2$

Figur III: Dreieck; $A = \frac{5\ cm \cdot 4\ cm}{2} = 10\ cm^2$

3 $A = \frac{4\ cm \cdot 3\ cm}{2} = 6\ cm^2$
$u = 4\ cm + 3\ cm + 5\ cm = 12\ cm$

4 a) $A = 1{,}5\ cm \cdot 1{,}5\ cm + 2{,}5\ cm \cdot 3\ cm$
$= 9{,}75\ cm^2$
$u = 3 \cdot 1{,}5\ cm + 2{,}5\ cm + 3\ cm + 2{,}5\ cm + 1{,}5\ cm$
$= 14\ cm$

b) $A = 102\ cm \cdot 36\ cm + \frac{(102\ cm + 53\ cm) \cdot (70\ cm - 36\ cm)}{2}$
$= 6\,307\ cm^2$
$u = 102\ cm + 2 \cdot 36\ cm + 2 \cdot 42\ cm + 53\ cm$
$= 311\ cm$

5 $A = 10{,}40\ m \cdot 5{,}20\ m + \frac{1}{2} \cdot 10{,}40\ m \cdot (9{,}40\ m - 5{,}20\ m) - 6{,}4\ m^2$
$= 69{,}52\ m^2$
$69{,}52 \cdot 1{,}4\ kg = 97{,}33\ kg$
Es werden rund 98 kg Farbe benötigt.

LÖSUNGEN
zu den Ausgangstests

zu Seite 99

1 a) Jeder Schülerin wird ihr Berufswunsch zugeordnet.

b)

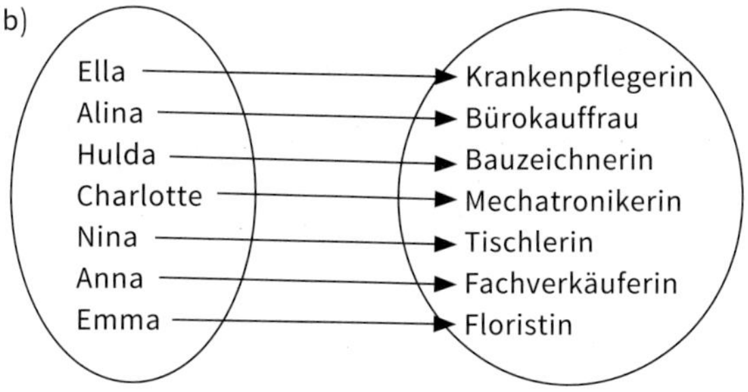

2 a) Du erhältst 50 Stücke von 10 cm Länge.

b) Bei 200 gleich langen Stücken ist jedes Stück 2,5 cm lang.

3 Für 12 *l* zahlen Arnd und Tim 21,84 €, für 15 *l* zahlen sie 27,30 €, für 17,5 *l* zahlen sie 31,85 € und für 28,5 *l* zahlen sie 51,87 €.

4 a)

Brenndauer (h)	0	1	2	3	4	5
Höhe (cm)	25	23	21	19	17	15

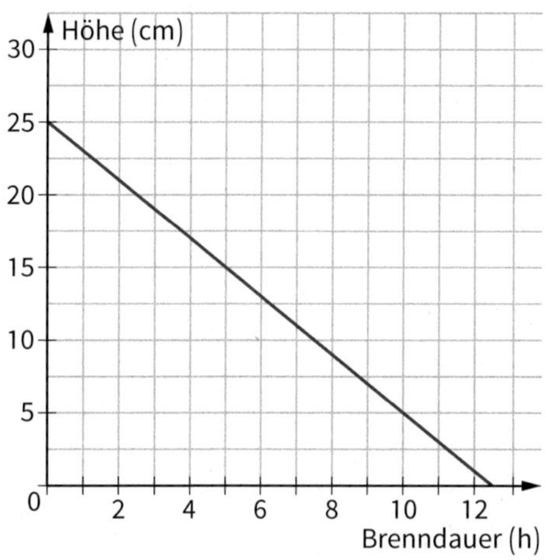

b) Zum Zeitpunkt x = 0 beträgt die Höhe der Kerze 25 cm (y-Achsenabschnitt y = 25). Pro Stunde nimmt die Höhe um 2 cm ab (Steigung m = – 2).

c) Die Kerze ist nach 12,5 h abgebrannt.

5

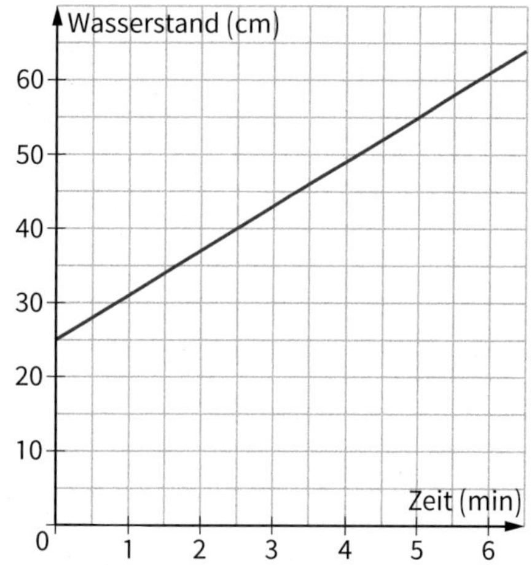

Der Graph ist eine Gerade, die die y-Achse bei 25 schneidet und die Steigung 6 hat.

6

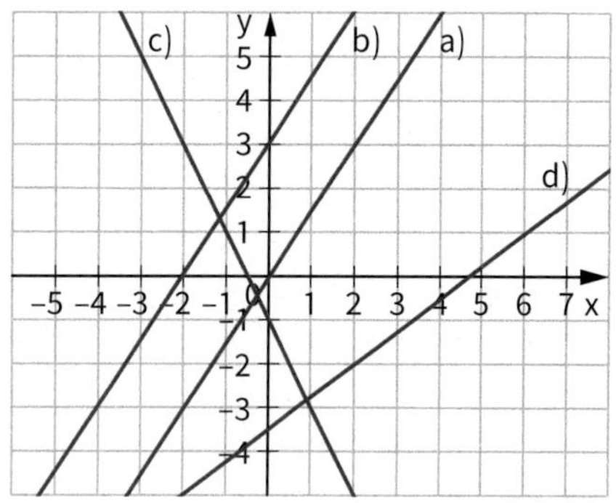

7 f: y = x + 1; g: y = 0,25 x; h: y = – 0,5 x – 1

8

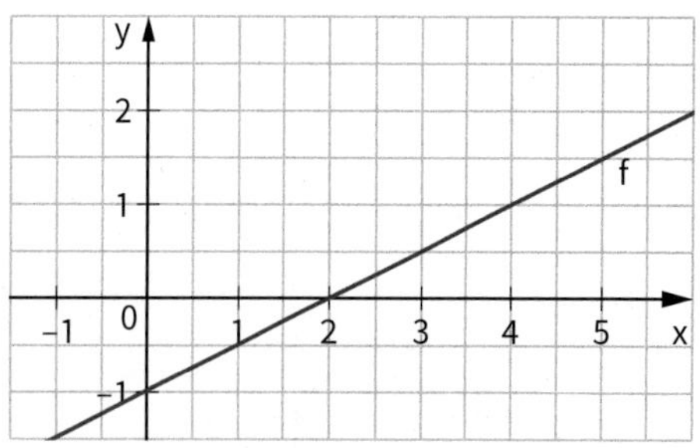

y	1	2	–0,5	0	1,5
x	4	6	1	2	5

LÖSUNGEN
zu den Ausgangstests

zu Seite 121

1 a)

Anzahl der Smartphones im Haushalt	absolute Häufigkeit	relative Häufigkeit
0	1	0,04
1	3	0,12
2	8	0,32
3	7	0,28
4	4	0,16
5	2	0,08
Summe	25	1

b)

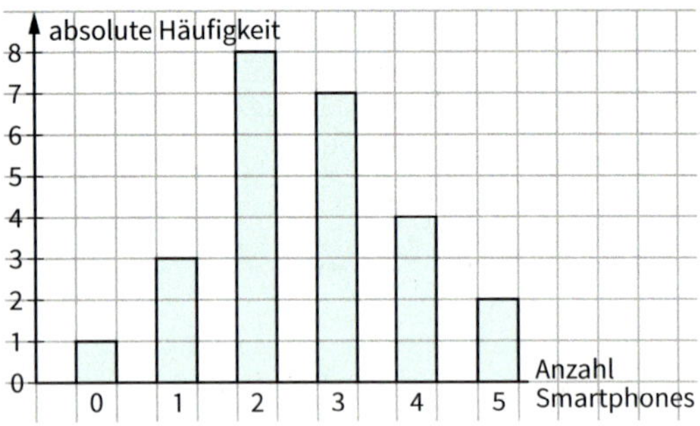

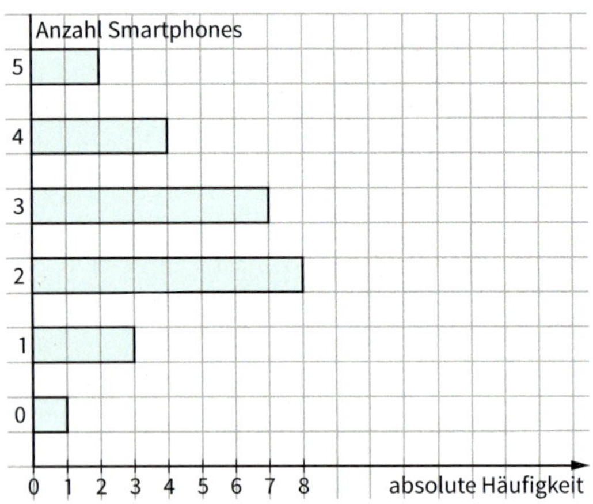

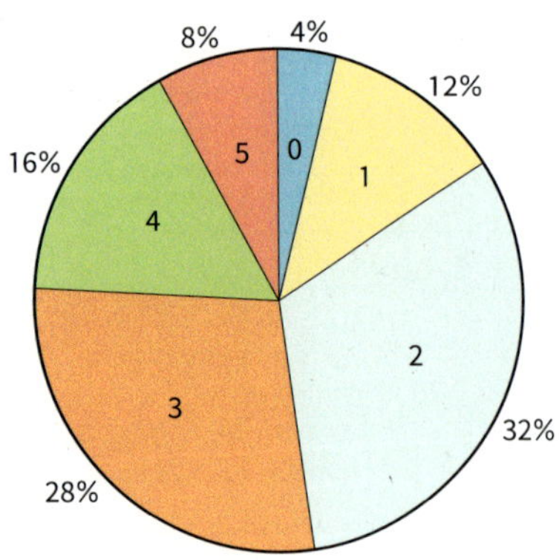

2

sportliche Aktivität	Winkel im Kreisdiagramm
fast täglich	54°
3- bis 5-mal pro Woche	126°
1- bis 2-mal pro Woche	108°
seltener	72°

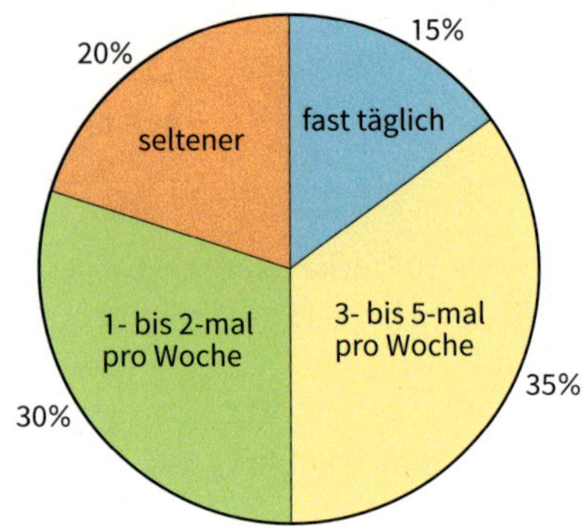

3 a) $\bar{x} = \frac{7{,}89 + 8{,}56 + 8{,}05 + 8{,}73 + 5{,}32 + 7{,}95}{6} = \frac{46{,}5}{6} = 7{,}75$

$\bar{x} = 7{,}75$ m

b) Rangliste (in m): 5,32 7,89 7,95 8,05 8,56 8,73

$\tilde{x} = \frac{7{,}95 + 8{,}05}{2} = \frac{16}{2} = 8$

$\tilde{x} = 8{,}00$ m

Der Median ist sinnvoller, da er den Ausreißer nicht berücksichtigt.

c) Minimum: 5,32 m; Maximum: 8,73 m

Spannweite: 8,73 m – 5,32 m = 3,41 m

4 a)

Taschengeld (€)	absolute Häufigkeit	relative Häufigkeit
24	6	0,09
28	8	0,12
32	11	0,16
36	12	0,18
40	15	0,22
44	9	0,13
50	7	0,10
Summe	68	1,00

b) $\bar{x} = \frac{6 \cdot 24 + 8 \cdot 28 + 11 \cdot 32 + 12 \cdot 36 + 15 \cdot 40 + 9 \cdot 44 + 7 \cdot 50}{68} = \frac{2\,498}{68}$

$= 36{,}74$

$\bar{x} = 36{,}74$ €

5 a) Es wirkt die Fläche der Figur, nicht die Höhe. Die Figur zu 2022 ist etwa doppelt so hoch wie die zu 2020, aber vom Flächeninhalt ungefähr viermal so groß.

b)

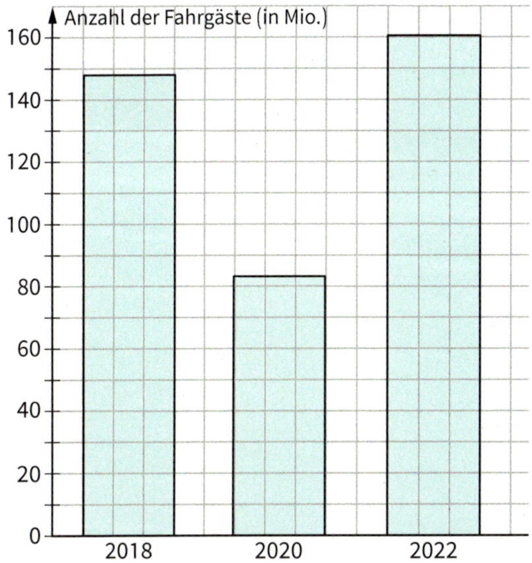

Hier sind die Säulen gleich breit, d. h. es wirkt nur die Höhe jeder Säule. Die Säule zu 2022 ist etwa doppelt so hoch wie die Säule zu 2020.

zu Seite 135

1 a) $u \approx 33{,}93$ cm, $A \approx 91{,}61$ cm^2 b) $u \approx 47{,}12$ m, $A \approx 176{,}71$ m^2 c) $u \approx 56{,}55$ m, $A \approx 254{,}47$ m^2

2 $d \approx 20$ m; $r \approx 10$ m

3 $A \approx 11{,}34$ m^2; $11{,}34 \cdot 10 = 113{,}4$
Der Pflasterer muss 114 Steine dabei haben.

4 Das Kinderwindrad legt bei einer Umdrehung 50,3 cm zurück.

5 Flächeninhalt Quadrat:
$A_Q = 100$ cm^2
Flächeninhalt weiße Fläche:
$A_W = 4 \cdot \frac{1}{4} \cdot \pi \cdot (5\text{ cm})^2 \approx 78{,}54$ cm^2
Flächeninhalt farbige Figur:
$A = A_Q - A_W = 21{,}46$ cm^2

6 $A = 4\text{ cm} \cdot 4\text{ cm} + 3 \cdot \frac{1}{4} \cdot \pi \cdot (4\text{ cm})^2 \approx 53{,}7\text{ cm}^2$
$u = 4 \cdot 4\text{ cm} + 3 \cdot \frac{1}{4} \cdot \pi \cdot 2 \cdot 4\text{ cm} \approx 34{,}85\text{ cm}$

7 $u \approx 30{,}16$ m; $A \approx 65{,}63$ m^2

zu Seite 161

1 a)

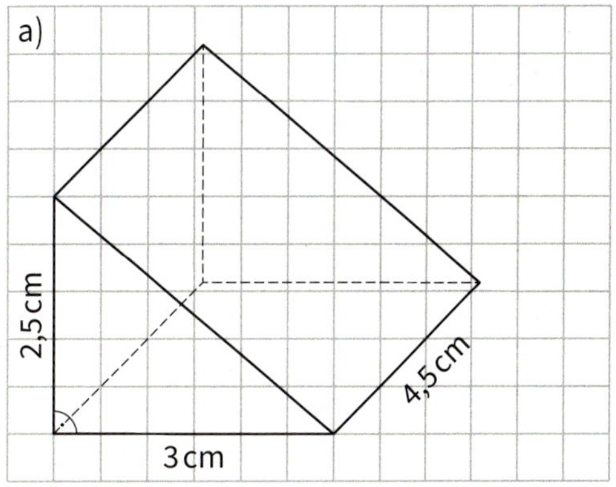

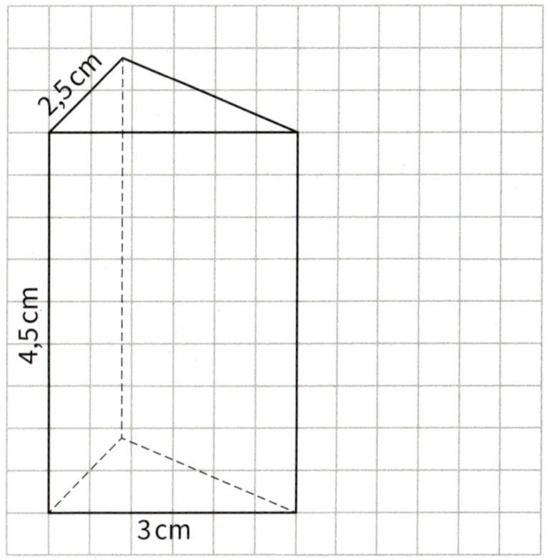

LÖSUNGEN
zu den Ausgangstests

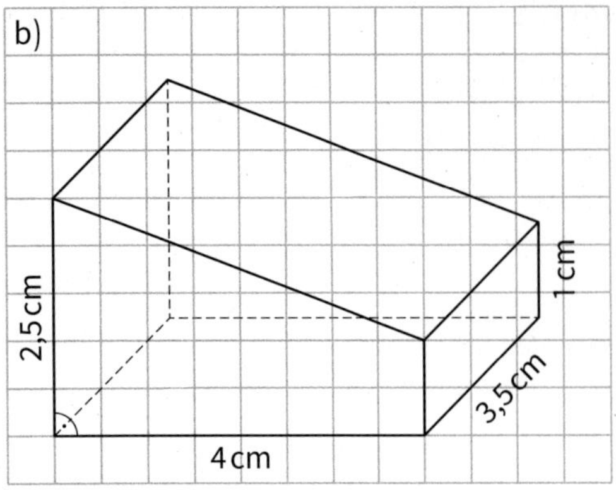

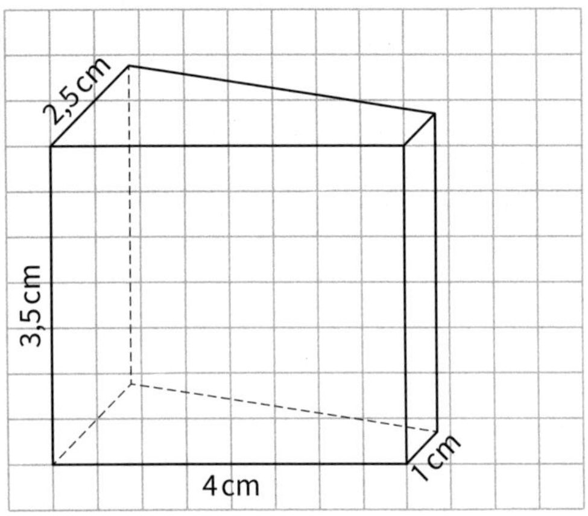

2 a) $G = \frac{4 \cdot 3}{2} = 6$

$G = 6\ cm^2$

$M = 3 \cdot 3 + 3 \cdot 4 + 3 \cdot 5 = 36$
$M = 36\ cm^2$

$O = 2 \cdot G + M$
$O = 2 \cdot 6 + 36 = 48$
$O = 48\ cm^2$

b) $G = \frac{8+2}{2} \cdot 8 = 40$

$G = 40\ cm^2$

$M = 8 \cdot 6 + 8 \cdot 6 + 2 \cdot 6 + 10 \cdot 6 = 168$
$M = 168\ cm^2$

$O = 2 \cdot G + M$
$O = 2 \cdot 40 + 168 = 248$
$O = 248\ cm^2$

3

	r	d	h_k	O	V
a)	3 cm	**6 cm**	5 cm	**150,8 cm²**	**141,4 cm³**
b)	**0,60 m**	1,20 m	4 m	**17,3 cm²**	**4,5 m³**

4 a) $G = 24\ cm^2$
$M = 168\ cm^2$
$O = 216\ cm^2$
$V = 168\ cm^3$

b) $G \approx 13{,}2\ cm^2$
$M \approx 38{,}6\ cm^2$
$O \approx 65\ cm^2$
$V \approx 39{,}6\ cm^3$

5 Der Kanalabschnitt enthält 126 750 m^3 Wasser.

6 $V \approx 71{,}42\ dm^3$
Die Masse beträgt 192,83 kg.

LÖSUNGEN

zu den Üben-Seiten

zu Seite 18

1 a)
$$\begin{aligned} 20x + 40 &= 100 && \mid -40 \\ 20x &= 60 && \mid :20 \\ x &= 4 \end{aligned}$$
$$\begin{aligned} 54 + 15x &= 159 && \mid -54 \\ 15x &= 105 && \mid :15 \\ x &= 7 \end{aligned}$$
$$\begin{aligned} 7x + 25 &= 130 && \mid -25 \\ 7x &= 105 && \mid :7 \\ x &= 15 \end{aligned}$$

b)
$$\begin{aligned} 25x + 50 &= 250 && \mid -50 \\ 25x &= 200 && \mid :25 \\ x &= 8 \end{aligned}$$
$$\begin{aligned} 8x + 32 &= 120 && \mid -32 \\ 8x &= 88 && \mid :8 \\ x &= 11 \end{aligned}$$
$$\begin{aligned} 9x + 55 &= 145 && \mid -55 \\ 9x &= 90 && \mid :9 \\ x &= 10 \end{aligned}$$

c)
$$\begin{aligned} 4x + 60 &= 180 && \mid -60 \\ 4x &= 120 && \mid :4 \\ x &= 30 \end{aligned}$$
$$\begin{aligned} 8x + 4 &= 100 && \mid -4 \\ 8x &= 96 && \mid :8 \\ x &= 12 \end{aligned}$$
$$\begin{aligned} 10x + 10 &= 140 && \mid -10 \\ 10x &= 130 && \mid :10 \\ x &= 13 \end{aligned}$$

2 a)
$$\begin{aligned} 4x &= 1 && \mid :4 \\ x &= \tfrac{1}{4} = 0{,}25 \end{aligned}$$
$$\begin{aligned} 5x &= 3 && \mid :5 \\ x &= \tfrac{3}{5} = 0{,}6 \end{aligned}$$
$$\begin{aligned} 8x &= 6 && \mid :8 \\ x &= \tfrac{6}{8} = \tfrac{3}{4} = 0{,}75 \end{aligned}$$

b)
$$\begin{aligned} 10x &= 15 && \mid :10 \\ x &= \tfrac{15}{10} = 1\tfrac{1}{2} = 1{,}5 \end{aligned}$$
$$\begin{aligned} 12x &= 6 && \mid :12 \\ x &= \tfrac{6}{12} = \tfrac{1}{2} = 0{,}5 \end{aligned}$$
$$\begin{aligned} 20x &= 19 && \mid :20 \\ x &= \tfrac{19}{20} = 0{,}95 \end{aligned}$$

3 A ⑤ $(x = 5)$ B ⑥ $(x = 7)$ C ③ $(x = 11)$ D ② $(x = 13)$
E ④ $(x = 2)$ F ⑧ $(x = 1)$ G ① $(x = 4)$ H ⑦ $(x = 10)$

4 a)
$$\begin{aligned} 7x + 7 + 5x &= 2x + 24 - 7 \\ 12x + 7 &= 2x + 17 && \mid -2x \\ 10x + 7 &= 17 && \mid -7 \\ 10x &= 10 && \mid :10 \\ x &= 1 \end{aligned}$$
$$\begin{aligned} 8x + 32 - 26 &= 4x + 60 - 2x \\ 8x + 6 &= 2x + 60 && \mid -2x \\ 6x + 6 &= 60 && \mid -6 \\ 6x &= 54 && \mid :6 \\ x &= 9 \end{aligned}$$

b)
$$\begin{aligned} 4x - 12 + 3x - 6 &= 2x - 3 \\ 7x - 18 &= 2x - 3 && \mid -2x \\ 5x - 18 &= -3 && \mid +18 \\ 5x &= 15 && \mid :5 \\ x &= 3 \end{aligned}$$
$$\begin{aligned} 9x - 72 + 6x + 6 &= 11x - 30 \\ 15x - 66 &= 11x - 30 && \mid -11x \\ 4x - 66 &= -30 && \mid +66 \\ 4x &= 36 && \mid :4 \\ x &= 9 \end{aligned}$$

5

a)	b)	c)
$x = 7$	$x = 6$	$x = 3$
$x = 1$	$x = 1$	$x = 6$
$x = 10$	$x = 7$	$x = 11$
$x = 9$	$x = 1$	$x = 5$
Maus	Lama	Elch
d)	**e)**	**f)**
$x = 5$	$x = 5$	$x = 1$
$x = 1$	$x = 10$	$x = 4$
$x = 9$	$x = 8$	$x = 4$
$x = 3$	$x = 2$	$x = 3$
Hase	Hund	Affe

6 a)
$$\begin{aligned} 6x + 7 &= 13 && \mid -7 \\ 6x &= 6 && \mid :6 \\ x &= 1 \end{aligned}$$

b)
$$\begin{aligned} 2x - 7 &= 9 && \mid +7 \\ 2x &= 16 && \mid :2 \\ x &= 8 \end{aligned}$$

c)
$$\begin{aligned} 2x + 9 &= 57 && \mid -9 \\ 2x &= 48 && \mid :2 \\ x &= 24 \end{aligned}$$

d)
$$\begin{aligned} 4x - 8 &= 24 && \mid +8 \\ 4x &= 32 && \mid :4 \\ x &= 8 \end{aligned}$$

LÖSUNGEN
zu den Üben-Seiten

7 a) $6x + 12 = 2x + 11 + 4x$
$6x + 12 = 6x + 11$
$12 = 11$
Die Gleichung hat keine Lösung.

b) $4x + 24 - 2x = 2x + 24$
$2x + 24 = 2x + 24$
$0 = 0$
Die Gleichung ist allgemeingültig.

c) $5x + 20 + 3x - 4 = 8x + 16$
$8x + 16 = 8x + 16$
$0 = 0$
Die Gleichung ist allgemeingültig.

d) $8x + 16 - 5x = 3x + 15$
$3x + 16 = 3x + 15$
$16 = 15$
Die Gleichung hat keine Lösung.

zu Seite 19

1 $21 + 8{,}50 \cdot x = 123 \quad | -21$
$8{,}50 \cdot x = 102 \quad | :8{,}50$
$x = 12$
Der Bote hat 12 Pizzen ausgeliefert.

2 Ida: $1{,}20 \cdot x + 0{,}80 = 4{,}40 \quad | -0{,}80$
$1{,}20 \cdot x = 3{,}60 \quad | :1{,}20$
$x = 3$
Ida hat 3 Kugeln Eis erhalten.

Asel: $1{,}20 \cdot x + 0{,}80 = 5{,}60 \quad | -0{,}80$
$1{,}20 \cdot x = 4{,}80 \quad | :1{,}20$
$x = 4$
Asel hat 4 Kugeln Eis erhalten.

Emily: $1{,}20 \cdot x = 6{,}00 \quad | :1{,}20$
$x = 5$
Emily hat 5 Kugeln Eis erhalten.

3 $6{,}20 + 2{,}90 \cdot x = 14{,}90 \quad | -6{,}20$
$2{,}90 \cdot x = 8{,}70 \quad | :2{,}90$
$x = 3$
Willy hat 3 Dosen Nassfutter gekauft.

4 $x + 24 = 3x \quad | -x$
$24 = 2x \quad | :2$
$12 = x$
Ella hatte zu Beginn des Jahres 12 DVDs.

5 a) $2 \cdot 3{,}50 + 0{,}50 \cdot x = 10{,}00$
$7{,}00 + 0{,}50x = 10{,}00 \quad | -7{,}00$
$0{,}50x = 3{,}00 \quad | :0{,}50$
$x = 6$
Frau Sibuea hat 6 Kiwis gekauft.

b) $2{,}50 \cdot x + 2 \cdot 3{,}00 = 16{,}00$
$2{,}50x + 6{,}00 = 16{,}00 \quad | -6{,}00$
$2{,}50x = 10{,}00 \quad | :2{,}50$
$x = 4$
Herr Schneiders hat 4 kg Äpfel gekauft.

6 $(1{,}60 + x) \cdot 4 = 42$
$6{,}40 + 4x = 42 \quad | -6{,}40$
$4x = 35{,}60 \quad | :4$
$x = 8{,}90$
Der Zirkel kostet 8,90 €.

7 $26 \cdot 4{,}50 + 26 \cdot x = 325{,}00$
$117{,}00 + 26x = 325{,}00 \quad | -117{,}00$
$26x = 208 \quad | :26$
$x = 8$
Der Eintrittspreis für das Erlebnisbad beträgt 8,00 €.

zu Seite 20

8 $x + x - 8 + x + 7 = 71$
$3x - 1 = 71 \quad | +1$
$3x = 72 \quad | :3$
$x = 24$
In der Packung sind 24 Riegel Rix, 16 Riegel Sars und 31 Riegel der Sorte Knicker.

9 a) $x - 3 + x + 3 + x = 60$
$3x = 60$
$x = 20$
Ben ist 20 Jahre alt, Emre 17 Jahre und Leon ist 23 Jahre alt.

b) $x + 2 + x - 2 + x = 90$
$3x = 90$
$x = 30$
Mia ist 30 Jahre alt, Elif 32 Jahre und Arwa ist 28 Jahre alt.

c) $3 \cdot x + x + 4 = 60$
$4x = 56$
$x = 14$
Lia, Maha und Thea sind jeweils 14 Jahre alt und Dalia ist 18 Jahre alt.

10 $168\,€ + 8\,€ + 119\,€ = 295\,€$

$20x - 295 \geq 100 \quad | +295$

$20x \geq 395 \quad | :20$

$x \geq 19{,}75$

Sie müssen die Wanduhr für mindestens 19,75 € verkaufen.

11 $500 = V \cdot 10{,}5 \quad | :10{,}5$

$V \approx 47{,}6$

Das Volumen beträgt rund 47,6 cm^3.

12 $9\,300 = 775 \cdot x \quad | :775$

$x = 12$

Der Flug dauert 12 h.

13 a) $494 = 104 \cdot x \quad | :104$

$x = 4{,}75$

Er ist 4 h 45 min unterwegs.

b) $494 = 65 \cdot x \quad | :65$

$x = 7{,}6$

Der Lastwagen benötigt 7 h 36 min.

14 $\frac{3}{5} = \frac{0{,}2}{x}$

$x = \frac{0{,}2 \cdot 5}{3} = \frac{1}{3}$

Sie benötigt $\frac{1}{3}\,l$ Orangensaft.

15 $\frac{37}{20} = \frac{10}{x}$

$x = \frac{10 \cdot 20}{37} \approx 5{,}41$

Die Höhe beträgt 5,41 m.

16 $\frac{3}{8} = \frac{x}{93\,500 - x}$

$3(93\,500 - x) = 8x$

$280\,500 - 3x = 8x$

$280\,500 = 11x$

$x = 25\,500$

Die eine Schwester erhält 25 500 € und die andere 68 000 €.

zu Seite 21

1 $4x + 16 = 40$

$4x = 24$

$x = 6$

Die kurze Seite ist 6 cm und die lange Seite 14 cm lang.

2 a) $2x + 2(x + 25) = 146$

$2x + 2x + 50 = 146$

$4x = 96$

$x = 24$

Eine Seite des Rechtecks ist 24 cm lang, die andere Seite ist 49 cm lang.

b) $2x + 2(x - 9) = 62$

$2x + 2x - 18 = 62$

$4x = 80$

$x = 20$

Eine Seite des Rechtecks ist 20 cm lang, die andere Seite ist 11 cm lang.

c) $2x + 2 \cdot 2x = 60$

$6x = 60$

$x = 10$

Eine Seite des Rechtecks ist 10 cm lang, die andere Seite ist 20 cm lang.

d) $2x + 2 \cdot 5x = 60$

$12x = 60$

$x = 5$

Eine Seite des Rechtecks ist 5 cm lang, die andere Seite ist 25 cm lang.

3 a) $2 \cdot (c + 5) + c = 22$

$2c + 10 + c = 22$

$3c = 12$

$c = 4$

Die Grundseite ist 4 cm lang, die beiden Schenkel sind jeweils 9 cm lang.

b) $2 \cdot (c - 4) + c = 43$

$2c - 8 + c = 43$

$3c = 51$

$c = 17$

Die Grundseite ist 17 cm lang, die beiden Schenkel sind jeweils 13 cm lang.

c) $2 \cdot 4c + c = 54$

$9c = 54$

$c = 6$

Die Grundseite ist 6 cm lang, die beiden Schenkel sind jeweils 24 cm lang.

LÖSUNGEN
zu den Üben-Seiten

4 a) $2x + 22 = 40$
$2x = 18$
$x = 9$ cm
b) $20 + 12 + x = 48$
$32 + x = 48$
$x = 16$ cm
c) $2x + 8 + 18 = 58$
$2x = 32$
$x = 16$ cm
d) $14 + 3x = 29$
$3x = 15$
$x = 5$ cm
e) $7 + 7 + 8 + 2x = 32$
$2x = 10$
$x = 5$ cm
f) $3x + 9 + 10 = 34$
$3x = 15$
$x = 5$ cm

5 a) $\frac{9 \cdot x}{8} = 27$
$9x = 216$
$x = 24$
Die Seite b ist 24 cm lang.
b) $\frac{8}{5} = \frac{40}{x}$
$\frac{8 \cdot x}{5} = 40$
$8x = 200$
$x = 25$
Das Rechteck ist 25 cm breit.

6 a) $\frac{3}{4} = \frac{9}{x}$
$\frac{3 \cdot x}{4} = 9$
$3x = 36$
$x = 12$
Jeder Schenkel des Dreiecks ist 12 cm lang.
b) $\frac{3}{5} = \frac{12}{x}$
$\frac{3 \cdot x}{5} = 12$
$3x = 60$
$x = 20$
Jeder Schenkel des Dreiecks ist 20 cm lang.

zu Seite 35

1 a) Gegeben: Grundwert (70 Brötchen); Prozentsatz (90 %)
Gesucht: Prozentwert (63 Brötchen)
b) Gegeben: Grundwert (50 Becher Joghurt); Prozentwert (4 Becher Joghurt)
Gesucht: Prozentsatz (8 %)
c) Gegeben: Prozentwert (72 Äpfel); Prozentsatz (60 %)
Gesucht: Grundwert (120 Äpfel)

2 a) 8 kg; 9 kg; 45 kg
b) 100 €; 15 €; 50 €

3 a) 1 100 g; 1 000 g; 300 g
b) 170 m; 80 m; 90 m

4 a) 8 %; 30 %; 19 %
b) 20 %; 60 %; 7 %

5 a) 10 kg (5 kg; 17 kg; 2,8 kg; 0,2 kg; 0,02 kg)
b) 10 % (20 %; 50 %; 40 %; 12 %)
c) 200 € (500 €; 600 €; 20 €; 30 €)
d) 10 % (25 %; 5 %; 20 %; 9 %; 2 %)
e) 75 € (37,50 €; 30 €; 45 €; 3 €; 6 €; 7,50 €; 18 €; 300 €)
f) 180 g (144 g; 48 g; 720 g; 900 g; 12 g)

6 a) 385 €; 350 €; 168 €
b) 70,20 €; 308 €; 278,30 €
c) 495 €; 60 €; 140,40 €
d) 90 €; 133 €; 188,70 €

7 a) 350 €; 420 €; 140 €
b) 400 €; 132 €; 225 €
c) 500 €; 600 €; 1 050 €
d) 330 €; 240 €; 520 €

8 a) 315,35 €
b) 302,26 €
c) 937,32 €
d) 1 553,64 €

9 a) 75 €
b) 78 €
c) 88 €
d) 56 €

10 a) 382,20 € b) 655,20 € c) 1 897,28 €

LÖSUNGEN
zu den Üben-Seiten

zu Seite 36

1 Mexiko: 124,8 Millionen (Kroatien: 4,05 Millionen)

2 Der Rechnungsbetrag beträgt 428,40 €.

3 Fußball: 332 Mitglieder
Handball: 230 Mitglieder
Volleyball: 120 Mitglieder
Basketball: 180 Mitglieder

4 Sie hätte ohne Kundenkarte 475 € bezahlen müssen.

5 Der Inhalt betrug 1,5 kg.

6 a) Sie bezahlt 21 320 €.
b) Der Neupreis beträgt 48 400 €.

7 a) Es wiegt 337,5 g.
b) Das ursprüngliche Gewicht betrug 240 g.

8 Nettobetrag: 356 €; Mehrwertsteuer: 67,64 €

9 a) Das Gerät ist bei Jupiter 25 % teurer als bei Maxitronic.
b) Frau Bauer müsste 20 % Rabatt bei Jupiter erhalten.

zu Seite 37

1 Digitalkamera: 89,25 €
Blu-ray-Player: 111,75 €
Netbook: 224,25 €
Radiowecker: 29,25 €

2 Tablet: Mehr als 20 % reduziert. (239,20 €)
Kamera: Mehr als 20 % reduziert. (300 €)
Drucker: Weniger als 20 % reduziert. (55,20 €)
Uhr: Weniger als 20 % reduziert. (47,20 €)
Smartphone: Mehr als 20 % reduziert. (199,20 €)
Musikanlage: Mehr als 20 % reduziert. (399,20 €)

3 Die Tablets kosteten ursprünglich 340 € und 180 €.
Die Notebooks kosteten 590 € und 790 €.

4 Die Fernsehgeräte wurden um 35 %, 28 %, 40 % und 16 % reduziert.

5 Der Mengenrabatt beträgt ca. 25 % bei den Blu-rays und ca. 33 % bei den USB-Sticks.

zu Seite 52

1

	Kapital K	Zinssatz p %	Zinsen Z
a)	5 000 €	12 %	**600 €**
b)	**700 €**	5 %	35 €
c)	2 875 €	**4 %**	115 €
d)	12 500 €	4,2 %	**525 €**
e)	94 200 €	**1,5 %**	1 413 €
f)	**9 500 €**	2,8 %	266 €
g)	11 200 €	**0,5 %**	56 €
h)	**92 375 €**	8 %	7 390 €
i)	475 €	1,2 %	**5,70 €**
k)	2 460 €	5,5 %	**135,30 €**
l)	**6 480 €**	7,5 %	486 €

2 a) 20 € (24 €; 42 €; 50 €)
b) 6 % (1,725 %; 4,5 %; 4 %)
c) 27 272,73 € (2 272,73 €; 3 636,36 €; 34 090,91 €)

3 a) 320 € (104 €; 1 920 €; 115,20 €)
b) 1,5 % (2 %; 2,4 %; 1,67 %)
c) 34 285,71 € (20 869,57 €; 19 200 €; 17 142,86 €)

4 a) 5,60 €
115 €
120 €

b) 61,50 €
178,50 €
141,75 €

c) 64 €
82,50 €
420 €

5 a) 18 Tage: 33,75 €
b) 16 Tage: 15,12 €
c) 15 Tage: 80,19 €

6 a) 3 584 €
5 911 €
16 511 €

b) 561 €
1 863 €
4 403 €

7 a) Z = 34 €; p % = 4 %
Z = 40 €; p % = 3,2 %
Z = 143 €; p % = 2,2 %

b) Z = 273 €; p % = 1,5 %
Z = 71 €; p % = 2,5 %
Z = 594 €; p % = 4,8 %

8 a) K = 6 303,75 €
b) K = 51 690,75 €
c) K = 68 068,35 €

LÖSUNGEN
zu den Üben-Seiten

zu Seite 53

1 Sarah erhält 25,50 € Zinsen und Eileen 26,25 €.
Eileen erhält mehr Zinsen im Jahr.

2 Zinsen: 42,50 €; Zinssatz: 2,5 %

3 Sie haben 1 500 € eingezahlt.

4 Das Darlehen darf höchstens 125 000 € betragen.

5 Er zahlt 2 800 € Zinsen. Der Zinssatz beträgt 8 %.

6 Der Zinsverlust für zwei Tage (Sa und So) beträgt 0,22 €.

7 Die Zinsen betragen 144 €.

8 Er erhält im ersten Jahr 75 €, im zweiten und dritten Jahr jeweils 100 € und im vierten Jahr 150 €. Insgesamt erhält er 425 € Zinsen.

9 Nach einem Jahr zahlt sie 5 000 € und 900 € Zinsen zurück.
Das Darlehen beträgt dann nur noch 15 000 €.
Nach dem zweiten Jahr zahlt sie 5 000 € und 675 € Zinsen zurück.
Das Darlehen beträgt nur noch 10 000 €.
Nach dem dritten Jahr zahlt sie 5 000 € und 450 € Zinsen zurück.
Das Darlehen beträgt nur noch 5 000 €.
Nach dem vierten Jahr zahlt sie die verbleibenden 5 000 € und 225 € zurück.
Sie hat insgesamt 2 550 € Zinsen gezahlt.

10 Für das erste halbe Jahr erhält sie 8 € Zinsen, für das zweite halbe Jahr 10 €.
Insgesamt erhält sie 18 € Zinsen am Ende des Jahres.

11 Für das erste halbe Jahr erhält er 10,50 €.
Für das zweite halbe Jahr erhält er 12,00 €.
Insgesamt erhält er 22,50 € Zinsen am Ende des Jahres.

12
a) Sie erhält 5 172,15 € Zinsen am Ende der Laufzeit.
b) Sie hätte insgesamt 4 800 € Zinsen erhalten, wenn sie die Zinsen nach jedem Jahr abgehoben hätte.
c) Der Unterschied beträgt 372,15 €.

zu Seite 54

13 Das rechte Angebot (grüner Kasten) ist am günstigsten, der Zinssatz beträgt 6,5 %.
Das linke Angebot (blauer Kasten) ist teurer, die Zinsen betragen 216 €.

14 Sie musste für 14 Tage 2,57 €, für 21 Tage 9,63 € und für 42 Tage 6,42 € zahlen.
Insgesamt musste sie 18,62 € Zinsen bezahlen.

15 Herr Lennartz sollte das Sofa sofort bezahlen. Der Preisnachlass beträgt 100 €, die Überziehungszinsen betragen für 24 Tage 19 €. Folglich spart er immer noch 81 €.

16 Sie hat ihr Konto um 5 000 € überzogen.

17 Sie sollte sich für Sparbrief I entscheiden. Sie bekommt dann nach 2 Jahren 10 404 € ausbezahlt.
Bei Sparbrief II bekommt sie 1 € weniger ausbezahlt.

18 Der Zinssatz beträgt 36 %.

19 Er muss 500 000 € anlegen.

zu Seite 68

1

Figur I:	$A = 30{,}24\ m^2$;	$u = 24\ m$
Figur II:	$A = 390\ cm^2$;	$u = 86\ cm$
Figur III:	$A = 306\ cm^2$;	$u = 108\ cm$
Figur IV:	$A = 792\ m^2$;	$u = 132\ m$

2

Figur A:	$A = 6{,}25\ cm^2$;	$u = 10\ cm$
Figur B:	$A = 6\ cm^2$;	$u = 10\ cm$
Figur C:	$A = 9\ cm^2$;	$u = 13{,}2\ cm$
Figur D:	$A = 10\ cm^2$;	$u = 14{,}8\ cm$
Figur E:	$A = 8{,}75\ cm^2$;	$u = 13{,}6\ cm$
Figur F:	$A = 12{,}25\ cm^2$;	$u = 15{,}6\ cm$

3

Figur I:	Parallelogramm;	$A = 18\ cm^2$
Figur II:	Dreieck;	$A = 14\ cm^2$
Figur III:	Trapez;	$A = 15\ cm^2$

4 a) $A = 27{,}36\ m^2$ b) $A = 325\ m^2$ c) $A = 64{,}8\ m^2$

5
I: $A = 1\,600\ cm^2$
II: $A = 800\ cm^2$
III: $A = 2\,400\ cm^2$

LÖSUNGEN
zu den Üben-Seiten

zu Seite 69

1 Für die 180 m^2 große Dachfläche benötigt man 2 160 Dachziegel.

2 a) $A = 1{,}08\ m^2$
b) Die restliche Glasfläche ist ebenfalls 1,08 m^2 groß.

3 a) Die Breite des Streifens beträgt 10 m.
b) Das Grundstück ist nach dem Kauf 1 000 m^2 groß.

4 a) Die größere Teilfläche ist 210 000 m^2 groß und kostet 7 980 000 €.
b) Für die Straße benötigt man 4 000 m^2 Fläche.

5 Der Flächeninhalt eines Einstellplatzes beträgt 14,11 m^2 ($g = 3{,}36\ m$; $h = 4{,}20\ m$).

6 a) Die gesamte Dachfläche ist 115,2 m^2 groß.
b) Es werden insgesamt 1 798 Dachziegel benötigt.

zu Seite 70

7 ① $A = 15\,000\ m^2$ ② $A = 33\,750\ m^2$
③ $A = 67\,500\ m^2$ ④ $A = 15\,000\ m^2$

8 Der Teppichboden kostet für die 32 m^2 große Bodenfläche des Wohnzimmers 640 €.
Man benötigt 23 Fußleisten (Tür wird ausgespart) und muss für sie 83,95 € bezahlen.
Die Bodenfliesen kosten für den 20 m^2 großen Küchenboden 600 €.

9 $A = 55{,}68\ m^2 - 8{,}4\ m^2 = 47{,}28\ m^2$
Man benötigt 23,64 kg Farbe.

10 Der Hof ist 925 m^2 groß, der Umfang des Hofes beträgt 120 m.
Die Gesamtkosten für die Pflasterarbeiten betragen 36 566 €.

11 Trapez ABCE: $A = 3\,500\ m^2$; Dreieck ECD: $A = 800\ m^2$
Vieleck ABCDE: $A = 4\,300\ m^2$

zu Seite 94

1 Die Familie muss 98 040 € (82 560 €, 105 780 €) bezahlen.

2 Drei Planierraupen benötigen 14 Arbeitsstunden.

3 Für eine 65 m (76 m; 48,5 m) lange Wohnstraße werden 71,5 m^3 (83,6 m^3; 53,35 m^3) Schotter benötigt.

zu Seite 95

4 a) Der Bagger hebt 350 m^3 (210 m^3) Erde in 20 (12) Arbeitsstunden aus.
b) Der Lkw muss 24-mal fahren.

5 a) Die Dachfläche beträgt 110 m^2.
b) Der Arbeitslohn beträgt 3 465 €.

6 Das Dach hat eine Fläche von 120 m^2. Die Gesamtkosten betragen 5 790 €.

7 Jede Stufe muss eine Höhe von 16,5 cm haben.

8 Es werden 72 Steinplatten benötigt.

9 a) Sechs Maurer benötigen 50 Arbeitstage.
b) Die vier restlichen Maurer benötigen nun für die Fertigstellung 25 statt 20 Arbeitstage. Der Rohbau kann also insgesamt in 65 Tagen fertiggestellt werden.
c) 300 Maurer würden sich vermutlich gegenseitig behindern. Daher werden 300 Maurer nicht an einem Tag fertig.

LÖSUNGEN
zu den Üben-Seiten

zu Seite 96

1 a) Grundpreis: 4,00 €; Preis pro Kilometer: 3,00 €
b) Funktionsgleichung: $y = 3x + 4$

2 a) Die Gesamtkosen y berechnen sich aus der im Jahr einmaligen Grundgebühr (+ 70) und den Kosten aus dem Verbrauch, die sich aus der Multiplikation des Verbrauchs (x) mit 5 ergeben.
b)

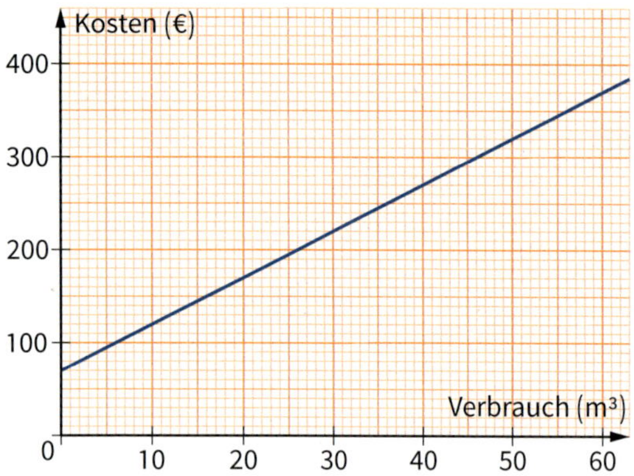

c) Der Graph wird um 10 Einheiten nach oben verschoben. Er verläuft parallel zum angegebenen Graphen.

3 a) Zu Beginn sind 60 *l* vorhanden, also muss der y-Achsenabschnitt + 60 betragen. Dieser Inhalt verringert sich jede Stunde um 4 Liter, also $-4x$.
b)

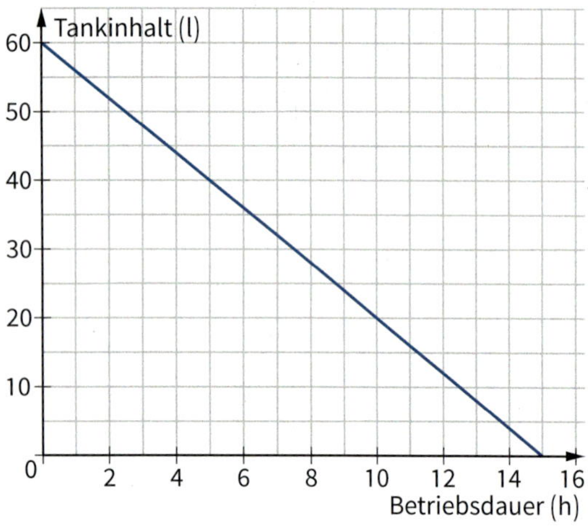

c) Der Generator kann 15 Stunden betrieben werden.
d) Der Graph wird um 40 Einheiten nach oben verschoben und verläuft parallel zum ersten Graphen. (Der Graph beginnt auch bei (0 | 60), verläuft dann aber flacher als der erste Graph und schneidet die x-Achse bei (20 | 0).)

4 a) Funktionsgleichung: $y = -50x + 800$
b)

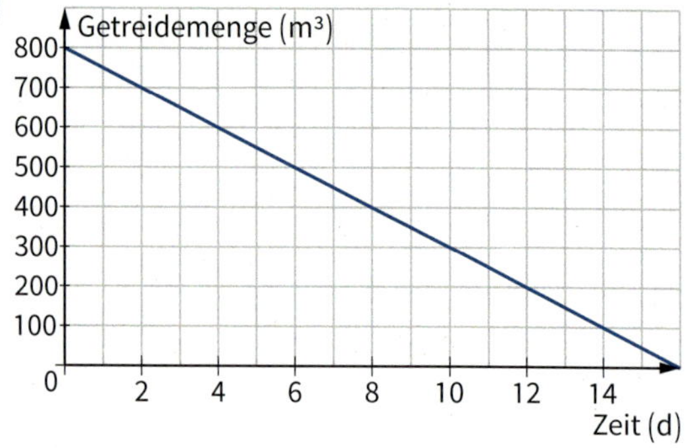

zu Seite 97

1

	x	−3	−2	−1	0	1	2	3
a)	y	−6,8	−4,2	−1,6	1	3,6	6,2	8,8
b)	y	14,3	10,2	6,1	2	−2,1	−6,2	−10,3
c)	y	−5,1	−4,4	−3,7	−3	−2,3	−1,6	−0,9
d)	y	0,3	0	−0,3	−0,6	−0,9	−1,2	−1,5
e)	y	4	2,5	1	−0,5	−2	−3,5	−5
f)	y	12,5	10	7,5	5	2,5	0	−2,5

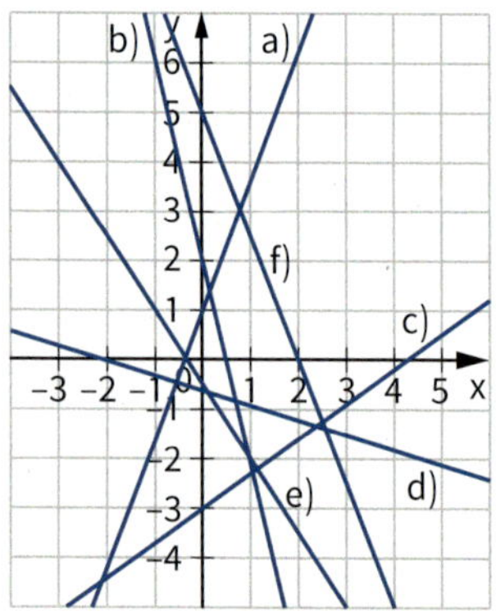

2

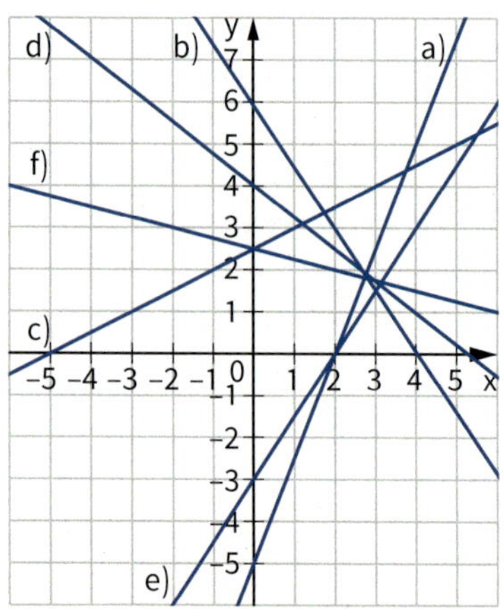

3 a) $f(x) = \frac{2}{3}x$; $g(x) = 1{,}5x$; $h(x) = -\frac{2}{5}x$;
$k(x) = -1\frac{2}{3}x$; $l(x) = -3x$

4 $f(x) = \frac{1}{3}x + 4$; $g(x) = -0{,}5x + 2$; $h(x) = 2x + 6$;
$i(x) = 0{,}5x - 3$; $k(x) = -4$

5

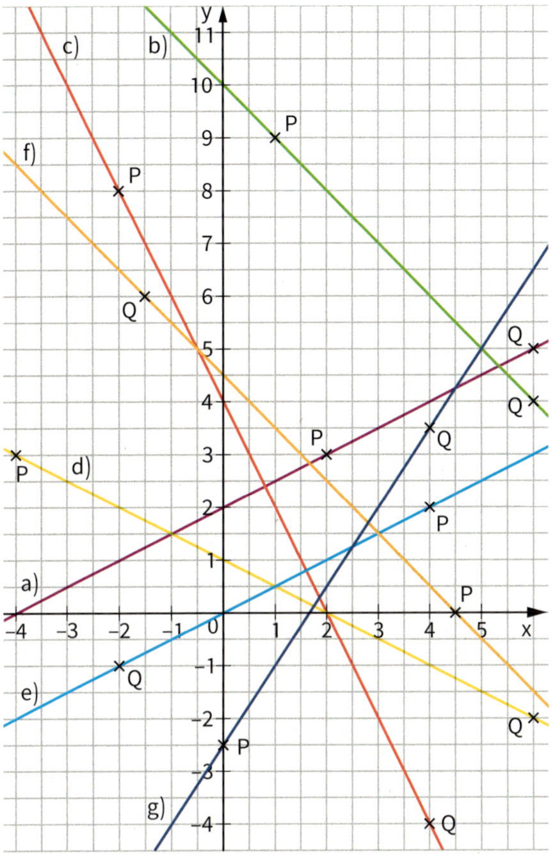

a) $c = 2$; $m = 0{,}5$; $y = 0{,}5x + 2$
b) $c = 10$; $m = -1$; $y = -x + 10$
c) $c = 4$; $m = -2$; $y = -2x + 4$
d) $c = 1$; $m = -0{,}5$; $y = -0{,}5x + 1$
e) $c = 0$; $m = 0{,}5$; $y = 0{,}5x$
f) $c = 4{,}5$; $m = -1$; $y = -x + 4{,}5$
g) $c = -2{,}5$; $m = 1{,}5$; $y = 1{,}5x - 2{,}5$

6 a) $f(4) = 10$; P liegt nicht auf dem Graphen.
$f(-2) = -5$; Q liegt auf dem Graphen.
b) $f(-6) = 21$; P liegt auf dem Graphen.
$f(4) = -14$; Q liegt auf dem Graphen.
c) $f(6) = 7$; P liegt nicht auf dem Graphen.
$f(-8) = -14$; Q liegt auf den Graphen.
d) $f(-2) = 0$; P liegt auf dem Graphen.
$f(-4) = 9$; Q liegt nicht auf dem Graphen.

7

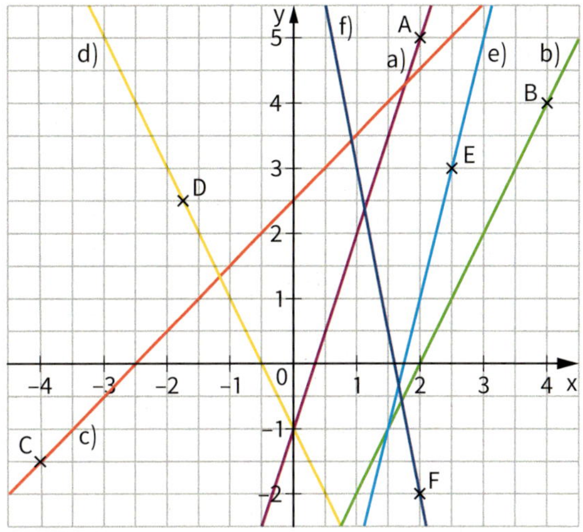

a) $x = 2$ b) $x = 4$ c) $x = -4$
d) $x = -1{,}75$ e) $x = 2{,}5$ f) $x = 2$

8 a) f und g haben die gleiche Steigung, aber unterschiedliche y-Achsenabschnitte. Sie liegen parallel zueinander.
b) f und g haben die gleiche Steigung und den gleichen y-Achsenabschnitt. Sie liegen aufeinander.
c) f und g haben die gleiche Steigung, aber unterschiedliche y-Achsenabschnitte. Sie liegen parallel zueinander.
d) f und g haben unterschiedliche Steigungen, aber den gleichen y-Achsenabschnitt. Sie schneiden sich im Punkt (0 | 3,5).

LÖSUNGEN
zu den Üben-Seiten

zu Seite 115

1 a) Klasse 8 c

Alter (Jahre)	absolute Häufigkeit	relative Häufigkeit
13	10	0,357 = 35,7 %
14	15	0,536 = 53,6 %
15	2	0,071 = 7,1 %
16	1	0,036 = 3,6 %

Klasse 8 d

Alter (Jahre)	absolute Häufigkeit	relative Häufigkeit
13	10	0,357 = 35,7 %
14	15	0,536 = 53,6 %
15	3	0,107 = 10,7 %
16	0	0 %

b)

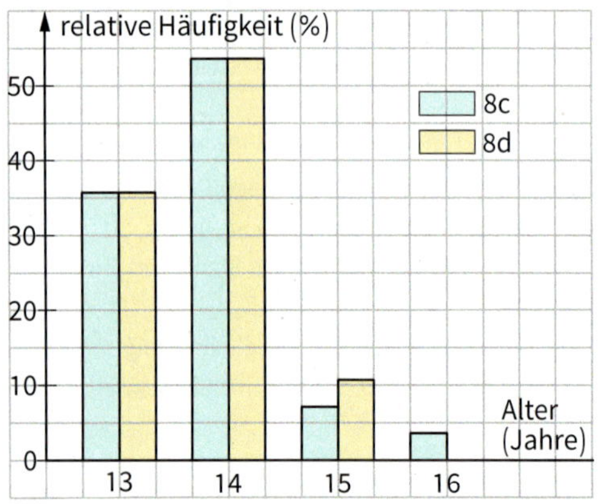

2 Mädchen

Sprunghöhe (m)	absolute Häufigkeit	relative Häufigkeit
1,05	2	0,071 = 7,1 %
1,10	6	0,214 = 21,4 %
1,15	7	0,25 = 25 %
1,20	5	0,179 = 17,9 %
1,25	5	0,179 = 17,9 %
1,30	3	0,107 = 10,7 %

arithmetisches Mittel: $\bar{x} \approx 1{,}18$ m

Jungen

Sprunghöhe (m)	absolute Häufigkeit	relative Häufigkeit
1,10	2	0,071 = 7,1 %
1,15	6	0,214 = 21,4 %
1,20	6	0,214 = 21,4 %
1,25	8	0,286 = 28,6 %
1,30	4	0,143 = 14,3 %
1,35	2	0,071 = 7,1 %

arithmetische Mittel: $\bar{x} \approx 1{,}22$ m

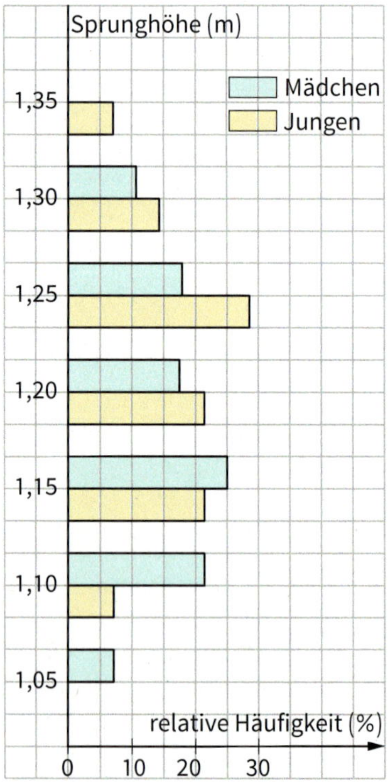

3

75-m-Lauf	Mädchen	Jungen
Median	12,55 s	11,6 s
Spannweite	2,3 s	2,6 s

Weitsprung	Mädchen	Jungen
Median	3,32 m	3,48 m
Spannweite	0,96 m	0,93 m

Kugelstoßen	Mädchen	Jungen
Median	5,99 m	6,88 m
Spannweite	2,68 m	2,48 m

zu Seite 116

1 **A** Diagrammform: Piktogramm
Thema: Anzahl der Teilnehmer am „Känguru der Mathematik" weltweit
Inhalte: z. B.: Es gab einen Zuwachs von 2000 bis 2010 und eine Abnahme von 2010 bis 2020.
Darstellung: Die Teilnehmerzahl war 2010 3-mal so groß wie 2000, aber der Flächeninhalt des Kängurus von 2010 ist 10-mal so groß wie der Flächeninhalt des Kängurus von 2000.
Die Darstellung ist nicht korrekt.

B Diagrammform: Balkendiagramm
Thema: tägliche Nahrungszusammensetzung für eine nachhaltige und gesunde Ernährung
Inhalte: z. B.: Die tägliche Nahrungszusammensetzung sollte zum größten Teil aus Früchten, Vollkornprodukten, Milchprodukten und Gemüse bestehen. Dagegen sollten wenig Ei, Fisch, Zucker, Fleisch, Kartoffeln und Fette zu sich genommen werden.
Darstellung: Die Darstellung ist korrekt.

C Diagrammform: Karte
Thema: Wie zuverlässig sind soziale Medien?
Inhalte: z. B.: In Polen halten mehr als 50 % der Befragten soziale Medien für zuverlässig. In Norwegen und Frankreich halten weniger als 20 % der Befragten soziale Medien für zuverlässig.
Darstellung: Die Darstellung ist korrekt.

D Diagrammform: Kreisdiagramme und Balkendiagramm
Thema: Lesemuffel
Inhalte: z. B.: Je höher der Schulabschluss ist, desto mehr wird gelesen. Je älter die Befragten sind, desto weniger wird gelesen.
Darstellung: Der Zusammenhang zwischen oberer und unterer Grafik ist nicht ersichtlich. Es ist nicht erkennbar, wie sich die Schulabschlüsse auf die jeweiligen Altersgruppen verteilen.

zu Seite 117

E Diagrammform: Kreisdiagramm
Thema: Gründe, warum man Computer spielt
Inhalte: z. B.: Über 40 % der Befragten spielen Computer zur Unterhaltung, ein Viertel aus Langeweile.
Darstellung: Die Darstellung ist korrekt.

F Diagrammform: Balkendiagramm
Thema: Meinungsfreiheit bei jungen Deutschen
Inhalte: z. B.: Aus Sicht junger Deutscher schränken die deutsche Regierung und die Gesellschaft mit jeweils über 50 % die Meinungsfreiheit am meisten ein.
Darstellung: Die Darstellung ist korrekt.

G Diagrammform: Kreisdiagramm und Balkendiagramm
Thema: Internetnutzung
Inhalte: z. B.: Am meisten Zeit nutzen Internetbenutzer für soziale Netzwerke.
Darstellung: Es scheint so, als würden soziale Netzwerke den größten Anteil einnehmen, jedoch wurden „Sonstige" mit 41,9 % nicht im Balkendiagramm aufgenommen.

H Diagrammform: Piktogramm
Thema: vegane und vegetarische Ernährung
Inhalte: z. B.: Es gab von 2016 bis 2020 eine kontinuierliche Steigerung an veganer und vegetarischer Ernährung.
Darstellung: Die Darstellung ist korrekt.

LÖSUNGEN
zu den Üben-Seiten

I Diagrammform: Balkendiagramm
Thema: Freizeitaktivitäten 2021 im Vergleich zu 2020
Inhalte: z. B.: Sowohl 2020 als auch 2021 war „Freunde treffen" die beliebteste Freizeitaktivität. Hingegen waren in beiden Jahren „Sportveranstaltungen" nicht so beliebt.
Darstellung: Die Anzahl der Befragten in den jeweiligen Jahren unterscheidet sich. 2020 waren es 192 und 2021 waren es 166. Eventuell fehlt die Kategorie „Sonstiges".

K Diagrammform: Streifendiagramm
Thema: Nutzung digitaler Spiele 2021
Inhalte: z. B.: Insgesamt nutzen 72 % der Befragten digitale Spiele täglich/mehrmals pro Woche. Die Nutzung „täglich/mehrmals pro Woche" ist dabei bei den Mädchen mit 59 % geringer als bei den Jungen (84 %). Beim Vergleich der Altersgruppen kann man sehen, dass die Nutzung „täglich/mehrmals pro Woche" mit dem Alter abnimmt.
Darstellung: Die Darstellung ist korrekt.

zu Seite 131

1

	a)	b)	c)	d)
r	34 m	6,6 dm	**2,6 cm**	**0,45 m**
d	**68 m**	**13,2 dm**	5,2 cm	0,9 m
u	**213,63 m**	**41,47 dm**	**16,34 cm**	**2,83 m**

2

	a)	b)	c)	d)
r	96 cm	3,8 m	**42 cm**	**3,4 m**
d	**192 cm**	**7,6 m**	84 cm	6,8 m
A	**28 952,92 cm²**	**45,36 m²**	**5 541,77 cm²**	**36,32 m²**

3 $u \approx 10{,}05$ m
Es werden 41 Randsteine benötigt.

4 $A \approx 4{,}91\ m^2$
Es müssen Steine für ca. 5 m² gekauft werden.

5 a) $d = 90$ cm; $A \approx 6\,361{,}73\ cm^2$
b) $A_{Blechplatte} = 8\,100\ cm^2$
$A_{Restfläche} = 8\,100\ cm^2 - 6\,361{,}73\ cm^2 = 1\,738{,}27\ cm^2$

6 a)

Reifengröße (in Zoll)	24 x 1.75	26 x 1.9	28 x 1.5
Radumfang	191,51 cm	207,47 cm	223,43 cm

b) $u = 223{,}43$ cm $= 2{,}2343$ m
Der Reifen legt eine Strecke von 2 234,30 m zurück.

7 alte Windkraftanlage: $A \approx 1\,963{,}5\ m^2$
neuer Windkraftanlage: $A \approx 7\,854\ m^2$
Der Inhalt der Kreisfläche der neuen Windkraftanlage ist viermal so groß wie die Fläche der alten Windkraftanlage.

8 Pro Umdrehung legt das Messrad eine Strecke von 1 m zurück. Daher beträgt der Durchmesser des Rades 318,5 mm.

zu Seite 132

9 a) $A = 113{,}10\ cm^2 - 63{,}62\ cm^2 = 49{,}48\ cm^2$
b) $A = 120{,}76\ cm^2 - 11{,}34\ cm^2 = 109{,}42\ cm^2$
c) $A = 124{,}69\ cm^2 - 55{,}42\ cm^2 = 69{,}27\ cm^2$
d) $A = 243{,}28\ cm^2 - 78{,}54\ cm^2 = 164{,}74\ cm^2$
e) $A = 162{,}86\ cm^2 - 13{,}85\ cm^2 = 149{,}01\ cm^2$
f) $A = 56{,}75\ cm^2 - 23{,}76\ cm^2 = 32{,}99\ cm^2$

10

	r_a	r_i	d_a	d_i	A
a)	3,6 cm	2,3 cm	**7,2 cm**	**4,6 cm**	**40,72 cm² – 16,62 cm² = 24,1 cm²**
b)	**2,7 cm**	**1,8 cm**	5,4 cm	3,6 cm	**22,90 cm² – 10,18 cm² = 12,72 cm²**
c)	0,87 m	0,78 m	**1,74 m**	**1,56 m**	**2,38 m² – 1,91 m² = 0,47 m²**

11 $A = 19{,}63\ m^2 - 8{,}04\ m^2 = 11{,}59\ m^2$
$11{,}59 \cdot 124 = 1\,437{,}16$
Das Pflastern des Streifens kostet 1 437,16 €.

12 $A = 50{,}27\ cm^2 - 19{,}63\ cm^2 = 30{,}64\ cm^2$

13 $A = 3{,}14\ m^2 - 1{,}13\ m^2 = 2{,}01\ m^2$

LÖSUNGEN
zu den Üben-Seiten

zu Seite 133

1 a) Die Figur wird in drei Teilfiguren zerlegt, einen Viertelkreis und zwei Rechtecke. Für jede Teilfigur wird dann der Flächeninhalt berechnet. Um den Flächeninhalt der zusammengesetzten Figur zu erhalten, werden die Flächeninhalte der drei Teilfiguren addiert.

b) Figur I kann in einen Halbkreis und ein Rechteck zerlegt werden.

$A_1 = \frac{1{,}5^2 \cdot \pi}{2} \approx 3{,}53$; $A_2 = 3 \cdot 1{,}5 = 4{,}5$

$A = 3{,}53\ cm^2 + 4{,}5\ cm^2 = 8{,}03\ cm^2$

Figur II kann in einen Viertelkreis und ein Rechteck zerlegt werden.

$A_1 = \frac{1{,}5^2 \cdot \pi}{4} \approx 1{,}77$; $A_2 = 1{,}5 \cdot 2 = 3$

$A = 1{,}77\ cm^2 + 3\ cm^2 = 4{,}77\ cm^2$

Figur III kann in einen Kreis (zwei Halbkreise) und ein Rechteck zerlegt werden.

$A_1 = 1{,}5^2 \cdot \pi \approx 7{,}07$; $A_2 = 2 \cdot 3 = 6$

$A = 7{,}07\ cm^2 + 6\ cm^2 = 13{,}07\ cm^2$

2 a) $b_\alpha \approx \frac{6{,}28 \cdot 3}{4} = 4{,}71$

$u = 4{,}71\ m + 2 \cdot 1\ m = 6{,}71\ m$

b) $b_\alpha \approx \frac{15{,}71}{2} \approx 7{,}86$

$u = 7{,}86\ m + 5\ m = 12{,}86\ m$

c) $b_\alpha \approx 6{,}28$

$u = 6{,}28\ m + 2 \cdot 6{,}5\ m = 19{,}28\ m$

3 a) Flächeninhalt:

$A_1 = \frac{4{,}5^2 \cdot \pi}{4} \approx 15{,}90$; $A_2 = \frac{6 \cdot 4{,}5}{2} = 13{,}5$; $A_3 = \frac{6^2 \cdot \pi}{4} \approx 28{,}27$

$A = 15{,}90\ m^2 + 13{,}5\ m^2 + 28{,}27\ m^2 = 57{,}67\ m^2$

Umfang:

$b_1 \approx \frac{28{,}27}{4} \approx 7{,}07$; $b_2 \approx \frac{37{,}70}{4} \approx 9{,}43$

$u = 7{,}07\ m + 4{,}5\ m + 7{,}5\ m + 6\ m + 9{,}43\ m = 34{,}5\ m$

b) Flächeninhalt:

$A_1 = \frac{5^2 \cdot \pi}{8} \approx 9{,}82$; $A_2 = 5 \cdot 5 = 25$

$A = 3 \cdot 9{,}82\ m^2 + 25\ m^2 = 54{,}46\ m^2$

Umfang:

$b_1 \approx \frac{31{,}42}{8} \approx 3{,}93$

$u = 3 \cdot 3{,}93\ m + 4 \cdot 5\ m = 31{,}79\ m$

c) Flächeninhalt:

$A_1 = \frac{8^2 \cdot \pi}{8} \approx 25{,}13$; $A_2 = 8 \cdot 4 = 32$; $A_3 = \frac{4^2 \cdot \pi}{8} \approx 6{,}28$

$A = 25{,}13\ m^2 + 32\ m^2 + 6{,}28\ m^2 = 63{,}41\ m^2$

Umfang:

$b_1 \approx \frac{50{,}27}{8} \approx 6{,}28$; $b_2 \approx \frac{25{,}13}{8} \approx 3{,}14$

$u = 6{,}28\ m + 4\ m + 8\ m + 3{,}14\ m + 4\ m + 8\ m = 33{,}42\ m$

4 a) $A_1 = \frac{5^2 \cdot \pi}{2} \approx 39{,}27$; $A_2 = 10 \cdot 10 = 100$; $A_3 = \frac{5^2 \cdot \pi}{4} \approx 19{,}63$;

$A_4 = 5 \cdot 5 = 25$

$A = 2 \cdot 39{,}27\ m^2 + 100\ m^2 + 2 \cdot 19{,}63\ m^2 + 25\ m^2$

$= 242{,}8\ m^2$

Es müssen ca. 242,8 m² Fliesen bestellt werden.

b) $b_1 \approx \frac{31{,}42}{2} = 15{,}71$

$u = 3 \cdot 15{,}71\ m + 2 \cdot 10\ m = 67{,}13\ m$

Der Fliesenleger muss 67,13 m einplanen.

zu Seite 154

1 –

2 a)

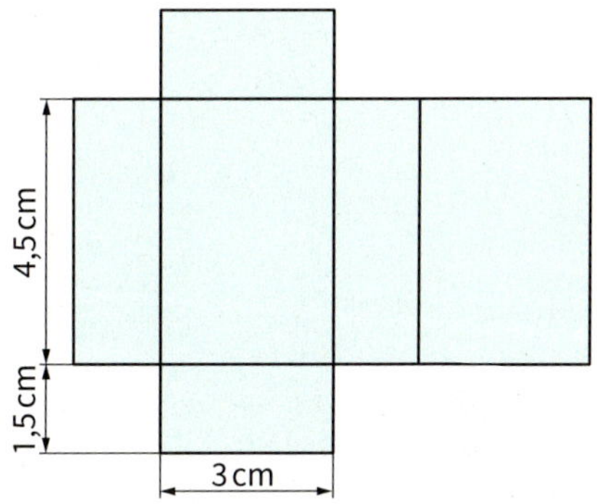

b)

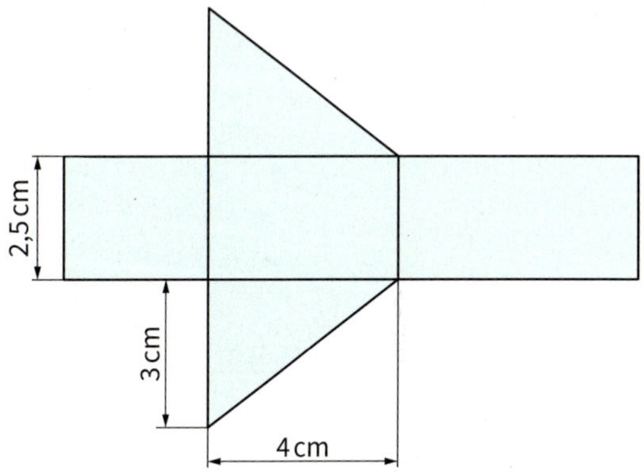

3 a) $G = 15\ m^2$
$M = 120\ m^2$
$O = 150\ m^2$
$V = 90\ m^3$

b) $G = 20{,}28\ m^2$
$M = 70{,}72\ m^2$
$O = 111{,}28\ m^2$
$V = 68{,}952\ m^3$

4 $G = 54\ cm^2$
$M = 432\ cm^2$
$O = 540\ cm^2$
$V = 648\ cm^3$

LÖSUNGEN
zu den Üben-Seiten

5

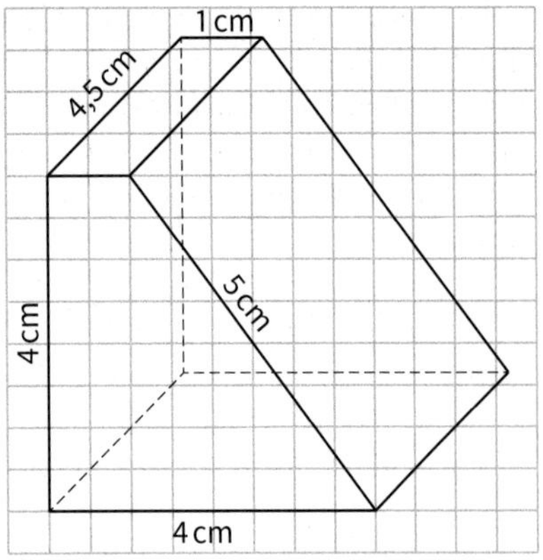

O = 83 cm²; V = 45 cm³

6 a) $h_k = \frac{4,2}{1,2} = 3,5$ b) $h_k = \frac{624}{52} = 12$ c) $h_k = \frac{77,7}{9,25} = 8,4$
$h_k = 3,5$ m $h_k = 12$ m $h_k = 8,4$ m

zu Seite 155

7

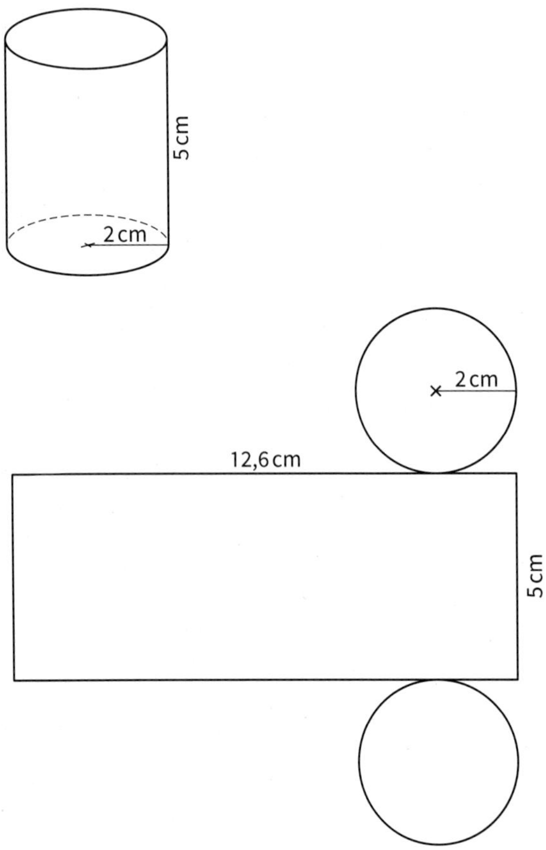

8

	r	d	h_k	O
a)	4 m	**8 m**	5 m	**226,19 m²**
b)	**1,65 m**	3,30 m	12 m	**141,51 m²**
c)	2,7 cm	**5,4 cm**	1 cm	**62,77 cm²**

	r	d	h_k	V
d)	2 m	**4 m**	3 m	**37,7 m³**
e)	**1,65 m**	3,30 m	12 m	**102,64 m³**

9 a) Dose 1: V = 443,9 cm³
Dose 2: V = 255,6 cm³
b) Dose 1: M = 277,5 cm²
Dose 2: M = 118,9 cm²

10 V = 1 206,4 cm³
Es befinden sich ungefähr 1,2 *l* Wasser im Rohr.

11 $V_{Eimer} = 9,5$ dm³
Wassermenge: 4,6 dm³
Es befinden sich 4,6 *l* Wasser im Eimer.

12 a) Kübel A: V ≈ 78 540 cm³
Kübel B: V ≈ 60 000 cm³
Kübel B hat ein geringeres Fassungsvermögen und sollte daher empfohlen werden.
b) Kübel A: V ≈ 78,54 *l*
Kübel B: V ≈ 60 *l*

13 $h_k = \frac{6\,283,2}{314,2} = 20$
$h_k = 20$ cm

14 Es befinden sich ca. 3 124,31 cm³ Papier auf der Rolle.

15 Der Zylinder beinhaltet 98 960,17 cm³ Flüssigkeit.
Nach dem Umfüllen steht die Flüssigkeit 35,34 cm hoch im Quader.

zu Seite 156

1 a) $m = V \cdot \rho$
$m = 4 \cdot 3 \cdot 1,5 \cdot 19,3 = 347,4$
m = 347,4 g
b) $m = V \cdot \rho$
$m = \frac{4 \cdot 4}{2} \cdot 3,5 \cdot 2,5 = 70$
m = 70 g

2 V = 395,84 cm³
m = 3 127,14 g

3 $V = 171\ cm^3$
$m = 461{,}7\ g$

4 $V = 47{,}67\ cm^3$
Abhängig von der Größe der Dichte, liegt das Gewicht des Körpers ungefähr zwischen 343,23 g und 376,60 g.
Glas: $m = 119{,}18\ g$
Kupfer: $m = 424{,}26\ g$

zu Seite 157

1 a) $O = 324\ cm^2$, $V = 320\ cm^3$ b) $O = 188\ cm^2$, $V = 168\ cm^3$ c) $O = 60{,}28\ cm^2$, $V = 30{,}14\ cm^3$

2 a) $V = 364{,}425\ cm^3$ b) $V = 128{,}805\ cm^3$

3 a) $V = 7{,}14\ dm^3$ b) $V = 27{,}7\ dm^3$ c) $V = 114{,}86\ dm^3$

4 $V = 5{,}24\ m^3$

zu Seite 158

1 a) Eine große Toastscheibe ist ca. 11 cm x 11 cm groß und 1,2 cm dick.
Angenommen das Sandwich ist mit Belag ca. 5 cm dick.
Für die Verpackung rechnet man noch ein paar mm dazu, so dass die Verpackung die folgenden Abmessungen hat:

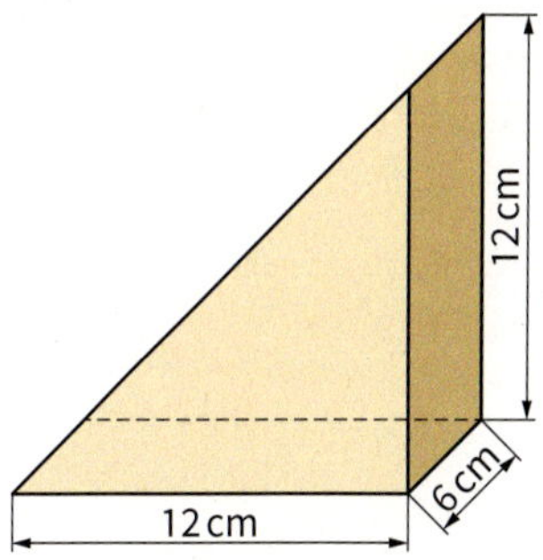

Die Oberfläche einer Verpackung beträgt mit den obigen Maßen $390\ cm^2$.
Mit Verschnitt benötigt man ca. $400\ cm^2$.
b) Für 50 Verpackungen benötigt man $2{,}0\ m^2$ Material.

2 Die Länge des Motorrollers ist ca. 1,70 m. Damit hat die Litfaßsäule einen Durchmesser von 1,70 m.
Die Werbefläche der Litfaßsäule ist ungefähr anderthalbmal so hoch, wie der Motorroller lang ist, also ca. 2,60 m.
Die Werbefläche ist ungefähr $14\ m^2$ groß.

3 Der Mann ist ca. 1,80 m groß. Das Aquarium ist in der Höhe ungefähr $\frac{1}{3}$ so hoch wie der Mann, also 60 cm.
Die Breite des Aquariums beträgt dann ca. 40 cm und die Länge 120 cm.
Es werden ca. $24\,000\ cm^2$ Glas benötigt.

zu Seite 159

4 a) Der Stein ist ca. 8 cm hoch.
Das Volumen beträgt $1{,}6\ dm^3$.
b) Die Masse eines Steins beträgt 4 kg.
c) Nein, er darf keine 100 Steine in seinem Pkw transportieren, da 100 Steine 400 kg wiegen und er nur 380 kg zuladen darf.

5 a) Der Findling ist ungefähr doppelt so breit wie das Verkehrsschild, also 80 cm.
Er ist ungefähr anderthalbmal so hoch wie das Schild breit ist, also 60 cm und ungefähr so tief wie das Schild breit ist, also 40 cm.
Nähert man die Form des Findlings durch einen Quader an, ergibt sich für das Volumen:
$V = 80 \cdot 60 \cdot 40 = 192\,000$
$V = 192\,000\ cm^3$
Das Volumen des Findlings beträgt ungefähr $0{,}192\ m^3$.
b) $m = 0{,}192 \cdot 2{,}8 = 0{,}54$
Der Findling wiegt ungefähr 0,54 t.

6 Nimmt man für die Breite der Sonnenliege 60 cm an, so hat der Pool einen Durchmesser von 6,75 m.
Das Gesamtvolumen des Pools beträgt dann $46{,}52\ m^3$.
Es können $46{,}52\ m^3$ Wasser eingefüllt werden.

7 Der Holzstapel ist ca. 3 m breit und 85 cm tief. Es sind ca. 2,5 Raummeter Holz aufgestapelt.

8 Angenommen die Dose ist 8 cm hoch und hat einen Durchmesser von 6 cm. Dann beträgt das Volumen ungefähr $226\ cm^3$.

FORMELN UND GESETZE

Mengen

$M = \{4, 5, 6, 7\}$	Menge aus den Elementen 4, 5, 6 und 7 in aufzählender Form
$\mathbb{N} = \{0, 1, 2, 3, \ldots\}$	Menge der natürlichen Zahlen
$\mathbb{Z} = \{\ldots, -2, -1, 0, 1, 2, \ldots\}$	Menge der ganzen Zahlen
$\mathbb{Q}$	Menge der rationalen Zahlen

Beziehungen zwischen Zahlen

$\approx$	ungefähr gleich
$a = b$	a gleich b
$a \neq b$	a ungleich b
$a > b$	a größer als b
$a < b$	a kleiner als b

Verknüpfungen von Zahlen

$a + b$	Summe *(lies:* a plus b)
$a - b$	Differenz *(lies:* a minus b)
$a \cdot b$	Produkt *(lies:* a mal b)
$a : b$	Quotient *(lies:* a geteilt durch b)

Rechengesetze

Kommutativgesetz

$3 + 7 = 7 + 3$

$3 \cdot 7 = 7 \cdot 3$

Assoziativgesetz

$3 + (7 + 5) = (3 + 7) + 5$

$3 \cdot (7 \cdot 5) = (3 \cdot 7) \cdot 5$

Distributivgesetz

$6 \cdot (8 + 5) = 6 \cdot 8 + 6 \cdot 5$

$(20 + 10) : 5 = 20 : 5 + 10 : 5$

$6 \cdot (8 - 5) = 6 \cdot 8 - 6 \cdot 5$

$(20 - 10) : 5 = 20 : 5 - 10 : 5$

Geometrie

A, B, C, …	Punkte
$\overline{AB}$	Strecke mit den Endpunkten A und B
AB	Gerade durch die Punkte A und B
g, h, k, …	Geraden
$g \parallel k$	g ist parallel zu k
$g \perp h$	g ist senkrecht zu h
$P(3 \mid 4)$	Punkt im Koordinatensystem mit den Koordinaten 3 (x-Wert) und 4 (y-Wert)
$\alpha, \beta, \gamma, \delta$; $\sphericalangle ASB$; $\sphericalangle (a, b)$	Winkel

STICHWORTVERZEICHNIS

Addition 167
Aktien 56
antiproportionale Zuordnungen 84, 92, 176
- Dreisatz 92, 176
- Hyperbel 92, 176
Äquivalenzumformung 8, 17
Arbeiten mit dem Computer
- Berechnungen am Kreis 129
- Einen Kredit zurückzahlen 50
- Tabellenkalkulation 109
- Zinsrechnung 48, 49
arithmetisches Mittel 106, 114
Assoziativgesetz 167, 168, 212
Aufriss 160
ausmultiplizieren 9, 11, 17
Ausreißer 107

Balkendiagramm 102, 113
Betrag 173
Bogenlänge 128, 130
Boxplot 120
- oberes Quartil 120
- unteres Quartil 120
Brüche 170
- addieren und subtrahieren 171
- multiplizieren und dividieren 172
Bruchteile berechnen 172
brutto 33

Darlehen 40
Dezimalzahlen 170
- addieren und subtrahieren 171
- multiplizieren und dividieren 172
- runden 170
Dichte 13, 156
Distributivgesetz 169, 212
Division 168

Eingangstests 162–166
entgegengesetzte Zahl 173

Flächeninhalt
- Dreieck 63, 67
- Kreis 126, 130
- Kreisring 132
- Parallelogramm 61, 67
- Quadrat 60, 67
- Rechteck 60, 67
- Trapez 65, 67
Funktionen 77, 93
- der Form $y = m x$ 86, 93
- der Form $y = m x + c$ 87, 90, 93
- Graph 86, 87, 88, 90, 93
- lineare 86, 88, 90, 93
Funktionsgleichung 86, 93
Funktionswert 91

ganze Zahlen 173
Gegenzahl 173
geometrische Formeln 15, 17
Gerade 86, 87, 88, 179
Gesamtgewicht 84
Gesamtkosten 84
Gesamtlänge 84
Gleichung 10, 17
- Äquivalenzumformung 8, 17
- Lösung 11, 17
- mit x auf einer Seite 8
- mit x auf beiden Seiten 10
- mit x im Nenner 13
- mit Klammern 17
Graphen von Zuordnungen 85
Grundriss 160
Grundwert 26, 27, 34, 178
Guthaben 40

Häufigkeit
- absolute 102, 113, 182
- relative 102, 113, 182
Häufigkeitstabelle 102, 113, 182
Histogramm 105, 113
Hyperbel 85

Jahreszinsen 51

STICHWORTVERZEICHNIS

Kapital 43, 51
Kastenschaubild 120
Kilogrammpreis 82, 83
Kommunizieren
- einem Text Informationen entnehmen 185
- Gruppenarbeit 186
- Gruppenpuzzle 55
- Ich-Du-Wir-Aufgaben 187
- Lernen an Stationen 188
- Partnerarbeit 185
- Prozentangaben in Zeitungsartikeln 38
Kommutativgesetz 167, 168, 212
Koordinatensystem 77, 92, 179
Kreis
- Durchmesser 125, 130
- Flächeninhalt 126, 130
- Radius 125, 130
- Umfang 125, 130
Kreisausschnitt 104, 128, 130
Kreisbogen 128, 130
Kreisdiagramm 104, 113, 182
Kreislinie 130
Kreisring 132
- Außendurchmesser 132
- Außenradius 132
- Innendurchmesser 132
- Innenradius 132
- Flächeninhalt 132
Kreissektor 104
Kreiszahl π 125, 130, 134

Lagebeziehungen von Geraden 91
Längen 180
Längeneinheiten 180
Literpreis 83
Lösung 11, 17

Maßstab 180
Masse 156
Maximum 108, 114
Median 107, 114
Mehrwertsteuer 33
Minimum 108, 114
Mittelpunktswinkel 128, 130
Modalwert 106, 114
Modellieren
- Eine Umfrage auswerten und die Ergebnisse darstellen 119
- Eine Umfrage planen 118
- Sachaufgaben mit dem Dreisatz lösen 94
Multiplikation 168

netto 33
Netz
- Prisma 142
- Quader 181
- Würfel 181
- Zylinder 148
Nullstelle 98

Oberflächeninhalt
- Prisma 143, 153
- Quader 181
- Würfel 181
- Zylinder 149, 153

Pfeildiagramm 77, 92
Piktogramm 110, 113
Prisma 139, 153
- Ansichten 160
- Deckfläche 139, 153
- Eigenschaften 139
- Grundfläche 139, 153
- Körperhöhe 139, 153
- Mantelfläche 143, 153
- Masse 156
- Netz 142
- Oberflächeninhalt 143, 153
- Schrägbild 140
- Seitenfläche 139, 153
- Volumen 145, 153
Probe 10
Probleme lösen
- Schätzen, Messen und Überschlagen 158
Promille 178
proportionale Zuordnungen 83, 92, 175
- Dreisatz 92, 175
- Graph 92
Prozent 177
Prozentsatz 26, 27, 34, 178
prozentuale Abnahme 30, 34
prozentuale Zunahme 29, 34
prozentuale Veränderungen 31, 34
Prozentwert 26, 34, 178

Quader 181
- Netz 181
- Oberflächeninhalt 181
- Volumen 181

STICHWORTVERZEICHNIS

Rabatt 30
Rangliste 107, 114, 120
rationale Zahlen 173
- addieren und subtrahieren 174
- multiplizieren und dividieren 174
Raumeinheiten 181
Raummeter 159

Säulendiagramm 102, 113, 182
Schrägbild
- Prisma 140
- Zylinder 147
Seitenriss 160
senkrecht 179
Skonto 30
Spannweite 108, 114
statistische Darstellungen beurteilen 110, 111, 114
Steigung 87, 88, 90, 93
Steigungsdreieck 90
Strecke 179
Streifendiagramm 103, 113, 182
Strichliste 102, 113, 182
Stückpreis 82, 83
Stundenlohn 83
Subtraktion 167

Tageszinsen 46, 51
Taschenrechner 89, 184
Terme 169, 183

Umfang
- Dreieck 63, 67
- ebene Figuren 180
- Kreis 125, 130
- Parallelogramm 61, 67
- Quadrat 60, 67
- Rechteck 60, 67, 180
- Trapez 65, 67
Ungleichung 22
Urliste 102, 113, 114, 182
Ursprungsgerade 85

Verhältnisgleichung 17
Volumen
- Prisma 145, 153
- Quader 181
- Würfel 181
- Zylinder 151, 153
Vorzeichen 173

Wertetabelle 89
Würfel 181
- Netz 181
- Oberflächeninhalt 181
- Volumen 181

y-Achsenabschnitt 87, 88, 93

Zentralwert 107
Zinsen 43, 51
Zinseszinsen 47, 51
Zinsformel 43
Zinssatz 43, 51
Zoll 131
Zuordnung 77, 92
zusammengesetzte Figuren 133
zusammengesetzte Körper 157
Zylinder 147, 153
- Ansichten 160
- Deckfläche 147, 153
- Eigenschaften 147
- Grundfläche 147, 153
- Körperhöhe 147, 153
- Mantelfläche 147, 153
- Masse 156
- Netz 148
- Oberflächeninhalt 149, 153
- Schrägbild 147
- Volumen 151, 153

BILDQUELLENNACHWEIS

|akg-images GmbH, Berlin: 134.1. |Alamy Stock Photo, Abingdon/Oxfordshire: Echeverri, Luis 152.3; Mays, Buddy 103.1; robertharding 56.1; ronstik 44.1; usatyuk, igor 75.3; Zoonar GmbH 16.1. |Alamy Stock Photo (RMB), Abingdon/Oxfordshire: agefotostock 134.4; Alexlukin 36.3; Juniors Bildarchiv GmbH 2.3; Kinek00 138.15, 147.5. |CASIO Europe GmbH, Norderstedt: 89.1, 125.1, 184.1, 184.2, 184.3, 184.4, 184.5, 184.6. |Colourbox.com, Odense: Kytayko, Vitaliy 4.3. |ddp images GmbH, Hamburg: Latz, Michael 152.5. |Druwe & Polastri, Cremlingen/Weddel: 33.7, 37.3, 37.4, 37.5, 37.6, 37.7, 37.8, 72.1, 72.2, 78.5, 122.1, 124.1, 124.3, 142.1, 142.2, 155.2, 156.1, 159.5, 188.1, 188.2, 188.3. |fotolia.com, New York: bercikns 4.2; bilderexpertin65 35.1; Bombaert, Patrick 37.11; Digipic 20.1; euthymia 155.3; eyetronic 3.2; Figurnyi, Sergii 181.1; Gnatush, Alexandra 137.4; GUIHAL, Marie-Thérèse 53.2; industrieblick 95.4; Kneschke, Robert 30.2, 31.1, 83.2; magicworld 96.1; PRILL Mediendesign 131.4; rupbilde 96.4; Tennert, Manuel 38.2. |Getty Images (RF), München: Image Source 7.2; Maskot 7.4; Merry, Andrew 152.2; Paulda, Mark A Titel. |Helga Lade Fotoagenturen GmbH, Frankfurt/M.: Bramaz, H. R. 150.1. |Imago, Berlin: Sommer 36.2; v.d. Laage, Chai 105.2. |iStockphoto.com, Calgary: akinshin 138.8; Alvarez, Carlos 138.1; aydinmutlu 84.1; Bieberstein, Norbert 158.1; chandra, umesh 138.6; Cholakov, Ivan 137.2; cris180 138.7; DJIANN, Olivier 23.1; fizkes 186.3; Garsya 33.3; Guasor 128.1; Harald007 78.2; Heimsmyndir/Karlsson, Stígur Már 186.2; Kalinovsky, Dmitry 95.1; Konstik 138.4; kzenon 45.3; lillisphotography 135.1; Mosutatsu 33.2; negi, usha 138.2; ollo 13.1, 127.1; PeopleImages 185.1; photosaint 138.14; Picsfive 138.9; Pogonici 33.5; Popartic 138.11; Pozdnikov, Yuriy 96.2; Ridofranz 4.1; Rostek, Andrzej 69.1; rvlloyd 152.1; siiixth 158.2; simonkr 138.5; SolStock 105.1; stanley, laura 147.9; studiocasper 13.2; styf22 3.1; svetikd 43.1; vgajic 158.4; Zigic, Drazen 110.1, 166.1. |Janssen Kahlert Design & Kommunikation GmbH, Hannover: Foto: iStockphoto.com, Calgary/scanrail 33.6. |Kuhlmann, Karl-Heinz, Bielefeld: 159.3, 159.4. |mauritius images GmbH, Mittenwald: Garden World Images/GWI/Jonathan Need 131.3; Hackenberg 137.5; imagebroker/bilwissedition.com 134.2. |Miller, Carla, Dortmund: 6.1, 28.1, 36.4, 39.1, 58.1, 59.1, 59.2, 82.2, 86.1, 95.2, 124.2, 124.4, 146.2, 148.3, 149.1, 149.2, 150.3, 155.1, 161.3, 176.1. |Naumann, Andrea, Aachen: 1.2, 2.1, 3.3, 8.1, 12.1, 12.2, 13.3, 15.1, 40.1, 41.1, 42.1, 42.2, 45.1, 46.2, 47.1, 47.2, 47.3, 54.1, 54.2, 54.3, 55.1, 55.2, 55.3, 63.1, 65.2, 76.1, 80.1, 80.2, 86.2, 101.1, 101.2, 102.1, 104.1, 106.1, 106.2, 132.2, 139.1, 140.1, 144.2, 147.12, 167.1. |PantherMedia GmbH (panthermedia.net), München: Berg, Martina 78.1; Boekhoff, Herbert 78.3. |Picture-Alliance GmbH, Frankfurt a.M.: akg-images 134.3; augenklick/firo Sportphoto/PSI 32.2; Baumgarten, Ulrich 29.1; CITYPRESS24 168.1; Gambarini, Maurizio 3.5. |Rosier, Susanne, Braunschweig: 60.1, 60.2, 60.3, 61.1, 63.2, 64.1, 65.1, 66.1, 66.2, 66.3, 73.1, 141.1, 142.3, 144.1, 145.1, 145.2, 146.1, 147.1, 147.11, 148.1, 148.2, 150.4, 151.1, 152.4, 154.1, 156.2, 156.3, 156.4, 156.5, 157.1, 157.2, 160.1, 160.2, 160.3, 160.4, 160.5, 160.6, 161.1, 161.2, 193.1, 193.2, 204.1, 204.2. |Shutterstock.com, New York: Aerodim 138.10; Africa Studio 118.2; Filimonov, Iakov 187.1; Gelazius, Algirdas 81.1; GraphicHabits 37.12; Guillem, Antonio 187.2; Hadrian 131.1; Jaromond 37.9; Kumsri, Yongyut 30.3; Merkulov, Nik 37.1; MillaF 135.2; Monkey Business Images 38.1; OliveTree 138.3; Peterman, Sergey 33.1; Photographee.eu 118.4; Rawpixel.com 118.3; smereka 32.1; Syda Productions 1.1, 118.1, 185.2; Todorov, Nikifor 96.3; Tuja 127.2; xiaorui 138.13; yackers1 37.10. |stock.adobe.com, Dublin: 159.2; Africa Studio 28.3; africa-studio.com (Olga Yastremska and Leonid Yastremskiy) 138.12; agrarmotive 26.2; AntonioDiaz 27.2; ArtushFoto 159.1; Bartussek, Ingo 75.2, 95.3; batcam.de/Siegert, Tim 131.2; by-studio 16.4; coldwaterman, Rauscher Manfred 36.1; connel_design 27.1; dizelen 158.3; dolgachov, lev 7.1; Dusko 30.1; esoxx 147.10; Flamingo Images 20.2; fotomek 3.4; francescoridolfi.com 162.1, 186.1; g-konzept.de 32.3; georgejmclittle 37.2; Giron, Alberto 137.1; Goffkein 28.2; gradt 147.3; Hoffmann, Dirk 155.4; Holger 2.2; Ina 78.4; JackF 33.4; Jones, Marcus 132.1; js-photo 39.2; Klaussner, Xaver 29.3; Klein, Sergej 136.1; Kneschke, Robert 39.3, 57.1; Korta 46.1; Kzenon 19.5, 45.2, 74.1; Laws, Stefan 138.16; lightwavemedia 75.1; MAXSHOT_PL 53.1; Meid, Maik 72.3; Menzl, Günter 31.2; mirkomedia 83.1; Monkey Business 19.6; Naufal Photography 29.2; Nymann, Kasper 61.2; optmedia 147.6; PhotoArt Thomas Klee 19.1; PhotoSG 147.7; Phovoir 82.1; Prostock-studio 50.1; Racle Fotodesign 24.1, 25.1, 25.2, 25.3; rai 16.3; serhiibobyk 14.2; Spasenoski, Nikola 147.2; stiger 4.4; superfood 19.4; Szasz-Fabian Ilka Erika 19.2; Travis, Jaimie D. 26.1; TreasureGalore 14.1; WavebreakMediaMicro 187.3; weerapat1003 122.2, 123.1; Weil, Mathias 150.2; Wolfilser 31.3; www.ChristianSchwier.de 100.1; www.smith1972.com 147.4; Wylezich, Björn 147.8; Zan, Valerii 16.2; Zarubo, Tatyana 19.3. |vario images, Bonn: imageBROKER/Wirth, Wilfried 137.3; Luxy Images 7.3.

Kopfrechentraining

−67
−67 + 6 = −61
−61 − 3 = −64
−64 − 7 = −71
−71 + 9 = −62
−62 − (−6) = −56
−56 + 80 = 24
24 + (−38) = −14
−14 + 12 = −2

−47
+6
−(+5)
+7
−6
−(−9)
+8
−7
+4

57
−9
−(+8)
−4
+7
−(+9)
−3
−(−6)
+8

−64
+9
−7
−(−6)
+5
−(+8)
−4
+9
+3

−47
+6
−(+5)
+37
·(−6)
−(−9)
−19
:(−11)
+4

13
·(−5)
+80
:(−3)
·5
−(−5)
·(−3)
−10

−66
+11
−8
−(−7)
·2
:(−56)
+(−12)
·(−12)

35
:(−7)
·9
−80
:(−5)
−(−5)
:(−5)
·14
−(−4)

52
−(−183)
−35
:(−40)
+(−8)
·(−4)
:(−26)
+12
:(−2)

8
·(−70)
+600
−30
+90
:(−20)
−(−8)
:3
−1

82
:(−2)
−80
+71
·(−3)
+60
:(−7)
−(−3)
:(−9)

560
:7
·(−4)
−80
+120
−40
:8
:(−4)
·50

90
·6
+90
:(−90)
−(−19)
·(−8)
−48
:(−12)
−1

−65
−(−60)
·(−13)
−40
·(−9)
:15
−5
·(−8)
−49